美学论集

○李泽厚○著

花城出版社
中国·广州

目 录

美学论集

论美感、美和艺术 / 3
美的客观性和社会性 / 51
关于当前美学问题的争论 / 65
论美是生活及其他 / 101
蔡仪的《新美学》的根本问题在哪里? / 121
美学三题议 / 153
山水花鸟的美 / 183
关于崇高与滑稽 / 191
试论形象思维 / 221
关于形象思维 / 253
形象思维续谈 / 261
"意境"杂谈 / 279
以"形"写"神" / 299
虚实隐显之间 / 307
审美意识与创作方法 / 317
略论艺术种类 / 347

关于中国古代抒情诗中的人民性问题 / 377

谈李煜词讨论中的几个问题 / 399

美英现代美学述略 / 415

帕克美学思想批判 / 463

形象思维再续谈 / 485

论集续编

康德的美学思想 / 511

美感的二重性与形象思维 / 549

美学（《中国大百科全书》条目） / 573

什么是美学 / 587

画廊谈美（给 L.J. 的信） / 593

审美与形式感 / 601

宗白华《美学散步》序 / 609

关于中国美学史的几个问题 / 615

中国美学及其他 /637

美学论集

论美感、美和艺术

注：本文写于1956年，原载《哲学研究》1956年第5期。原有副标题"兼论朱光潜的唯心主义美学思想"。

（研究提纲）

在这里我们不准备先给美学或所谓美学的对象下一个定义。定义是研究的结果，而不是开端。但是，从这篇文章中，也就可以看出，照我们的了解，美学基本上应该包括研究客观现实的美、人类的审美感和艺术美的一般规律。其中，艺术更应该是研究的主要对象和目的，因为人类主要是通过艺术来把握美而使之服务人们。[1]

---

[1] 〔补注〕迄今为止，美学是一门尚未成熟的科学，它受制约于心理学的发展水平，心理学又受制约于生理学、生物学的发展水平。现在所讲的美学实际包括三个方面或三种内容，即美的哲学、审美心理学和艺术社会学，前者是对美和审美现象作哲学的本质探讨，后二者是以艺术为主要对象作心理的或社会历史的分析考察。三者有时混杂纠缠在一起，有时又有所侧重或片面发展，形成种种不同色彩、倾向的美学理论和派别。艺术社会学中又可分为艺术概论、文艺批评、艺术史等，但它们作为美学的方面和内容，总必须与审美经验（美感）的分析研究有关。所以今日美学实际上乃是以审美经验为中心或基地，研究美和艺术的学科。美学与艺术学、文艺概论的区分也就在这里。后者可以不涉及审美心理，对艺术作一种非审美的外在探讨，如研究艺术与政治、与社会的关系等，美学则要求艺术研究与审美经验的研究联系或交融起来。本书各篇也涉及这三方面，其中《美学三题议》《形象思维续谈》《略论艺术种类》《虚实隐显之间》《"意境"杂谈》等文似较主要。〔本书（不含《论集续篇》，后同）各篇写于1956年至1979年间，凡作者在1979年编选本书时对论述内容所加的注释，均在前面用"补注"表明——编者。〕

美感

美感的矛盾二重性

美是美感的客观现实基础，艺术形象是美学研究的主要对象，但尽管如此，我们的研究却要从最抽象的美感开始。

美感作为一种最常见、最大量、最普遍、最基本的社会心理现象出现在人类的日常生活中。我们到处都可以碰到它。"这花多美啊""这本小说真好"……自然和艺术的美这样反映和表现在人们的美感经验中。美感在这里，就正如商品在政治经济学的研究中，概念在逻辑学的研究中一样，是一种最单纯而又最复杂、最具体而又最抽象的东西。它所以单纯而具体，是因为如上所说，它是人类生活中大量反复出现着的最基本最简单的心理现象，人们可以直接具体地感受它、保有它。作为社会动物的人类都有或多或少的审美能力，都能在不同程度上反映、欣赏美的存在，虽然随着历史时代和文化教养的不同，其中有着很大的差异。美感之所以复杂而抽象，是因为就在这个最简单最基本的心理活动的现象中，在这个美学科学的细胞组织——审美感中，却孕育着这门科学许多复杂矛盾的基元，蕴藏了这门科学的巨大秘密。不深入揭开这些矛盾和秘密，美感对我们来说，就只能算作是一种缺乏真实具体内容的贫乏的抽象的东西。

美学科学的近代哲学是认识论问题。美感是这一问题的中心环节。从美感开始，就是从分析人类的美的认识的辩证法开始，就是从哲学认识论开始，也就是从分析解决客观与主观、存在与意识的关系问题——这一近代西方哲学根本问题开始。美学史上的许多先行者们常常都从美感开始自己的探讨，这并不能看作是一种偶然的现象。[1]

一定会有人怀疑：唯心主义不也是强调从"美感经验的分析"开始吗？朱光潜先生不就正是这样做的吗？《文艺心理学》就正是以这样的第一句话来提出问题的："近代美学所侧重的问题是：'在美感经验中我们的心理活动是什么样，'至于一般人所喜欢问的'什么样的事物才能算是美'的问题还在其次。"

的确如此。朱先生在最近所作的自我批评中，还谈到这个问题。朱先生认为自己的主观唯心主义的美学思想首先表现在所提出的问题上面，朱先生认为在美学研究中首先提出研究美感经验问题，就是一种掩盖和抹杀文艺作为上层建筑和反映现实的社会意识形态的唯心主义的表现。

朱先生的自我批评的态度是诚恳的、受欢迎的。但是，这一批评中的许多论点却仍然为我所难以同意。关于上面这个问题，也就是这样。我要问：从分析美感出发，在美学研究中首先提出分析美感经验的问题，就一定会导致把全部文艺问题"狭窄化"地归结为个人主观的心理活动的问题吗？朱先生全部美学的理论上的虚妄，是不是仅仅因为首先把问题提错了呢？

我的回答是否定的。我认为朱光潜的唯心主义主要不在于提错了问题（当然，提问题本身也在一定程度上可以反映出一定的美学思想。但人们

---

[1] 〔补注〕自叔本华、克罗齐、柏格森等人之后，美学日益摆脱作为哲学体系或哲学理论的一个方面、部分，而着重于审美现象的经验研究，特别是审美态度的分析。不是美的哲学(The Philosophy of Beauty)而是审美科学（Aesthetics, the Science），不是美或审美的本质探讨，而是审美经验的描述、规定或假说，成为现代美学的主流，这基本上是从二十一世纪初开始的。（二十世纪的心理学的美学，如立普斯的移情说等等，则仍带有浓厚的哲学性质。）至于这里所说的"近代美学"尚非指此，而是指十六世纪到十九世纪的各派古典理论。如英国经验派、大陆理性派以及康德，都与哲学体系和认识理论有直接关系，直到克罗齐也仍如此。关于现代资产阶级美学，可参看本书《美英现代美学述略》《帕克美学思想批判》。

可以怀有各种不同的心思，各种不同的答案，为着各种不同的目的来提同一个问题），而主要却在于如何回答问题、如何分析解决问题。唯心主义者与唯物主义者可以同样提出意识与存在的关系问题，却有两种不同的解答。在美感经验问题的分析中，也如此。是掩盖美感问题的矛盾，把矛盾的一面绝对化，从而把美感经验的心理活动归结为一种与社会、与理智无关的个人主观的纯神秘直觉呢？还是揭露美感问题的矛盾，揭示出它的真实的本质和特征，从而把美感经验的心理活动解释为一定社会环境、文化教养的客观产物呢？正是在这里，我们可以看到：对待同一个问题，从同一个地方出发，完全可以作出相反的答案。

马克思主义主张揭露和分析矛盾。美感的矛盾二重性是美学的基本矛盾，这一矛盾的分析和解决是研究美学科学的关键，是反对唯心主义的重要环节，因为唯心主义经常是利用美感矛盾的一面，加以吹胀夸大，来作为他们的美学理论的基础的。

美感的矛盾二重性，简单说来，就是美感的个人心理的主观直觉性质和社会生活的客观功利性质，即主观直觉性和客观功利性。美感的这两种特性是互相对立矛盾着的，但它们又相互依存不可分割地形成美感的统一体。前者是这个统一体的表现形式、外貌、现象，后者是这个统一体的存在实质、基础、内容。

什么是个人心理的主观直觉性质呢？什么是这一性质的特征呢？

这一方面不拟多说，从许多美学著作中，我们已经相当熟悉这种被夸张渲染甚至神秘化的美感的直觉特色了。其实，如果按实说来，这种美感的主观直觉性并不神秘。我们每个人根据自己的经验都能承认，美感经验的心理状态的性质和特征是它的具体的形象感受性质，它在刹那间有不经个人理智活动或逻辑思考的直觉特点。这种特色就是所谓"超功利""无所为而为"等说法的来由。美感的这种性质和特色是由康德发现和提出来的。[1]

马克思主义美学虽然反对唯心主义对美感这一性质的说法，却并不拒绝承认美感这一性质和特色的本来面目的存在。唯物主义不能闭着眼否认事实，事实上，美感的确经常是在这样一种直觉的形式中呈现出来，在这美感直觉中的确也常常并没有什么实用的、功利的、道德的种种个人的自觉的逻辑思考在内。一个人欣赏梅花的时候，他的确并不一定会想到这种欣赏有什么社会意义或价值；人们看《红楼梦》也说不出或并不明确意识到这部作品的主题思想，总觉得它很美，觉得从其中能获得巨大的美感享受，能激动自己的心弦，提高自己的精神。所以，关于对待美感的直观性质，就不在于一概否认或抹杀这个问题，而在于如何正确分析、解决问题。

现在，我们先来看看唯心主义美学家是如何对待这个问题的。直觉问题一直是克罗齐、朱光潜美学理论的核心，他们从夸张美感的直观性质出发，把直觉与理智对立和割裂开来了。

在克罗齐的《美学》中，开宗明义第一句就是为了把直觉和理智绝对对立起来：知识有两种式样，或是直觉的知识，或是逻辑的知识；或是通过想象得来的知识，或是通过理解得来的知识；或是关于个体的知识，或是关于一般的知识；或是关于个别事物的知识，或是关于他们之间的关系的知识。这就是说，知识或者是由意象产生的，或者是由概念产生的。

朱光潜在其《文艺心理学》中肯定地转述了这一基本思想：

---

[1] 〔补注〕应该说，十八世纪英国经验派美学中，这种性质和特色便已发现和提出了，但把它们集中、突出和提到哲学高度（无目的的目的性）来论证，并对后代起了广泛深刻影响的，当推康德。

知的方式根本只有两种：直觉的和名理的。这个分别极重要，我们必先明白这个分别，然后才能谈美感经验的特征。像克罗齐所说的，直觉的知识是"对于个别事物的知识"，名理的知识是"对于诸个别事物中的关系的知识"，一切名理的知识都可以归纳到"A是B"的公式。……就名理的知识而言，A自身无意义，它必须因与B有关系而得意义……直觉的知识则不然，我们直觉A时，就把全副心神注在A本身上面，不旁迁他涉，不管它为某某，A在心中只是一个无沾无碍的独立自足的意象……

说认识（知）有"名理"和"直觉"两种方式，这并不算大错。但这只是人类对世界的两种不同的认识方式和形式而已，实际上无论是形象思维还是逻辑思维，是艺术还是科学，是美感直觉还是理论论证，形式或方式虽有不同，而在其反映和认识世界的目的、内容方面实质则一样。[1]然而，朱光潜他们却从这两种知识（认识）的反映形式的不同，把它们反映的内容实质的相同也割裂开，说一种是"对于个别事物的知识"，一种是"对于诸个别事物中的关系的知识"，这当然是我所大不以为的。因为任何个别事物和这事物与他物的关系实际上是很难分割的统一体，个别事物只有在其与他物的关系中，它才真正存在。我们要对某个个别事物有知识，不论是通过"名理"也好，"直觉"也好，就必须要从事物的关系中去把握它、了解它。所以，我们认识个别事物，认识事物本身，实际上也就是认识这物与他物的关系。黑格尔对此说得极深刻："存在之反映他物与存在之反映自身不可分。……存在……包含有与别的存在之多方面的关系于其自身，而它自身却反映出来作为根据。这样性质的存在

---

[1] 〔补注〕今日看来，这一提法不准确，参看本书《形象思维续谈》。

便叫作'物'或'东西'。"[1] "凡物莫不超出其单纯的自身，超出其抽象的自身反映，进而发展为反映他物。"[2] 所以，即使在美感直觉中，现实世界虽然经常只作为一种有限的具体的感性形象呈现着，从表面看来，看到的、听到的即直觉到的对象，的确好像朱光潜所形容的那样是一个"无沾无碍""独立自足"与他物毫无关系的有限的个别事物的形象，好像我们的美感直觉就只对这个个别事物有感受、有知识，美感直觉好像完全限制、规定和满足在这个"孤立绝缘"的有限的具体意象中。但是，实际却不然，就在这个表面看来是"独立自足""无沾无碍"的个别事物的具体形象的直觉本身中，即已包含了极为丰富复杂的社会生活的内容，包含了我们对这种生活的了解和认识，而这，就正是包含了我们对事物关系的认识。我们之所以能够从直觉中对个别事物有知识，是因为我们在日常生活和文化教养的影响和熏陶下，不自觉地形成了对这个个别事物的了解，对这个事物在整个生活中的关系和联系的了解。我们之所以能欣赏一株梅花，我们之所以能从观赏梅花或梅花画中得到一种刚强高洁的美感享受，绝不是因为我们仅仅对这株梅花本身有一种"孤立绝缘"的神秘的"知识"，恰恰相反，而正是因为我们在生活中（如中国人的传统）对梅花与其他事物的关系、联系的认识而不自觉地获得了十分丰富的知识。没有社会生活内容的梅花是不能成为美感直觉的对象的。所以没有足够的社会生活知识的小孩以至原始人类就都不能够欣赏梅花（这一个问题比较复杂，我们以后还要谈到，此处从略）。艺术（美感）与科学（理智）在这里（形式上）的不同乃在于：后者是通过抽象概念的推演来展开和反映这种关系；而前者是把这种关系凝冻在一个具体有限的形象里，通过这个凝

1 　黑格尔：《小逻辑》，三联书店，1954年版，第275页。
2 　同上书，第276页。

冻的形象来反映关系。后者是一种间接知识，而前者却采取了一种直观知识（或直接知识）的形式。但直观知识归根结底仍是间接知识的结果。黑格尔曾尖锐地指出："直接性的形式给予殊相以一种独立性或自我相关性。但须知殊相之自身乃与外在于它自己之他物相关连者。从直接知识的形式看来，则有限之殊相便被执持为绝对了。"[1]所以如果夸张直观形式之本身，把"有限之殊相"变为自足的绝对，那实际上这种直观知识就完全失去其具体内容而只是一种空洞抽象的存在；尽管它具有存在之普遍性，但却缺乏存在之必然性。人们尽管可以从现象上证明它普遍存在，但却不能从其本身证明其存在的内容、实质和原因。所以，它的存在根据，就仍然必须在间接知识中去寻找，在事物之间的关系中去寻找，"只有当我们识透了直接性不是独立不依的，而须凭借他物的，才足以揭破其有限性与虚幻性"，"直接知识实际上乃是间接知识的产物和结果……譬如，我在柏林，我的直接存在是在这里，然而我之所以在这里，是有间接性的，即由于我走了一段旅程才来到这里的"。[2] 然而朱光潜的美学却正是建筑在割裂事物和事物的关系、夸张直观知识的形式的哲学认识论的基础之上。它抓住美感直觉的有限具体形象的表现形式和表面现象，利用美感直觉的反映形式的特点，把美感和理智、艺术和科学，各划定一个对立的认知范围，从而把美感与思维，把艺术与科学，在反映现实的本质和内容上完全割裂和对立起来。

为了否定艺术反映现实的能力和实质，一方面圈定艺术直觉的认识范围，把它限定在所谓"孤立绝缘"的"个别事物"上面；另一方面，又进一步把美感直观降低和还原为某种动物本能式的低级感觉；

---

[1] 黑格尔：《小逻辑》，三联书店，1954年版，第178页。
[2] 同上。

实在与非实在的分别对于直觉的真相是不相干的、次一层的……婴儿难辨真和伪、历史和寓言，这些对于他都无区别，这事实可以使我们约略明白直觉的纯朴心境。[1]

最简单最原始的"知"是直觉，其次是知觉，最后是概念。拿桌子为例来说。假如一个初出世的小孩子第一次睁眼去看世界，就看到这张桌子，它不能算是没有"知"它。不过他所知道的和成人所知道的绝不相同。桌子对于他只是一种很混沌的形相，不能有什么意义，因为它不能唤起任何由经验得来的联想。这种见形相而不见意义的"知"，就是"直觉"。[2]

这就是他们为自己美学的核心概念——"直觉"所作的解释和说明。按照这种解说的逻辑，艺术或美感直觉当然就连对于"个别事物的知识"都算不上了。因为在这种美感直觉中，根本就谈不到什么"知识"——即便是所谓"对个别事物的知识"。因为，在这里，在这种美感直觉中，连"个别事物"也只是一片模糊混沌的形象。从而，按照这种逻辑，不能辨别真伪是非的初出世的小孩也就是最能享有这种天赐的直觉，因而也就最能感知美、欣赏艺术了。很清楚，这只是对美感直觉和艺术的一种大胆的伪造。谁都知道，正如"初出世的小孩"根本就谈不上欣赏艺术一样，这种最低级最原始的感性直觉也根本不是什么美感直觉（这一点贺麟先生在批判朱光潜的文章中已指出）。车尔尼雪夫斯基说得好："美感认识的根源无疑是在感性认识里面，但是美感认识与感性认识毕竟有本质的区别。"[3] 美感直觉是远比这种直觉高级复杂的东西。它不是简单的动

---

[1] 克罗齐：《美学》。
[2] 朱光潜：《文艺心理学》，开明书店，1936年版，第4~5页。
[3] 《当代美学概念批判》，《译文》1956年第9期。

物生理学的概念，而是人类文化发展历史和个人文化修养的精神标志。人类独有的审美感是长期社会生活的历史产物，对个人来说，它是长期环境感染和文化教养的结果。心理学已经证明了日常生活中一般直觉的经验积累的客观性质，例如，听到熟人的声音就知道这是谁。而美感直觉与这种一般直觉不同的是，它具有更高级的社会生活和文化教养的内容和性质。如果说，一般的直觉的研究主要还属于生理——心理科学的范围，那么，美感直觉的内容、性质和特征的分析厘定，就正如普列汉诺夫在论艺术时所提出，却经由历史唯物主义的研究才能更好地探到它的本质。而这，也就正是我所要强调研究的美感性质的另一方面——美感的客观的社会的功利性。由美感经验的心理活动出发，进到研究这种心理活动的社会内容和它的成因；从美感的主观直观性（外在的形式）出发，进而研究这一性质的客观社会实质。这样也就从矛盾的一方面进到与这一方面紧相依存的矛盾的另一方面了。

矛盾的这一方面是矛盾的非常重要的方面，某些唯心主义美学极力避免、掩盖、否定这一方面。他们强调的是美感直觉的"超功利""非实用态度""无所为而为"的一面，而抹杀或拒绝承认在这"超功利""无所为而为"的表面现象下就潜伏着"功利的""有所为"的社会实质。个人的超功利非实用的美感直觉本身中，就已包含了人类社会生活的功利的实用的内容，只是对于个人来说，这种内容常常不能察觉而是潜移默化地形成和浸进到主观直觉中去了。正因为如此，所以才产生和决定了美感的阶级性、民族性、时代性种种差异。一个阶级与另一个阶级，一个时代与另一个时代，小孩与成人，野蛮的原始人与现代的艺术家，其美感直觉都大不相同，其内容都有着质的差异。焦大不爱林妹妹，健壮的农夫不欣赏贵族小姐的病态美，在这里，美感直觉有着阶级的内容；《蓝花花》比外国民歌使农民们感到更亲切更"喜闻";而脸上贴金的宋画美人,今天看来却总觉得不好看,很别扭……在这里,美感直观又有着民族的或时代的特征。所以,美感至少在一定意义一定程度上被决定被制约于一定历史时代条件的社会生活,是这一生活的客观产物。任何一个人的"超功利"和超理智的主观美感直觉本身中,即已不自觉地包含了一个阶级、一个时代、一个民族的客观的理智的功利的判断。农民不爱娇小病弱的贵族小姐,他也许说不出什么道理,只是直觉地感到对方不美罢了,但这直觉中不就早已包含了一个阶级的功利的理智的判定吗?我们西北农民们喜欢《蓝花花》的民歌,也是如此。所以,一个人能对某事某物感到美,能产生美感直觉,绝不是如朱光潜所认为,是个人主观随意的产物,是个人偶然造成的"梦境""幻境""错觉";它实际上在很大程度上被决定被制约于他所处的时代、阶级和环境。

美感直觉既具有社会生活的客观内容,就不应还原或归结为一种生理学上的观念。用快感来解释美感,用所谓"内模仿"筋肉运动说(这也是朱光潜先生介绍到中国来的)来说明"形象的直觉",就是这种庸俗化的理论。当然,我一点也不想否定快感对美感的刺激和影响(加强或减弱),例如散步在大自然中,空气的净洁,阳光的舒坦,使人更感到自然的美;在绘画中,各种不同色彩对视觉器官的强弱作用的不一样也能影响美感;此外如音乐中节奏的规律,自然形体上的比例,等等;所以,快感常常是作为产生和构成美感的必要的条件,但它本身并不就是美感。快感是属于生理方面的,它引起的是生理的舒快;美感则主要属于精神方面,它引起的主要还是精神的愉悦,这种愉悦常常是建筑在生理的舒快之上,但生理的舒快却并不都是精神的愉悦。用机械的简单的生理反射来解说、确定万分复杂的精神状态,把后者完全归为前者,实际是不可能的。无论是快感或者是"内模仿",不可能解释美感的各种各样的特性——即如上面所说的阶级性、民族性等。普列汉诺夫指出过,既然美感在同一人种中间还有着阶级和时代的差异的话,就不能在生物学中去探求美感的原因,而必须去寻求它的"社会学"上的根据。[1]

马克思对美感的这种社会本质作过深刻的指示,他曾强调指出审美感的人类历史性质:人类在改造世界的同时也就改造了自己,人类灵敏的五官感觉是在这个社会生活实践中不断地发展、精细起来,使它们由一种生理的器官发展而为一种人类所独有的"文化器官"。"五官的感觉的形成乃是整个世界历史的产物。作为粗糙的实际的要求的俘虏的感觉(引者按:即指动物生理式的要求),只是有着一种被局限了的意义。对于饥饿的人并不存在着食物的人的形态,而只存在着它的作为食物的抽象的存在;为着同样的效果它可以采用最粗糙的形态,因而就不可能说这个满足食物要求的方法与动物的满足食物要求的方法有什么差别……"[2]所以,"对于非音乐的耳朵,最美的音乐也没有任何的意义,对于它,音乐不是一个对象","社会的人的感觉与非社会的人的感觉是不同的"。[3]人是生物的和社会的存在的统一。人的五官也是如此,五官的生理的存在使它表现快感,社会的存在则引起美感,这二者的统一存在,使二者各包含对方于其自身。然而,社会的发展,使人和人的五官感觉的社会存在这方面无可比拟地飞速发展起来,使它取得了比其对方(生理性方面)远为优势的支配作用。所以,我们才说,人类的审美感是世界历史的成果,是人类文化和精神面貌的标志。达·芬奇、拉斐尔、贝多芬、范宽、曹雪芹的作品就是这

---

[1] 参看普列汉诺夫的《艺术论》。
[2] 马克思:《1844年经济学哲学手稿》。
[3] 同上。

种标志的艺术物质的存在。

这里，应该指出，当时作为马克思主义者的普列汉诺夫在论证美感的社会性质的问题上，曾作出自己的贡献。但近十几年来，这些贡献在个人崇拜的影响下，遭到了完全不公正的批判。我们应该继续发展普列汉诺夫关于审美判断的历史唯物主义。普列汉诺夫曾初步指出美感判断对个人的非功利性和社会的功利性的双重特点。他以原始艺术和法兰西十八世纪绘画和戏剧为具体例证，论证了美感是由"各种社会原因所限定的实质"，"在文明人，这样的感觉（引者按：即指美的感觉、美的趣味、美的判断等），是和各种的复杂的观念以及思想连锁在一起的。""为什么……人类恰有这些的而非这些以外的趣味呢？为什么他喜欢恰是这些而非这些以外的呢？那是关于环绕着他的条件决定的。"[1]而这条件，普列汉诺夫指出，就正是一个特定的社会环境——一定的阶级、一定的民族、一定的生产关系和生产力，等等。所以，美感这种表面上的个人主观偶然的心理活动，是客观必然地决定于那个时代和社会的。而作为社会意识形态和上层建筑之一，艺术、美感与道德、科学一样，是作为人类认识和改造世界的有力工具而服务于人类的生产斗争和阶级斗争的社会实践的。它的存在的可能和必要，其根本原因就正在于它对于人类具有重要的功利和实用价值。尽管从表面看来，这种价值极不明显，好像根本没有似的；尽管要真正揭发任何一个美感艺术与实用价值之间的联系，都要经过一连串的中间环节的极为复杂的过程。[2]当艺术、美感还未取得相对独立的地位，还未具有比较成熟的形态之萌芽阶段里，例如在原始艺术那里，美感、艺术与实用、

---

1 参看普列汉诺夫《艺术论》，中译本，第29页，译文有改动。
2 〔补注〕康德的无目的的目的性，黑格尔的艺术独立自足无待于外但又体现绝对精神等观点、说法，都是在唯心主义形式中，揭露了审美、艺术这种双重性，一方面它们以自身为目的，不为狭隘、具体的实用和功利（外在目的）服务；另一方面它们又是具有服务于人类的目的性的。

功利还保持和呈现为一种明显、粗陋和简单的直接联系的情况。普列汉诺夫以原始艺术的材料为例证，证明了美的判断、趣味和实用与善的观念的不可分割的统一和一致，证明了美感、艺术的社会功利的真正本质和目的。鲁迅特别赞许地概括了他的这一思想，说："普列汉诺夫之所究明，是社会人之看事物和现象，最初是从功利的观点的，到后来才移到审美的观点去。在一切人类所以为美的东西，就是于他有用——于为了生存而和自然以及别的社会人生的斗争上有着意义的东西。功用由理性而被认识，但美则凭直感的能力而被认识。享乐着美的时候，虽然几乎并不想到功用，但可由科学的分析而被发现。所以美的享乐的特殊性，即在那直接性，然而美的愉快的根柢里，倘不伏着功用，那事物也就不见得美了。并非人为美而存在，乃是美为人而存在的——这结论，便是普列汉诺夫将唯心史观所深恶痛绝的社会、种族、阶级的功利主义的见解，引入艺术里去了。"[1]

总之，马克思主义关于美感的社会功利性质的理论反对把美感看作是与一切社会生活根本无关的纯本能式的生理、心理活动，揭示了在所谓"超功利"的个人美感直觉中，还包含着功利的客观社会性质。

因为克罗齐的赤裸裸的直觉说与客观事实太不兼容了，朱光潜先生也看到了这一点，于是在《文艺心理学》中又自相矛盾地添上了《美感与联想》一章，承认美感经验本身固然是超脱一切"名理观念"，但这美感经验的前后却仍可以有"名理观念"的思维，这种思维有时还能帮助美感，等等。朱光潜在这次自我批评中也说：

> 于是想出一个调和折中的途径，说直觉活动只限于创造和欣赏白热化的

---

[1] 见《鲁迅全集》第17卷的《艺术论》序言，鲁迅全集出版社，1948年版，第19页。

那一刹那，在那一刹那的前或后，抽象的思维、道德政治等的考虑，以及与对象有关的种种联想都还是可以对艺术发生影响。这个看法我至今还以为是基本正确的。……我的错误在于没有坚持这种看法……如果坚持这种看法，就应该根本放弃"艺术即直觉"的定义，这就等于说，要放弃主观唯心主义的基本立场。[1]

当然，说美感直觉的前后有逻辑思维的补助和影响，这是正确的。但问题在于：仅仅承认和"坚持"这一点，是否如朱先生所认为，就能达到"放弃主观唯心主义的基本立场"的目的呢？

我的回答是否定的。我以为，仅仅承认美感直觉的前后有逻辑思维，而保留了对美感直观本身的错误看法，没有看到这直觉本身的社会功利的客观性质和内容，还是不可能解决问题，问题的核心不在于美感与理智（联想、逻辑）的外部联系的问题，不在于承认美感的前后有否联想和逻辑理智活动的问题；而在于美感经验这一心理直觉活动本身的客观的社会功利性质和内容问题，它与人类理智活动的内在的联系问题，亦即这一直觉本身是社会历史的功利的产物的问题（虽然对于个人常常不是自觉意识到）。这一点，我想上面应该已说明白了。所以，与唯心主义美学家同样由美感直觉的分析出发，却可以得到完全不同的答案：初步揭开为他们所抓住、吹胀的美感的主观直觉形式，论证了在这主观直觉中实际包含有客观社会的功利的内容。

总括我关于美感矛盾二重性的论点，是认为，美感是有社会功利性的，在这一方面，它与科学与逻辑思维是一致的，它们都揭示事物之间的客观

---

[1]《我的文艺思想的反动性》，《文艺报》1956年第12期。

联系,揭示事物的本质。但是,美感却又有其不同于科学和逻辑的独具的特征,这就是它的直觉性质,没有这一性质,就不成其为美感,就会与科学等认识方式混淆等同起来。所以美感的矛盾二重性是一个统一的存在,忽视或否认任何一方,都是错误的。

美感是美的反映

现代唯心主义美学完全用美感来吞并美,用对美感经验的分析来替代对美的分析。[1]之所以如此,是他们把美感经验的分析关在个人主观直觉的狭窄的笼子里的缘故。正因为把美感经验仅仅看作个人主观的直觉形式,这就引导他们否认美的客观存在,而认为美完全是人的主观直觉的创造,所谓"直觉即创造""直觉即表现""移情说"……种种理论都由此出。朱光潜先生也是这样。

唯物主义从美感分析出发,却走着不同的道路,绝不关闭和停留在承认美感直觉形式上面,恰恰相反,正因为揭示美感直觉形式本身中的社会历史内容,就引导进一步去探求这种美感的社会内容的客观现实的来由、实质和根据,研究美感的客观依据——现实美的存在。

美感为什么会存在呢?其存在的根据是在其自身,还是有其客观依据呢?在一定的社会历史条件下,一定的美感为什么会具有一定的普遍性和必然性呢?唯心主义因为否认美的存在的客观性,就认为这仅仅是因为人类主观"心理机能的一致",如所谓先验的"共同感"(康德),这种先验的普遍性实际上是空洞的普遍性。唯物主义认为正因为美的存在本身具有

---

1 〔补注〕关于现代资产阶级美学这些观点可参看本书《帕克美学思想批判》一文,帕克折中综合各家,从帕克可以窥见现代西方各派美学的一些基本特征。

必然性和普遍性，这才造成美感的普遍性和必然性。后者正必须以前者为客观基础，否则它的普遍性、必然性就变成无源之水、无根之木而不可能存在了。例如，花所以在人类视觉感官中具有红的必然性和普遍性，绝不仅仅是因为人类先天生理机能的一致（如不是色盲之类），而且还必须是因为客观世界中有一个外物真有一种不依赖于人类感官而存在的红的客观物质属性（当然，这属性不单是红）作用于我们感官的结果。这样，反映在我们的视觉中，也才有红的感觉的普遍性、必然性和客观性。没有那个外物和外物的那个属性，即使人类生理机能一致，也不可能普遍地必然地产生红的感觉。而美感和美的关系也与此有相似处。美是不依赖人类主观美感的存在而存在的，而美感却必须依赖美的存在才能存在。唯物主义既认为美感是美的反映，那么，很清楚，如果要彻底分析美感经验，如果要真正找到美感经验的性质的由来和存在的根据，那就必须也必然要去分析它的客观依据——去分析美。

美感的客观功利性从哪里来的呢？为什么美感会具有这一性质呢？美感本身显然不能回答这一问题。美感的客观功利性只有在美的社会性中求到解答。前者是后者的必然反映。

美感为什么又具有主观直觉性呢？这一性质又从哪里来的呢？唯心主义虽然大肆强调美感的直觉特性，却始终没能说明这一直觉性质是如何产生的。显然，美感本身又不能回答这一问题，而只能从其客观基础——美的特性中去寻求根源。美感的直觉性是美的存在的形象性的反映。后者是前者存在的客观基础。[1]

---

1 〔补注〕本文上述对美感的探讨，并非心理学的现象描述或规定，而仍只是哲学的分析，对美的探讨当然更如此。美的本质不是心理学课题，而是哲学课题，参看本书《关于当前美学问题的争论》等文。美感作为心理科学的研究对象，将在未来世界中占有极为重要的地位，它大概是某种具有多个常数和变量的复杂的数学方程式。它将准确地表述从看小说、戏剧到欣赏一个陶器造形、听一段音乐等大有差异的各种美感心理。

美

美的客观性和社会性，批判唯心主义和形而上学唯物主义

首先来看美的客观性问题。

美究竟是什么？这是美学史上长期聚讼纷纭、莫衷一是的问题。近代美学主流大都属于主观唯心主义的哲学营垒，如上节所已指出，他们认为美是个人主观直觉的创造，认为美是个人直觉的"创造""表现"，是由心"传达"、赋予、赐给外物的。朱光潜对此说概括得极清楚："它（指美）是心借物的形相来表现情趣。世间并没有天生自在，俯拾即是的美，凡是美都要经过心灵的创造。""美是一个形容字，它所形容的对象不是生来就是名词的'心'和'物'，而是由动词变成名词的'表现'或'创造'。"[1] 这种"表现"或"创造"，只是个人主观直觉的"表现"和"创造"。因此，"同是一棵古松，千万人所见到的形象就有千万不同，所以每个形相都是每个人凭着人情创造出来的。每个人所见到的古松的形相就是每个人所创造的艺术品，它有艺术品通常所具的个性，它能表现各个人的性分和情趣"[2]。

朱光潜在这里，如同克罗齐一样，也承认创造必须有客观物质的"材料"的存在。（克罗齐称之为"内容""印象"，参看他的《美学》一书）但是，这些材料所以成为美的对象却是个人主观直觉"创造""表现"的结果，是个人主观"人情化"的结果。"物质就其为单纯的物质而言，心灵永不能察识，心灵要察识它，只有赋予它以形式，把它纳入形式才行。

---

[1] 均见《文艺心理学》，开明书店，1936年版。
[2] 朱光潜：《谈美》，开明书店，1932年版。

单纯的物质对心灵为不存在，不过心灵使它有这么一种东西，作为自觉以下的一个界限。"[1] 所以，归根结底，"美"就仍是个人主观作用"外射"或"传达"于客观的产物。

在这个美学基本问题上——美在心（主观）还是在物（客观）？是美感决定美还是美决定美感？朱光潜先生最近作了详尽而诚恳的自我批评，是仍然坚持"美不仅在物，也不仅在心，它在心与物的关系上面"的观点，虽然文中并未作具体论证，而这一观点是我不能同意的。把所谓"心物的关系"（或"主客观的统一"）抽出来作为一个超然于心物之上或之外的独立的东西，这不过是为我们所十分熟悉的近代主观唯心主义的标准格式——马赫的"感觉复合""原则同格"之类的老把戏[2]，问题不能一直停留在"不在心亦不在物"这样一句抽象的话上，还必须对这句话作引申，作解释，一引申或解释就仍然是以心来决定物了。朱先生自己在《文艺心理学》中就已经亲身作过一次这样的证明。先是说美既要有物（客观），也要有心（主观），是心物的关系，接着立即走向美是"心借物以表现情趣"了，这就是所谓美在"心物之间"是"主客观的统一"的结果。所以，从哲学根本观点上说，美是主观的便不是客观的，是客观的便不是主观的；这里很难"折中调和"。我强调美具有不依存于人类主观意识、情趣而独立存在的客观性质。美感和美的观念只是这一客观存在的反映、摹写。

在承认美的客观性的基础上，我们再来看看美的社会性问题。因为美既然不在"心"，当然就在"物"。但是，这个"物"究竟是怎样的物呢？正是在这里，又面临着复杂的问题。

从很早起，许多唯物主义美学就把美看作一种客观物质的属性。他们

---

[1] 朱光潜：《谈美》，开明书店，1932年版。
[2] 克罗齐、朱光潜与马赫主义是有区别的，他们是不同的派别，但都属于主观唯心主义范围。

认为这种属性，正如物质自身一样，可以脱离人类而独立存在。这就是说，没有人类或在人类之前，美就客观存在着，存在于客观物质世界中。这样，美当然就完全在自然物质本身，是物质的自然属性。于是许多人就在自然物体中去寻找、探求美的标准。"黄金分割"啦，形态的均衡统一啦，实验美学啦……就都出来了。他们总是企图证明美是存在在这些物体的数学比例、物理性能、形态样式中，物质世界的这种自然属性、形态、功能本身就是美。蔡仪可以算作是这种旧唯物主义美学在中国的代表。在《新美学》中，蔡仪说：

究竟怎样的客观事物才是美的客观事物呢？美的客观事物须具备着怎样的本质的属性条件呢？或者说美的本质是什么呢？
我们认为美的东西就是典型的东西，就是个别之中显现着一般的东西；美的本质就是事物的典型性，就是个别之中显现着种类的一般。[1]
…………
总之，美的事物就是典型的事物，就是种类的普遍性、必然性的显现者……[2]

这就是蔡仪"美是典型"的理论。在这里，"典型"是指事物的自然本质属性，是指"显现了种类普遍性的个别事物"。"事物之所以为该事物的普遍的必然的属性条件，就是它的种类的属性条件"。[3] "黄金分割"为什么是美的呢？因为宇宙中许多事物都是含着这个自然比例，这个自然比

---

[1] 蔡仪：《新美学》，群益出版社，1947年版，第68页。
[2] 同上书，第80页。
[3] 蔡仪：《新美学》，群益出版社，1947年版，第249页。

例是事物的普遍性，所以是美。劲直的古松为什么是美的呢？因为它显现了生物形体上的一般本质属性和普遍性——均衡和对称。"至于画家的以偃卧的古松、欹斜的弱柳入画，虽然不能表现生物形体上的普遍性，却能表现着它们枝叶向荣的不屈不挠的欣欣生意，就是表现了生物的最主要的普遍性了"[1]。所以，也应是美。

很清楚，这一切都是把美或典型归结为一种不依存于人类社会的物体自然属性。人比动物美，高级植物比低级植物美，是因为前者属于更高的生物种类，从而具有更高的种类的本质、普遍性和"优势的种类属性"，它们是更典型的种类。"例如显花植物之于植物便是典型的种类"。[2]

蔡仪这种理论最严重地暴露了旧唯物主义的弱点和缺陷。这种简单化、机械化的观点是不能圆满解释极为复杂的美的问题的。例如，如上所说，美是典型，典型是物质的一种种类自然本质属性。高级的自然种类属性比低级的美。那么，苍蝇、老鼠、蛇就一定要比古松、梅花美了；那么，直树一定比弯树更美，大柏树一定比矮丛林更美，因为前者更"典型"地显现了植物"均衡对称""生长"等自然种类属性；而月亮也一定是最不美的了，因为它只是最低级的物质种类（无生物）……这一切显然只是笑谈，树长得直，就是直，为什么会是美呢？为什么它会引起人们的美感呢？"黄金分割"是一种数学比例，难道真正就在这种数学比例本身中神奇地具有先天的美，来打动人们的心灵吗？高山大海，日光月色，这纯粹是一种自然物质现象，如说它本身具有美，那为什么有时候或有些人能感觉它而另外一些人另外一个时代就不能感觉它呢？而众多的所谓自然丑如何又能成为艺术美呢？……人们可以提出一系列的问题。而这种把美

---

1 同上书，第79页。
2 同上书，第79页。

看作是自然物质属性的理论却一个也不能解释清楚。同时，这种唯物主义美学理论是极容易导向客观唯心主义的道路上去的。因为把物质的某些自然属性如体积、形态、生长等抽出来，僵化起来，说这就是美。这实际上，也就正是把美或美的法则变成了一种一成不变的、绝对的、自然尺度的、脱离人类的、先验的客观存在，事物的美只是这一机械抽象的尺度的体现而已。这种尺度实际已成为超脱具体感性事物的抽象的实体，十分接近客观唯心主义了。把人类社会中活生生的、极为复杂丰富的现实的美，抽象出来僵死为某种脱离人类而能存在的简单不变的自然物质的属性、规律，这与柏拉图的先验的客观的绝对理式，又能有多大的区别呢？僵化事物的性质把它抽象地提升为概念式的实体或法则，这正是由旧唯物主义通向客观唯心主义的哲学老路。

旧唯物主义不能解决美的客观存在性质问题。唯心主义正是抓住了旧唯物主义的这种弱点：旧唯物主义的学说既讲不通，美既然不可能是物的自然属性，当然就不在物；那么，美当然就只能是人类主观心灵的创造了。看来只有一方面承认美是客观存在，另一方面又认为它不是一种自然属性或自然现象、自然规律，而是一种人类社会生活的属性、现象、规律，它客观地存在于人类社会生活之中，它是人类社会生活的产物。没有人类社会，就没有美，才能解决这一难题。马克思说：

……在社会中，对于人来说，既然对象的现实处处都是人的本质力量的现实，都是人的现实，也就是说，都是人自己的本质力量的现实，那么对于人来说，一切对象都是他本身的对象化，都是确定和实现他的个性的对象，也就是他的对象，也就是他本身的对象。[1]

---

[1] 马克思：《1844年经济学哲学手稿》。

这里的"他",不是一种任意的主观情感,而是有着一定历史规定性的客观的人类实践。自然对象只有成为"人化的自然",只有在自然对象上"客观地揭开了人的本质的丰富性"的时候,它才成为美。所以,高山大河等自然现象本身,并不如旧唯物主义所认为的那样,有所谓美的客观存在。自然本身并不是美,美的自然是社会化的结果,也就是人的本质对象化的结果。自然的社会性是自然美的根源。一张风景画和一张科学的自然图片,尽管其描述的对象完全相同,但之所以前者能唤起美感,后者不能,显然不是用物体的均衡对称之类的"法则"可以说明(因为二者都表现了这法则),而是因为前者反映和表现了对象的社会性,后者只反映了对象的自然属性的缘故。美的社会性是客观地存在着的,它是依存于人类社会,却并不依存于人的主观意识、情趣;它是属于社会存在的范畴,而不属于社会意识的范畴,属于后一范畴的是美感而不是美。不但不能把美的社会性与美感的社会性混同起来,而且应该看到,美感的社会性是以美的社会性为其存在的根据和客观的基础。

在这里,可以进一步分析为近代西方美学的"移情说"的自然美理论的秘密了。谈自然美时,最容易发挥美在于心的主观唯心主义,"移情说"就是例子。因为自然本身既然没有美,我们却又能感到自然的美,那似乎就当然是个人的主观创造、主观的"移情"了。

"移情作用",确是一种客观存在的现象,为批判朱光潜而否认它的存在,是可笑的。问题不在于否认而在于阐明这种现象。

移情作用(姑名之曰"移情"),是心理学所承认的一种合乎科学规律的人类心理现象,这就是人们不自觉地把自己的情感、意志、思想赋予外物,结果好像外物也真正具有这种情感、意志、思想似的。在日常生活中,这种例子极多,小孩总觉得猫狗跟自己一样地会思考会说话,童话就建立在这种儿童心理特征之上。"感时花溅泪,恨别鸟惊心""把酒送春春不语,黄昏却下潇潇雨"……成人们也常常把外物拟人化或将自己的情感抒发、外射在外物上。所谓"诗人感物,连类无穷""写气图貌,既随物以宛转,属采附声,亦与心而徘徊"(《文心雕龙》)。不能否认这种现象的人类主观性质和人的意识情趣的主观作用。但问题的关键在于:首先,并不能因此而认为这种"移情"是人类的天生本领,或认为这种"移情"是个人主观情感所任意"反射"给外物的结果。为什么会"移情"?移什么情?这完全是客观地被决定和制约于整个人类社会生活,是人类长期社会生活环境和文化教养熏陶教化的结果而形成的一种不自觉的直觉反射,它具有深刻的客观性的内容。就是说"移情"的内容,如美感的内容一样("移情"只是美感的一种形式),是具有严格的社会性质的,它是一定的社会意识的表现(社会意识,归根结底,又都只是社会存在的反映。所以说它具有客观性的内容)。我们看到古松、梅花,产生清风亮节的美感,这并不是我们个人主观直觉的任意的"创造"或"表现";"初出世的小孩子"以及原始人类,就绝对不能这样欣赏古松、梅花,就绝对不会产生这种"清风亮节"的"移情作用"。这种"移情作用",正如美感一样,是人类长期的社会生活环境的教化熏陶(其中文化教养又占很重要的地位)所不自觉地形成的直觉反射,这种直觉是具有客观社会性质的,它以美本身的社会性为基础、为根源。这一点在前面谈美感的时候即已详细谈过了。所以,"移情作用"不是一种简单的主观直觉的外射,不是什么神秘的"物我同一",它具有极为复杂细致需要深入研究的社会内容。例如,有些移情,带有人类普遍性,人快乐时,觉得花欢草笑,悲哀时,觉得云愁月惨;有些移情具有阶级性、民族性,例如中国士大夫喜以菊花来表现人的品格的高洁,把它与陶渊明联系起来而成了一种直觉的反射,在欣赏自然的菊花或菊花画的创作中,常常不自觉地把自己的这种情感移进去了,但真正的农家子弟是否会这样欣赏菊花,就大成问题。又如中国人常对松竹梅荷"移"进潇洒出尘、出污泥而不染的刚劲高贵品格,但外国人对此,就恐怕不如此。所以,"移情"(美感)是具有社会性的,这一点上节已详加说明。其次,也是最重要的,是作为一种美感的直觉反射,移情作用的内容和性质是一种社会心理或意识;一定的自然为什么会引起人们一定的美感,亦即人们为什么会给自然"移"进去这样或那样的一定的情趣?一般说来,这是一定的社会历史条件下,社会生活的精神上的反映和产物;具体说来,这是一定的自然在一定的历史社会条件下,所具有的客观社会性,即它与人类的一定的客观社会关系在人类主观中的反映、产物。在远古,人类就不能如近代人那样去欣赏自然美。在那时,自然是作为人类的仇敌、作为人类征服的对象出现在远古的神话中。从中国和西方的绘画史也可以看出:抒写和表现人类情感、思想的自然风景画的出现是在比较晚的年代。它说明人类的美感是在发展,人的"移情作用"是在增长和丰富,它的根本基础在于自然与人类的关系在发展、丰富和改变。人对自然的美感欣赏态度的发展和改变,是以自然本身对人的客观社会关系的发展和改变为其根据和基础。所以,人能够欣赏自然美,人能够把自己的感情"移"到对象里去,实际上,这就是说,人能够在自然对象里直觉地认识自己本质力量的对象化。[1]认识美的社会性,这绝不是一件简单的事,这是一个长期的人类历史过程。在这个过程中,人类创造了客体、对象,使自然具有了社会性,同时也创造了主体、自身,使人自己具有了欣赏自然

---

1 〔补注〕在黑格尔的观点中,对象化和异化混而未分,卢卡契承袭了这一用法而作了自己的发挥。本文原用"异化"一词乃黑格尔用法,即"对象化"之意,今一律改为"对象化"。

的审美能力。所以，归根结底，自然美就只是社会生活的美（现实美）的一种特殊的存在形式，是一种"对象化"的存在形式。它是产生"移情作用"的客观基础和缘由。

所以，结论就是：美不是物的自然属性，而是物的社会属性。美是社会生活中不依存于人的主观意识的客观现实的存在。自然美只是这种存在的特殊形式。

关于"美是生活"的定义和美的两个基本性质

如上所说，美一方面是不依赖人的主观意识，不依赖于人的美感的客观存在，同时它又只存在于人类社会生活之中，那么，美究竟是什么呢？如何给美下个定义呢？

下定义是最困难的问题，因为定义意味着整个研究成果的精炼概括，而这种研究，现在却还不过只是开始。所以，不能指望下定义。

我认为，美学史一般从不提及的车尔尼雪夫斯基的"美是生活"的看法或定义，倒基本上合乎上面我所谈的美的客观性和社会性的特点，车尔尼雪夫斯基反对美是"绝对理念的体现"的黑格尔唯心主义，并肯定美只存在于人类社会生活之中。美，是人类社会生活本身。这较接近于马克思主义的观点。

但是，车尔尼雪夫斯基这种说法有很大的弱点，它抽象、空洞。这就正如车尔尼雪夫斯基的哲学体系没能摆脱费尔巴哈的人本主义一样，"生活"，在他那里，基本上仍是一个抽象、空洞、非社会历史的人类学的自然人的"生命"概念（虽然他也片段地看到了阶级斗争等社会内容），它并不具有马克思主义历史唯物主义所强调的具体的社会历史的客观内容。

生活的具体内容究竟是什么，既然还不能十分确定，那么，"美是生活"的说法也就显得模糊、抽象了。因此任务在于：用历史唯物主义的关于社会生活的理论，把"美是生活"这一定义具体化、科学化。

社会生活，按照马克思主义的理解，主要是以生产斗争和阶级斗争为核心的社会实践。人们的一切思想、情感都是围绕着、反映着和服务于这种种实践斗争而形成、活动或消亡的。人类社会在实践斗争中不断地向前生长着、丰富着，这也就是社会生活的本质、规律和理想（即客观的发展前途）。美正是包含社会发展的本质、规律和理想而有着具体可感形态的现实生活现象，美是蕴藏着真正的社会深度和人生真理的生活形象（包括社会形象和自然形象）。黑格尔说，"理念"从感官所接触的事物中照耀出来，于是有"美"。这里"理念"如果颠倒过来，换以历史唯物主义所了解的社会生活的本质、规律和理想，就可以说是接近于我们所需要的唯物主义的正确说法了。与黑格尔的根本区别，在于他的"理念"是超脱生活的抽象的独存的精神实体，而我所说的生活的本质、规律和理想，却只是生活本身，是不能超脱生活而独立存在的。所以，它与现实生活中的某个具体的社会形象或自然形象的关系，就只是一种内容与形式的不可分割的统一的存在关系。

在这里，便涉及美的两个基本特性（客观社会性和具体形象性）了。美的基本特性之一是它的客观社会性。所谓美的社会性，不仅是指美不能脱离人类社会而存在（这仅是一种消极的抽象的肯定），而且还指美包含着日益开展着的丰富具体的存在，这存在就是社会发展的本质、规律和理想，例如，人类为理想开展的活动就是这样一种本质、规律和理想。它构成了美的客观社会性的无限（相对于下述的"有限"）内容。美的另一基本特性是它的具体形象性，即美必须是一个具体的、有限（相对于上述的

"无限")的生活形象的存在,不管是一个社会形象还是一个自然形象。无限的内容必须通过这个有限的形式而表现,没有这种形式的内容,就只能是逻辑、科学的对象,不能成为美感、艺术的对象。美感的特征(主观直觉性)是建筑在美的这一特征(具体形象性)的基础之上。后者是前者产生的条件和根据。

这里要重复一下的是,绝不能把美的社会性和形象性分割开或看作是两个不同的实体的独立存在。只有逻辑、科学才把二者分开来,把本质从现象中,把内容从形式里抽象升华出来研究,但在现实中,这二者本是一个完整的统一的存在。而艺术美感的特点,就在于从现象上、从具体形象中去把握。美的社会性是寓于它的具体形象中,美感的功利性是寓于它的具体直觉中。

美是具体形象。因此作为构成具体自然形象的某些自然属性——如均衡对称的生物、物理上的性能和形态等,也就成为构成美的必要条件。在上节批判旧唯物主义时,我强调了这些自然属性本身并不就是美;现在,要公正指出,它们本身虽然并不是美,却是构成美的重要或是必要的条件。例如,高山大海的巨大体积,月亮星星的黯淡光亮,就常成为壮美或优美的必要条件。这种自然条件或属性还常成为快感的客观对象、基础和根据。例如夏冬自然气候的不齐,对人生理上的刺激,从而影响心理情绪而作用于美感。"献岁发春,悦豫之情畅;滔滔孟夏,郁陶之心凝。"[1]上节曾指出快感与美感的关系,这种关系就正是以美的自然属性和社会属性的关系为基础和根据的。自然属性本身不是美,却常常构成美的条件,帮助美的形成和确定;快感本身并不是美感,但却常常构成美感的条件,帮助

---

[1] 刘勰:《文心雕龙》。

美感的形成和确定。所以，艺术美感的体现和唤起，就常常是以快感对象为其物质材料。总括上面，可以知道，美是形象的真理，美是生活的真实。真和美在现实生活中，本应是完全一致的、不可分的统一的存在。如果把"真"和"美"分裂并对立起来，其结果常常是否认美的客观生活真实的存在。[1]

与此同时，朱光潜先生又把美与善（实用价值）割裂和对立起来。认为美是非实用的，实用的也不一定是美，并举了农夫以为门前海景不如屋后一园菜美的例子，这一例子已有人加以反驳，这里不再说。要指出的是，在现实生活中美和善根本上也应是统一的、一致的。但美不是与狭隘的某个个人的实用价值相一致、相统一（如那个农夫的例子），而是与总体人类社会生活的大实用价值相一致、相统一。蕴含着丰富的人类生活的本质、发展规律和理想的可感知的具体生活形象，它是纯朴的真，它是伟大的善，同时也就是崇高的美。[2]

美的两个基本性质（亦即美的内容与形式）问题，一方面总结了美感的矛盾二重性问题，另一方面却又开展为艺术形象与典型这一艺术的中心环节。因为美的无限宽广深刻的社会内容是与其有限片断的具体形式相矛盾的。后者不能充分表述前者。人们愈益认识后者，就愈要求更圆满地表现前者，从而，这就推动着艺术美的出现。艺术美是现实美的摹写和反映，又是现实美的集中和提炼。优美的艺术是内容（社会性、思想性、政治标准）和形式（形象性、艺术性、艺术标准）的完满和谐的统一，它把美引向了更高级的形态和阶段。所以，研究美（现实美）的问题，必然归

---

1 〔补注〕这些问题远为复杂，上述和下面的概括都是相当粗糙简略的。
2 〔补注〕关于美与真、善的关系以及美的本质诸问题可参看本书《美学三题议》，那里作了进一步的说明。

结到研究艺术（艺术美）的问题。在我们研究顺序上，美是美感的否定，艺术是否定之否定。[1]

艺术的一般美学原理

这是一个大问题，它可以是写作几十本书的题材。在这篇小文中，只想以最后几千字的篇幅最简略地谈一下有关艺术的三个最重要的美学问题。所以仍要谈一下，是因为艺术无论如何总是我们整个美学科学研究的主要目的和对象。一切对于美感和美的抽象理论的阐明，归根结底总还是为了具体地更有效地研究和帮助艺术的创作和批评。[2]

艺术和艺术创作的基本美学问题

艺术的根本美学问题是艺术与现实的关系问题。这一问题的具体化，就是艺术形象与典型的问题，因为艺术是通过形象和典型来反映现实的。这一问题表现在创作里，就是形象思维的问题，因为艺术是通过形象思维来创造形象和典型，从而去反映现实的。

（1）艺术与现实的关系：美是客观地存在于人类社会生活之中。但

---

1 〔补注〕本文并非对美感作心理描述或分析，因此这只是就哲学行程的总体而言的。现代西方美学中，对审美经验的分析和对艺术的研究，几乎成了美学的主体甚至唯一主题，在另一些人那里，对艺术的"元批评学"替代了美学。对美的哲学探讨的兴趣完全消失，一概斥之为形而上学，这是我所不敢苟同的。

2 〔补注〕此说略嫌绝对，美学特别是美的哲学部分便不能如此概括。参看拙作《批判哲学的批判》一书第十章。

是，除了山川之美（自然美）以外，一般比较难于直接在现实生活中去欣赏美、感知美，需要通过艺术来感知和欣赏它，甚至人们感觉不到美的某些现实生活现象，一搬到艺术上，就能感到美了，这是些什么缘故呢？这是不是如朱光潜所说的那样，因为艺术与实际人生有一定的距离，而现实美则因距离太近而无法感知呢？

朱光潜的"距离说"是一个极其混杂的概念。其中包含了各种各样的所谓距离，有空间、时间的距离，有理智态度的距离，有实际人生的距离种种（其中主要的是社会功利的距离），这里限于篇幅，不拟一一介绍了。[1]可以概括指出的是，用一种自然空间、时间的距离来解说自然美和艺术美是一种浅陋的观点，它并不能解释美不美的问题。实际上，在那"距离"自己很近的创造性的劳动中也常常能得到一种美感：在那木架高耸、灯火通明、数万人辛勤劳动的建筑工地上，常使我们引起崇高的壮美之感；假日春郊姑娘们欢畅的歌声，又常使人带来一种令人愉悦的优美之感。壮美和优美也确乎客观地存在于这两种社会生活形象之中。

人们之所以还需要通过艺术美来感知美，主要是因为社会生活极为广泛，极为复杂，任何一个短暂的、片断的社会生活形象都不可能完满地体现出社会生活的本质真理。社会生活是一个历史的行程，生活的真理也正是体现在这整个行程之中。但人对现实美的直接把握常常只能是片刻的感受，它的对象只能是有限的、片断的、表面的生活形象。这个片断的生活形象，虽然生动具体，但不能完满、集中、深刻地表现出那个大的生活本质、生活真理。同时，任何个人的生命、经历、知识都极为有限，任何个

---

1 〔补注〕朱光潜的距离说当然来自英国美学家布洛。布洛指的是一种主观心理距离，并非客观时空等距离。他认为，任何对象只要能保持一定（不过大过小）的心理距离，便可以成为审美对象；任何对象，不论是如何成功的艺术作品，如欣赏时失去这种距离，也就不成为审美对象，不产生美感了。前者如在海难中观雾景，后者如看《奥塞罗》而想及自己妻子的不贞，如此等等。

人有限的耳闻目见，更不可能去直接反映、把握美的客观存在了。所以，在这里，就需要有艺术，就需要有艺术创作把表现在个别片断的生活形象中的美集中起来、提炼出来，使它能更深刻、更全面、更普遍地反映出生活的本质、规律、理想，反映出生活的真理。

毛泽东说：

　　人民生活中本来存在着文学艺术原料的矿藏，这是自然形态的东西，是粗糙的东西，但也是最生动、最丰富、最基本的东西；在这点上说，它们使一切文学艺术相形见绌，它们是一切文学艺术的取之不尽、用之不竭的唯一的源泉。

　　…………

　　人类的社会生活虽是文学艺术的唯一源泉，虽是较之后者有不可比拟的生动丰富的内容，但是人民还是不满足于前者而要求后者。这是为什么呢？因为虽然两者都是美，但是文艺作品中反映出来的生活却可以而且应该比普通的实际生活更高，更强烈，更有集中性，更典型，更理想，因此就更带普遍性。[1]

　　这是当代中国的马克思主义理论。它首先通俗地唯物主义地肯定了社会生活中客观现实美的存在，辩证地指出艺术美只是现实美的反映，但这反映又不是消极的静观，而是能动的集中和提炼，现实美在艺术中就这样达到了它的最大的生活的真实。因此，所谓自然丑能转化为艺术美，就不是因为"距离"之类的原因，而正是因为在艺术中，把在现实生活中人

---

[1] 《在延安文艺座谈会上的讲话》，《毛泽东选集》第3卷。

们看得很平淡、觉得并不美的东西集中和提炼起来，使它鲜明地、典型地反映出社会的真实生活的真理，就成为美的了。饥饿、剥削在现实生活中并不美，但是在饥饿和剥削中，劳动人民的反抗斗争、劳动人民的理想愿望却是美的。但这种遍布、混杂在人们日常生活中的现实美，人们就不大容易直接感到它的美，就必须用艺术把它集中起来、反映出来而成为艺术美。所以唯物主义从承认美存在于现实社会之中、承认它是艺术美的基源的理论出发，所以要求艺术应去客观地反映生活的真实。

（2）艺术形象与典型：艺术美是现实美的集中的反映，这正如科学论证的主观逻辑是现实世界的客观逻辑的反映一样。但是，又因为现实美本身的特性之一是它的具体形象性，它形象地诉诸人们的感官，感性地反映着生活的真实和真理，从而，这也就决定了艺术美的特性：它必须也是通过具体的、感性的形象来反映生活真实和真理。艺术美是现实美的反映和集中，艺术的形象也即是现实生活的形象的反映。所以，形象就是艺术生命的秘密，没有形象，就没有艺术。形象问题是艺术美的核心问题，因为它也就是艺术究竟能不能以及用什么手段反映现实美的问题。一切苍白的公式化、概念化的艺术品，就是因为它们没有创造出真正的形象，它们用逻辑的议论来代替形象，违反了、破坏了艺术美的根本原则。现实美本身本就是具体的感性的形象，而这些作品却根本没去反映它。

上面已经说过，作为可感知的具体形象的现实美毕竟还是低级的、原始的、粗糙的东西，那么，作为艺术美的形象究竟怎样使它变得集中、强烈而更真实起来的呢？

这就是通过典型化的手段。所以，典型又是艺术形象的核心问题。艺术形象是否能真实地反映生活的本质、规律和理想，是否能真正反映社会发展的生活真理，就看它典型化的程度和情况怎么样。美的社会性就必然要求艺术形象的典型化。不典型化，艺术形象就与现实生活的形象完全一样，艺术美就完全等同于现实美，因此，也就不能集中地深刻地概括出社会生活的本质规律和理想了。这正是自然主义艺术品所以不美的缘故。高尔基说得好：

> 文学家在描写一个他所熟悉的小商人、官吏、工人时，它不能提供任何东西以扩大和加深我们对人、对生活的认识。但是作家如果能从二十个到五十个，从几百个小商人、官吏、工人之中抽出最富有特征的阶级特点、习惯、嗜好、举止、信仰、谈笑，等等，把它们抽出并统一在一个小商人、官吏、工人身上，那么，作家就会用这种方法创造出"典型"，这才是艺术。[1]

所以，典型是美的社会性和形象性的统一，它具有鲜明的形象形式和深广的社会内容。缺乏其中任何一方面，都不可能是典型。以前关于典型的定义——"典型是一定社会历史现象的本质"，其错误就在于它只表明了美的社会性方面而抛开了美的形象性方面。这样，典型当然不能真正反映美，从而也就不成其为典型了。典型的艺术形象不是生活形象的概念的演绎，而是对生活形象的艺术的提炼和集中，这就必须经过一个形象思维的过程。典型就正是、也只能是在这样一个思维过程中产生出来。艺术家最锐敏地捕捉着各种各样的生活形象，通过形象思维把这些原料加工集中提炼而成为典型环境、典型性格、典型的思想情绪和意境。

所以，典型问题又必须通过形象思维来研究。艺术与现实的关系问题，就这样进而具体地在艺术创作中呈现为如何正确反映现实的问题。

---

[1] 高尔基：《我的文学修养》。

（3）形象思维问题：那么形象思维的过程是怎样的呢？怎样从哲学认识论来阐明形象思维的本质和特性呢？

我们都知道，根据唯物主义反映论，认识是从感性到理性，从具体到抽象的不断深化的过程。在逻辑思维中，感觉、印象是通过概念的抽象，来概括和反映出事物的本质联系，从而使认识更加深化，进到认识的理性高级阶段。那么，形象思维又是怎样进行"抽象""概括"而使认识由感性阶段进到理性阶段的呢？这显然是形象思维的一个根本问题。因为形象思维能否以及如何上升到理性阶段的问题，也就是艺术能否以及如何反映现实生活的本质的问题。

首先，我认为形象思维过程是一个具有自己特性的整体过程，而不能同意把逻辑思维作为形象思维中的一个阶段（即理性阶段），不能同意把形象思维看作只是认识的感性阶段。它必须经过抽象的逻辑思维，才能上升到理性阶段，它必须把感性原料逻辑抽象化，然后又再在创作实践中用具体感性形象来表现、"翻译"和"演绎"。我反对这种把艺术认识看作是形象（感性）→逻辑（理性）→形象（艺术作品）的思维过程。我认为，作为一个整体的形象思维有着它不同于逻辑概念的自己的理性认识的方法和阶段，它的这个阶段，正如同逻辑思维的这个阶段一样，是把感性认识中的材料"抽象"概括的结果。从而，它就对对象的认识进一步深化，也更深入地反映了事物的本质。

形象思维这种"抽象"（注意！是加了引号的抽象）和概括，不是通过逻辑的概念，而是通过形象的典型化。所以，这两种思维（形象思维和逻辑思维）的两种不同的"抽象"就在于，逻辑思维的抽象是从事物现象的感性原料中（感觉印象等）完全舍弃其各种具体可感的感性因素和细节来取得其概括的本质属性。例如，"资本家"这一逻辑概念就已不带有具体感性因素，它不是某一个具体的生活行动着的资本家个人，虽然它仍然具有一切具体的资本家的贪财若渴、唯利是图的阶级本质；而形象思维的"抽象"却恰恰相反，它不但不去扬弃感觉、印象的原料中任何富有感染力的具体感性因素，而且还要特别在这感性原料中，保护、选择、集中它的最有代表性的某一方面、某一属性、某一特征（这些属性、特征、方面，当然仍是具体可感知的感性材料），而在不断地选择、概括和集中的过程中，极力地去增强它的感染力量。艺术中的资本家的典型就比现实生活中的资本家更加带有生活气息，更加令人具体地感受到他的那种阶级性格和本质，使人感到更加可怕和可憎，等等。巴尔扎克的葛朗台的典型形象不就是这样的吗？凭借着形象思维典型化而创造的葛朗台老头这一巨大的艺术形象，就跟《资本论》凭着逻辑思维的抽象所分析的资本家一样，深刻地反映了社会生活的本质，同样地达到了人类认识的理性高级阶段。所以，"艺术家必须具备概括的本领，即把现实中经常反复的现象典型化的本领"（高尔基），典型化就正是形象思维的理性高级阶段，非典型化就正如逻辑思维中不要概念、推理一样，就不能去反映和认识生活的本质。所以，形象思维的过程就正是现实美的内容和本质在人的主观中的显露过程。人们由美的形式和现象——具体形象开始，通过典型化而达到美的本质内容的最大的艺术概括和把握。所以，美的两重性性质问题决定了艺术的创作思维的过程的特征。美的社会性和形象性的不可分的统一，就在根本上排斥了允许脱离感性血肉的逻辑思维任意盘踞在形象思维的统一体中。

但是，肯定形象思维是一个独立的整体过程，这并不是说，形象思维与逻辑思维完全没有关系和互不相干。事实上，恰恰相反，这两种思维经常是互相制约、渗透、影响着的。特别是逻辑思维对形象思维的影响、渗透、制约、支配则更为明显，也更为重要。艺术家在提炼主题、构思提纲、安排情节等方面，固然经常是逻辑思维，而即使在形象思维的过程本身中，逻辑思维也常常从外面来指引它、规范它、干扰它。正确的逻辑思维在这时就大大地帮助了艺术家的形象思维，帮助他去发现、确定、择取、集中感性原料的客观本质和规律；不正确的逻辑思维在这时就会要损害、破坏艺术家的形象思维，使它的正常发展受到歪曲、破坏。在古今大作家的作品中就常可以看到这种现象。[1]

逻辑思维的问题基本上是世界观的问题。我们常说的所谓作家们创作方法与世界观的矛盾，也就是说，作家的真实反映现实生活的形象思维与作家另一套抽象的政治、哲学、伦理观点的逻辑思维的逻辑论证相矛盾、相冲突。但是，实际上，因为人们的逻辑思维决不局限在政治、哲学、伦理的理论观点，对日常生活现象，人们也同样进行逻辑思维，区别什么是对、什么是错、什么是好、什么是坏，而这种对日常具体生活现象的判断和思维与作者所信奉的那一套抽象的哲学、政治理论也并不全一致，有时还相矛盾，而这也就是所谓作家世界观本身中的矛盾。我们说，一个世界观彻头彻尾反动的作家，无论如何是不可能有进步的艺术创作的，因为他的反动世界观已贯彻到了他对一切日常具体生活现象的判断中。伟大的古典作家却不是这样，尽管他们所信奉的那些哲学政治观点是反动的，但这只是他们世界观的一方面，他们世界观的另一方面——对许多具体生活的爱憎好坏的逻辑判断常常是正确和进步的，是与他们的美感直觉和形象思维相一致的，而这一方面就能帮助他们去进行创作。所以，我们说巴尔扎

---

1 〔补注〕关于形象思维，参看本书有关文章。这一小节包括字句也未作改动，与《形象思维续谈》一文对照，基本观点无变化。有趣的是，本文所反对的公式倒恰好是郑季翘十年后提出的公式。（见《红旗》杂志1966年5月号）

克、托尔斯泰世界观与创作方法的矛盾，主要是因为世界观一般应该指一个人对世界所具有的系统的理论的观点，而巴尔扎克、托尔斯泰的这种系统观点和逻辑论证与他们的创作方法和形象思维的确是矛盾的、冲突的。

由此可见，世界观的正确与否，逻辑思维的正确与否，对于艺术创作、对于形象思维有影响。进步的世界观、社会思想、美学思想，在某种情况或意义下，对艺术创作是贵重的珍宝。[1]杜勃罗留波夫有一段话说：

……一个在自己的普遍的概念中，有正确原则指导的艺术家，终究要比那些没有发展的或者不正确地发展的作家来得有利，因为他可以比较自由地省察他的艺术天性的暗示。他的直接的感觉，总是忠实地把目的物指给他看，然而要是他的普遍概念是虚伪的话，那么在他的心里，就势必要引起一阵冲突、怀疑和踌躇，即使他的作品并不因此变得彻底虚伪，也一定会显得脆弱，无色彩，不调和。反过来，如果艺术家的普遍概念是正确的，而且是和他的性格完全相谐和的，那么这种谐和与统一，也必然会反映到作品里去。那时候现实生活就能够更加明白，更加生动地在作品中反映出来了。这种作品使得有推理能力的人可以容易得出正确的结论，从而对于生活的意义也就更大了。[2]

只有了解美感问题，才能真正了解世界观、逻辑思维在艺术创作中的作用和地位。美感的矛盾二重性正是在这里展开了它的外部形态：艺术家创作时所遵循的是自己个人的美感、个人的良心的指引，然而，这个人的良心、美感却仍然是一定社会意识的表现，它具有客观功利的性质，美和

1　〔补注〕这一看法并不正确，参看本书《形象思维再续谈》。
2　杜勃罗留波夫：《杜勃罗留波夫选集》第1卷，新文艺出版社，1954年版，第167页。

美感的两重性质告诉人们注意把感性与理性统一起来，从生活现象中去寻找生活的本质。

某些唯心主义美学的特色却是绝对地把美感与理智、艺术与科学对立和分割开来。从而，在艺术理论中，就根本提不出形象思维、典型和典型化的问题。克罗齐、朱光潜认为直觉就是表现，表现就是艺术："艺术的活动即美感的活动，美感的活动即直觉的活动。""心里直觉到一种形相，就是创造，就是表现。这形相本身就是艺术作品。""当你直觉或想象到某形某色的竹时，你同时已把它表现了。你意中之竹便是画中之竹。画中之竹只是已表现的意中之竹留痕迹……这就是说，直觉即是表现。"[1]

很显然，在这里，艺术创作就完全没有任何提高集中的典型化的形象思维的过程。艺术不过是"猛然"直觉到的一种原始的模糊的生活印象而已。许多其他唯心主义者的艺术理论也都如此，都是或反对或否认典型化的存在和必要。

艺术批评的美学准则

艺术美和现实美一样，是直接诉诸人的美感直觉的。人们是通过美感而不是通过概念来认识美（现实美或艺术美）的。那么，艺术批评的意义何在呢？简单说来，正如刚才谈过的逻辑思维对形象思维的意义一样，它的意义在于能够指引、规范和帮助美感直觉，帮助后者去反映和感知美的存在，去帮助人们欣赏，去帮助艺术家创作，尽管艺术批评并不能代替美感欣赏或艺术创作。

---

[1] 朱光潜：《文艺心理学》，开明书店，1936年版，第163、165页。

艺术批评是通过对艺术作品的逻辑分析来进行的。在这里，艺术批评就必须具有一定的原则、规律和采取一定的途径、方法。例如，艺术美通过典型，集中地反映着现实美。然而，现实美是一定时代和历史条件下的东西，那么，它的这种历史和时代性质究竟如何反映在艺术美中，而反映着一定历史时代现实美的艺术美，又如何能够长久地保留下来供后人欣赏呢？这里，我们就需要简单谈一下美学中两对重要范畴。这就是：艺术的时代性和永恒性，艺术的阶级性和人民性。[1]

艺术既然是现实生活的集中反映，艺术美既然是现实美的集中反映，既然现实生活和现实美都是一定社会和时代下的生活，那么，当然艺术只能以一定时代的现实生活为内容，它本身也是一定时代的产物。所以，艺术具有时代性。《红楼梦》具有中国封建社会的时代标志，它反映了封建社会走向没落的生活现象；《红楼梦》是那个时代的产物，它所反映的是那个时代。一切真正的艺术品都是这样，都是它自己的时代的骄傲的精神产儿。但是，另一方面，艺术又与其他事物不一样，它能够超越自己的时代而长久活下去。《红楼梦》到今天仍然保持着高度艺术魔力，仍然在激动着今日无数青年男女的心灵。一切美好的艺术作品也都是这样，这就是大家都知道的艺术的永恒性。

与此相适应，艺术作为一定时代、社会的产物，在阶级社会中，为一定阶级的思想情感所浸染、所支配，反映出种种思想、情感、要求、愿望，反映出这个阶级的欢乐、苦痛、幸福、悲哀，这就是所谓艺术的阶级性；另一方面，阶级正如特定的时代一样，它在历史行程中只是短暂的存在。它产生了又消失了，但是整个人类却继续生存下来。人民是

---

[1] 参看本书《关于中国古代抒情诗中的人民性问题》《谈李煜词讨论中的几个问题》。

绵延不朽的。因此，真正美好的艺术，又能超越自己的特定的阶级性质而具有广泛的人民的性质，为广大人民和后代人民所喜爱，所欣赏，这就是艺术的人民性。

所以，这两对范畴，实际上是一回事，是一个问题的不同表现方面。这个问题，简言之，就是艺术产生在一定时代、反映一定阶级的情绪、利益，为一定阶级服务，同时却具有能超越其时代、超越其阶级的性质。在相对中有绝对，在暂时里有永恒。而这，也就是艺术的特征，也就是艺术的秘密。马克思说："困难不在于了解希腊史诗与其社会发展形态的结合，而在于它永远是美感享受的源泉。"

在这个问题上，各种各样的唯心主义和庸俗社会学各自抓住了问题的一个方面，片面地加以吹胀夸大，经常得出错误的结论。所以，也要作两条路线的斗争。

唯心主义常常是抓住艺术的永恒性的特色，标榜着超越时空的人性论，他们否认艺术的时代性、阶级性，认为艺术与时代、阶级完全无关，只是表现所谓抽象不变的"人性"，因此才能留传下来。"一切的人呀！人喜了呀！"这就是为鲁迅所辛辣地嘲笑过的这种文艺理论的标本。朱光潜也认为，"艺术是人性中一种最原始最普遍最自然的需要"[1]，一切艺术只是"人性"的表现，一切艺术家只是"人性"的代表。"人性"在这里只是一种抽象的自然性。唯心主义一贯否认历史具体的人性、社会性，反对艺术为一定时代、阶级服务。

与此相反，庸俗唯物主义抓住了另外一面，他们看不见艺术的人民性和永恒性的极为复杂的特质，简单地把艺术和艺术家分类嵌入一个狭窄的

---

1 朱光潜：《谈美》，开明书店，1932年版。

时代、阶级的框子里。他们把艺术等同于哲学、政治观点，把艺术家等同于哲学家、政治家。他们只看见时代和阶级对作品和作家的制约、影响、作用，而看不见它们超越自己时代、阶级的伟大的特色。拉斐尔就被算作宫廷的侍奉者，普希金是贵族，李白、杜甫是中小地主的代表。这种庸俗化的艺术理论在今日我们的文学批评中仍然起着很坏的影响。他们忽视了艺术的特征，他们不懂得：李白、杜甫如果只是唐代地主阶级的艺术代表，那他们的作品到地主阶级已经消灭的今天，就根本不可能还保持它的巨大的美学意义。

所以，问题在于正确看到每对范畴的两个方面（时代性与永恒性、阶级性与人民性）的相互依存、相互制约、矛盾而又统一着的极为生动、丰富、复杂的辩证关系。对其中任何一方的研究都必须把它的对方联系起来考察，要看到每一方都包含对方于其自身而成为统一的整体。

真理总是具体的。历史地形象地反映一定时代的生活、揭示生活真理的艺术作品，就可能具有永恒的价值。任何时代的人们都是在不断地从四面八方、从理智和感觉来吸取对生活真理的认识，"人确信外在世界，不仅是借助思想的帮助，而且借一切感情的帮助"（马克思）。过去时代的美好的艺术品对过去生活真理的形象的揭示就帮助了这种认识。《黄河大合唱》揭示了抗战时代社会生活的本质——灾难深重的中国人民奋起抗战、艰苦斗争的伟大思想、情绪、意志和行动，这些时代生活的形象也就长期地感染着、鼓舞着今天正在为社会主义建设而奋起斗争的中国人民，从美感上帮助他们建立对社会生活的美好信念。时代的从而也就是永恒的了。与此一样，历史地、形象地反映一定的先进阶级、阶层的利益要求、思想情感的美好的艺术作品，也就一定具有人民性，因为常常符合着当时其他阶级的广大人民的利益和要求。它本身代表着广大的人民群众，这样也就当然激动着广大人民的心灵。"三言""二拍"是比较典型的崛起的新兴市民阶层的艺术创作，它比较典型地反映了这一新兴阶级的生活、利益、理想和要求；展开了对社会生活、人情世态的深刻的描绘，它具有阶级性。但是，因为这个阶级当时还是新兴阶级，它还忠实于生活的广泛的真实。所以它的艺术作品就还能够正确地描写生活的真理，反映广大人民的思想情感和要求。这样，阶级的从而也就是人民的了。

社会生活是一条长河，它滔滔不绝地流向更深更广的远方，它是变动的；但是，追本溯源，生活又有着它的继承性，变中逐渐积累着不变的规范、准则。"夸父追日""精卫填海"——远古人民征服自然的幻想的时代早已过去了，《古诗十九首》所哀伤的困苦离别也早已过去了，但是，通过艺术形象具体表现出来的那种远古或古代人民无畏的意志和深沉的悲哀，不仍然能世世代代与我们的呼吸相通，世世代代引起我们情感的共鸣吗？

为什么会这样呢？仍然要从美和美感的二重性中去求得解答。例如，美的两个基本性质或特征在这里就显示为每对范畴的两个方面。具体形象是一定时代、阶级的，而它的深广的社会性却能超越时代、阶级而永生。这永生的生活的真理、本质、规律和理想，同时也就常存在于这个一定的具体的时代和阶级的形象中，构成形象的内容，从而这形象本身也就是永恒的生命了。这样，艺术的永恒性，就不同于科学的永恒性，科学的永恒性只是抽象的、没有感性形象的生活的真理，而艺术却是一个社会性和形象性相统一的生活的真实、形象的真理。艺术美感是真理形象的直观。

上面只是指出每对范畴两个方面的统一的性质，每对范畴的两个方面又有它的矛盾对立的地方。举浅近的例子，如艺术品因时代太远，今日欣赏起来感到困难，感到不美；艺术家因阶级的限制不能够真实地反映生活,他必须抛弃阶级偏见的影响才能创作具有高度人民性的作品,如此等等。总之,这两对范畴是艺术理论中极为重要的问题,它的内容复杂而丰富,限于篇幅,这里只能提出这个问题,而不仔细地论证了。

最后,简单地说一下艺术批评中所应该遵循的基本方法和途径,这也正是由上面这个问题所生发出来的。因为人民性、阶级性这些范畴正是运用在艺术批评之中,艺术批评必须通过这些范畴,从理论上、逻辑上来揭示艺术美的实质、价值和意义。在现实生活中的真、善、美,艺术批评中究竟应该如何使用呢?就是说,艺术批评究竟应该采取怎样的逻辑途径、方法来进行呢?研究的方法决定于研究的对象。在现实生活中,真、善、美是统一的。艺术是现实生活的反映,这就必然地决定了艺术中的联系和一致。艺术的这一性质又规定了艺术批评的美(形象的美感)→真(生活的真实)→善(社会的价值)的分析原则。

艺术分析必须从形象出发,从形象所引起的美感出发。因为美的本质特性之一就是它的具体形象性。形象是美的特性,艺术是通过形象而不是通过别的来反映生活。所以,首先必须分析作品中的形象,看它是否真实。这一点应该是人所熟知的老生常谈。但遗憾的是,今天无论是古典文学的研究或现代作品的评论,都常常不是从作品的形象出发,而是从某个先定的教条、逻辑思维出发,他们完全违反了艺术批评的这个基本原则,弄得一无是处。但是,中国古代的文艺批评却是特别懂得这点的。他们善于用简短的字句准确地概括某一作品或某一作家所创造的艺术形象的美感特点。今天应继承这种优秀的批评传统,而反对种种从概念、题材、"思想"出发的批评原则。

分析形象是为了要看它是否反映了生活的真实,要看它是否真。美学的力量也就在这里,揭示美的生活本质之所在。因为美的基本特性之一就是它的深广的社会真理的内容。所以在这里，我们就需要分析作品的阶级性、时代性等，分析它如何在何种程度上反映了当时社会现实生活的。

　　艺术本身是现实美的集中反映，同时也是人类审美感的集中凝结。另一方面，艺术又反过来作用于生活，它促进人们的美感，"艺术创造审美的主体"，而同时又通过提高人们的精神境界，来促进社会生活中美的增长。所以，艺术的作用就在于丰富、提高和不断地改造人们的精神世界，就在于它的善。艺术是人类对美的能动的反映，它所以揭示生活的真实，是为了鼓舞和教导人们去善善恶恶、去为更美好的生活而斗争。人们是不自觉地从艺术作品接受这种鼓舞和教导的。而美学——艺术批评就正是要逻辑地指出这一层，揭示艺术作品的客观内容、意义和价值，指出好的艺术品的教育意义和坏的艺术品对人类精神的毒害，使艺术作品以更明确、更自觉的方式深入人心，使人们更懂得什么是真、善、美，使人们为更高的真、善、美而奋斗。

补记：

　　在国内美学文章中，本文大概是最早提到马克思的《1844年经济学哲学手稿》，并企图依据它作美的本质探讨的。由于主客观条件的限制，本文论证非常粗陋简单。美感也未谈其构成诸因素（知觉、想象、情感、理解），艺术部分更为简单化。总之，这只是写在二十世纪五十年代国内环境下的一个初步提纲，现在虽予删削，但不便多加修改了。另外本文结尾原曾提到撰写《美学引论》一书，二十余年来不断收到一些不相识的同志们来信询问，也曾遭到蔡仪同志的讽刺（见蔡著《唯心主义美学批判集》）。这里似应简单交代一下，此书写成了大部分初稿，后因参加王朝闻同志主编的《美学概论》的编写工作，乃暂时停写。其中有些部分曾以文章形式改写发表，如收集在本书中的《略论艺术种类》《形象思维续谈》《审美意识与创作方法》《虚实隐显之间》等篇。

1979年12月

美的客观性和社会性
——评朱光潜、蔡仪的美学观

注：原载《人民日报》1957年1月9日。

读了蔡、朱两位先生的文章，有几点不成熟的意见。总的说来，觉得蔡仪对黄药眠的批评、朱光潜对蔡仪的批评，在揭露对方的错误这一方面，都比较准确和有力。但是，他们各自提出来的正面论点，却大都是站不住脚的，甚至是错误的。而之所以如此说，是在于他们总是这样那样地、有意无意地不是否认美的存在的客观性（黄、朱），便是否认美的存在的社会性（蔡）。在他们那里，美的客观性与社会性是非此即彼、互相排斥的不可统一的对立，以为承认了美的社会性则必须否认美的不依存于人类主观条件（意识、情趣等）的客观性；相反，承认了美的客观性，又必须否认美的依存于人类社会生活的社会性。但实际上，美既不能脱离人类社会，又是能独立于人类主观意识之外的客观存在。下面想就这个问题简单地谈谈。

美是主观的还是客观的？

我们和朱光潜的美学观的争论，过去是现在也仍然是集中在这个问题上:美在心还是在物?美是主观的还是客观的?是美感决定美呢还是美决定美感?在这个唯物主义与唯心主义根本对立的关键问题上,朱光潜在《文艺报》发表的自我批评中,仍是坚持"美不仅在物,亦不仅在心,它在心与物的关系上面"的主张的,并且"还是认为要解决美的问题,必须达到主观与客观的统一"。在《美学怎样才能既是唯物的又是辩证的》一文中,朱光潜就把这种主张具体地以新的论点和新的方式提出来了:

……美感的对象是"物的形象"而不是"物"本身。"物的形象"是"物"在人的既定的主观条件(如意识形态、情趣等)的影响下反映于人的意识的结果,所以只是一种知识形式……这物乙(引者按:即指"物的形象",即指美)之所以产生,却不单靠物甲的客观条件,还需加上人的主观条件的影响,所以是主观与客观的统一。

这确是朱光潜最基本的思想,它从头到尾贯彻在这篇文章中,类似的提法、说法,文中到处可见。总括朱光潜的意思,是认为,作为美感对象的美,并不能独立于人的主观之外,恰好相反,而是必须依存于"人的主观条件"的。而所谓"人的主观条件",就如朱光潜自己所标明,是指人的"意识形态""情趣"等。所以,这就是说美(物的形象)并不是一种客观的存在,只是人的一种主观的"知识形式",必须有人的主观意识、情趣"影响"外物才能产生美,美是人的意识、情趣作用于外物的结果。这就是朱光潜这篇文章中所强调的美是"主客观的统一"的基本要点所在。

但是,这种说法与朱光潜过去的说法基本上是没有什么不同的。朱光潜过去曾提出"美是心借物的形相来表现情趣……凡美都要经过心灵的创造"的理论，认为美固然需要客观外界的物质"材料"，但这些"材料"之所以美，则是人的主观直觉"创造""表现"的结果，是"心"把自己的情趣"抒发""传达"给"物"的结果。所以，朱光潜在这里的主要错误，仍然在于取消了美的客观性，而在主观的美感中来建立美，把客观的美等同于、从属于主观的美感，把美看作是美感的结果、美感的产物。在文章中，朱光潜虽然提出了"美"和"美感"的两个概念，但却始终没有区分和论证两者作为反映和被反映者的主、客观性质的根本不同；恰好相反，朱光潜处处混淆了它们，处处把依存于人类意识的美感的主观性看作是美的所谓"主观性"，把美感和作为美感对象的美混为一谈。朱光潜所谓作为产生美的"某些条件"的客观的"物甲"，就实际上只是一种不起任何作用的康德"物自体"式的存在，它之成为"物乙"（美），完全依赖于和被决定于人的主观意识、美感。所以，在这里，美感、主观意识就是基元的，第一性的；美则是派生的，第二性的。下面这段话是朱光潜用以说明美感的，但若与文中关于美的说明对照一下，便可以看出，它们并无差别："美感在反映外物界的过程中，主观条件却有很大的甚至是决定性的作用，它是主观与客观的统一，自然性与社会性的统一。"由此就当然会得出赤裸裸的美感决定美的逻辑结论："美感能影响物乙的形成。""由于……主观条件（美感能力）不够……不能产生美的形象（物乙）"，这与《文艺心理学》中用"美感经验"来代替美、决定美，认为美是"美感经验"的结果和产物完全一样，朱光潜现在希望是"既唯物又辩证"的"主客观的统一论"，实际上仍然是美感决定美、主观决定客观、"心借物以表现情趣"的主观唯心主义。

但是，朱光潜现在的观点与以前的是不是完全相同呢？那也不是。除了朱光潜主观意图根本不同以外（即现在是希望建立唯物主义的美学），还有一个重要的区别：那就是过去朱光潜所强调的是美和美感超功利、超社会的神秘的个人直觉性质，而现在朱光潜是承认和强调了美（实际上是美感、即意识形态、情趣等）的时代、阶级、民族的社会性质。因此，朱光潜所说的"美是主客观的统一""美在心物关系之间"的所谓"主观"、所谓"心"，如果说，在过去主要是指超社会的、神秘的个人的"主观"、个人的"心"；那么，现在则主要是指作为社会的人的"主观"、社会的人的"心"，是指社会、时代、阶级的意识、情趣了。承认了人的主观意识和美感的社会性质，当然是一大进步。但这并未根本改变问题。因为即使承认了美（美感）的社会性而拒绝承认美是不依赖人类主观意识的客观存在，这就是说，即使承认了美是不依存于个人的直觉情趣，但却认为它依存于社会的意识、社会的情趣，就仍然不是唯物主义。所谓社会意识、社会情趣，对社会存在来说，它仍然是主观的、派生的东西，它只能构成美感的社会性（这就是说，任何个人的美感是一定的社会意识、情趣的表现），而不能构成美的社会性。所以，朱光潜把美的社会性看作是因为它依存于人类社会意识、情趣的缘故，把美的社会性看作是美的主观性，这就完全错误了，因为依存于、从属于社会意识（人的主观条件）的只是美感，而不是美。美具有社会性，但不具有如朱光潜说的这种"主观性"。

由此而来的朱光潜文章中的第二个重要论点也是第二个重要错误，是认为美感能"影响"美："美可随美感的发展而发展"，"在美感力日渐精锐化的过程中，事物的美不但在范围上而且在程度上都日渐丰富和提高起来"。我们坚决不能够同意这一论点。我们之不能同意美随美感的发展而发展，简单说来，就正如不能同意社会存在是随社会意识的发展而发展一样。社会存在的发展是随社会生产方式的发展而发展的，而不是随社会意识的发展而发展。社会意识的"反作用"，只是意味着加速或减慢这种发展。同样，美也并不是随美感的发展而发展，而是随社会生活的发展而发展的。在人类历史行程中，随着社会物质生活的日益完善，随着人的精神面貌的日益提高，社会生活的美也就日益增长、发展起来。原始公社没有社会主义生活的美，野蛮时代产生不了革命战士人格的美。所以，必须先有生活的发展、美的发展，然后，作为反映生活反映美的美感才有发展的可能，否则，美感的发展就没有它的基础和依据，变成无根之木、无源之水了。因此，并不是美随美感的发展而发展，恰好要倒过来，是美感随美的发展而发展。至于美感的"反作用"于美，"影响"美，这主要是说美感通过艺术反映了美，而艺术又能反过来丰富和提高人的精神面貌，这就增进了社会生活的美，促进社会生活和美的发展。很清楚，这与朱光潜认为美感可以直接决定美的发展的所谓"反作用"是根本不同的。

朱光潜文章中还有一些错误（如对科学对象和艺术对象的割裂，对"艺术反映现实"的"现实"的理解，等等），因限于篇幅，这里就不能逐一批评了。黄药眠的错误大体与朱光潜相似，只是表现得隐晦些，蔡仪的文章已详细揭出，这里也不谈了。

美能脱离人类社会而存在吗？

如果说，我们与朱光潜的分歧是在美的客观性的问题上，那么，我们与蔡仪的分歧就在美的社会性的问题上。蔡仪的美学观的基本特点在于：强调了美的客观性的存在，但却否认了美的依存于人类社会的根本性质。

蔡仪的这一特点，朱光潜已有所指明，这里不复述。但在批评黄药眠的文章中，蔡仪除了笼统地强调"物的形象是不依赖于鉴赏者的人而存在的，物的形象的美也是不依赖于鉴赏的人而存在的"以外，并没有进一步正面说明：美究竟是怎样"不依赖于鉴赏的人而存在"的？它究竟是怎样存在于客观的物的本身中？它的这种客观存在与我们日常说的物质世界的不依赖于人的客观存在又有什么不同？（这即是说，蔡仪所谓的"物的形象"与"物的形象的美"的这两种客观存在是不是完全一样？）关于这些问题，蔡仪以前写的《新美学》一书中则有相当具体、详细的说明。（蔡仪现在清华大学建筑系讲美学也仍坚持了《新美学》中的这些理论，所以《新美学》基本上仍可以代表蔡仪现在的观点。）

> 美的本质就是事物的典型性，就是个别之中显现着种类的一般。[1]
> 总之，美的事物就是典型的事物，就是种类的普遍性必然性的显现者。[2]

这就是说，美是典型，典型是显现了种类的普遍性、必然性，即物体的一般的自然属性（数学的、机械的、物理的、生物的等属性）的个别事物。劲直的古松为什么美呢？按照蔡仪的理论，这是因为它"显现了"生物形体上的普遍的种类属性——"均衡和对称"。那么，"偃卧的古松""敧斜的弱柳"又为什么美呢？那是因为它们"虽然不能表现生物形体上的普遍性，却能表现着它们枝叶向荣的不屈不挠的欣欣生意，就是表现了生物的最主要的普遍性了"。[3]

很清楚，这就是把美或典型归结为一种不依存于人类社会而独立存在的自然属性或条件。这就是说，美的客观存在和物质世界的客观存在完

---

1 蔡仪：《新美学》，群益出版社，1947年版，第68页。重点皆引用者加。
2 同上书，第80页。
3 同上书，第79页。

全一样，是不依赖于人类的存在而存在的。因此，没有人类或在人类以前，美就客观存在着，存在于自然界的本身中。因此许多人便到自然事物本身中去寻找美的标准，找出了"黄金分割""形态的均衡统一"等。他们总是企图证明美是存在于客观事物的这种简单的机械的数学比例、物理性能、形态式样中，把美归结为这种简单的低级的机械、物理、生物的自然条件或属性，认为客观物体的这种自然属性、条件本身就是美。蔡仪所信奉的就正是这种形而上学唯物主义的美学观。显然这种美学观并不能真正解决美的复杂问题，而反给唯心主义留下了攻击的借口。树长得直就是直，为什么是美呢？为什么许多别的"均衡和对称"的东西又不美呢？高山大海，春花秋月，这纯粹是一种自然物质现象，如说美就在其本身，那为什么由它引起的人的美感却随时代和环境而有变易呢？如果照蔡仪的理论，那既没表现形体上的普遍种类属性（"均衡统一"），又没表现本性上的普遍种类属性（"枝叶向荣""欣欣生意"）的生物——例如"枯藤老树昏鸦"，那一定是不美了。照蔡仪的理论，一张科学的自然图片和一张风景画，其美学价值就必然是相同的了。因为它们都同样表现了自然对象的"均衡对称"的美的法则……显然这些是相当荒唐的。同时，因为这种理论常常是把物体的某些自然属性如体积、形态、生长等从各种具体的物体中抽象出来，僵化起来，说这就是美的法则。这实际上，就是把美和美的法则看作是一种一成不变的、绝对的、自然尺度的、抽象的客观存在，这种尺度实际上就已成了一种超脱具体感性事物的抽象的先天的实体的存在了，各个具体物体的美就只是"显现了'这个尺度而已。应该说，这已十分接近于柏拉图、黑格尔认为美是观念（实体）的体现的观点了。所以，车尔尼雪夫斯基对黑格尔的批判，也相当适用于蔡仪。车尔尼雪夫斯基曾问：最充分地显现了青蛙这个普遍观念的某个具体的青蛙（在蔡仪那里，就是最充分地"显现"了青蛙的普遍的种类属性的某个最"典型的"青蛙），到底又美在哪里呢？

美的客观性和社会性是统一的

所以，要真正解决美的客观存在问题，就不能否认而要去承认美的社会性。应该看到，美，与善一样，都只是人类社会的产物，它们都只对于人、对于人类社会才有意义。在人类以前，宇宙太空无所谓美丑，就正如当时无所谓善恶一样。美是人类的社会生活，美是现实生活中那些包含着社会发展的本质、规律和理想而用感官可以直接感知的具体的社会形象和自然形象。我们所说的社会生活的本质规律和理想，并不是一种可以超脱生活而独存的精神性的概念或实体，恰好相反，它只是生活本身，它是包括生产斗争和阶级斗争在内的人类蓬蓬勃勃不断发展的革命实践。它与具体、有限的某个生活形象的关系，只是内容与形式不可分割的统一的关系。宽广的客观社会性和生动的具体形象性是美的两个基本属性。

所以，我们所承认的美的社会性不但与客观唯心主义所讲的"观念的体现"说（体现了自由、进步观念的事物是美等）不同，而同时也与朱光潜所讲的美的社会性就是它的主观性也根本两样。因为我们所讲的美的社会性是指美依存于人类社会生活，是这生活本身，而不是指美依存于人的主观条件的意识形态、情趣，即使这意识这情趣是社会的、阶级的、时代的。所以，就决不能把美的社会性与美感的社会性混为一谈，美感的社会性（社会意识）是派生的、主观的，美的社会性（社会存在）是基元的、客观的。当然,所谓社会存在的客观性,"并不是指有意识的存在物的社会,即人们的社会,能够不依赖于有意识的存在物的存在而存在和发展……而是指社会存在是不依存于人们的社会意识的"[1]。"从人们在进入交往时是作为意识的存在物而进入的这一点之中,绝不能得出社会意识是与社会存在等同的"[2]。这一点很重要,许多人犯错误就正因为常常搞不清这点。他们觉得,社会存在既是人的社会存在,而人是有意识、情趣的,因此,依存于社会的存在就好像是依存于人的意识、情感的存在而存在了。这样,就常把社会存在与社会意识混同起来。朱光潜认为美的社会性就是它的主观性,其错误就正在这里。但是,美的社会性并不是美的主观性,而恰恰正是美的客观性,因为美一方面既不能脱离"有意识的存在物的存在而存在",即不脱离人类而存在,而另一方面又是不依存于"有意识的存在物"的即人类的意识、情趣,亦即不依存于个人的或社会的主观美感的。所以,美的社会性与客观性不但不矛盾,而且是根本不可分割地统一着的。

社会生活中美的社会性,本来是不会有太多的疑问的。问题常常是发生在自然美的方面。

表面看来,自然美的确是最麻烦的问题,因为在这里,美的客观性与社会性似乎很难统一。正因为如此,就产生了各持一端的片面的观点:不是认为自然本身无美,美只是人类主观意识加上去的(朱);便是认为自然美在其本身的自然条件,它与人类无关(蔡)。然而事实却是:自然美既不在自然本身,又不是人类主观意识加上去的,而与社会现象的美一样,也是一种客观社会性的存在。正如马克思在《1844年经济学哲学手稿》中所说:"对象的现实处处都是人的本质力量的现实,都是人的现

---

[1] 列宁:《唯物主义与经验批判主义》,人民出版社,1956年版,第334页。
[2] 同上书,第332页。

实……对于人来说,一切对象都是他本身的对象化。"自然在人类社会中是作为人的对象而存在着的。自然这时是存在于一种具体社会关系之中,它与人类生活已休戚相关地存在着一种具体的客观的社会关系。所以这时它本身就已大大不同于人类社会产生前的自然,而已具有了一种社会性质。它本身已包含了人的本质的"异化"(对象化),它已是一种"人化的自然"了。很清楚,这个"人化的自然",这种自然的社会性,就仍然不是人类意识情趣之类的主观所能决定的或主观意识所加上去的东西,而是看不见摸不着却客观存在着的。这就正如作为货币的金银、作为生产工具的机器,它们在可见可触的物理自然性能以外,而且还具有一种看不见摸不着但却确然存在的客观社会性能一样。这种客观的社会性质是具体地依存于客观的社会存在,社会变了,这种性能当然也跟着变。所以正如机器、金银在资本主义制度下和在社会主义制度下,其自然性能完全相同而其社会性能却大有变异一样,自然美的社会性也是随社会的发展变化而发展变化的,尽管它的自然属性或条件并没什么改变。只有深入理解这一点,才能理解许多问题:例如,老鼠、苍蝇与古松、梅花为什么有美有不美呢?这就是因为它们的社会性不同,它们与人类生活的关系,它们在人类生活中所占的地位、所起的作用种种的不同而决定的。为什么远古人们不能欣赏自然美而现在能呢?同一山河,为什么在国家被入侵时令人起"剩水残山"的感觉,而今天建立新中国后则起庄严雄伟的感觉呢?很清楚,这不但表明人们的主观的美感已有了变异,而更表明自然美本身的客观社会性质(亦即它与人们的客观的社会关系),也有了变异的缘故。并且,美感之所以产生变异也正因为美本身产生了变异。当然,另一方面我们承认自然美的社会性,并不是否认物体的某些自然属性是构成美的必要条件,如高山大海的巨大体积,月亮星星的黯淡光亮,就是构成壮美或优美的必要自然条件，物体的"均衡对称"也是如此。但是这些条件本身并不是美，它只有处在一定的人类社会中才能作为美的条件。这就正如作为货币的金银必须有重量这样一个自然属性，但重量这个自然属性本身并不能构成货币，它只有在人类社会中才能成为货币的条件一样。

最后举一个通俗的国旗的例子把整个问题说明一下。我们中国人今天看到五星红旗都起一种庄严自豪的强烈的美感，都感到我们的国旗很美。那么，国旗的美是不是我们主观的美感意识加上去的呢？是不是国旗的美在于我们的主观美感感到它美呢？当然不是，恰好相反，我们主观的美感是由客观存在着的国旗的美引起来的，我们感到国旗美，是因为国旗本来就是美的反映。那么，国旗本身又美在哪里呢？是不是因为这块贴着黄色五角星的红布"显现了"什么"普遍种类属性""均衡对称"之类的法则呢？当然不是。一块红布、几颗黄星本身并没有什么美，它的美是在于它代表了中国，代表了这个独立、自由、幸福、伟大的国家、人民和社会，而这种代表是客观的现实。这也就是说，国旗——这块红布、黄星，本身已成了人化的对象，它本身已具有了客观的社会性质、社会意义，它是中国人民"本质力量的现实"，正因为这样，它才美。所以，它的美就仍是一种客观的（不依存于人类主观意识、情趣）、社会的（不能脱离社会生活）存在，是新中国的国家、人民和社会生活的客观存在，而我们的美感（我们感到国旗美）就仍然是这一客观存在的美的主观的反映，是我们对我们今天的国家、社会的美的认识。[1]

---

1 〔补注〕国旗是一种社会性的符号，作为审美对象包含许多复杂问题，非这里所能仔细谈到。在1959年7月美学讨论会的发言中，我提到这个问题，原文如下："附带说一下，何其芳同志提到的国旗的例子，很早就有人提意见。那例子举得不大合适，容易使人把两个问题混起来，即五星红旗作为国旗的美与五星红旗所以会选定为国旗。后者就有所谓形式美的问题在内，而上次我却是就前者的主要内容说的。"（《美学问题讨论集》第5集，第27页）为保存当时争论的本来面目，本文未做改动。

因为限于篇幅，许多重要问题（例如认识美的客观性和社会性对今日艺术工作的意义）都没法谈了，即使谈到的问题也远未能作充分、细致的论证。这些只好以后再补了。

总括我们的意见，是认为：美是社会的，又是客观的，它们是统一的存在。否认其中任何一方面，都是错误的。

关于当前美学问题的争论
——试再论美的客观性和社会性

注：这是就 1957 年 5 月间在北京师范大学的一个讲演整理成的，原载《学术月刊》1957 年第 10 期。文中主要是为答复一些对我的批评，并解释了一下以前说过的论点，同时着重对朱光潜的美是主客观统一论的讲演（讲稿即后来在《哲学研究》1957 年第 4 期上发表的那篇文章）作了一些批评。

关于美学问题，近来发表的文章不少，讨论很热烈。但这也许只是序曲或前哨战。譬如造房子，现在只是各人争着说自己选择的地基最结实，在这上面起房子最靠得住；但是这地基是不是靠得住，就还得看以后谁的房子造得起来，谁的地基不下沉，房子不垮。时间将是最好的证人。

现在的争论看起来复杂，其实还停留在比较抽象的哲学问题上，还没有走进像"典型""现实主义""创作方法"……这样一些具体的问题中去（这些问题在文艺界争论得很热闹，但没有从美学理论的角度上来分析讨论。在这些问题里，包括了许多美学基本问题。例如"典型"就涉及主观与客观、反映与创造、有限和无限种种；现实主义与浪漫主义实际上也是一个模仿与想象、形象思维的不同特点等美学问题）。所以，我们一方面不要奢望，要求现在的讨论能马上去直接解决艺术创作中的许多具体问题。要做到这一点，还必须把讨论进一步引向这些具体问题上去；另一方面，我们又不要失望，抱怨现在讨论的"哲学式的贫困"，脱离艺术实际，文章干巴巴，而要看到讨论经过抽象阶段的必然性和合理性：研究美学，以及日常生活中谈及美时，一开头总会碰到美是主观的还是客观的问题，就会发生"情人眼里出西施"和"天下之口有同嗜"的争论。所以，今日的抽象问题正是由具体中提升出来，以后又还得再回到具体问题中来解决。

对当前几种意见的评述

美是主观的，还是客观的？还是主客观的统一？是怎样的主观、客观或主客观的统一？这是今天争论的核心。下面对近来几种具有代表性的看法提出一些意见：

（1）高尔泰的看法：他的主张十分明确，文章中开宗明义就指出："美是主观的。"美是人主观设立的一种标准，是人对事物的一种判断和评价。"人的心灵就是美的源泉。""美只要人感受它，它就存在；不被人感受，它就不存在……"[1]

但这种说法，我觉得即使在"健全常识"上也有两点困难：

第一，美感总应该有个来源。它的产生至少总需要一个客观对象引起。人闭着眼睛或关在一间黑屋里，无论怎样去开动你的心灵或"美的源泉"，美感仍然不能产生。其次，美感总受对象的制约，看到花感到美，看到牛屎不感到美；看《红楼梦》觉得美，看《红楼圆梦》觉得不美。为什么？这一点高尔泰没有说明。

第二，美感总应该有一个客观标准。但高尔泰否认它，从而就走向了唯我主义的理论——各是其是，各非其非，真是"谈到趣味无争辩"。这

---

[1] 高尔泰：《论美》《论美感的绝对性》，《新建设》1957年第2期、第7期。

样，则一切艺术完全失去其客观有效性和其存在价值，艺术创作活动将成为多余。这一困难高尔泰也看到了，于是他又十分含混地说："美的东西虽然不是对所有的人都是美的，至少对于大多数人是美的，为什么会这样呢？……这个问题的正确答案仍旧只有到人的内心去找。"这实际上是企图如康德那样，把它归结为主观先验的普遍必然性。但这一主观先验的一致究竟何所由来？康德没有解答。而高尔泰就根本还没这样深地触及问题。

高尔泰认为客观的美是主观的美感所"创造"。然而，人们的美感又从哪里来？它根据些什么法则"创造"美？高尔泰没有也不能说明。

但是，高尔泰的论点仍是值得大家重视和研究的。因为它又一次尖锐地提出了美学史上争论不休的老问题，它片面地夸张吹胀了现实的某个方面。为高尔泰所夸张吹胀的是美的这样两个性质和特点：

第一，美不能从物的表面自然属性中分析出来。能从物中分析出"红"，却不能从物中分析出"美"。这就是克罗齐所说的：在物中去找美的法则正如物中去找经济法则一样，是不可能的。星星、老鹰、牵牛花的美与他们本身客观的自然属性无关。高尔泰据此肯定他们的美只能在主观。结论错了，但所说情况属实。这要求认为美在客观的人解答。

第二，"美"与"红"不同；"红"是感觉的反映，人人所见皆同，而美感则是人对事物的一种判断，有主观成分在内，因人而有差异。所以高尔泰说："感觉是一种反映，而美是一种创造，就感觉内容来说，是客观事物；而美的内容，是人对客观事物的评价。"（这段话很重要，以后还要多次谈到。）结论错了，但所说情况属实。这要求说美感也是反映的人解答。但是，敏泽的那篇反驳文章却只是简单地说高尔泰是主观唯心论[1]，而

---

1 敏泽：《主观唯心论的美学思想》，《新建设》1957年第3期。

没有针对这些问题说出道理，因此这反驳显得没有什么力量。

（2）蔡仪的意见：这里不再详论。蔡仪是坚持"美在客观、美感是美的反映、艺术美是生活美的反映"这一唯物主义反映论的基本原则的。但这是静观的机械唯物论的反映论，未注意美的社会性质。蔡仪的美学观的弱点在论及自然美时暴露得最突出。我已经谈得很多了。

（3）朱光潜的"主客观统一论"[1]：朱光潜认为美在心物的关系上，美是主客观的统一。这一说法与他以前说法的基本相同（仍是"心借物以表现情趣"），也有部分不同（现在用"社会意识"或"意识形态"代替了过去的超理智功利的个人直觉），我在以前的文章中已经指出，这里不再述。有趣的是，可以把朱光潜的看法与高尔泰的看法作一个比较研究。例如，在这里，朱光潜与高尔泰太似乎是很不同的，因为朱承认和强调了一个"物甲"（自然物）的客观存在，即美必须依附在一个客观的自然物质对象上才行。但实际上高尔泰也说过："人和对象之间少了一方，便不可能产生美，美必须体现在一定的物象上，这物象所以成为美的物象必须要有一定的条件。也就是说，美感之发生有赖于对象的一定条件（如和谐），但这条件不是美。"高尔泰这里所谓"条件"，不就正是朱光潜所说的"条件"，不就正是"物甲"吗？所以，朱光潜的公式，实际上也是高尔泰所同意的。在这里，唯物论与唯心论的分歧，就并不在于是否承认必须有一个客观对象的物（物甲）作为"美的条件"，而在于是否承认美在这不以人们意志为转移的客观的物的本身之中。唯物论（例如蔡仪）是承认的，而唯心论则以各种不同的方式否定它。高尔泰的"美在主观论"固然如此，而朱光潜的"主客观统一论"也如此。我以前指出过，朱光潜是一种

1　朱光潜：《美学怎样才能既是唯物的又是辩证的》，《人民日报》1956年12月25日；《论美是客观与主观的统一》，《哲学研究》1957年第4期。

康德式的主客观统一论。朱光潜的"物甲"可以说相当于康德的物自体，是一个不起作用的被动的却是产生知识的必要条件（无之必不然），朱光潜所说的"主观的社会意识"就相当于康德的那一套先验范畴，这是主动的，创造知识的方面。所以，与康德十分近似，主观意识作用于客观就产生了知识，产生了美。无怪乎朱光潜干脆把美叫作一种"知识形式"。"知识形式"当然就只能是主观方面的东西，主客观的统一论就这样被归结和统一于主观。

这样一来，朱光潜的看法就在根本上否认了生活美的客观存在，认为生活本身中只有"美的条件"而没有美。物之所以具有美，是人对之评价的结果。[1]所以朱光潜只承认生活中有"善"而没有"美"，因为"美"是必须通过主观社会意识的评价而才能产生。其实，如按此说来，"善"不也一样吗？"善"也可说是人对事物的一种评价、判断，那不也是"主客观的统一"吗？于是，生活中就根本不存在什么客观的美、善，它们都是意识形态作用于客观的结果了。这样，否认生活美的存在，应用到艺术上，不但否认了记录性强、加工较少的真人真事的速写、特写、摄影等的艺术存在价值；同时也从根本上否认了艺术对现实的反映关系。朱光潜说："艺术反映现实，现实须包括自然物的客观情况和审美人的主观情况的方面。"很明显，这种"反映"就已不是反映什么现实，而是"反映"

---

[1] 朱光潜说："美是对于艺术形象所给的评价，也就是艺术形象的一种特性(物的属性有自然本身有的，也有人根据它的社会意义而给予评价的结果。例如说，'黄金是珍贵的'，'珍贵'是人对于黄金的评价，也就成为黄金的一个属性）的。"我看这是完全错误的。"黄金"之所以珍贵，是由于它的客观社会职能，而不是由于人们评价的结果，人们评以"珍贵"，正是它本身的社会属性的反映；艺术形象之所以美，也不是人的评价的结果，而是由于它真实地反映了生活本身的美的结果。朱先生因为否认生活美的存在，就必然把艺术美归之于主观评价了。此外，朱先生对毛主席的话的解释，也是完全错误的。毛主席就明明指出过：社会生活中的文艺原料和文学艺术本身"两者都是美"。

（实际上是"表现"）"审美人的主观情况"了。艺术本质就变成了只是"借物抒情""主观拥抱客观"了。

　　再看艺术美的问题。朱光潜抓住了艺术创作和欣赏中人们的主观的意识形态起着很大的作用这样一个现象，而得出艺术美是主观加客观的结果，并大肆强调所谓"意识形态"的主观能动的作用。这其实也是似是而非的。因为任何人类所创造出来的东西，例如房屋、茶杯等都是事先经过和通过人类的主观意识的作用（构思、计划等）的结果，这就是马克思所说的建筑师优越于蜜蜂、蚂蚁之所在。人类的主观意识在这里的作用是为了帮助人类去更真实地反映客观和改造客观。科学如此，艺术也如此。越高级的艺术正如越高级的科学一样，人类主观意识在其中所起的正确的能动作用就越大；而所创造出来的艺术品，也就正如所制定出来的科学理论一样，在对客观世界的反映上，也就愈深刻愈真实。原始人的动物画是逼真的，但零乱重叠而不够美；古代的科学知识是可靠的，但缺乏深刻的理论判断而不够真。主观意识所起的正确的能动作用在这里比较小，因而所反映的客观世界也比较表面和肤浅。所以意识的能动作用与反映论不但不矛盾，而且还正是马克思主义反映论区别于消极被动的旧唯物论所在。而朱光潜在这里的特点是否认反映论能作为美学的哲学基础。他认为《唯物论与经验批判论》书中所讲的辩证唯物论的反映论原理只充分适应于感觉阶段，而不能充分适应于艺术领域；在艺术领域内，反映论似乎不够，还需要外加意识形态论。这其实是把本来是统一的马克思主义的反映论和意识形态论对立和割裂开来，从而把反映论变成被动的、消极的只适应于感觉阶段的旧唯物论。应该说，这倒是对辩证唯物论一个相当明显的修正。朱光潜并且还强把科学的反映与艺术的反映在本质上分割开，认为科学是反映，而艺术不是反映。（虽然朱先生还用"意识形态式的反映"字样，但这个"反映"实际只是指意识的主观作用，而并不是什么反映。）照朱光潜在《论美是客观与主观的统一》一文中的说法，因为科学属于一般感觉的阶段，主观社会意识的作用不大；而艺术则与科学不同，属于意识形态阶段，主观作用很大，等等。可以问问朱先生：难道科学研究中社会意识就不起作用吗？难道科学就只是感觉阶段的东西吗？难道某些社会科学不也是上层建筑的意识形态吗？科学在这里与艺术并没有什么感觉阶段与意识形态阶段的根本不同呵。[1]所以，就不能如朱光潜那样，因为在艺术创作中意识形态起了作用，从而就认为艺术美不是客观的存在而是所谓主客观的统一。关于这点，周谷城说得好：

> 若一件艺术品，在创作之时，花了作者的主观成分，作成之后，就要称之为夹杂着人的主观成分的物；那么桌椅板凳之制成，柴米油盐之制成，当初何尝没有花去制造者的主观成分；然而我们却从不说桌椅板凳、柴米油盐是夹杂着人的主观成分的东西。[2]

其次，朱光潜说因为马克思主义认为艺术是一种意识形态和上层建筑，所以艺术美就不能说是一种客观的社会存在，而只能是一种社会意

1　朱光潜这个十分错误的论点源于对列宁一句话的曲解。列宁曾说："任何意识形态都是历史的、有条件的，可是任何科学的意识形态（例如和宗教的意识形态就不同）都符合于客观真理或绝对自然。"（暂用朱先生的译文）朱先生由此引申说："科学的反映与意识形态式的反映之间的这个分别是个重要的分别。……《唯物论与经验批判论》一书里所讨论的只是一般感觉或科学的反映，没一个字涉及作为社会意识形态的艺术的或美感的反映。"因此，"我主张美学理论基础除掉列宁的反映论之外，还应加上马克思主义关于意识形态的提示，而他们却以为列宁的反映论可以完全解决美学的基本问题"。我们是的确认为列宁的反映论完全有这作用的。列宁上面这句话也只是说：一切意识形态包括虚假的、错误的意识形态（如宗教）在内，都是有其形成和存在的历史条件，而正确的科学的意识却符合客观真理。想不到朱先生竟把前一个意识形态解释为艺术等上层建筑，而后一个则只是"属于感觉阶段"的科学了！
2　周谷城：《美的存在与进化》，《光明日报》1957年5月8日。

识。许杰以及其他一些人也有这种看法。但我看这也是一种误解或曲解。因为所谓艺术是一种意识形态和上层建筑，是指它是经济基础的反映的意思，而并不是说所有意识形态都不是物质的存在。在这里要注意绝不能把"意识形态"和"意识"简单地等同起来，社会意识形态和上层建筑的某些部分——例如制度、国家等就不是一种意识，而是一种存在。同样，艺术品作为人的美感对象、作为美的存在也显然并不是一种社会意识，而是一种社会的物质的客观存在。所以在这个意义上，它就属于社会存在的范畴，而不属于社会意识的范畴。这里要说明一点，我是在一种较广泛的意义上使用"社会存在"这一名词的，它并不仅指狭隘的社会经济制度，不仅指生产方式、生产关系，而是指人们现实生活中一切经济、政治、文化、军事种种社会关系、社会事物的客观存在。因此，在这里，意识形态中的一部分东西（除了思想、观点以外的制度、机构、风习、生活等），一方面对狭义的"社会存在"（经济制度）来说，在反映经济基础的意义上说，它是广义的"社会意识"；但另一方面，它又仍然是一种客观物质的社会关系即社会存在，在这里的"社会存在"就是广义的用法，与它相对的就是狭义的"社会意识"（指观点、思想、心理等）。我所说的美是社会存在、美感是社会意识，其实也就是这个意思。朱光潜以及其他一些同志没有了解这点，因而责难我，说我把美圈定在社会经济制度的框子里，这就完全是误解。在这里重要的是，要弄清"意识形态""社会存在""主观""客观"这样一些哲学概念，它们是十分灵活然而又是十分严格的概念，不能机械地僵化它，也不能随意地混淆它；而要就它本来的各种意思去正确使用它和理解它。例如，作为意识形态的艺术，在反映社会基础和现实生活的意义上，我们可以说它是"主观的"东西；但作为人对客观事物的认识和认识成果，可以说它是"主客观的统一"（人们任何正确认识、意识在这意义上都可说是主客观的统一);但是作为美感的对象、作为美,它却又必须说是客观的,即不以人们意志为转移的客观物质的社会存在。《红楼梦》《富春山居图》《第九交响乐》,一经创造出来,它的美就已是一个客观物质的社会存在,不管你会不会或能不能欣赏它。所以我们这里所说的美的客观性,是严格的相当于哲学上的存在即物质的实体范畴,而并不是指其他的意义,并不是指美具有客观内容、客观标准的意思。然而很多同志在对"社会存在"作一种狭隘的、僵化的了解的同时,却又对"美的客观性"的所谓"客观",作了一种随意的、混淆不清的理解和使用。正因为这样,就造成了许多文章中的胡涂、混乱。

(4) 其他:最近《新建设》《学术月刊》等杂志连续发表了好几篇美学论文,其中宗白华、洪毅然、周谷城等[1]的文章,在美的客观性这一问题上与我的看法基本是一致的,这里不谈了。而敏泽、鲍昌、许杰等[2]的几篇文章虽然都批评了朱光潜,但据我看,正由于在使用上述哲学概念上的混乱而造成了不可调和的自相矛盾。例如,敏泽的文章说了一大套的美的客观性,反对高尔泰、朱光潜;但又强调说:"美丑和善恶都是人类从精神上对于现实的一种把握和判断。"很清楚,敏泽在这里认为美是判断。而我们知道,判断当然不是属于客观存在的范畴而是属于主观意识的范畴。既然这样,我们就不能说美是"客观的"而又是判断,正如我们不能同时说地球是"客观的"而又是判断一样。说美是判断,就等于说美是主

1　宗白华:《读"论美"后的一些疑问》《美从何处寻》,《新建设》1957年第3期、第6期。洪毅然:《美是什么和美在那里》,《新建设》1957年第5期。周谷城:《美的存在与进化》,《光明日报》1957年5月8日。
2　敏泽:《主观唯心论的美学思想》,《新建设》1957年第3期;《美学问题争论的分歧在那里》,《学术月刊》1957年第4期。鲍昌:《论美感、美及其他》,《新建设》1957年第5期。许杰:《美和美的矛盾规律》,《学术月刊》1957年第5期。

观的。所以敏泽就不但没有驳倒高尔泰，倒反而跟着高尔泰跑了。鲍昌的文章在这问题上，我觉得是更加混乱。例如：鲍昌说："美存在于客观事物之中"，而紧接着又说"美是一种反映，是以反映形式存在于人脑中的客观社会现象"。那么请问：美到底是存在于客观事物之中还是存在于人脑之中？到底是"主观的"呢还是"客观的"呢？鲍昌的文章始终在这问题上没有说清，并且还越说越乱。许杰文章也如此。许杰虽然说了些美的客观性，但又强调说美是"人类主观对于客观物质世界客观现实的反映，模写和加工"。这样，美显然是属于主观意识的范畴。许杰一面说"客观物质和人类社会生活……本来就有美"，另一方面又说"人类社会生活……一定要主观精神的加工才能成为美的或更美的东西"，而这就造成了许杰文章自相矛盾。敏泽、鲍昌和许杰在这里的种种的矛盾和混乱，在理论上说，原因之一就在于讲了大半天的"美的客观性"，却根本没有弄清美的"客观性"到底是什么意思，都把美的客观性等同于美有没有客观标准或客观的内容了。但是，如果说美的客观内容、客观标准就是美的客观性，那许多唯心论者（至少许多客观唯心论者）也是同意的。因为许多唯心论者也并不否认美有客观标准和内容。而许多主观意识例如思想问题也有客观内容，美感也有客观内容、客观标准，在这个意义上，也可以说"思想问题的客观性""美感的客观性"，等等，但这种"客观性"的意思根本不同于说"美的客观性"的意思。美的客观性是指美是一种客观物质的存在，而具有客观内容的美感却仍然只是属于主观意识的范畴的东西。所以，正如不能把美和美感、存在和意识混淆等同起来一样，这里决不能把作为存在范畴的美的客观性与美感或社会意识的客观内容、客观标准混淆起来。讨论中澄清一下概念是重要的，"美是客观的还是主观的"争论不是别的什么意思，而是争：究竟承认还是否认客观现实生活本身中的美的存在？美究竟属于客观存在范畴还是属于主观意识范畴？是客观事物的属性还是主观意识的属性或产物？

自己看法的一些说明

美的客观性问题

这个问题的本质是是否承认现实生活中美的客观存在的问题，是否承认艺术反映现实的问题。但是，这问题在美学上主要表现为美与美感的关系问题。所以，我们也就从这个问题（美与美感）谈起。唯心论总是把美与美感混同起来，认为美感产生美。高尔泰说："美产生于美感，产生以后，就立即溶解在美感之中。"朱光潜关于美的公式（物甲＋主观意识〔亦即美感〕＝美），也是如此。朱光潜批评蔡仪"把物和经过美感反映之后的物的形象混为一谈"，很清楚，在朱光潜这里，"物的形象"（美，物乙）是美感之后的东西。而朱光潜在《人民日报》发表的文章中，美与美感也一直是混在一起的。所以唯心论和唯物论的分歧就在：唯心论坚持美感在先，美在后；美感产生美，主观产生客观。唯物论认为，美感是美的反映，美在先，美感在后；一个属于客观存在范畴，一个属于主观意识范畴，不能混淆，不能倒置。姑娘的美不是你觉得她美才美，她的美不是产生于你的美感；相反你感觉她美正是她美的反映。艺术对生活的关系也是这样。所以在我们看来，美感和艺术就是一种反映、一种认识。

但是，把美感说作反映，很多人有意见。很多人认为是把哲学认识论的公式不适当地硬套到美学问题上来，套到美与美感的关系上。有人说：

美感是一种感情，是对事物的一种态度，而不是我们一般反映所说事物的感觉和知觉的映象。我们不能说美感是像映象那样反映着客观事物的某种属性形貌，而只能说它是对事物的一种感情或态度。所以美感只是判断而不是反映。其实，高尔泰、朱光潜所强调"花是红的"与"花是美的"不同，科学与艺术不同，也是这个意思：即花红不红是反映中的客观事物的属性，而花美不美却只能是主观对客观事物的判断，红的内容是客观事物，美的内容是主观的态度评价。但我不同意这种看法。我们承认花红与花美之不同，但不承认它们是反映与非反映之不同，而认为只是两种性质不同的反映。所以下面应该就美感的一些性质，最简单地说明一下我究竟是在什么意义上来了解和肯定美感也是反映。

（1）美感的愉悦性质：首先我们要承认美感是一种感情，是一种喜悦和愉快的感情。听莫扎特的音乐，读屈原的诗，登八达岭看万里长城，都可以获得一种激动的或平静的喜悦、愉快的美感享受。这种喜悦与愉快在本质上不但不同于生理上的快感，不同于抽一支烟、喝一杯葡萄酒时那种生理感官的快适（居友、卢拉卡尔斯基的错误之一在于把这二者混淆起来），而且也不同于其他某些精神的愉快，不同于恋爱、受奖励、完成工作时的心理愉快。康德曾指出，一般给予感觉的快乐是狭隘而没有普遍有效性的，它以对象本身为目的，依存在确定的对象本身之上。因此，对对象有利益，有欲望。美感则不然，画不能吃，花不能穿，我们对此现象感到愉悦不在于此对象自身的某些确定的客观性质或内容。康德的说法和解释是唯心论的，但却深入地揭示了某些现象：美感不同于生理的快感。它是一种精神的愉悦，这种喜悦又不由对象自身的某些物质或精神的用途或利益而引起，而是视听的感官透过此对象获得了某种更多的东西的结果。据我们看来，这就是通过眼前有限的对象形式认识某种无限的真理内容时的喜悦和满足。所以它才具有客观的普遍的有效性。普列汉诺夫引罗斯金的话说：少女能为她失去的爱情而歌唱，但守财奴却不能为他失去的金钱而歌唱。普列汉诺夫解释这是因为一者能作为人与人结合的手段，一者不能。而前者所以能，据我们看来正因为它（这种感情）是具有普遍有效的客观真理的性质和内容的。所以，我们认为，美感不同于一般生理或精神的快乐，它是由认识真理而引起的一种人类精神的激动、满足和喜悦。所以作为感情的美感，就其本质特色来说，正具有一种认识的性质。在日常用语中，也常把美感感情叫作美感认识或美感判断。

但这美感认识与理智认识有很大的不同。在内容方面，有莱布尼茨、鲍姆嘉通乃至狄德罗所说的，模糊的知识不带确定概念的知识（即美感认识）与明晰的带确定概念的知识（即逻辑知识）的不同。在形式方面，美感认识与逻辑认识的不同在于美感是当下即得的、似乎未经理智逻辑思考的直觉形式。这里就讨论到美感性质的第二点了。

（2）美感的直觉性质：大家都有这种美感经验，无论是观赏梅花也好，看京剧也好，读诗也好，并不是先通过一大段理智的考虑才来决定：是不是应该欣赏它，是不是应该产生美感；恰恰相反，而是根本没有顾得及考虑、推理，而立刻感到对象的美或不美，甚至感到美或不美后还一时说不出个道理来。这就是美学家常说的所谓美感直觉。关于直觉，涉及一个大哲学问题。古往今来哲学家文学家对这问题都发表过许多意见，禅宗南派有"顿悟成佛"之说，《沧浪诗话》说"一味妙悟"，柏格森、克罗齐、朱光潜也讲直觉。而以前的这些讲法多半是抓住了这一客观现象加以神秘化地解释。这种情况反过来又影响我们今天许多人，为了否定和批判这种神秘的直觉说，连直觉现象本身这一事实也予以否认。我认为不能这样，对直觉应该进行分析。首先应该分别两种根本不同的直觉：一种是低级的、原始的、相当于感觉也可以说是在理性阶段之前的直觉。这就是朱光潜、克罗齐所说的"小孩无分真与伪"时的直觉。另外一种直觉可以理解为一种高级的、经过长期经验积累的、实际上是经过了理性认识阶段的直觉。这种直觉在日常生活中的最简单初步的形态，就是巴甫洛夫所说的条件反射。其复杂的形态，就是数学家所说几何直觉的能力，就是艺术家所说的"不落言筌，不涉理路"的刹那间的灵感，以及种种善于锐敏地观察、捕捉具有本质意义的生活现象的能力等。这些从表面看来是神秘的、没有道理可说的、不自觉的东西，实际上却是长期自觉的经验积累的必然产物。毛主席说："感觉到了的东西，我们不能立刻理解它，只有理解了的东西才更深刻地感觉它。"我看这句话在一定意义上也能够运用到这里。前一个感觉相当于上面所说的低级的、理性之前的直觉（感觉），第二个感觉是我所说的高级的、理性之后的直觉。克罗齐、朱光潜的错误在于把这两种根本不同的直觉故意混淆等同起来，把第二种直觉还原、等同于第一种直觉。

　　正确了解美感的直觉性质对于了解美感是一种反映和认识来说是很重要的。因为，第一，我们肯定直觉也是一种对真理把握的形式，这就没有把直觉与理智相对立，而是把它看作与理智具有同样有效性质和内容的反映、认识客观世界的手段。这也就把美感直觉在本质上看作是与逻辑知识相同的东西。其次，从这种对直觉的了解，就可以看出我们了解的美感反映并不是一种直接的低级的所谓"感觉阶段"的反映，如朱光潜所凭空责难我的那样。我以前的文章曾引车尔尼雪夫斯基的话说："美感认识的根源无疑是在感性认识里面，但美感认识与感性认识毕竟有本质的区别。"美感直觉和艺术形象思维的反映与感觉式的低级反映是不同的，但它与一个复杂的理性逻辑判断的反映，倒有本质的相同之处，它们都必须通过一个曲折复杂的认知道路而形成,它们都反映客观存在的某些深入的本质的方面。它与复杂的逻辑判断的反映不同,只在于一个是经过一连串的严格的推理或演算过程而自觉地达到,一个是通过潜在的方式不自觉地达到的(这一潜在过程的具体情况需要心理学来研究)。所以,让一个不懂事的小孩天天面对郭熙的画、巴赫的音乐,这就正如要他天天念数理逻辑一样,他是看不懂、听不懂也念不懂的。但过一二十年后,他却能懂得这一切了。他念懂数理逻辑是经过一步步的数学学习过程;他能欣赏郭熙、巴赫却是一个更复杂的文化修养的潜移默化的过程。然而,等他能够直觉到郭熙的画美时,就正如他能推演出数学命题时一样,不管其达到此地步的途径和方式如何不同,其作为反映、认识来说,二者在本质上却是相同的:它们都是对客观事物的一种深入正确的把握。所以我把美感直觉看作是能够把握和认识真理的一种人类高级的反映形式,尽管它所采取的形式是感性的。

(3)美感的社会性质:我所说的美感的社会性,这不仅指美感是一种社会的而不是生物本能性的东西,更重要的意思是指:美感作为反映和判断,作为认识,它同时带有社会的功利伦理的性质。美感,正如道德观念一样,具有阶级性、时代性、民族性,它符合于、服务于一定时代、民族、阶级、集团的利益、要求。所以,一方面,作为直觉的反映,美感具有客观的内容;另一方面,作为感情的判断,它包含着评价态度等主观因素在内。正确的美感就是这二者的和谐一致,即作为主观感情判断的美感,同时又还是一种对客观世界的正确认识和反映。前者不但不妨碍后者,而且还正是后者的必要条件。在这里,主观因素的强大,态度的鲜明,不但不妨碍它是一种对客观事物的正确认识,而且正因为这样,对客观事物才能获得深刻的本质认识。这就是我们常说的立场、观点、世界观对于研究科学、进行创作的重要性所在。所以，正确的主观判断、态度与客观反映、认识，二者实质上并不互相排斥，而常常是和谐一致的。黑格尔曾区分过四类逻辑判断。最低级的判断如"花是红的""中国在亚洲之东"等，它所反映的是客观事物的肤浅的外表。而最高级的判断如"花是美的""中国是强大的"，它所反映的显然是客观事物更本质更深刻的东西。作这样的判断比作前面的那种判断要难得多，它所要求的人们主观方面的条件、意识观念的条件要多得多。而美感判断就正相当于这种高级的社会伦理的判断。所以"花是红的"与"花是美的"这两个判断的不同，不在于如高尔泰、朱光潜所说的一个是反映，一个不是反映，一个有客观的内容，一个是主观的评定；而在于一个是表面现象的反映，一个是内在本质的反映。在美感反映里，由于人的主观因素（立场、观点、意识形态等）起很大作用，使美感判断具有社会伦理功利的性质。但如上面所指出，这一点也不与反映相矛盾。

总结上面所说，我认为：美感（美的感情）是包含着伦理功利等社会内容，而以直觉判断为形式的一种高级的反映和认识。（注意：我只说美感是判断，是反映；而从不如敏泽、鲍昌那样说美是判断、反映。）

上面是对美感的"质"的分析，对美感"量"的分析（即由社会性展开出来的美感的阶级性、历史性等），以及美感的个别差异等性质问题这里暂时不谈了。

（4）美感的性质根源于美的性质：拙作《论美感、美和艺术》一文中曾强调指出过这点：美感的内容和形式都在根本上被决定于美的内容和形式。例如，美感的直觉形式就在根本上被决定于美的形式——形象性。因为，美感直觉必须由具体的客观对象的形象所引起，没有客观形象，美感直觉就根本不可能。因为直觉毕竟以感性和感觉为基础和特色，而任何对象要能直接诉诸感觉，能够打动人类的感性器官而起反应，那首先就必须是具有可见可闻的特色，这也就是说，对象必须是形象的存在。失去感性血肉的抽象理智性的东西，是不能引起人们的主观美感直觉的。美感直觉性的形式本质上就是其对象（美）的形象性质的认识和反映。同样，美感的社会伦理功利等内容也取决于其对象（美）的客观社会性。它为后者所引起，是后者的反映。我们读高尔基的"自传三部曲"、读法捷耶夫的《毁灭》引起我们强烈的美感，这种美感具有鲜明的社会伦理内容，这种内容正是对象（美）本身的社会性质所决定的。美感的社会性的内容就这样取决于美的社会内容。美感社会性质的不同也取决于美的社会性质的不同。鸟兽草木的美的社会性不同于阶级斗争的美的社会性，《阳关三叠》的美的社会性不同于《上甘岭》的美的社会性。因此，前者能为不同阶级甚至不同时代所欣赏，可以有社会性大致相同的美感：封建士大夫写的爱情离别的诗歌，我们今天也能欣赏领会其柔情蜜意；而不具有革命的艺术美感，就不能欣赏《上甘岭》《母亲》，不能欣赏有鲜明倾向性的无产阶级艺术的美。可见，美感的社会伦理功利性质不是主观天生的，正是客观存在的美的社会性质的反照或反映。此外，美感的愉悦性所以是由感情上把握真理而引起，这也是客观生活本身中"美"和"真"的统一和一致的反映。当然，这里所说的种种"反映"，绝不是简单直线式的反应，而是经过一连串的中介的复杂过程的。这里的说法只是就美感与美的归根结底的关系来立论的。[1]

上面几节是为了说明美的客观性，简单地把美感问题也交代一下，说

---

[1] 〔补注〕这一点极为重要，说美感反映美，绝不是说如镜子照人式的直接映象，而是从整个人类历史角度来说，不是从个人心理角度来说的，否则就是机械唯物论了。上述论述毋宁是种简单化的说法，亦可见二十世纪五十年代学风文风之一斑。

明美感是反映美而不是创造美。至于美的问题，这里不能详谈。我以为美的问题基本上是由美的社会性和形象性引出来的无限与有限、必然与偶然、内容和形式、一般和个别等范畴的问题。这些范畴我在几篇文章中都一再提到，但细致地结合艺术实例来分析只能等待以后了。例如，偶然与必然是很有趣味的问题，浪漫主义以及许多现实主义艺术家喜欢用突出的、生活中较偶然的题材情节，来更强烈地表现出社会生活的必然内容，而有些艺术家如契诃夫、鲁迅则又常爱用日常生活中的极平常的题材来写，这里就可以引中山关于"典型"的许多争论来。例如提出写正面英雄人物不必热衷于其"落后到转变"的过程，塑造英雄是在于树立理想典范，这都是就英雄的美的必然本质和内容说的，但是艺术形象、情节、题材如何具体地去体现这一内容，却仍是多种多样的、偶然的。既可以写缺点错误，也可以不写。理论家一般只是指出、提出艺术内容的必然方向，而并不去规定表现这一内容的种种形式、手法。在这里不要把内容与形式、必然与偶然完全混淆等同起来。

（5）美感"影响"美、"反作用"美的问题：有人以为我否认美感对美的"影响"和"反作用"，这是误解。我所否认的是朱光潜所说的"反作用"，因为在那里，"反作用"是被等同于"作用"，所谓美感"反作用"于美、"影响"美，实际上是决定美、产生美。这一错误我以前已说过，洪毅然的文章也指出了，不再论述。我所了解的美感的"反作用"有两个意义：（甲）在创造艺术美时起作用。艺术是生活的反映，艺术美是生活美的反映，艺术美把美的社会性和形象性两方面概括提炼到最高度和谐和统一，创造了比生活美更高的美。所以画比照片美、小说、戏剧里的故事比日常生活中的故事美。之所以如此，就是因艺术家的美感——主观意识在这里起了很大的能动作用，从而才能创造高于生活美的艺术美。朱光潜以为我否认社会意识形态对艺术美的作用，否认作家主观在创作中的作用，其实完全不是这样。任何人都知道，如果在艺术创作中，即艺术美的形成中，如果艺术家主观不起什么作用，那就根本没有什么艺术品。所以我不但不否认而且还正是强调了艺术家主观的能动作用，强调了社会意识的作用，强调了在艺术创作和认识过程中，主客观的统一和一致。[1]但是，这所有一切的主观作用都是为了使艺术品反映现实，使艺术美反映生活美。由此就根本得不出美是主客观统一的哲学结论。从哲学上说，艺术美是通过人们主观创造来反映了生活美，艺术美是生活美的集中概括的反映，它的根源是在生活美中。[2]（乙）上面所说还只是美感在艺术美形成中的作用，还有的是美感意识通过创造艺术美来增进生活的美。这才是最重要的"反作用""影响"之所在。生活中的美是随生活的发展而发展的，决定它的存在和发展的，当然只能是社会生活本身而并不是美感和艺术。上甘岭、董存瑞的美是一定社会生活的产物，而并不是艺术和美感创造他们的；他们的美也并不是在摄制成电影（艺术）前或人们欣赏他们之前就不存在；相反，《上甘岭》《董存瑞》电影的美（艺术美）和人们感到它们美（美感）只是原来存在的"上甘岭""董存瑞"英雄史诗的生活美的反映。但是，等到美感和艺术美一经创造出来以后，就反过来积极帮助生活中的美的增进和发展。电影《上甘岭》和《董存瑞》优美的艺术形象的塑造和这些形象所激起的人们精神上的美感激动，提高了人们精神境界

---

1 〔补注〕关于这一问题，请参看本书《"意境"杂谈》。
2 朱光潜曾举"僧敲月下门"与"僧推月下门"为例，证明主观美感影响美，从而美是主观美感提炼琢磨出来的结果。我的看法恰相反：诗人的这种严肃的"推敲"（主观作用），正是为了使其作品最真实地反映生活。例如，通过"敲"这个清脆的音节和鲜明的动态形象，比"推"更能衬托出夜的气氛，更真实地反映出我们在日常生活中也能亲身体验的那种月夜的宁静。这里的手法与"鸟鸣山更幽"的情况是相似的。

和道德质量，丰富了人们的思想感情，促使生活中越来越多出现这样的英雄人物；这样，生活中的美也就大大地发展增进了。保尔·柯察金的艺术形象，推动了生活中的奥列格等"青年近卫军"的英雄们的出现，而奥列格等的艺术形象又推动了生活中出现更多的英雄们。所以，艺术正如科学一样，只不过是不仅从思想上，而且从感情上去教育人们分辨是非，善善恶恶，仇仇爱爱。记得马克思说过：人们肯定外在世界，不仅借思想的帮助，而且也借一切感情的帮助。美的客观存在的特点，就在它是艺术美的根据[1]，就在它能通过艺术美激起美的感情，从而这种美的感情即美感又反过来帮助人们去创造新的美的生活和新的生活的美。这就是我们所常说的艺术的社会作用，也就是美感的所谓"影响"美、"反作用"美的最重要的内容和意义。所以，我了解的这种"反作用"，与朱光潜认为美感直接作用美、决定美的所谓"反作用"是极为不同的。

简括上面关于美的客观性的论点：是认为美感是社会意识，是人脑中的主观判断和反映，而美却是社会存在，是客观事物的属性。美感主观意识只是美的客观存在的反映。

上面只是从欣赏的角度极为简略地分析了一下美感的性质及由来。从创作过程来分析美感与形象思维的关系，以及较详尽地从心理学角度来分析在欣赏和创作过程中的审美情况和活动，这里都省略了。此外还要着重

---

[1] 〔补注〕说艺术美是一种客观存在，只是就它不是由人们主观情感、意识任意创造和表现的意义上而言。这种客观存在与我们说美（主要指现实美）的客观存在，其涵义和性质并不一样。因为艺术美并不存在在那些物质材料（作为图画的画布、作为小说的铅字、作为建筑的木石……）上，而是在人们观赏这些物质对象时所必然出现的意象或意境中，照西方美学家的说法，即在一个幻想的世界里，在这里，美感与艺术美的确似乎是同一的东西，唯心主义美学抓住和强调的正是这一点。但是事实上，艺术美的存在是通过艺术家的大量劳动，将这个幻想的世界确定在一定客观物质材料的形式中，才有可能，所以它又仍是一种物质形态的存在，即物态化的客观存在，毕竟不是主观直觉的任意创造。

说明的是：上面强调科学与艺术、逻辑与美感在反映、认识客观世界这一根本点上的本质相同，但这丝毫也不意味我们否认和忽视它们二者在反映对象、内容和形式上的极大的差异。并且我们还认为，这一方面无疑是研究美学和艺术活动的更重要的方面。但因为现在争论不在这一方面，现在争论的是美是否在客观、美感是不是反映的哲学问题，也是美学基础问题，所以本文也就没去说明另一方面了。

美的社会性问题

我想通过自然美来说明美的社会性。因为社会生活的美的社会性实际上是自明的，因为生活总是社会生活，当然就有社会性。困难的问题在于自然美，我曾说过："因为在这里，美的客观性与社会性似乎很难统一。正因为如此，就产生了各持一端的片面的观点，不是认为自然本身无美，美只是人类主观意识加上去的（朱）；便是认为自然美在其本身的自然条件，它与人类无关（蔡）。"[1] 承认或否认自然美的社会性是我与蔡仪的分歧处。蔡仪认为自然美在自然本身的属性，我认为这是说不通的，以前的文章已说明。现在的问题在于自然美的社会性究竟是怎样的社会性？朱光潜现在也肯定自然美有社会性，但他依照他的"物甲"加社会意识等于美的公式，认为这"社会性"是社会意识，是主观的社会性。这就是说自然美是人类主观社会意识（社会性）作用于自然物客观属性的结果。而我却认为，自然美的社会性基本上就是自然物本身的社会性，因而就是客观的，它不是社会意识的结果，而是社会存在的产物，它不属于社会意识而属于

---

1 参考本书《美的客观性和社会性》一文。

社会存在的范畴。所以这里与朱光潜的分歧，归结起来，就还是关于美的客观性问题的分歧的引申，这就是：自然美究竟是社会意识作用于自然物的主客观的统一呢？还是一种客观的社会的存在？

（1）自然物的客观社会性质：如果说蔡仪关于自然美的论点是他的理论的最薄弱的一环，那么朱光潜关于自然美的论点却是其理论最强的一环。因为，无论是朱先生过去的移情说或者是现在的社会意识论，从表面来看，是很能解决问题，符合大家日常生活中的经验，而容易使人信服的。"移情说"之所以能风靡一时，正在于这一错误理论仍然抓住了生活中一个真实的现象，即我曾说过的"快乐时花欢草笑，悲哀时云愁月惨"的心理现象。朱光潜现在的社会意识论基本上与以前的移情说并无差异，所不同的只是以前的移情是一种超时代超社会的神秘直觉，而现在则是指一定社会时代、阶级的意识。然而，作为移情，则一也；自然之所以美乃是主观意识作用于自然，则一也。我在以前的文章中，一方面承认移情现象的存在，另一面又指出移情说理论上的错误。因为，为什么可能移情，移什么情，为什么对梅花能移情，对老鼠不能移情，为什么原始人不能移情，而现在能，等等，这显然与客观对象本身有关。而与这有关的，当然不只是对象的自然属性（如和谐、统一等），而更重要的，据我看是它的社会属性。追本溯源，是自然物的客观社会属性决定了人们的所谓"移情"和美感欣赏态度。所以我所说的自然的社会性，我了解的所谓自然是一种"社会存在"，是指自然在人类产生以后与人类生活所发生的广泛的客观社会关系，在人类生活中所占有的一定的客观社会地位、所起的一定的客观社会作用而言，这些就构成了自然或自然物的社会性，使自然变成了一种社会的客观物质存在。所以，这种社会性就不是人们主观意识作用的结果，而是不以人们意志为转移的客观存在，它是人类社会生活中的自然和自然物本身所具有的属性。[1]

举两个粗糙的例子。例如太阳，它自古以来一直是被歌颂的对象，人们很早就欣赏和描绘太阳的美：欢乐、伟大、朝气勃勃、光辉灿烂。那么太阳的美到底在哪里呢？显然它不会在其自然属性——发光体、恒星、体现了某种"种类的一般"等，同时也不在于它的主观的社会性——主观社会意识与其自然属性统一的结果：这也就是说，太阳的美（伟大、光辉）并不是因为你感觉它伟大光辉它才伟大光辉，并不是人类的某种社会意识作用于太阳的结果。太阳和阳光之所以美，车尔尼雪夫斯基说得好，因为它们是自然中一切生活的泉源，也是人类生命的保障。显然，太阳作为欢乐光明的美感对象，正在于它本身的这种客观社会性，它与人类生活的这种客观社会关系、客观社会作用、地位。正是这些才造成人们对太阳的强烈的美感喜爱。太阳的这种客观社会属性是构成它的美的主要条件，其发热发光的自然属性虽是必需的但还是次要的条件。

又例如土地。它也一直是人们歌颂的对象，其理由大致与太阳相同。但诗人对土地的美感态度，艺术中土地的面貌却是有所不同的：国家被入侵时，人们感觉土地是痛苦和悲哀的，土地也被描绘成这个样子。反之，今天我们的泥土之歌，则是欢乐、自由的。而这归结起来就正是土地与人类生活两种不同的客观社会关系所造成的，是这种客观社会关系的反映。当土地被侵略者凌辱时反映在艺术和美感里是剩水残山；解放了的土地使人们感到它也如人一样地在欢笑。据我看，只有这样把美的社会性看作是

---

[1] 我所了解的自然的社会存在，是指自然与人们现实生活所发生的客观社会关系、作用、地位，不是什么"与自然叠合"的抽象的社会存在，所以朱光潜对我的指责是完全落空的。此外，某些自然美的社会性只是自然物的社会性的一部分或一种，即对人有益、有利（善、好）的社会性质，如下面所举的太阳、土地等。有许多自然物的社会性是恶的，与人不利的，它们也可以有美。当然这里面有许多复杂情况。

客观的，艺术美感才有客观标准。如果按照朱先生主观社会性那样就会没有标准。因为，社会意识在阶级社会里就是不同的阶级意识，如果自然美的社会性是社会意识，那又何以定其是非曲直呢？统治阶级的意识是统治社会的意识。那在以前的时代里，反动统治阶级社会意识认为美的，就真美了吗？如果倒过来，以被剥削阶级意识为标准，那么焦大不爱林妹妹，农夫不欣赏梅花，但林妹妹和梅花不仍旧很美吗？所以，美的标准和自然之所以美，不能在社会意识中去寻找，而要从客观的社会存在本身中去找。太阳和梅花的美是由于其具有一定的好的客观社会性，不管你欣赏不欣赏。这样，美才有真正的客观标准，才不会走入相对主义。

上面所说的美的客观社会性，是并不难理解的。其实，在人类社会生活中，任何事物都具有社会性质。例如这只茶杯就如此。对杯子可有各种不同的定义，如说它是圆的、是玻璃做的，但在此时此地其最本质的定义却应该说是它是喝水的用具。据我看这个定义的正确，就在于它揭出了这个杯子在此时此地的最重要的性质：它的客观社会性——它的社会职能，它在人类生活中所占的地位、作用、关系。我上次所举的机器、货币的例子，也同此。朱先生认为货币只是一个象征的"约定俗成"的偶然符号，这是不对的。我们今天所用的货币（纸币）所以有效，是决定于其后面的黄金储备，黄金所以有价值，在于作为商品的等价物，它本身体现和包含着一定的社会劳动，而这就是它的社会性质。商品的使用价值是其自然属性决定，其价值则是社会的产物，是它的社会属性，这种社会性当然是看不见摸不着而又客观地存在着的。这一点马克思已说得很清楚了，其实自然物与自然美的社会性也完全如此。

自然物的社会性是人类社会生活所客观地赋予它的，是人类社会存在、发展的产物，人类与自然的关系有多么复杂丰富，自然的社会性就有多么复杂丰富。并且，自然的社会性也是随人类社会变化发展而变化发展的。不同的自然物的社会性——它在生活中的地位、作用、关系也是不同的：有的直接，有的间接；有的明显，有的隐晦；有的重要，有的不重要；有的这个时期重要，有的那个时期重要……这种种情况就造成了人们对自然物的社会性认识和理解，从而也造成了对自然美的欣赏领会的种种不同：有难易之不同，有先后之不同，有阶级之不同，有时代之不同……例如，太阳与月亮，稻、麦与梅花、古松，它们在社会生活中所占地位是大不同的：没有太阳，人不能生活；没有月亮，顶多妨碍恋爱[1]；没有庄稼，生活就很难；没有梅花，基本上不碍事。所以，人们欣赏太阳、庄稼的美容易，艺术史也证明，在远古人们只画太阳、庄稼而不会欣赏闲花野草。"杨柳岸晓风残月"的美，"暗香""疏影"的美是产生得很迟很迟的。同时，即在同一时代中，同一自然物对不同的人和不同的阶级的社会关系、社会作用的不同，也会造成不同阶级人们的不同的美感欣赏态度。这也就是大家所熟知的已为车尔尼雪夫斯基和普列汉诺夫所清楚证明了的不同阶级、不同时代的不同美感。所以，一个自然物美不美，对一个自然物能不能产生美感，能不能欣赏它，这绝不偶然，它首先并不决定于人们的社会意识，而首先被决定于自然物在社会时代中的广泛客观社会性质。人对自然物的所谓移情的主观意识作用，正是这种自然的客观社会性质（从而这也就正是人类社会生活）的反映。尽管这种反映经过极为曲折复杂的道路。但无论怎样，人类社会生活的存在和改变使自然存在和改变，这才是人们对自然美的美感欣赏的存在和改变的客观的大前提，后者归根结底只是前者的反映。在这里，仍然是社会存在决定社会意识。"移情"只是反映，只

1　〔补注〕在某些原始民族、部落中，月亮具有一种巫术、神话的象征意义，例如圆缺与妇女怀孕的模拟（见非洲某些原始部族神话），等等，而比太阳更早成为艺术对象，这不在本文论述范围。

是这种反映不是那么简单直接，而是非常曲折复杂，这个过程需要进一步深入研究。

（2）自然美的史的一瞥：下面最简略地叙述一下反映在艺术史中的自然与人类的社会生活的不同关系，它的不同社会性的大致情况。

首先，自然与人所发生的关系主要是生产的关系，人首先是对于生活源泉直接相关的东西产生兴趣与发生美感。在原始狩猎民族那里主要是动物画。他们所以欣赏动物，动物之所以成为当时艺术美感的主要对象[1]，很明显是由于这些动物在当时社会生活中的地位即它的社会性所决定的。这种社会性当然不是主观意识的结果，而是一种客观存在的性质。到农耕民族的画面上就出现了农作物，却没有像梅花那样的闲花野草。即使是艺术成熟时代的荷马的史诗，罗斯金说，诗里形容自然时总是用"丰饶的"这样的形容词，描写自然物时总是形容它们的有用，对人类社会生活的直接的经济利益。罗斯金还说，荷马诗里多平原草原的描写，而少有对山区的描写，因为山区是贫困的，它不能引起人们的兴趣。很清楚，在远古，自然美是直接与它的功利社会性质连在一起的。它的美的社会功利性质是十分直接明显的，人们的美感判断、美的观念是直接与自然物的这种客观的社会功利性质紧密地联系着的，是它的直接反映。自然作为人的生产和经济生活的对象这一关系，在当时就占了压倒一切的地位。自然与人类社会的其他关系则还没有充分展开和显露。例如，作为对肉体特别是精神的休息娱乐的对象的关系，在这时就根本不占什么重要地位。因此，除了对直接的生产对象以外，人对整个自然，对于生产无关的那些自然物，是没有兴趣或兴趣不大的。在远古神话里，自然作为不可了解的神怪出现，其后

---

[1] 〔补注〕原始人的动物壁画，主要是种巫术（magic）活动，而非独立的审美艺术对象。所以有的画在洞穴极暗处，只有打着火把进行巫术、礼仪时才能看到。

则作为人事的背景出现，不是欣赏描绘的独立对象。《诗经》里的自然是一种"比兴"：对人事的直接比拟，正如现在民歌的开头一样。在敦煌壁画中，也是"人大于山，水不容泛"，山水自然只作为极不重要的人事背景而已。王国维所说古诗多"无我之境"，后来才多"有我之境"；罗斯金所说古代荷马、但丁是客观地描写自然，而济慈、渥得渥斯是主观地描写自然，后者看见花伤心，是把心物混淆起来。这些材料是朱光潜引来说明"移情作用"的，即证明近代才对自然流行"移情作用"。但为什么呢？朱光潜没有解释，好像是美感意识自然而然发展的结果。其实，照我看来，这是因为自然与社会生活的关系发生了改变，自然在客观上具有了新的美的性质，人们美感意识才产生这种改变。正是随着人类生活的发展，随着人与人之间的关系的发展，自然与人类的客观社会关系也就在发展。正如在远古群婚时代，没有家庭，也无所谓爱情的坚贞，因此也就没有这种生活美和这类题材的艺术美一样。在当时自然界与许多自然物中，例如月亮、梅花，还没有与当时以艰苦谋生为最大内容的人类生活发生亲密的关系，因此它们就不能成为当时人们美感的对象，当时也就没有咏梅、咏月诗。这一直需要到以后特别是到了社会中产生了阶级分化，一部分人从直接物质生产中解放出来，从事于其他政治文化活动的时候，自然界与人类的关系才有所改变，它作为人类生活中的休息安慰娱乐等的对象而出现，它的这方面的社会性质才充分显露出来。管子说："仓廪实而后知礼义，衣食足而后知荣辱。"但是，等到"仓廪实""衣食足"了的时候，礼义荣辱就似乎显得比衣食仓廪更重要了，人的精神生活要求似乎比物质要求更重要了。从而自然之作为娱乐、休息、安慰的社会作用性质，在后来反而比作为直接生产对象的性质作用，显得更重要，显得更占上风。在文人雅士那里，咏月、咏梅就远比咏太阳、咏泥土来得多了。显然，在这里,一直到后来,极大一部分反映在艺术中的自然美的社会性,远不如原始时代那种与生产、与经济生活的直接功利关系来得简单明显,而是十分隐蔽和复杂的,远非表面可能看出来,也远不是几句话、一个公式可以解释概括得清楚的。这也就是说明梅花、月亮的美之所以远难于说明泥土、太阳的美的地方。例如,梅花、松树的确很美,在古代却只有士大夫欣赏,当时直接从事生产的农民却不能或无暇欣赏。中国绘画上细致工整的花鸟画,出现在五代、北宋的宫廷画院里,著名的徽宗皇帝就是这种绘画的能手。很多人为这些问题想不通:宋徽宗是荒淫无道的坏蛋,却能画一手至今仍有艺术价值、迫使我们去承认肯定的花鸟山水画。士大夫是剥削者,但他们在欣赏梅花上却的确比当时的农民强。这些现象的原因何在呢?其实原因就在:历史的发展使剥削阶级在一定时期内在某些方面占了便宜,他们与自然的社会关系使自然物的某些方面的丰富社会性(即作为娱乐、休息等场所的性质)首先呈献给他们了,使他们最先获得对自然的美感欣赏能力,从而创造了描绘自然的优美的艺术品。这就正如摆脱直接物质生产活动后能使他们更深入地研究自然,自然的许多科学秘密首先呈献给他们,从而发现了自然的科学规律一样。随着人类生活的发展、人对自然征服的发展,随着人从自然中和从社会剥削中全部解放出来,自然与人类社会关系、自然的社会性就会在全人类面前以日益丰满的形态发展出来,人类对自然的美感欣赏能力也将日益提高和发展。这时每一个农民都能欣赏梅花,都能看懂宋画。马克思说得好:只有通过客观上展开的人类生活的丰富内容,才能使人类的主观感受性丰富起来。正是这样,只有通过改造社会,改造自然,使人类与自然发生多方面的丰富的关系,从而使自然从客观上具有丰富的社会性质,使自然日益"社会化",这样,人类对自然的美感欣赏能力才能在根本上提高和变化。可以预料:在共产主义社会里，自然美将占重要的地位。而这才是我们所理解的自然美的所谓"人化的自然"的意义：通过人类实践来改造自然，使自然在客观上人化、社会化，从而具有美的性质，所以这就与朱光潜、高尔泰所说"人化的自然"——社会意识作用于自然的结果根本不同。[1]

（3）社会心理条件在自然美中的重要作用：上面只是就自然美的客观社会性作了一些基本原则的说明，要强调的是，不能把这些一般原则机械地直接地去生搬硬套在某一个具体的自然物或自然美上面。例如：套在桂林山水、齐白石的白菜虾米上面。要看到一个自然物成为审美对象，是经过一连串错综复杂的中间环节的，其中所谓社会功利的内容是极其隐晦的。如前已说过，梅花的社会功利性如同欣赏梅花所引起的美感的社会功利性一样，远不像上面所举的太阳那样能够一眼看穿。这里重要的是，对任何一个自然物或自然美的社会性的说明都要作细致的研究和具体的分析，直线的演绎就会出笑话。艺术史说明，自然风景在绘画艺术中的出现，并不直接表示当时自然的客观社会性有根本改变。例如：六朝山水诗、五代和北宋山水画的大兴，并不能由此现象立即得出当时自然与人的关系、它的社会性就与以前有了突然的改变。由可能性到现实性，由自然具有了某种社会性到人们能普遍认识它并反映在艺术中，其中更有一个曲折的长时期的过程，还须要有许多其他条件，其中就包括欣赏者主观反映能力方面的某些条件，例如：普列汉诺夫所曾着重指出的社会心理、意识形态等。例如五代、北宋山水画的兴起，宋词中移情作用和"有我之

---

[1] 朱光潜："自然'人化'了……是由于人显示了他的'本质力量'……这个'本质力量'……代表了人在一定历史阶段的文化水平。"自然的"人化"在这里仍只是因为具有"一定文化水平"的人去"看"自然的结果。朱光潜的意思比较隐晦，高尔泰则说得明朗得多："人一面认识自然，一面评价自然，在这评价中创造了美的观念。所以美的本质就是人化的自然。"

境"的普遍出现，就有其士大夫社会心理方面的重要原因。唐、宋两代士大夫的精神面貌、心理状况是不大相同的。这在艺术中例如唐诗宋词中反映得十分明显。初唐时代是《春江花月夜》那样的轻快舒畅，盛唐是"醉卧沙场君莫笑，古来征战几人回""莫愁前路无知己，天下谁人不识君"那样豪迈开朗、朝气蓬勃的声音，这时典型的时代天才是像想学鲁仲连的李白，是像忧国忧民的杜甫这样的人。在这时，士大夫知识分子对社会生活、对功名事业有着强烈的憧憬和追求。爱情诗、山水画在这里还不占什么地位。但是，通过"世事茫茫难自料，春愁黯黯独成眠"的萧瑟的中唐以后，在社会日渐衰颓变乱里，士大夫也就日渐走向官能的享乐和山林的隐逸。这时的典型艺术情调就是险奇晦艳的李贺、李义山，是"十年一觉扬州梦，赢得青楼薄幸名""如今却忆江南乐，当时年少春衫薄"的杜牧和韦庄，这种情况到承平时代的北宋更有了发展，我们再看不到像李白、杜甫那样的巨人，我们看到的是唱着"浮生长恨欢娱少，肯爱千金轻一笑，为君持酒劝斜阳，且向花间留晚照"这种"汲汲顾景，唯恐不及"似的风流尚书，是"忍把浮名，换了浅斟低唱"的城市浪子，作为一代天才的苏东坡也同样感叹着"世路无穷，劳生有限，似此区区长鲜欢"，表示"生不愿封万户侯，亦不愿识韩荆州"（这却正是李白当年的愿望）。陶潜、王维在这时第一次被捧上云霄。时代生活的变化使上层士大夫社会心理有了很大的变化，与官能的享乐、爱情的歌唱同时，山林的眷恋成了他们的生活、情感、思想的重要的内容。当然，这时自然与他们的关系在客观上与以前有所不同，但是，山水画等艺术的兴起在这里毕竟不是这种关系的直接反映，而是透过社会心理反映出来的。很难说自然在唐宋两代对整个社会或整个士大夫阶层有什么根本的客观社会性的不同，但在艺术领域却有了根本不同的反映。这里就要研究社会心理的种种原因。同样，北宋词中多"有我之境",而北宋画中据我看则仍多是纯厚的"无我之境",自然在同时代的不同艺术中的不同,以及在同样艺术中的不同,等等,都绝不能简单归结为自然的客观社会性的某种原因,这样作就要变成荒谬的庸俗社会学了。又如托尔斯泰在《战争与和平》里,描写安德烈月夜听娜塔莎唱歌前后所见到的同一棵老橡树,有两种根本不同的感受:去时觉得橡树丑陋古怪,是对青春的一种嘲笑;来时的感受则恰恰相反。当然这也不是说这棵老橡树的客观社会性有了什么重大改变,因此才产生安德烈两种不同的美感。相反,这里是主观心理状况起了决定作用;同样,今天人们对自然欣赏因人因时而有差别(即所谓美感的个人差异问题),也不能把它归结为自然的客观社会性(与人们的生活的客观社会关系)的问题。在这里受时代、阶级甚至一时的生活环境、事件所制约的社会心理及个人心理起着决定作用。关于个人心理及美感的个别差异问题须作专题研究,此处不谈。关于社会心理,普列汉诺夫说得很多,这里也不再谈。这里要说明的是,我们所讲的自然美的客观社会性,只是一个最一般的大前提,只是说任何对事物的美感欣赏,不管其个人心理和社会心理(即社会意识)起了多大的作用,其最先的必要的基础和前提,仍然是在社会生活的存在发展使自然与人发生丰富的社会关系,并使自然的社会性与远古有了根本不同的改变以后,这一切才有可能。只有在这前提下,安德烈才可能因心境的不同而欣赏橡树两种不同的美,今天我们才能随自己内心的喜怒哀乐而觉得对象有喜怒哀乐(即"移情作用"),所以显然不能把这个最一般的大前提直接套用到某一具体自然物或自然美的上面。需要的是在这前提下,对具体自然对象作多方面包括社会意识形态作用在内的具体分析。而许多责备我的人却恰恰是没有顾到这一点,直线地演绎,作出荒谬庸俗的论断，然后便又反过来"证明"我的说法不能解释自然美，自然美仍是"主客观的统一"，仍只能是主观意识作用于客观的结果，等等。

（4）形式美的问题：与自然美联系着的就是形式美的问题。在讨论中，有人以为我根本否认形式的重要，其实这也是误解。我在《人民日报》和《哲学研究》的文章中都强调了美的形象性的重要。所谓形象就是事物的样子，样子当然就有形式，我在文中强调了形式等自然条件的重要。我曾说："美是具体形象，因此作为构成具体自然形象的必要的自然属性如均衡、对称等生物、物理上的性能形态，也就必然成为构成美的必要条件……高山大海的巨大体积，月亮星星的暗淡光亮，就成为壮美或优美的必要条件。因为这种自然条件或属性常成为快感的客观对象的基础和根据……"所以洪毅然同志对我的批评，就有些近乎无的放矢了。例如，我们的国旗如果是一块不规则的破布，那当然就损害了它的美，如果这个窗子是一个歪歪曲曲横七竖八的多边形，那也当然不美。所以，均衡、对称、和谐、统一这些形式的规律仍是很重要的，是构成美的形象性的必要条件。讲求艺术技巧的重要，其原因之一也在这里。

但是形式之所以成为美的要素，这问题也很复杂，须要仔细分析。这里只能简单地提一下。就自然性质来说，某些颜色、声音所激起的常常是一种生理的快感，例如红的颜色，音乐的简单节奏。达尔文说，动物对这些东西也有反应的能力。人生活在这地球上，事物共同遵循的均衡、对称等自然规律使人类感官长期习惯于它，这种习惯也是造成生理快感的原因。在这里，形式的问题是谈不上什么社会性的。但是这种纯粹的形式的快感在实际生活中是很少有的。因为人类生活总是社会的，一切东西包括这些形式在内，也逐渐带有社会性质，正如人的生理感官逐渐变成社会的感官一样。在原始人那里，红色与生活中流血的事情连在一起，就具有了一种客观社会内容、性质和意义。[1]这时，人对红色的喜爱或欣赏，已不是动物式的单纯生理快乐，而成为精神的美感愉悦了。形式本身已具有了社会性，从而欣赏也变成人的，即社会的了。我们国旗的红色更如此，它具有深刻的社会内容。我们对国旗的红色的喜爱不同于对一件红色毛衣的喜爱，因为它具有更明确更社会性的本质内容。又如远古时代简单的音乐节奏，如普列汉诺夫所指出，具体地被决定于不同劳动和不同的技术水平，这实际上即间接被决定于不同的社会生活。它的性质主要已不是生理的而是社会生活的了。当然，如前已指出，在这里，形式的自然物理性质对生理感官的快慰的刺激又仍是很重要的。美感与快感须要一致和统一。印象主义的风景画，虽然其社会性不如巴比仲派或俄国列维坦深刻，却通过在形式上对明朗色彩的追求，使人感受到一种光明、开朗、强烈的生活或生命的美感愉快，正如我们面对着灿烂的阳光本身一样。印象主义取得了巨大成就。

结语

最后谈一下我们对美的整个看法。如我以前所认为，美是包含着现实生活发展的本质、规律和理想而用感官可以直接感知的具体形象（包括社会形象、自然形象和艺术形象）。[2]在这说法里，它已包含了我们以前说过

1　朱光潜也谈到这问题，但他把由快感到美感的过程又归结为主观意识作用的结果，这是我们所不能同意的："例如红色作为一种强烈的刺激，适合生理要求，可以引起单纯的快感。但是红色的强烈旺盛可以使人感到它是生命和热情的表现，这生命和热情表现出主观方面的态度和理想。换句话说，契合了主观方面的意识形态，由此所得快感便是美感了。"但红色为什么"使人感到"生命和热情呢？朱先生没说，显然这正是因为红色本身在生活中本来就客观地与这些东西联系在一起，所以才反映为人的这种感觉。

2　〔补注〕参看本书《美学三题议》，其中对美的提法，已有所不同。

的美的两个方面、属性或条件：（1）客观社会性；（2）具体形象性。朱光潜认为我说美是社会存在，又说社会性只是美的条件之一，这是自相矛盾。这其实是没看清我的意思：美必须是具有具体形象的社会存在物。没有形象的社会机构、制度等的存在不能是美。所以，这里一点也不矛盾。同时朱光潜又认为我这个说法是黑格尔加车尔尼雪夫斯基，这是不对的。我以前文章中曾强调指出，我所讲的社会本质规律和理想，不是黑格尔式的精神、实体的理念，而是社会生活本身（这是客观的物质存在），所以这与黑格尔是根本不同的。（朱光潜对我的所有批评，这里算是回答完了。）又有人把我所说的"本质规律"看得很狭隘，以为它只是指生产斗争和阶级斗争，因此爱情诗等就没体现什么本质理想。但是生活本质这个概念实际上包含的内容是极多的，除了"斗争"以外，当然还包括了生活的许多其他的方面如爱情等。它是一个极其广阔的东西，不能把具有生活本质、规律的东西看得太狭隘，看得太死（为免误会起见，补充一句：我所说的"理想"不是指人们的主观愿望，而是指历史本身发展前进的客观动向）。车尔尼雪夫斯基说得好：美是包罗万有而变化多端的东西。"包罗万有"正是它的无限广阔的必然的客观社会性，"变化多端"正是它的有限的偶然的生动的具体形象性。这次讨论还只就客观社会性这一方面说了很小的一部分。要说的话是很多的。祝在百家争鸣中美学获得丰硕的收成。

补记：

关于审美是否是认识，美学是否是认识论，我在《形象思维再续谈》中已另有看法，本文论点太简单。为保存历史痕迹，未加改动。

1979年12月

论美是生活及其他
——兼答蔡仪先生

在乡下读到吕荧、蔡仪、朱光潜诸先生在《人民日报》《学术月刊》上发表的文章，觉得其中涉及一些很根本的问题，自己有些话要说。但劳动紧张，又缺数据，暂时只能就关键处简略地说几句，并以此兼答蔡、朱两先生对我的批评。

（一）

美是什么？"美是生活。"车尔尼雪夫斯基这一观点，恐怕仍是迄今较好的简明看法。这个看法鲜明地反对了唯心主义，坚持了唯物主义；它肯定美存在于现实生活之中，艺术只是现实生活的反映和复制。其实，我们以前所一再强调的所谓美的客观性、美是客观存在，主要的意思，也就在此。美客观地存在于现实生活之中，广大人民的生活本身是美的宝藏和源泉；因此，美和生活本身一样，它是"不以人们意志为转移的客观物质的社会存在"（我这句话是朱先生在《学术月刊》1958年1月号《美必然是意识形态性的》文中所特别指明反对的,然而它却仍然是最重要的一句话),不管你能欣赏或不能欣赏它,也不管艺术是否已经反映它。"金沙水拍云崖暖,大渡桥横铁索寒"的史诗般的壮伟生活是美的,它是一种客观的历史存在;尽管我们很惭愧,今天还没有创造出能集中反映这一壮美生活的艺术品。贫农陈学孟带头搞合作化的故事是美的,"在中国,这类英雄人物何止成千上万",这些英雄们的巨大形象是美的客观存在,尽管"文学家们还没有去找他们"[1],还没有在艺术中反映出他们的面貌。所以,朱先生如果要用"实体""属性"的关系来说美,那我要说:美首先是生活这一实体的属性(生活当然是具体的。美是生活的属性也就是说美是生活中的某些事物、形象的属性,所以我们曾说美是物的属性。这里的"物",显然不是自然科学用语上的意义,不是机械唯物论美学所说的自然物;而是指生活,指社会生活中的事物、形象)。生活是"不以人们意志为转移的客观物质的社会存在",即是说,生活是客观存在;所以,其属性——美亦然。

我与朱先生的一切分歧,关键之处,其实就在这里。如果把问题提得更明确些,今天"美是客观的还是主客观的统一"的争论,其本质就是承认或否认"美是生活"(美存在于客观现实生活之中)的争论。对此,我是肯定和强调的,朱先生则是坚持反对的。他认为客观生活(朱先生称之为"物甲"或"自然物"。要注意,"自然物"在朱先生用法上不是指狭隘的山川风景等自然,而是指与艺术相对而言的客观事物。讨论中要特别注意每个人用语的涵义)本身中是没有美的,它们只是美的条件:美"不能单纯地是自然界客观事物本有的一种属性,自然物只能有美的条件"[2]。所

---

1 中共中央办公厅:《中国农村的社会主义高潮》中册,人民出版社,1956年版,第544页。
2 《美就是美的观念吗?》,《人民日报》1957年1月16日。

以，朱先生认为生活中志愿军的形象并不是美，而只是美的条件（善）。[1] 朱先生强调美是艺术的属性，绝口不谈美首先必须是生活的属性。这实质上是把美圈定在艺术的范围内，圈定在艺术创作和艺术欣赏的过程中，否定在艺术和艺术活动之外有美的存在。朱先生所再三强调的形式逻辑三段论（美是艺术的属性，艺术是意识形态，因此美就"必然是意识形态性的"，见《学术月刊》的论文），其大前提正在这里。但是，如果我们从美是生活这一根本不同的前提出发，这一个为朱先生自认为是牢不可破的三段论也就不攻自破了。

所以，我们与朱先生的分歧是根本前提的分歧，是承认还是否认"美是生活"这一基本原则的分歧，我认为美存在于生活中，不但人民大众的现实生活和文艺作品"两者都是美"，而且后者的美（艺术美）只能来源于前者的美（生活美），只是前者的集中反映。美只有首先作为生活的属性而后才可能成为艺术的属性。朱先生恰好相反，正因为朱先生否认客观生活中有美，美必须是主观的意识形态作用于客观对象才能产生，这样也就自然会提出列宁的反映论作为美学的理论基础还很不够，还要另外加上什么意识形态论的哲学主张（见《论美是客观与主观的统一》）。这一主张违反马克思主义的性质，我在《关于当前美学问题的争论》一文中已强调指出过，朱先生除不同意外还无所解释或答辩；周来祥先生最近也专就这问题写了文章[2]，我是很同意这些批评的（对周自己的一些美学论点则不能同意）[3]，所以这里就不拟再多讲了。

朱先生的"主客观统一论"是有其认识论上的根源的。朱先生正确地

---

1 《论美是客观与主观的统一》，《哲学研究》1957年第4期。
2 《反对美学中的修正主义》，《新建设》1958年第1期。
3 周来祥在自然美的观点上反而又陷入朱的主客观统一论的错误中。此外，周文论证中还有许多模糊和混乱不清的地方。

看到了在艺术创作和欣赏中人们的主观社会意识、思想、感情的巨大作用这一现象，但错误地把它作为产生美的决定性条件。主张美的客观性，主张美是生活、艺术美只是生活美的反映的人，其实一点也不否认而且还是十分强调在艺术创作中主客观的统一，强调艺术家的优美正确的思想情感、先进的社会意识在创作和欣赏中的巨大意义的；但人们主观世界的正确的功能、作用都是为了和服务于对客观世界的深刻的本质的反映；没有艺术家的主观作用，当然就没有艺术品和艺术美，但艺术品的美毕竟不是艺术家所能完全主观赐予的，其本源仍存在于生活之中。对此，我在去年发表的《意境杂谈》文中曾有所说明，这里不再谈了。

上面只是就生活美来谈的。那么艺术美呢？美当然也是艺术的属性，而且还是艺术的主要特性，而艺术也当然是意识形态。那么，艺术美是不是因为这样而就是一种"主客观的统一"而不是客观存在的东西呢？这个问题正是朱先生所特别强调的，但在我看来，这个问题是不清楚的。朱先生是把两个不同的问题混为一谈了。实际上，艺术作为意识形态（现实生活的反映）与艺术美作为客观存在是并不矛盾的。因为艺术美（亦即艺术品）一经形成，就是一个不依存于人们意识的客观存在，它的美是不以欣赏的人的意志为转移或变更的。齐白石的画，不管你能不能或愿不愿欣赏它，它的美总仍是客观存在着的，尽管它同时又诚然是一种意识形态式的存在。[1]这也正如军队、法庭、监狱等是一种上层建筑，但同时它们又是一种不依存于人们意识的客观存在，它们的上层建筑性质并不妨碍其为客观存在的社会事物。艺术美的意识形态性质并不妨碍其为物态化的客观存在，也就与此一样。艺术作为生活反映的意识形态与艺术美作为美感欣

1　〔补注〕参看本书第82页注。

赏对象的客观物态化的存在性质,是两个不同的问题,不能把它们纠缠一起,混为一谈。

当然,艺术美的客观性的深刻涵义在于它是客观生活美的反映,艺术是把生活本身具有的美这一属性提炼集中起来,正如科学是把生活本身具有的真的属性概括集中起来;但这实质上仍只是反映,尽管这种反映需要经过艺术家在创作过程中主观认识与客观的统一。这也正如我们的机器、房屋是一种客观存在,尽管它在构图建造中也要经过科学家认识的"主客观的统一"一样。后者是并不妨碍前者的实质的。

(二)

美是生活。但是,究竟是怎样的生活呢?"任何东西,我们在那里面看得见依照我们的理解应当如此的生活,那就是美的;任何东西,凡是显示出生活或使我们想起生活的,那就是美的。"车尔尼雪夫斯基的这一补充,说来虽短,却是极重要而问题极多的一句话。它包含了美学中如美的理想、美的观念与客观美的关系等基本问题,同时它本身又有矛盾和破绽,可以引起各种不同的解释。我与吕荧先生对此的理解就有根本性的分歧。

美是生活,当然并非一切生活皆美。吕荧先生在批评"认为美为物的属性"的美学家时说:"说美是物的属性,这就是说,一切的物都具有的一种性质。可是世界上许多的物,如上述的猴子鳄鱼等,我们通常都是认为不美的。"[1]这里是犯了个形式逻辑的错误,因为从"美是物的属性"绝

---

1 吕荧:《美是什么?》,《人民日报》1957年12月3日。

得不出"凡物皆有美的属性"来,这正如红为物的属性而并非凡物皆红一样。主张属性说的人也从未有吕先生这样的推论。而美是生活,亦然。并不是所有生活都是美的,丑恶的生活,生活中丑恶的事物、形象,现在也还不算太稀少,在车尔尼雪夫斯基所处的沙皇俄国的时代里,则是太多太多了。正因为这样,革命的美学理论才必须加上这个补充:要求艺术否定当前肮脏的生活现状,要求艺术去反映去描写去幻想真正美好的生活。

但是,也就在这同一个地方,有着车尔尼雪夫斯基这一理论的最显著的缺点。因为这个理论的哲学基础还只是费尔巴哈的抽象的人本主义,它对生活内容还不能达到历史唯物主义的了解。因此虽然它坚定地否定现实、要求革命,却仍不能指出现实发展和变革的方向和进程。它不能如我们今天这样来观察、研究、体验生活,来运用在"现实的革命发展中""真实地、历史具体地"描写生活反映生活的创作方法。在车尔尼雪夫斯基那里,生活的理想从而美的理想是没有客观现实进程的,因而它也就带着许多主观主义的成分。普列汉诺夫对此曾有清楚的说明:

> 车尔尼雪夫斯基和杜勃洛留波夫的美学理论本身就是现实主义和理想主义的一种特殊的混合物,它在阐明生活现象时,并不满足于确认既有的东西,而且还指出——这甚至是主要的——应当怎样。它否定现实……但是它不善于"发挥否定的思想"……它不善于使这种思想同俄国社会生活的发展的客观进程联系起来。简而言之,它不善于给这种思想提供社会基础。它的主要缺点就在这点。只有从马克思学说的观点来看,这一缺点才是一目了然的。[1]

---

[1] 《车尔尼雪夫斯基的美学理论》,《哲学译丛》1957年第6期。

这样一个缺点当然也就会十分尖锐地呈现在关于美的定义中，普列汉诺夫也指出了这点：

在车尔尼雪夫斯基看来，一方面现实中的美自身就是美的；但另一方面，他又说，在我看来，只有符合于我们关于"美好的生活""应当如此的生活"的概念时才是美的，事物自身并非就是美的。[1]

这的确是矛盾。美是客观生活，它不依存于人的意识而独立存在；但美又同时必须是"美好的生活"，这生活可能是现实中尚未出现或显著的，它只是在我们看来是"应当如此的"一种理想。这样，美又必须是"符合于"我们主观"概念"的，即依存于人的意识的东西了。这个尖锐的矛盾如何解决呢？一方面既要贯彻美在生活本身这一唯物主义根本原则，而另一方面又要把美固定在真正美好的生活的范围内，使美有其必要的理想性。看来只有马克思主义的美学观才能解决这个矛盾。

什么是"应当如此的生活"呢？不同阶级有不同的生活理想、概念，然而，却只有历史上先进的阶级，在今天就是无产阶级，对生活的理想、概念和要求，才是真正符合或基本上符合客观历史必然进程中的东西。所以，我们所要求、主张的"应当如此的生活"，就正是客观社会现实中实际上存在着的或要出现的那些美好的、新生的、推动社会前进的生活，包括生活中的美好事物、形象和东西，即使这些生活和东西暂时还是极不显著的、幼弱的萌芽、趋势或倾向，但社会发展的行程却规定了它们的必然的胜利或出现。现实中的这种生活和这些东西，在我们看来，这就正是表

---

[1] 《车尔尼雪夫斯基的美学理论》，《哲学译丛》1957年第6期。

现了按照历史唯物主义所了解的社会现实生活发展的本质、规律和理想的东西。所以我在规定美的涵义时曾说:"美是那些包涵了现实生活发展的本质、规律或理想的具体形象(包括社会形象、自然形象和艺术形象)。"[1] 这一说法是朱光潜先生所加以反对的,说这是黑格尔加车尔尼雪夫斯基,我已有所答辩:社会发展的本质、规律或理想不是从主观世界、不是从外面加到生活中去的理念、观念之类,而是客观生活本身所具有的东西,但具有的客观的事物、形象和趋向。我的说法可能仍有抽象含混等毛病,但所企图的是把"美是生活"的唯物主义贯彻下去,把车尔尼雪夫斯基的"应当如此的生活"从主观概念的世界中搬到客观现实生活中去。这样,美的东西之所以美,就不是因为它"符合于"我们主观的生活概念,而是因为它本身具有内在的充实的生命(即社会内容);它是生活中那些具有本质、规律性质或意义的东西,它是具有远大的客观发展前途(即理想)的东西。这样,我们一方面把漫无边际的"美是生活"初步固定和限制在一定生活范围之内(以后我们还需要把它规定和解说得更具体些);另一方面,我们这一圈定又具有客观性,即具有真正的现实基础,因为"应当如此的生活",正是客观现实生活中所存在或必然出现的东西、趋向或前景,我们主观的生活的理想、美的理想("应当如此"),只是这一客观的存在的反映而已。所以,我们不仅坚持了"美是生活",而且也肯定了美的理想("应当如此"),而肯定美的理想却丝毫也不动摇美的存在的客观性,不动摇美是生活这一根本原则。[2]

然而,在我们看来,吕荧先生却从这个地方得出了极为错误的唯心主

---

[1] 我用的"形象"不仅指主观反映之后的意象(image),而且也指客观事物本身的形貌、样子。
[2] 这里也就附带回答了施昌东《论美与艺术》(《新建设》1958年第2期)文中对我的批评。他把我所说的"本质、规律、理论"误解了,而以为一切事物如丑恶虚伪的事物也可以是生活本质、规律的表现,这并非我的原意。

义的论断。他抓住车尔尼雪夫斯基的这句话，就以为既然美是必须符合于我们的生活概念的东西，那就不是存在于客观事物之中，而是存在于我们的主观观念之中。于是，美就只是"美的观念""美的意识""美的判断"。事物是不是美，不在其自身如何，而要看它符合于我们主观意识、观念如何而定。"……形色声味是美还是不美，以及美到什么程度，这种美的意义如何，就要通过意识的判断。"[1]于是，美的客观性就被完全取消了，美被归结为主观"观念"。这种说法是可与高尔泰同样混乱的《论美》相媲美的主观唯心论的美学观。《美是什么》是篇混乱的文章，除文中对我的批评，他把我所说的"本质、规律、理论"误解了，而以为一切事物如丑恶虚伪的事物也可以是生活本质、规律的表现，这并非我的原意。除朱光潜所指出的把美感与快感等混同起来以外，其他还有把作为科学的美学与它研究的对象、把美学意义上的美与日常用语中的美等混同起来，然而最根本最重要的混同就仍然是上面讲到的把美与美感、美的观念混同起来，从而取消美的客观存在。对这种露骨地把美归结为主观观念的观点，以前蔡仪、最近朱光潜都有所批评，这里不再谈了。要补充的是，朱光潜虽然批评了吕荧，但在基本观点上，我觉得两人的理论倒是相近或属于同一类型的。只是一个表现得直接些、露骨些，一个则比较隐蔽些、间接些；一个认为美就是社会意识，一个认为美只是"意识形态性"的，还需要一个客观的"自然物"（"物甲"）作为被意识作用的客观条件的存在，但决定美的产生和形成的仍是主观的意识形态（即社会意识）；所以，一个认为美就是社会意识实体本身，一个则认为美只是社会意识这一实体的属性。但撇开这些区别，二者却都是认为美是"第二性"的现象，即都不承认美

---

[1] 吕荧：《美是什么》，《人民日报》1957年12月3日。

在客观现实生活之中，不承认美的客观性的存在。他们的区别在我看来是次要的、无关实质的，而共同点却是主要的、根本的。所以，我们对朱光潜的所有批评基本上是完全适用于吕荧的。

美的理想的客观性对艺术家是极为重要的问题。因为艺术家总是把他主观的美的理想透过他的思想、情感，在艺术中表现出来，因之这种理想、这种对现实的态度必须符合客观生活的历史真实，就具有了最重要的意义。只有具备这种美的理想的主客观的统一，才能十分自然地做到从"现实的革命发展中"来描写生活。

（三）

"美是生活说"不但是反唯心论的有力武器，而且也还是反对机械唯物论美学的有力武器。如果用车尔尼雪夫斯基的理论和蔡仪先生的理论详细一对比，就可明显地看出这一点。但是，在这次讨论中，我觉得自己的主要论战对象是朱光潜、吕荧诸先生的唯心论[1]，还不是蔡仪先生的机械唯物论[2]。因此为了不分散论点，这里只简单地回答一下蔡先生对我的严重批评。[3]

在读了蔡先生这般严重的指责后，很遗憾地感到：我的文章的确写得不好，有简单笼统的毛病，但基本上却并未歪曲蔡先生；而蔡先生气势汹汹的文章倒令人颇真有歪曲之感。当然，这可能也是属于"由于大意的误

---

1 即以朱光潜先生为首要代表的这一派，其中可以包括吕荧、高尔泰、孙潜、叶秀山、许杰等人，还有一些（据我所知为数似不少）未发表文章的拥护者。
2 迄今为止，还未看到一篇同意或基本同意蔡先生意见的文章。
3 参看蔡仪《批评不要歪曲》，《人民日报》1957年12月12日。

解而不是有意的捏造"之类的。

首先，蔡先生把我的批评归纳成如此这般的"主要的两点"[1]，就不完全符合事实。因为我以前对"蔡仪美学观"的批评主要是集中在这样一点：如我的文章标题和论证中所再三强调指出的，蔡的美学观主要缺点之一是漠视和否认了美的社会性质，认为美可以脱离人类社会生活而存在。并指出，这缺点最尖锐突出地表现在关于自然美的看法中（社会美当然存在于社会生活中，这缺点当然不突出），所以我才通过自然美来批评。这究竟是不是"歪曲"呢？不是！有蔡先生全部美学论著为证。认为自然美在自然物本身是这个美学观的要点之一，我想蔡先生自己也不能否认吧。

既然自然美在自然物自身，那么到底又体现在自身的哪些方面呢？蔡仪搬出了他的典型法，认为自然美在于"个别的自然事物之中显现着种类的一般性"。什么是自然物的"种类的一般性"呢？这当然就只能是某类自然物共有的某种机械的、物理的、生物的自然属性。所以，我才批评他"把美归结为这种简单的低级的机械、物理、生物的自然条件或属性，认为客观物体的这种自然属性、条件本身就是美"。这究竟是不是我的歪曲呢？不是！试举《新美学》中原文为证：

……运动是物质的种类的一般性，是一切自然事物的种类的一般性。凡没有显现这种类的一般性的是不美的，而凡是显现这种类的一般性的是比较美的。所以一般地说，自然事物之中的生物是比较美的，而无生物是比较不美的。……

---

[1] 蔡仪："他对我的美学观的批评主要是两点：第一，说我认为美是物体的数学的、机械的、物理的、生物的自然属性本身；第二，说我认为美的标准或美的法则就是'黄金分割''均衡和对称'及'形态的均衡统一'，等等。"（《批评不要歪曲》）。

生长生殖等现象就是生物的一般的属性条件，凡是没有显现这种一般的属性条件的生物是不美的，而凡能显现这种一般的属性条件的生物是美的。就这一点看，在生物之中，大致动物是比较美的，而植物是比较不美的。……

一切的动物都有能动性的活动，能动性的活动也就是动物的主要的一般性。凡没有显现这种一般性的动物是不美的，而凡能显现着这种种类的一般性的动物是美的。因此在动物之中，一般地说，高等动物是比较美些，而低等动物则是比较不美的。[1]

这究竟是不是把自然美归结为它们"显现了"某类自然物的"物理的""机械的""生物的"自然属性和条件呢？归根到底，这是不是把美归结为这些物理、机械、生物的自然条件和属性呢？"偃卧的古松、欹斜的杨柳"之所以入画成为美，蔡仪看作是因为它们突出地"显现了"生物的普遍性、"不屈不挠的欣欣生意"——即"生长"，这就正是我上篇文章批评之处——把"生长"这一生物的自然属性看作是美的法则。

诚然，蔡先生没有认为均衡对称即美的特性，但却一再指出均衡对称、比例调和是"大多数事物的形体的普遍性"，所以是事物形体美的重要条件，我上篇文章《美的客观性和社会性》的确这一点没有交代清楚，就笼统地说古松的美"照蔡仪的理论"是在它"显现了生物形体上的普遍必然属性——均衡和对称"，这确是一个疏忽或错误。但我的批评基本上却并未错。至于美在黄金分割，我从来未说蔡先生这样主张过。我上文主要的意思，只是说蔡仪所信奉的美学观基本上是把美归结为自然物本身的

---

[1] 蔡仪：《新美学》，群益出版社，1949年版，第200~201页。

形态、物理、生理等自然属性的机械唯物论的美学理论。当然就在这一派中,也还各有区别,蔡仪没有主张美就在均衡对称、黄金分割,正如主张均衡对称、黄金分割的人没有像蔡仪主张个体美在于形状体态的完整性(从而个体性)一样;这二者确有不同,却是很接近的。蔡仪的理论与这派理论的某些差别是次要的,其相同(同把美归结为与社会生活无关的自然本身的条件、属性)却是根本的、主要的。所以我才把蔡仪归入这一理论类型来批评。我想,只要是"稍有科学态度的人",冷静一点就可以看出这点的。

再次,如上述蔡仪既认为个别自然事物显现了其种类属性的一般性的就是美,认为生物比无生物因为更多地显现了"运动"这个种类一般性,所以就更美,动物比植物因为更多地显现了"生长生殖"这个属性一般性,所以就更美。那么,这究竟是不是"把物体的某些自然属性如体积、形态、生长等从各种具体的物体中抽象出来,僵化起来,说这就是美的法则"呢?这难道又是我的"歪曲"和"强加"吗?蔡先生不正是把如上述的运动(机械的)、生长生殖(生物的)等自然属性从各种具体物体中抽象出来,说成是什么"种类的一般性",然后用它作为衡量动植物、无生物等自然物的美的准绳和法则吗?这不正是把这些自然属性"僵化起来",作为一种"绝对的、自然尺度的、抽象的客观存在"吗?(因为在具体自然物中,这些自然属性作为美的条件所起的作用、地位绝不是这样抽象、僵死、固定的。)而这种认为美是"显现种类的一般性"的理论,难道不相当接近于柏拉图、黑格尔等认为美是"显现了"某个客观存在的抽象理念或共相(一般性)的客观唯心主义的美学观了吗?蔡仪认为随着生物种属的高低而有美的高低的看法,不是相当接近于托马斯(据怀莱特所解释的)、黑格尔的同一看法吗?所以我仍然认为车尔尼雪夫斯基对黑格尔

"美是理念显现说"的批评,在一定程度和意义上,是适用于蔡仪的。即以蔡仪所否认的青蛙之例来说,在黑格尔那里,美是观念(一般性)在具体形象(个别)中的显现。所以,车尔尼雪夫斯基辛辣地嘲笑说,"有许多蛙是能够很好地表现蛙这观念的,可是这些蛙到底是十分丑陋的呵"[1]。在蔡仪这里,美是典型,是个别具体物象显现了其"种类的一般性",其实亦即"种类的一般性"在某个个别物中的"显现"。所以我才问:"最充分地'显现了'青蛙的普遍必然的种类属性的某个最典型的青蛙,到底又美在哪里呢?"因为充分显现了"种类的一般性",与充分显现黑格尔"种属观念",是完全相似的。两者都是在个别中显现抽象的一般性,都是把显现"一般性"作为美的本质。但是,对此,这次蔡仪却答辩说,"在《新美学》中认为一般自然界低级的种类事物是不美的……至于低级的种类事物之中,更无所谓某一个别是典型的、是美的",即谓青蛙是低级动物,所以本来就无美可言,因此我举的青蛙之例是把蔡仪的美学"滑稽化"了。但且让我们翻《新美学》原书为证:

……树木显现着树木种类的一般性的那支树木,山峰显现了山峰种类的一般性的那座山峰,它们的当作树木或山峰是美的。这样……的树木的美,山峰的美便是自然美。[2]

按照蔡仪自己的体系,作为动物的青蛙一向是应该比作为植物的树木、作为无生物的山峰,其"种类"的地位从而其美的地位是要高得多的。因此,如果树木、山峰之类的无生物或植物可以有典型有美,反让青

---

[1] 车尔尼雪夫斯基:《美学论文选》,人民文学出版社,1959年版,第120~121页。
[2] 蔡仪:《新美学》,群益出版社,1947年版,第200~201页。

蛙这个动物无美无典型之可言,我想,那青蛙也将为蔡先生的崇高的美学却如此之不可靠而大感遗憾吧。

关于我的"歪曲"就逐一答辩至此。

应该指出,蔡仪这种机械典型论的巨大缺点并不是在其论社会美、艺术美中不存在。相反,在那里虽然其显著性不如在论自然美时表现得突出和荒唐,但其错误,特别是对艺术实践的有害性质却是更严重的。因为蔡仪运用他那种机械的"一般性"来规定和议论社会美时,就变得更加抽象空洞了。例如说:

> 人类是有最为发达的意识作用,是有高级形式的思维,这是人类的主要的一般性。凡没有充分地具备着这种一般性的人是不美的,而凡充分地具备这种一般性的人是美的。于是在人类之中,那些才德兼备的圣者就是最美的,而那些无识无行的小人也就是不美的。[1]

这里一切是完全脱离现实生活中各种复杂的社会性质了,把人美或不美抽象地归结为是否"充分具备"思维作用这个"一般性",并以此来判别"圣者"和"小人",这实在也足够"荒唐"了啊!

也许,蔡仪又会说我"歪曲"了他,因为《新美学》中也的确讲到了阶级,讲到社会美与阶级的关系等。但是,在那里,一切是十分抽象和十分机械的:抽象的所谓"阶层关系"是"社会美的主要决定条件",某个人或某个社会事件的美是以其"显现"某种"阶层关系""阶层的一般性"为准则。这种理论运用到艺术上,就必然要求艺术去表现和反映什么"阶

---

[1] 蔡仪:《新美学》,群益出版社,1947年版,第202页。

层的一般性",而不是去反映生动活泼、复杂具体的生活真实,无怪乎蔡仪要说:"艺术所要表现的是现实事物的种类的一般性,是它的本质真理,是它的典型性。"[1]这实质上是一种僵死、机械的庸俗社会学和教条主义的典型论。这种认为美在于什么"显现"本质、一般性的理论必然导致艺术脱离复杂的生活真实走向表现抽象的"一般性""本质真理"之类的公式化、概念化的道路。关于蔡仪美学上的这些错误,以后将有机会作专门的分析,这里只是先简单提一下。

如果把这种美是典型论与美是生活论比较一下,就不难看出,前者是多么狭窄、机械和抽象,而后者是多么宽广、生动和具体!蔡仪所说的"本质真理"和我们所说的生活的本质真实又有多么的不同!前者是失去具体生活血肉的抽象的"种类的一般性",后者却是浩无边际的生活海洋中的真正的主流和实质。仍以自然美为例。蔡仪的自然美归结为个别显现种类一般性,是与社会生活无关的物本身的自然性,我们把自然美首先归结为是自然与人类生活的社会关系,是事物的社会性。(可以参看车尔尼雪夫斯基关于光线颜色的美的论证,它说明了自然的光线色彩只有与人类生活发生关系,才能取得美的意义。虽然他的观点和说明还有欠缺和毛病。)前者是固定的、简单的、机械的,从上面所举的"生长"例就可以看出。后者(社会性)是广阔、丰富而复杂的。这是因为自然物在人类社会生活的关系、地位、作用、意义是极为复杂、丰富的缘故。同一自然物处在不同的生活场合、角度,就有不同的意义。从历史上大体看来,自然美的社会性最初主要表现为较直接简单的与人类生活的经济功利关系,如狩猎民族以某些动物为美的艺术对象,后来这种明确直接的经济功利关系

1　蔡仪:《新美学》,群益出版社,1949年版,第220页。

大多被代以隐蔽间接的精神的娱乐休息等关系。这样，自然美所引起的只是如车尔尼雪夫斯基所描绘的对生活的一般的愉快、明朗的欢喜，它的社会性内容广阔而不很确定；反映在美感上据我看也就是康德所谓不加概念的自由美的来由。但这种所谓自由美仍有其隐蔽的社会功利性的基础的。所以，自然美在最根本的意义（在历史和生活的意义）上是由其社会性而非由其自然性所决定。例如，老鼠一向是不能成为美的对象的，这主要就是由其社会性（与人类社会生活的直接功利关系）所决定，而不是什么没有"显现""种类的一般性"等所能决定。但是，在某些场合下，"梦破鼠窥灯，霜送晓寒侵被"，老鼠又可以在艺术中出现，构成一幅美的画图。但这里却仍然是由于通过它（老鼠）来反映和衬托出那种冷落、寂寥的夜的生活气氛，因此这就仍然是由其社会性（老鼠与一定生活的关系、它在一定生活中的情况）所决定的。这一切只能由自然与社会生活的关系的复杂性亦即生活的复杂性来解释，而不是一个什么简单、固定的自然属性所能解释。同时，从上面也可看出，我所说自然美的社会性，是相当广阔、复杂、丰富而不是如有人所误解的那样狭窄庸俗。[1] 而这一点，也主要是因为我们把生活的本质规律（亦即美的社会内容）等了解得十分宽广而不局限在狭窄的圈子里的缘故。我们肯定生活中有最根本最本质的东西如革命斗争等，但并不把其他许多东西如爱情等完全排斥在所谓生活本质之外。

最后，如我们以前所再三说明，我虽反对蔡仪认为美在自然物本身的看法，却丝毫不认为自然物自身的某些属性条件对美不重要。相反，我认为是很重要的。例如老鼠只有夜中无人时才出来这一自然特性在构成冷清

---

[1] 肖平：《美感与美》，《新建设》1957年第9期。

的夜的生活气氛中就有重要意义。又如,松柳的不同的美,它们给人的具体美感也并不取决于其什么社会性,而取决于其不同形态等自然物自身条件。因此,洪毅然对我的批评[1],我觉得为无的放矢。关于美的自然条件方面,我以前谈得很少是事实,这主要是因为争论在社会性方面而又是批评蔡仪的缘故,"相对忽视"是难以避免的,以后当再作详细的论述。因为在肯定自然美的社会性之后,详细地来研究其自然属性等形式方面,才有重大的理论和实际意义,仅仅一般地论说社会性是远远不能解决问题的。但在研究自然条件之前,必须首先阐述和强调美的社会性。这里并不是主要、次要的问题(如洪毅然的提法),而是必先肯定社会性这一根本原则下才能开始进行研究自然性的问题,这一点是洪所忽视了的。此外,洪文的大半似乎并不是反对我,而是针对肖平而发的,如老虎、蝴蝶、猪和老鼠等例。因为我从来没有那样狭隘简单地解释过自然美的社会性。这一点倒是希望洪毅然以后写文章时注意注明一下。自然美是十分复杂的问题,希望以后能有专门机会谈到。这里暂从略了。

---

[1] 洪毅然:《略谈美的自然性与社会性——与李泽厚同志商榷》,《新建设》1958年第3期。

蔡仪的《新美学》的根本问题在哪里?

注:本文写于1959年,在收入本书前未公开发表。写作时朋友赵宋光先生曾参加讨论和写作。

蔡仪同志在去年出版的《唯心主义美学批判集》（下简称《批判集》）一书里把批评对方都划成唯心主义者，同时也在《序》中对自己的美学作了一些批评。然而，蔡仪最后写道："《新美学》的根本观点以及关于美和美感的主要论点是不是完全错误的呢？就作者自己的认识来说，纵然有些说明可能有严重的缺点或错误，但是这些论点本身并不是完全错误的，至少是现在那些对于《新美学》的批评，还没有能够说出一种什么真正的道理，使作者认为这些论点果然是唯心主义的或机械唯物主义的。"[1] 所以，蔡仪尽管承认和指出了《新美学》几个缺点或错误，例如"不够关心社会事物的美的重要意义，不够重视美学理论的社会意义"；例如"重视形式而忽视内容，并以形式的特点作为本质的特点"；例如"或多或少的表现思想方法上的形而上学的倾向"；甚至还承认自己"不是把它（指美学研究）很好地和革命实际结合起来"，"根本上缺乏马克思主义的基本精神"，等等。但看来却总使人感觉除了几个次要的细节例

---

1 蔡仪：《唯心主义美学批判集》，人民出版社，1958年，第12页。

子外，这些话基本上都只是抽象地说说而已。因为这些所谓缺点和错误，对《新美学》"根本观点"的"论点本身"（例如"美是典型""美的本质就是个别之中显现着种类的一般""自然美在于自然物本身"等）是既没干系又无影响的。蔡仪对自己美学的这些根本论点是一直没有加以任何自我批评的。"美学研究"可以是"根本上缺乏马克思主义的基本精神"，研究出来的"根本观点"和"论点本身"却"并不是完全错误的"，既不是唯心主义也不是机械唯物主义……这似乎很难令人信服。我们觉得，蔡仪同志"根本上缺乏马克思主义的基本精神"的美学研究，恐怕在其《新美学》的"根本观点"的"论点本身"上也已留下了不可磨灭的印记，使这些"论点本身"也是"根本上缺乏马克思主义的基本精神"，从而是错误的了。

（一）

应该承认：蔡仪是企图从正确的地方出发的。我们也一向说蔡仪是抽象地"坚持了美在客观……艺术美是生活美的反映这一唯物主义的反映论的基本原则"[1]。例如，蔡仪说："美在于客观的现实事物……因此正确的美学的途径是由现实事物去考察美，去把握美的本质。"[2] 很对，这是唯物主义。

遗憾的是，蔡仪的唯物主义是静观的唯物主义。蔡仪所主张"由现实事物去考察美"的"现实事物"，是缺乏人类社会生活实践内容的静观的

---

1 参考本书《关于当前美学问题的争论》。
2 蔡仪：《新美学》，第1/页，以下凡该书引文只注页码。

对象。蔡仪美学的根本缺陷，我们觉得，首先在于缺乏生活——实践这一马克思主义认识论的基本观点。

蔡仪在考察美的客观的现实存在时，从来没有谈到人对于现实作为实践者的存在。他在反对朱光潜时说，"所谓'不依赖于鉴赏的人而存在'，不过是说，不依赖于鉴赏者的主观而存在。"[1]在别的地方也说："物的形象是不依赖于鉴赏的人而存在的，物的形象的美也是不依赖于鉴赏的人而存在。"[2]朱光潜把"人"理解为鉴赏者、认识者，认为美依存于人即依存于人的意识、鉴赏，这说明他是个唯心主义者。蔡仪反对朱光潜，因为要否认美依存于人的意识，就否认美依存于人，人只是反映美而已，从而把"物的形象"和"物的形象的美"的不依存于人看作是同一性质的东西。这也就表明了："人"在蔡仪这里也仅是作为鉴赏者、认识者而存在，根本没有看到"人"同时也是作为实践者、对现实的改造者的存在。尽管蔡仪后来也被动地辩解道：美"未必不依赖于社会关系而存在"。但在实质上他并没看到：一切的美（包括自然美）都必须依赖于作为实践者的"人"亦即社会生活实践才能存在。

马克思说："从前的一切唯物主义……所含有的主要的缺点，就存在于把事物、现实、感性只是从客观方面和从直观方面加以理解，而不是理解为人的感性活动，不是理解为实践，不是从主观方面加以理解。所以结果竟是这样：能动的方面竟是跟唯物主义相反地被唯心主义发展了，但只是被它抽象地发展了，因为唯心主义当然不知道有真正现实的活动，真正感情的活动。（费尔巴哈论纲）"[3]朱光潜的确是唯心主义地发展了人的能动

---

1 《批判集》，第117页。
2 《批判集》，第102页。
3 《费尔巴哈论纲》。

方面，把人的能动作用看成是人的意识的能动作用，从而认为美感意识是美的创造者，美是人的主观意识作用于对象的结果。蔡仪反对这一点，但也同样不了解人的能动作用究竟何在。他说："既然意识能反映存在，也就是认为主观有它的能动作用，主观必须作用于存在，才能摄取存在的映象，才能反映存在，如果主观没有这种能动作用，那就会是'视而不见，听而不闻'，就不能反映存在。"[1]很明显，蔡仪所理解的人的主观的能动性，也不过是人的反映、认识的能力，人的主观只是被了解为静观的意识，这正是旧唯物论的特点。马克思主义在这里所以不同于这种唯物主义，就在于把人的主观能动性，理解为有意识有目的的积极的革命的实践："认识的能动作用，不但表现于从感性的认识到理性的认识之能动的飞跃，更重要的还须表现于从理性的认识到革命的实践这一个飞跃。"[2]照蔡仪的理解："马克思列宁主义的认识论，就是反映论，它的基本规定就是存在决定意识，意识反映存在。"[3]然而，旧唯物论的认识论也是反映论。马克思主义认识论与此不同的，正是它的实践论。"生活、实践的观点，应该是认识论的首先的和基本的观点。"（列宁）"实践的观点是辩证唯物论的认识论之第一的和基本的观点"。[4]

正因为蔡仪在哲学问题上不了解生活、实践观点的这种根本谬误，就使他连车尔尼雪夫斯基的"美是生活说"也不能接受。蔡仪说当1947年读到《生活与美学》时，便"想到《新美学》中在他所批评的问题上有过进一步的说明"，想到"对他的批评的答复……"，[5]甘心情愿把自己摆在

---

1 《批判集》，第107页。
2 《实践论》，《毛泽东选集》第1卷。
3 《批判集》，第106页。
4 同上。
5 《批判集》，第2页。

"答复"车尔尼雪夫斯基的"批评"的位置上,这不也能说明问题吗?

为什么会这样呢?这正是因为"美是生活"的论点,虽然还不是科学的马克思主义,但毕竟是革命民主主义者的斗争产物。它鲜明地指出了:"美是生活",美不能脱离人类社会生活。这就比以往唯心论和静观唯物论高出一头,因为这无论如何已把美与生活、与革命实践联系起来了。它不能被信奉静观唯物论的、"不是把它(美学研究)很好地和革命实际结合起来"的蔡仪同志所接受和了解,也就并不奇怪了。

然而"由于俄国生活的落后","美是生活"说并未能上升到马克思主义的水平。这主要表现在对"生活"缺乏科学的了解和解释。在"美是生活"下面,车尔尼雪夫斯基写道:"任何事物,凡是我们在那里面看得见依照我们的理解应当如此的生活,那就是美的。"这样,一方面虽然保证了"美是生活"的战斗性、革命性,因为在一个革命民主主义者主观意识中的"我们的理解"和"应当如此",当然有着积极的战斗的内容;但另一方面,用"依照我们的理解应当如此的生活"来解释生活却确实不科学,它没有阐明生活的不依存于人的意识的客观发展规律。车尔尼雪夫斯基的这个漏洞虽然没大到能动摇"美是生活"的唯物主义的美学基础,但却让像吕荧等人利用它作为论证自己"美是一种观念"的唯心论的一个借口。

生活是什么呢?生活的本质、规律是什么呢?自居为"一个应用在美学上的费尔巴哈思想的解说者"的车尔尼雪夫斯基还很不明确。

然而,就在这时,并且还早一些,马克思却写下了:"社会生活在本质上是实践的。"[1]马克思主义发现了历史发展的科学规律,把人的社会生活理解为生产斗争和阶级斗争的实践,说明了它们不以人们的意志为转移

1　《费尔巴哈论纲》。

的客观性质。这在美学上也就为含糊笼统的"美是生活说"提供了一个科学发展的基础。所以,对我们来说,是要在马克思主义的理论立场上,发展车尔尼雪夫斯基的"美是生活"的基本看法;而对于蔡仪来说,美是生活、实践的理论,却始终是他的"美是典型说"的格格不入的对头。因此,我们以前才说,"'美是生活说'不但是反对唯心论的有力武器,而且也还是反对机械唯物论和形式主义美学的有力武器。如果用车尔尼雪夫斯基的理论和蔡仪先生的美学理论作一详细对比,就可明显地看出这一点。"

(二)

正因为不了解人的革命实践,脱离了有血有肉的社会生活,而来静观地"由现实事物考察美",这就必然不能历史地了解和把握现实事物,必然会走上抽象的形而上学的道路,得出一些失去生活血肉的自然科学式的定律和原理,来僵硬地概括和规范本是活生生的社会现实事物。蔡仪的"美是典型"的理论实质正如此:

美的东西就是典型的东西,就是个别之中显现着一般的东西;美的本质就是事物的典型性,就是个别之中显现着种类的一般。[1]……总之,美的事物就是典型的事物,就是种类的普遍性,必然性的显现者。[2]……具有优势的种类的属性条件的客观事物,它较之具有优势的个别的属性条件的客观事物,是更完全地丰富地显现着种类,也就更完全地丰富地显现着事物的本质,普

---

1 第68页。
2 第80页。

遍性，必然性。这个别的事物，就是我们日常所谓标准的事物，也就是我们上面所谓典型的事物。[1]

在蔡仪的理论里，有两个东西特别突出，一个是所谓"种类的属性条件"亦即所谓"种属"；一个是所谓"一般性""普遍性"。这两点倒确是问题的关键。什么是"种属""种类的属性条件"呢？原来蔡仪把所有事物按其具有的各种不同的属性而归入各种各样的"种属"的类别中。"譬如一个砚池，就它的形状来说是方的，可以属于方形物体的种类；就它的颜色来说是黑的，可以属于黑色物体的种类；就它的原料来说是石头的，可以属于石质物体的种类……"[2]事物的本质属性（此物之所以然）的所在就构成所谓"事物的本然的种类范畴"，"例如砚池，磨墨用的文具这种种类的属性条件，是它的本质的必然的属性条件；而文具这种种类范畴是它的本然的种类范畴。"[3]美就是个别事物"显现"这种"种类的一般"，例如个别砚池去显现"方形""黑色"的一般；但"本然的种类范畴"对事物的美是有决定性的，所以砚池的美主要在于它能否和多少"显现"了文具这个"种类的一般"。文具这个种属条件愈占优势，砚池就愈美。同时，蔡仪又说：因为事物的种类互相错综复杂，同一事物是处在各种不同的"垂直的"和"并列的"种类系列中，因此常常对这个系列或种类不美，对另一个种类则是美。"当作家畜的美的狗的对于主人驯顺柔媚的狗相，和当作园艺的美的花木的矫揉造作的姿态，若当作自然的动物或植物来看，是多么丑恶的呵！"[4]等等。蔡仪在《新美学》中对这一理论作了可

1　第85页。
2　第82页。
3　第83页。
4　第88页。

说是惊人的烦琐论证。可惜的是，诚如洪毅然同志所说："所有那一套烦琐的论证，尽都不能解决实际的美的标准的问题。"[1]

因为：第一，也是最根本的，"种类"究竟与美有何关系？为什么"个别事物显现了种类的一般"，或者说种类属性条件占优势的个别事物就会是美的呢？就会必然地给人以美感愉快呢？个别中显出了种类优势或一般，如某个砚池显现了文具的种属优势、某个狗显现了家畜的种类一般，就必然是美，就普遍能给人以美感，这不真有点玄乎其玄吗？但翻遍《新美学》全书，蔡仪对此一点也没说明：典型——个别中显现种类的一般为什么会是美？

在我们看来，"种类范畴"等与美并不相干。因为它与人们社会生活实践没有什么必然的密切关系，而只是由蔡仪静观地自然科学式地考察、概括、提取现实事物的结果。所以为蔡仪所这样那样列举的"动物""生物""家具""文具"种种种类，实际上就只是完全脱离了活生生的社会生活实践的抽象的静止的实验室里的事物的概念、范畴了。

第二，美有没有一种客观标准？因为照蔡仪的说法，一个事物（比如家狗）既可以是美的（当作家畜），又可以是丑的（当作动物）。从这个种类来看是美的，从另一个种类来看则又不是（这是所谓"横"的种类系列的互相干扰破坏）。又说，"所谓猴子的丑，由于它太近似于人类而又很不同于人类，我们把它当作人类的远缘兄弟来看，所以觉得它丑，而就它是动物来说，具有一般动物所没有的智慧而活动敏捷的猴子，却不是丑的"。[2]（这是所谓"纵"的种类系列的推移）那么，到底猴子丑不丑，家狗美不美呢？不知道！这决定于哪个种类角度"来看""来说"！这样一

---

1 洪毅然：《美学论辩》，上海人民出版社，1958年版，第36页。
2 《批判集》，第47页。

来，蔡仪的理论竟落到这个地步了：客观事物没有美丑，美丑决定于人所主观选择"看""说"的角度（种类）了！

第三，依照蔡仪制定的所谓"典型的种类"说，自然事物按其显现"种类一般性"的等级高低系列而有美丑之分。"一般地说，自然事物之中的生物是比较美的，而无生物是比较不美的"，"在生物之中，大致动物是比较美的，而植物是比较不美的"，[1]等等，因为前者比后者更多地"显现"了"运动"或"生长生殖"这个物质或生物的种类一般性或属性条件。关于这一点，我们很早就问道："那么，苍蝇、老鼠、蛇就一定要比古松梅花美了。……而月亮也一定是最不美的了，因为它只是最低级的物质种类（无生物）。"[2] 蔡仪对此始终没有正面回答。只是说，"在《新美学》中认为一般自然界低级的种类事物是不美的，而高级的种类事物、有典型性的种类事物是比较美的。至于低级的种类事物之中更无所谓某一个别是典型的，是美的。"[3] 但依照蔡仪自己的体系，动物比植物高级，梅花有美为何老鼠没美呢？这里的自然物质的种类发展水平究竟为什么就没有决定美的高低、成为美的标准呢？愈能显现"运动"（"物质的种类一般性"）的物质就愈美；愈能显现"生长生殖"（"生物的一般的属性条件"）的生物就愈美，这到底为什么呢？也许它们愈"显现"，就愈符合某种神秘的"天意"？蔡仪虽然没有直接达到这一步，对问题只是不了了之。但以前一些客观唯心主义的美学倒是如此的，他们也认为生物比无生物美，动物比植物美，因为前者更符合于创造它们的上帝的意志（托马斯），或是更符合于理念的发展（黑格尔）。当然实际并不如此：一个珠宝（无生物）、

---

[1] 第201页。
[2] 见本书《论美感、美和艺术》。
[3] 《批判集》，第128页。

一枝花卉（植物）就常常比某些动物要美得多，而被蔡仪认为最低级的无美可言的"泥土"，也并不一定比老鼠之类的哺乳动物（高级种属）要丑。这一切却只有从自然与实践（生活）的关系、从自然的人化中才能了解。蔡仪拒绝从自然与实践（社会生活）的活生生的关系中去考察和把握自然的美，认为自然美与人类生活根本无关，认为自然美在于自然本身，它先于人类而存在（并且是一个一成不变的存在，因为自然事物的种属关系的改变毕竟极有限），这就很容易走上神秘主义和客观唯心论的道路上去。

第四，蔡仪的美学之缺乏社会性（即缺乏社会实践、生活的观点），在自然美问题上固然暴露最突出，却并非个别问题，而是其整个体系的特点。蔡仪自己也承认"自己不够关心社会事物的美的重要意义"，"所举的例子，多是自然界的事物，很少社会事物；而且在谈自然界的事物时说得比较充分，在谈社会事物时说明得又不够充分"。[1]但蔡仪把原因归结于因为"自然界事物的美，条件比较简单，性质易于观察，说明也就较为方便"等图简便的方法问题。实际原因恐怕并没这么简单。我们认为，更深刻的原因在于：这是由他的整个体系的缺乏生活实践——社会性的特点所决定的，理论决定了方法。因为对于脱离生活的"种类一般性"的理论原则来说，自然事物才是更好和更易支配、阐发、说明的对象；人类社会生活便不那么容易划"种类"和"种类系列范畴"。把机械的静观的"种类"放在社会美上，把僵硬的自然科学式的"种类"套在社会生活上，是较难行得通的。所以蔡仪的美学在社会美上表现了惊人的贫乏，说得极少而又极抽象。并且马上就露出破绽。蔡仪把社会美归结为"显现着阶级的一般性"，"人的性格的美，社会事件的美，都是决定于阶级的一般性的"；[2]"社

---

1 《批判集》，第4页。
2 第209页。

会的事物便有以个别的特殊性为优势的，也就是不美的；也有以种类的一般性为优势的，也就是美的"。[1]那么，难怪人们就有理由发问：黄世仁的性格倒是以其"种类"——"阶级的一般性"为优势，座山雕以及一切大恶霸大坏人都如此：他们的"阶级一般性"倒是极显著的，他们又美在哪里呢？

当然，蔡仪也许又会说，对这问题早已说明过，因为"社会美就是善"，"阶级是有前进的，也有后退的。后退的阶级的一般性所决定的社会事物，在阶级的主观方面也许以为是社会美；而客观方面其实不是社会美"。[2]但是，实际上，任何"阶级的一般性"的具体显现总都是一种客观存在，那么，为什么"后退阶级的一般性"又突然变成了仅仅是"主观方面"认为美的东西了呢？这不与社会美是显现"阶级的一般性"相矛盾，从而与美是显现"种类的一般"的原理相矛盾了吗？"善"的规范在这里不纯然是一种临时需要的外加吗？善，与典型，与"显现阶级的一般"（美）又有什么关系呢？从"美是典型，典型是个别中显现种类的一般"的前提里，怎么可能推演出"社会美就是善"的结论呢？因为善只是某些而并非一切"阶级的一般性"；而在蔡仪的美的规定里，却只是说显现"种类的一般"就是美，并没规定要显现怎么样（善或恶，好或坏）的"种类的一般"呀！这里的逻辑必然联系究竟又在哪里呢？很希望蔡仪同志能够说明一下。在我们看来，这倒容易明白：在自然美那里，蔡仪是很忠实于自己的理论原则的，美是显现"种类的一般"，因此显现任何种类一般性的都可以是美；这说法搬到社会美中便大大地露出它的脱离生活实践、不分敌我好坏的客观主义的根本毛病了。因为不分自然的敌我好坏

---

1 第207页。
2 第211页。

（即自然对人的生活实践的肯定、否定亦即利害的关系)、不从自然与人的生活实践关系中来考察美，也许还不容易引人注意；如果在社会美方面也贯彻这种原则，问题就暴露得太明显，也不会被人原谅了。于是只好又偷偷地把"善"的规定硬放进去，于是逻辑上、实质上就都违背自己的理论前提。可见，"美是典型，典型是个别中显现种类的一般"，不问是怎样的典型、怎样的"种类的一般"，不与人的生活实践联系起来，是一种十足客观主义的静观唯物论！蔡仪在社会美上的破绽，倒把问题的本质弄得欲盖弥彰了。

第五，再来看看艺术美。关于艺术方面的问题，我们拟另写文章，这里只谈一点：即所谓现实丑改造为艺术美的观点。蔡仪认为"现实丑，无论是自然事物也好，社会事物也好，它的丑就是个别的属性条件是优势的，而种类的属性条件是劣势的"。[1]而艺术家却可以"由另一个观点去概括它的另一种类的一般性，去创造另一种类的美的形象"[2]，"也就是将现实中典型性非常贫弱的事物，在艺术创作过程中，将它改造成为典型性比较丰富的东西；换句话说，也就是将丑的改造成为美的了。神就是人们概括着人类自己的优良的属性条件而创造的一个典型，魔鬼也是人们概括人类自己丑恶的属性条件而创造的一个典型。……可是人类的创造中，魔鬼和神是一样的，一样的伟大，一样的美。"[3]与社会美不一样，这倒是忠实地贯彻了"美是典型"的理论的：只要是典型就是美，现实中丑的事物所以丑，是因为它们不典型；如果把它们集中概括起来成为典型，它们就变成美了。因此，在艺术作品《白毛女》中，黄世仁、穆仁智与喜儿、杨白

---

1 第216页。
2 第217页。
3 第218页。

劳就是"一样的伟大，一样的美"，因为都是典型。丑的典型就是美！在我们看来，这是多么的荒唐呵！因为艺术的丑的形象只是现实丑的集中反映，丑并不能够经过艺术就变为美。黄世仁这种形象，无论在现实中或舞台上，都是丑的，正因为充分、彻底揭露了他的丑、暴露了丑的形象，《白毛女》这个艺术品才成为美。美的艺术品与美的艺术形象是两回事，美的内容和美的表现是两回事，这点车尔尼雪夫斯基早就强调指出过。如果像蔡仪那样把二者混同起来，艺术中也就无所谓正面形象（美）与反面形象（丑），而都是正面的、美的形象了。

谁都知道，在《白毛女》中，黄世仁被塑造得愈典型，愈暴露他那恶霸地主的本性，就愈丑。如果《白毛女》不揭露黄世仁的阶级本质，不去把他塑造成像现实生活那样真实或更真实的丑恶形象，使人痛恨他、仇视他，那么《白毛女》就不能给人以美感享受，就不能成为美的艺术品。丑的形象所以构成美的艺术，首先就必须由于它是丑的形象，通过唤起人们对丑的憎恨而提供美感享受；艺术的典型就是要"更强烈更有集中性"地激起人们对美的形象的美感，对丑的形象的丑感，以更鲜明的善善恶恶的态度，使人民群众"惊醒起来，感奋起来"。只是在这个意义上，艺术的典型才构成艺术美的条件：即它仍然是在肯定人类实践（生活）的意义上才成为美的东西，而并不是"普遍性"的意义自身就等于美。关于这问题，我们的正面意见，另外再找机会谈。这里只是指出，无论是在现实生活中或艺术形象里，典型的东西并不就等于美。丑的东西也有典型，并且愈典型便愈丑。艺术不能通过典型来美化现实的丑。蔡仪这种论点又一次证明了他的理论不了解艺术本质的客观主义的静观性质。

第六，与此相联系，按照蔡仪的理论——"个别性占优势的，就是丑的事物"，那么，现实生活中的丑就永远没法减少或消灭。因为世界上永远有许许多多的事物，它们对某一个"种属"普遍性来说，个别性总是占优势的。并且个别性占优势的事物恐怕也永远比典型的事物——种类普遍性占优势的事物要多。那么，丑就必然永远大量普遍地存在。人类实践（一切生产斗争和阶级斗争）对此也毫无办法。所以，无怪乎蔡仪认为自然美丑是非人力所能干预的存在。其实，这种论点正是他的整个理论的突出表现而已。蔡仪始终不能看见人类社会的生产斗争与阶级斗争的革命实践创造了所有一切的美，减少和消灭着许多方面的丑。蔡仪把美丑看作是种类一般性的优劣问题，与人的征服自然、改造世界、使现实愈来愈美的实践斗争并无关系。

第七，形式主义的美的分类。蔡仪把美分为"单象美""个体美"和"综合美"，所根据的也是其种属理论：

> 单象的东西大致还有许多属性条件，如弧线是单象的，便有长短、大小、曲度等属性条件；音响是单象的，也有高低、强弱、音色等属性条件；颜色是单象的，也有它所依存的物体反射该颜色光缘的特性，及该颜色光线的振动状态和放射微粒的不同等属性条件。正因为这些单象的东西是许多属性条件的统一，也有种类的属性条件和个别的属性条件，于是才有种类的一般性是优势的，也就是有典型的，有美的。[1]

我们且把车尔尼雪夫斯基关于光线颜色的美的看法与这对照一下吧：

> 太阳的光所以美，是因为它使整个大自然复苏，……使我们的生活温暖，

---

[1] 第179页。

> 没有它，我们的生活便暗淡而悲哀，……一切光辉灿烂的东西总令人想起太阳，而且沾得太阳一部分的美。
>
> ……种种式式的光亮所给予我们的审美印象，主要是因为它对生活的关系而异。……颜色……的美感作用是因它们肖似什么物象而异。赤色是血的颜色，……它有刺激性，同时也是可怕的；绿色是植物的颜色，丰茂草地的颜色，叶满繁枝的颜色——它使人想起植物界的宁静而茂盛的生活。……我们所以喜爱或是厌恶一种颜色，主要是视乎它是健康的、旺盛的生活的颜色呢，还是病态和心情紊乱的颜色。……我们喜爱鲜明的、纯净的色额，因为健康的脸色就是鲜明的、纯净的颜色；晦暗的脸色是病态的颜色，因为不洁的、混浊的颜色一般地是不愉快的。[1]

车尔尼雪夫斯基把颜色光线的美丑与人的生活联系起来研究，从而发现了颜色、光线的美中也有生活的内容；而蔡仪却把颜色光线的美丑等与他的什么"振动状态和放射微粒"的"属性条件"联系研究，于是看到的最多也就只是物质现象的自然科学的外貌形式。在蔡仪那里，这种形式的规定性成了美的本质。

"个体美"也如此：

> 所谓个体美是个体的种类的属性条件是优势的，也就是这个体的个别的属性条件，这个体的单纯现象，都显现着种类的一般性，显现着它的本质。[2]

水、土、岩石等个体性是很弱的。又如一棵草，一枝树，……完整性究竟比水或土较大，也就是个体性较强。至于高等动物和人，完整性显然很

---

[1] 《美学论文选》，人民文学出版社，1959年版，第120~121页。
[2] 第184页。

大，……也就是个体性最强的。[1]

个体性愈强的，个体美就愈大。这里个体性的强弱显然与人类社会生活又是毫无关系的。人类没法使老鼠的个体性弱，也没法使一片河滩的个体性强，从而也就没法使老鼠丑、河滩美。但是实际上谁也得承认，河滩却总比老鼠美（这正是社会生活使然）。所以，尽管蔡仪一再声称个体美是"客观事物的形式和内容统一的美"，但实际上蔡仪在这里看到的又只是形式——物质世界的自然形体（个体）的"完整性"而已，而根本没有看到物体的社会生活内容。所以，蔡仪的美的分类纯粹是从形式——从现实对象的自然形体的形式上来着眼、来划分，这是根本错误的。

蔡仪自己承认在把艺术分为单象美、个体美的艺术时，是"重视形式而忽视内容，并以形式的特点作为本质的特点，所以都是形式主义的观点"。[2]但蔡仪对艺术的分类原来就是根据于对美的分类的："我认为艺术的分类的正确标准，就是艺术所反映的客观现实的这种美的种类。于是艺术便有：一是反映单象美的艺术，二是反映个体美的艺术，三是反映综合美的艺术。"[3]既然承认了艺术的分类是形式主义，为什么又硬要拒绝承认作为自己艺术分类基础的美的分类的形式主义呢？这是否因为在艺术分类中，否认生活内容的问题暴露太明显（例如音乐、建筑变成了表现与生活无关的自然音响、形体的美），从而只好承认一下；而美的分类的错误却涉及蔡仪整个美学体系的基础，涉及"美是典型"的根本观点，承认了就会必然地导致承认整个美学理论的谬误，于是就干脆不谈了呢？

1　第182页。
2　《批判集》，第12页。
3　第250页。

以上都是就"美是个别中显现种类的一般"的所谓"种类"这个关键谈的。下面再就所谓"一般性""普遍性"谈两句：

第八，在蔡仪那里，尽管说"普遍性"（即"一般性"）与"个别性"是统一的，实际上却是互相排斥和敌对的两个东西："个别属性条件"占了优势，就是丑；"种类的一般"（即"种类的属性条件"）占了优势，就是美。这样，美的本质实际上就在"普遍性"。尽管蔡仪说"美的本质"是"种类的一般显现在个别之中"，但却到处都泄露了实际上把"美的本质"归结为"普遍性"的看法。例如说："比例和调和是单纯现象的美的条件，正是因为他们之中包含着美的本质——即单纯现象的普遍性。"[1]在这里以及还在别的地方，"普遍性"与"美的本质"几乎是同义语了。这且按下不表，我们先看看这个"个别中显现种类一般"的"一般性""普遍性"究竟又是什么东西：

> 运动是物质的种类的一般性，是一切自然事物的种类的一般性。凡没有显现这种类的一般性的是不美的，而凡是显现这种类一般性的是比较美的。……
>
> 生长生殖等现象就是生物的一般的属性条件，凡是没有显现这种一般的属性条件的生物是不美的，而凡能显现这种一般的属性条件的生物是美的。……
>
> 一切的动物都有能动性的活动，能动性的活动也就是动物的主要的一般性。凡没有显现这种一般性的动物是不美的，而凡能显现着这种种类的一般性的动物是美的。[2]

1　第78页。
2　第200~201页。

在这里，实质上是先把现实事物的某些属性概括出来成为一个抽象的"种类的一般性"，然后又要具体的事物去"显现"它而成为美。在这里，这些"运动""生长生殖"等"种类一般性"已十分近似柏拉图的一个个的理念。在柏拉图看来，个别的具体的感性的"砚池"愈多显现"砚池"这概念，就愈真；在蔡仪这里，个别的具体的感性的"砚池"愈"显现"其"砚池"的"种类一般性"，就愈美。柏拉图把真和美都归结为理性的概念，蔡仪虽还没完全达到这一步，但已是十分轻感性、轻个别，而重理性、重一般，认为它们才是美的本质。所以，这里倒可以借用马克思论霍布斯的话，"感性失去了它的鲜明的色彩而变成了几何学家的抽象的感性"，"唯物主义变成理智的东西"。[1]（蔡仪的那些横的、纵的、大大小小的种类系列倒也很像张几何学的图形。）所以我以前一再指出，蔡仪的唯物主义是一种与客观唯心主义相接近的抽象理性的机械唯物主义：

把物质的某些自然属性如体积、形态、生长等等抽出来，僵化起来，说这就是美，这实际上，也就正是把美或美的法则变成了一种一成不变的、绝对的、自然尺度的、脱离人类的、先天的客观存在，而事物的美只是这一机械抽象的尺度的体现而已。这种尺度实际上就已成为超脱具体感性事物的抽象的实体，而这也就已十分接近客观唯心主义了。把人类社会中活生生的极为复杂丰富的现实的美抽象出来僵死为某种脱离人类而能存在的简单的不变的自然物质的属性、规律，这与柏拉图、黑格尔的先验的客观的绝对理念，又能有多大的区别呢？僵化事物的性质，把它抽象地提升为像概念式的实体

---

[1] 马克思：《神圣家族》。

或法则，这正是由形而上学唯物主义通向客观唯心主义的哲学老路。[1]

……把如上述的运动（机械的）、生长生殖（生物的）等自然属性从各种具体物体中抽象出来，说成是什么"种类的一般性"，然后用它作为衡量动植物、无生物等自然物的美的准绳和法则……（在具体的自然物中，这些自然属性作为美的条件所起的作用、地位绝不是这样抽象、僵死、固定的。）而这种美为"显现种类一般性"的理论，难道不是已相当接近于柏拉图、黑格尔等认为美是"显现了"某个客观存在的抽象理念或共相（一般性）的客观唯心主义的美学观了吗？……充分显现了"种类一般性"与充分显现黑格尔"种属观念"基本上是相似的。两者都是在个别中显现抽象的一般性，都是把显现"一般性"作为美的本质。

所以，我仍然认为车尔尼雪夫斯基对黑格尔"美是理念显现说"的批评，在一定程度和意义上，是适用于蔡仪的。[2]

遗憾的是，蔡仪同志根本拒绝考虑，而总说我"歪曲"了他，并提出四点：

（1）《新美学》认为美有自然美、社会美及艺术美，后二者决定于社会关系或阶级的一般性，自然美则在于自然物本身。而李泽厚原来是、这次依然是笼统地说："蔡仪的美学观……漠视和否认了美的社会性质，认为美可以脱离人类社会生活而存在。"这是不是歪曲？[3]

1　参看本书《论美感、美和艺术》。
2　参看本书《论美是生活及其他》。
3　《批判集》，第140页。

蔡仪的《新美学》的根本问题在哪里？

自然美问题确是我首先提出的，因为在自然美问题上最易暴露各派美学的特点。"因为社会生活的美的社会性实际上是自明的，因为生活总是社会生活，当然就有社会性。困难的问题在于自然美，……因为在这里，美的客观性和社会性似乎很难统一。正因为如此，就产生了各持一端的片面的观点，不是认为自然本身无美，美只是人类主观意识加上去的（朱）；便是认为自然美在其本身的自然条件，它与人类无关（蔡）。承认或否认自然美的社会性是我们与蔡仪同志的分歧处"。[1] 蔡仪是喜欢谈自然美的，《新美学》在事实上，同时也如他自己所说，也是多以自然美为对象、"多谈自然事物的美"的。既然自然美成了蔡仪《新美学》理论的论证根据和主要对象；说蔡仪美学否认美的社会性，认为美可以脱离人类社会生活而存在，这算作"歪曲"吗？

且不说此，就看看蔡仪所讲的社会美。社会美当然总在社会之中，总不会有人愚蠢到脱开人类社会生活来讲社会美。这一点我想谁也不会栽诬蔡仪。问题是在于实质：蔡仪所讲社会美的"社会性"，是什么样的社会性呢？如前已指出，在我看来，这恰恰是一种脱离了有血有肉的具体的生活实践的抽象的东西——即抽象的自然科学式的"种类一般性"的搬用而已。例如"竹子也可以属于社会的竹器原料的种类，石油可以属于社会的燃料的种类"，[2] 并且还说了，"对于社会的事物，阶级的属性条件是本质的必然的东西"，[3] "这人的性格具备着阶级的一般性是优势的，是社会美的性格"。[4] 这里的确说了"社会""阶级"等字眼，但所有这些都只是静观的、抽象的、客观主义的东西，脱离真正的生活、实践的具体

---

1 参看本书《关于当前美学问题的争论》。
2 第84页。
3 第83页。
4 第211页。

社会性的东西。竹子和石油在人们生活中具有的那种种丰富多彩复杂多样的具体的关系、作用、地位等，完全被蔡仪抽象掉了——竹子做的用具如何轻便耐用，竹林里经常长出鲜嫩的笋子来供人采摘；石油在旧社会如何让它流失，今天如何被辛勤的钻探队员所发现，又如何在工业化中发挥威力，等等——这所有一切活生生的具体的社会内容的美丑都被蔡仪抛掉了。在蔡仪那里，竹子和石油作为"社会事物的美"只是在于"显现"了那些抽象的"竹器原料"或"燃料"的"种类一般性"的东西而已！这种所谓社会性难道不觉得抽象和空洞吗？

蔡仪的社会美的决定条件即"阶级关系""阶级一般性"，也是完全抽象、机械的东西，完全抛掉了社会生活中无限丰富多彩、生动活泼的具体内容。刘胡兰、黄继光、罗盛教的美就不全在于他们那种具体行为所表现出来的具体历史生活和具体阶级斗争的伟大内容，而在于他们"显现"了某种抽象的"阶级的一般性"；这样，他们的美也毫无区别，同在"显现"了一个"阶级的一般性"。

所以在我看来，蔡仪的"社会美"也是十足地缺乏社会性——真正历史的具体的社会实践的内容的。我认为，"美的社会性，不仅是指美不能脱离人类社会而存在（这是一种消极的抽象的肯定），而且还指美包含着日益开展着的丰富具体的无限存在"[1]。所以，说蔡仪的美学"漠视（就社会美说）或否认（就自然美说）美的社会性质"，我们以为并非歪曲。

（2）《新美学》认为"美的本质就是事物的典型性，就是个别之中显现

---

1 参看本书《论美感、美和艺术》。

着种类的一般"。所谓典型性或美的本质,说的是"事物的个别性与一般性的一种统一关系"。这就是说,事物的个别性或一般性都只是它这种统一关系的因素,只是规定它的美的因素,绝不是说一般性或个别性就是事物的美。因此自然事物的个别性或一般性也只是规定它的美的因素,决不是说自然物的个别的或一般的自然属性就是美。而李泽厚原来是、这次依然是说我"把美归结为简单的低级的机械、物理、生理的自然属性或条件,认为客观物体的这种自然属性、条件就是美"。这是不是歪曲?

(3) 和上述那点相关的还有一点,就是《新美学》认为事物的一般性(如以生物来说,它的生长生殖等生命活动)是规定事物的美的因素或主要条件,事物形体的一般性(如以生物的形体来说是均衡,其中以动物形体来说则是对称)是规定事物形体美的条件。但这绝不是说这种一般性就是美的法则;也绝不是说这种一般性是可以撇开具体的个别事物或事物的个别性而存在的。然而李泽厚原来是、这次依然是说我"把物体的某些自然属性如体积、形态、生长等等从各种具体的物体中抽象出来,僵死起来,说这就是美的法则"。这是不是歪曲?[1]

我们上面已详细说过:尽管蔡仪说美的本质是个别性与一般性的统一,但实际上是把一般性、普遍性看作美的本质的(有蔡自己的话作证),是重一般轻个别、重抽象轻具体的。所以问题又在于实质:因为连客观唯心主义的黑格尔也知道,理念必须显现在感性中才成为美,光理念不是美;但这并没有妨碍他把理念作为决定的、主要的东西,感性成为美只是它的"显现";从而也没有妨碍我们把黑格尔看成是客观唯心主义者。蔡

---

[1] 《批判集》,第140页。

仪也一样：尽管说一般性与个别性的统一才是美，但决定美的却还是"一般性"，"一般性"占优势才美，"个别性"占优势就是丑了。所以这也没有妨碍我们把蔡仪的某些论点看作是接近于客观唯心主义。（但这还只是接近、趋向，还不等于客观唯心主义。因为他所讲的"一般性"毕竟还是感性的一般，虽然已是完全"失去它的鲜明的色彩而变成了几何学的抽象的感性"。）

因此，最后：

（4）《新美学》的基本论点和黑格尔的美学观点本质上的不同，在于黑格尔认为美是根源于客观现实以外的观念，《新美学》认为美在于客观现实本身；黑格尔认为现实美不是真正的美，《新美学》认为现实美就是真正的美。而李泽厚原来是、这次依然是说《新美学》的论点相当接近于黑格尔的客观唯心主义的美学观。这是不是歪曲？是不是依然歪曲？如果李泽厚愿意想一想形式不就是实质，当然能够得到解答。[1]

这里，蔡仪似乎承认了在"形式"上与黑格尔有所近似之处了。但这"形式"的近似恐怕并非偶然，恐怕仍与"实质"有关。有了一点马克思主义知识的人当然决不会公开说美不在现实而在理念，（朱光潜先生今天不也说美是主客观的统一吗？）蔡仪也确实是从美在现实出发的，并抽象地坚持了这个原则，所以我们始终肯定蔡仪的理论是唯物主义，但是一种抽象的失去感性血肉的具有"几何学"特色的静观的唯物主义，基本上是属于机械唯物主义的范畴。因为是带着抽象的理智特色，所以在某些方面

---

[1] 《批判集》，第140页。

就接近于客观唯心主义了。(其实与其说接近于黑格尔,还不如说接近柏拉图。因为黑格尔的理念倒是个无所不包、本身就先决地具有丰富内容的东西;柏拉图的理式倒正是一个个僵硬的概念。)

关于蔡仪对我的指责,又一次认真逐点回答如上。但蔡仪把我对他的批评,令人感到遗憾得很,却始终只说成是"歪曲"。其实对蔡仪的美学的这种批评意见,并不只是一两个人的看法。有许多人都提出了同样的问题,同样的意见[1],我想,总不会所有这些人都在不约而同地歪曲蔡仪同志吧。

最后,对蔡仪的全部美学理论的意见,可以归结为一个问题,也就是我们一开头就提出的问题:美为什么是典型?为什么是"个别之中显现着种类的一般"?典型——个别中显现种类的一般——为什么就是美的?就会必然地给人以美感愉快?因此,美到底是什么意思?譬如说,自然在人类之前就有美,这美究竟是什么意思?脱离人类社会生活、实践的根本观点的机械唯物主义是不能回答的。它不能解决具有深刻社会性质的美的问题。这就是我们全部批评的关键。

(三)

只有从生活、实践的观点才能回答这问题。

美是生活。为什么呢?为什么人从以生活为内容的美中能感到愉快呢?车尔尼雪夫斯基有过朴素而天才的说明,"对于人,什么是最可爱

---

[1] 请参看洪毅然《美学论辩》及《美学问题讨论集》中的许多文章。

呢？生活；因为我们的一切欢乐、我们的一切幸福、我们的一切希望，只与生活关联；……所以，凡是我们发现具有生的意味的一切，特别是我们看见具有生的现象的一切，总使我们欢欣鼓舞，导我们于欣然充满无私快感的心境，这就是所谓美的享受。"[1]"在人觉得可爱的一切东西中最有一般性的，他觉得世界上最可爱的，就是生活。"[2]卢那察尔斯基赞美了他的这种美学观："这种生之欢乐是新兴阶级的代表的特征，它能够推动人去掌握战士和胜利者豪迈的劳动者世界观，使他成为唯物主义者……"[3]所以，如果说美感愉快是人从精神上对自己生活实践的一种肯定、一种明朗的喜欢的话，那么美本身就是感性的现实事物表现出来的对人们生活实践的一种良好有益的肯定性质。马克思说，"物质"在培根那里是"带着诗意的感性光辉对人的全身心发出微笑"[4]，这句话倒可借用在这里来说美。所以我们以前说："美是包含着现实生活发展的本质、规律和理想而用感官可以直接感知的具体形象（包括社会形象、自然形象和艺术形象）。"[5]就是说，这些感性形象因为它们是社会发展的本质必然，对于人们的生活、实践具有一种肯定的内容和意义。只有这样，人们才会喜欢它，才会产生美感愉快，因为人们毕竟对自己的生活（实践）是热爱的、肯定的。所以，要真正由现实事物来考察美、把握美的本质，就必须从现实（现实事物）与实践（生活）的不可分割的关系中，由实践（生活斗争）对现实的能动作用中来考察和把握，才能发现美的存在的秘密。而蔡仪就恰恰没有这样做。

---

1 《美学论文选》，人民文学出版社，1959年版，第54页。
2 《生活与美学》，人民文学出版社，1958年版，第6页。
3 《论俄罗斯古典作家》，人民文学出版社，1958年版，第126页。
4 引自《神圣家族》。
5 参考本书《关于当前美学问题的争论》。

实践在对于现实的关系上，构成主观方面，这一主观方面对于它面对的客观现实起着客观作用，并将自己物化为客观现实。例如，生产斗争是人类最基本的实践，通过这种实践，人在自然界打上了自己的意志的印记，使自己对象化，同时也使对象人类化。现实就这样成为人的现实。所以，马克思主义所了解的自然的"客观现实"与蔡仪所了解的"不是人力所得干预，也不是为着美的目的而创造的"[1]自然和自然美是根本不同的："如同植物、动物、石块、空气、阳光等理论地形成人类意识的一部分，一方面作为自然科学的对象，一方面作为艺术的对象……这些东西也实践地形成人类生活和人类活动的一部分。……人类的普遍性……把整个自然弄成他的非有机的躯体。"[2]"那在人类历史中——人类社会的产生行为中……生成着的自然是人的现实的自然……是真实的人类学的自然"，"历史本身是自然历史的一个现实的部分，是自然的向人的生成"，[3]"自然的人类的本质对于社会的人类才第一次肯定地存在着……"[4]等。马克思所说的这一切（包括以前我在《论美感、美和艺术》文中引用的那一段），都是说明"自然的人化"，自然与人类的历史现实关系使自然成为人类的现实。而这又都是蔡仪所根本不了解的。蔡仪说：

在马克思，不是把自然和社会区别开来谈的，而是把社会事物包括在自然之中（？），而且明白地说："人类是自然的一部分。"在李泽厚，原来是把自然和社会区别开来谈的，结果是把自然归入到社会之中。而且明白地说："自然这时是存在一种具体的社会关系之中。"也就是说自然是社会的一

---

[1] 第204页。
[2] 马克思：《1844年经济学哲学手稿》，人民出版社，1957年版，第57页。
[3] 同上书，第91页。
[4] 同上书，第84页。

部分了。于是按这种逻辑就必然达到自然界是依存于人的（？），而没有人就没有自然界（？）的唯心主义的结论。……以他唯心主义的观点去解释马克思的论点，结果就是以他的唯心主义去歪曲马克思主义……[1]

事实果真如此吗？蔡仪说我歪曲了马克思，到底是谁在歪曲呢？马克思这里到底讲的是"人类是自然的一部分"这个旧唯物主义的老命题呢，还是自然是"人的本质力量的现实"这个真正崭新的思想？请蔡仪同志在判定别人是唯心主义以前，先仔细看看书吧！在我看来，旧的静观唯物论只肯定人是自然，把人作为自然的人、把自然作为人的静观对象来对待，所以就不能了解自然（客体）与人（主体）的辩证关系，从而也不能了解和解决社会历史问题；马克思主义的唯物主义则大大前进了一步：除了肯定自然不依存于人、人是自然躯体以外，更把人作为社会实践的人、把对象（包括自然）作为人的实践的对象来了解和对待，这就彻底地解决了静观唯物论所根本没法了解的"改造世界"的革命实践的问题。想不到蔡仪到今天还不了解这一点。也正因为蔡仪不了解"自然的人化"这个根本观点（蔡仪一句话也不敢说到它），当然就不可能了解美的本质，而只能自然科学式地（这就是旧唯物论的特点）来对待美这个实质上是社会性的问题。

与蔡仪所讲的什么"种类的一般"根本不同，我认为现实所以成为美的现实，所以具有美的性质，就在于它们肯定着人们的实践（生活），通俗地说也就是它们对人的生活实践有利、有益，而要使它们变得如此，又必须经过人们的实践。现实世界本身是感性，所以"人在

---

[1] 《批判集》，第138页。

这个对象世界中不仅在思维中而且以一切感觉来被肯定着"[1]。对象世界（现实）以一切感性的东西（即美的形象性）肯定着人的实践，"物质以诗意等感性光辉对人的全身心发出微笑"！所以，照我看来，客观现实的美就不可能如蔡仪那样把它在本质上分割为社会美和所谓"不是人力所得干预"的自然美。现实的美在本质上都是人类的、社会的。现实的美可以表现于自然——"人类的非有机的身体"，可以表现于社会；现实的美可以表现于人的社会活动，也可以表现于人的自然形体；（想想车尔尼雪夫斯基关于人体的美是生活表现的论点！）它们都具有人类的、社会的性质。

总之，当现实成为人类实践的成果，带着实践（生活）的印记，或者适合于人类实践（生活），构成实践（生活）的基础、前提、条件，或者与人类实践（生活）相一致，推动着、促进着、帮助着实践（生活）——一句话，当现实肯定着人类实践（生活）的时候，现实对人就是美的，不管人在主观意识上有没有认识到或能不能反映出，它在客观上对人就是美的。

且不说劳动实践所直接征服的对象如大地园林、水库港湾，就是以前我们曾说过的"高山大海、日光月色"等非劳动所直接征服的对象，也因为与人类社会生活实践发生了良好有益的关系（即这些现实事物也是肯定着人们实践的），才成为美的对象。当阳光无可抵拒地晒死五谷时，中外神话中就都有射太阳的故事，这时阳光就不是美的对象，就没有什么"阳光明媚"可言；当荒山、猛兽还是人的生活、实践的主要仇敌的时候，也只是丑的现实，人们不会去描画、欣赏它们。只有社会实践的发展，使自

---

1 马克思：《1844年经济学哲学手稿》，人民出版社，1957年版，第88页。

然不断地"向人生成",成为"人类学的自然"的时候,只有凶猛的野兽不再是生活的威胁的时候,它才成为美:它以自己的体积、形态、力量、色彩吸引着人们,因为这些高大的形状、强壮的体力、斑斓的彩色、灵活的动态……丰富着人们的生活需要,与人类实践生活相一致,是能推动、促进和帮助人们的生活实践的。因为人们在实践(生活)本身中就需要有种种灵活、强壮、高大的本领。于是这些丑的现实就历史地变成了人们娱乐欣赏的美的现实对象,而这是经过了漫长的人类的社会生活的实践,特别是生产斗争的实践的。

所以,美的本质就是现实对实践的肯定;反过来丑就是现实对实践的否定。美或丑存在的多少取决于人类实践的状况、人类社会生活发展的状况,取决于现实对实践的关系。

自然的美、丑在根本上取决于人类改造自然的状况和程度,亦即自然"向人生成"的状况和程度。

但人类的实践——征服自然的生产斗争却必须正确地运用客观的自然规律,才能得到预期的效果。这就是说,只有或多或少地掌握了客观规律的实践,才能被现实所肯定,才能创造美。

自由是认识了的必然,正确反映从而运用规律的实践是自由的实践,自由的实践就是能实现的,也就是创造美的实践。正是要从这个意义上来了解马克思的这段话:

……动物只在直接的物质的需要的统治下生产,而人类本身则自由地解脱着物质的需要来生产,而且在解脱着这种需要的自由中才真正地生产着;动物只生产自己本身,但人类再生产着整个自然;动物的生产品直接属于它的肉体,但人类则自由地对待他的生产品。动物只依照它所属的物种的尺度和需要来造形,但人类能够依照任何物种的尺度来生产并且能够到处适用内在的尺度到对象上去;所以人类也依照美的规律来造形。[1]

人类从动物式的肉体的物质需要的直接束缚下解放出来,能够掌握规律,看得更高更远,为自己的长远存在和发展而生产(即制造形式,形式一词在这里是宽广意义上的用法),这也就是能使自然界在自己的支配之下的生产,是认识了必然的生产,是自由的。只有这种实践才能日益冲破现实对实践的限制,克服它对实践的否定(敌对)态度,而迫使它肯定着自己,使其"造形"肯定着人们的实践(生活),这样的造形也就是美的。因此人们在反映它时,能在精神上把握和肯定着自己的实践(生活),这即是美感的实质。所以,掌握必然的人的自由的实践所造成的周围一切的现实的形象,到处都肯定着人的实践(生活),到处都看得见人们本质力量的对象化。现实就这样成了美的现实,成为美感的对象。

在自然界中如此,在社会中也如此。社会分裂为阶级以来,出现了阶级斗争的实践。互相矛盾斗争着的不同阶级的实践(生活),一部分互相对立着、否定着。所以,对一个阶级是美的现实,对另一个阶级会是丑(如车尔尼雪夫斯基所举的不同阶级妇女容貌的美)。在社会发展中丧失了"存在合理性"的阶级,它的实践(生活)的现实性,构成了对劳动人民、先进阶级亦即对整个人类社会的丑。因为它的实践(生活)与体现了社会发展的本质规律和前途的先进阶级的实践(生活)互相对抗和否定。真正的美的事物,由于否定着它的实践(生活),在客观上对于

---

[1] 马克思:《1844年经济学哲学手稿》,人民出版社,1957年版,第59页。

它倒是丑的。现实的美丑对于反动阶级在客观上的颠倒,决定了它主观上美感的颠倒。这种美感的颠倒,反映了它的存在即是丑。只有先进阶级的实践(生活)彻底消灭和否定掉反动阶级的实践,使它丧失了"直接的现实性",才能消灭现实的丑。今天中国人民和世界人民正在英勇地进行着这种实践——改造自然和改造社会的伟大斗争,在彻底地扫除和消灭一切的现实的丑。而丑(不论是自然丑还是社会丑)也就的确随着人类实践(生活)的这种革命的发展而将减少。革命的实践(生活)创造着美,消灭着丑。

而所有这一切,都是不了解实践性这一马克思主义哲学基本观点的机械唯物论所不能理解的。不幸,蔡仪的美学的根本问题却恰恰在这里。

美学三题议
——与朱光潜同志继续论辩

注：原载《哲学研究》1962年第2期。为保存论争原貌，未作任何改动。

美学的哲学基础问题

　　美是主观的，还是客观的，还是主客观的统一？这个所谓美学的哲学基础问题，是几年来争得最热闹的。但是，究竟什么是主观、客观，主观、客观用在这里是什么意思，却似乎并不是那么清楚。例如，吕荧认为美是观念，但又有"客观性"。这只是说主观观念中有客观内容，而不是说美是客观事物的属性，所以尽管吕荧讲了很多客观性，实际上并不承认美是客观的。朱光潜同志所用的"客观"概念，基本上明确，即指人类以外的客观自然事物，"客观的"在朱先生那里即等于"自然界的""在人类之外的"。但是，朱先生所用的"主观"概念却很值得研究一番了，这个概念几乎是朱先生现今理论的关键。本来，在1957年，朱先生所讲的"主观"，基本或主要是指人们的意识形态、情趣等主观心理条件，如给美下的定义："美是客观方面的某些事物、性质、形状适合主观方面意识形态，可以交融在一起而成为一个完整形象的那种特质。"如对"主观""客观"作的解释："'主观'和'客观'这两个范畴究竟是什么意思呢？……意识和一般心理方面的现象是主观的，意识所接触的外在世界是客观的。"¹我当时即据此进行了评论。但即在此时，朱先生"主观"概念中就已开始包有另一涵义，即人类主体的实践活动的意义，不过这成分还很少。到1960年，这成分便大大增多了。例如说，"对于现实既要从客观方面加以理解，又要从实践或主观能动方面加以理解"，"主客观的统一来看实践中人与物互相因依"²，等等。但这样一来，朱先生所用的"主观"概念也就非常复杂了。它既指人的意识，情趣，"知"；又指人的实践，动作，"行"。既包括人的心理活动（如审美），又包括人的物质活动（如生产）。只因它们都是相对于或作用于自然客体的主体活动，所以，便都被划入"主观"之内。1957年朱先生就说过："……社会存在却是可以以人们的意志为转移的。"³在去年"交底"的文章里，朱先生又说："把'社会性'单属客观事物，'不以人的意识为转移'，就很难说通了，把人（主观方面）抛开而谈事物（客观方面）的社会性，那岂不是演哈姆雷特悲剧而把哈姆莱脱抛开。"⁴总之，"人"就是"主观方面"，不管人的意识还是实践，不管是人的精神活动还是物质活动。而社会既只能是人的社会，人的活动又总是有意识的，所以社会性等于主观性，而主观性又等于意识性。所以美的社会性就必然是"意识形态性的"了。朱先生一再强调的，正是这个道理，朱先生的美学的全部哲学秘密，也的确就在此处。

这问题看来简单，却是人类思想史上一大问题。自古以来，不独唯心主义认为"历史为人类自由意志的创造品"（梁启超），人类社会的存在和发展可以由人的意识、意志所决定。旧唯物主义也同样在这问题上翻了跟斗。例如，虽然由洛克感觉论而来，法国十八世纪唯物主义曾认为"人

---

1 《论美是客观与主观的统一》，《哲学研究》1957年第5期。
2 《生产劳动与人对世界的艺术掌握》，《新建设》1960年第4期。
3 《美必然是意识形态性的》，《学术月刊》1958年第1期。
4 《美学中唯物主义与唯心主义之争》，《哲学研究》1961年第2期。

是社会环境的一个产物",但正因为这些"哲学家们在历史中只看到人们的有意识的活动",于是又认为"社会环境是……由人造成的"。"意见是社会环境的结果,反过来,意见又是这个环境……的原因。"[1]环境(存在)决定意见(思维),意见(思维)决定环境(存在),永远绕不出这个恶性循环。怎么办呢?直到马克思主义才解决这问题,出路是"我们必须了解,社会环境有它自己的发展法则,这法则是完全不依靠那被看成'有感觉、有理智、有理性的实体'的人的"。[2]马克思、恩格斯发现和强调指出了社会历史的存在和发展不依存于人的意识,不以人们意志为转移的客观性质。[3]所以尽管没有主观意识的人也就没有社会存在,但是,社会存在及其发展却并不依人的主观意志为转移。

但是,并非所有人都能真正了解这一深刻原理。几十年前,波格达诺夫就认为,"在自己的生存斗争中,人们除非借助于意识便不能结合起来,没有意识,便没有交往。因此,社会生活在其一切表现上都是意识的——心理的生活……社会性是与意识性不可分离的"。这个看法甚至说法与朱先生都很相似:因为社会的主体是有意识有意志的人,所以事物的社会性就都需依存于人的意识或意志,社会存在、社会意识都是主观的、可以等同的东西……但这样一来恰好否定了马克思的那个大发现。所以,列宁指出:"这个结论与马克思主义毫无共同之处。""所谓客观的,并不是指意识的存在物的社会,即人们的社会,能够不依赖于意识的存在物的存在而

---

[1] 普列汉诺夫:《唯物论史论丛》,人民出版社,1953年版,第44、50、51、54页。
[2] 同上书,第56页。
[3] 参看《政治经济学批判》序("人们在自己生活的社会生产中参与一定的、必然的、不依他们本身意志为转移的关系"),《费尔巴哈与德国古典哲学的终结》("人是赋有意识经过深思熟虑行动……但是……它却丝毫不能改变历史进程服从内在一般法则这一事实"),等等。

存在和发展，而是指社会的存在是不依存于人们的社会意识的。"[1]我在与朱先生讨论的第一篇文章中，已强调说明了这点，并引用了列宁的这些话，可惜朱先生没有注意。

总之，在我们看来，朱先生是在"主观"这一概念下，把两种应该严格区分的东西混淆起来了，那就是把人的意识（认识）与人的实践，把社会意识与社会存在混淆起来了。当然，在某种意义上，实践与意识（认识）都可以说是主观的活动，因为它们都是人类主体的活动，而区别于人类以外的物质运动形态，相对于作为对象的客体自然。但是，就在这主体——主观的活动中，实践与意识却仍然有着根本性的区别，意识仅仅只是主体内部活动的属性，并不客观地作用于外界，它不具有直接现实性的品格；相反，实践则不仅是一种有意识有目的的活动，而且还客观地作用于外界，实际地变化着外界，"通过消灭外部世界的规定的（方面、特征、现象）来获得具有外部现实性形式的实在性"，它具有"高于认识"的"直接的现实性"。[2]所以，具有主观目的、意识的人类主体的实践，实际上正是一种客观的物质力量。正如区别于社会意识，社会存在是客观的物质存在一样；区别于人类的意识活动，人类的实践活动也是一种客观的感性现实活动，它属于物质（客观）第一性的范畴，而不属于意识（主观）第二性的范畴。而朱先生的首要错误就在于根本没把这两者区分开来，相反地使它们在"主观"这个笼统的概念下搅在一起，混同起来。这样，在朱先生的论证中，便出现许多奇异的现象，其中常常上一句话还并没讲错，下一句话却完全错了，上一段话还很有道理，下一段话却很没道理。之所以如此，就正因为在上一句、上一段中，朱先生的"主观"是指人类

1　列宁：《唯物论与经验批判论》，人民出版社，1953年版，第354、356页。
2　列宁：《哲学笔记》，人民出版社，1956年版，第201页。

的社会实践、物质活动，在这里"美是主客观的统一"是指美必须依存于主体的实践，是社会实践作用于自然客体的结果，这当然是正确的，我们也这样主张。但是，紧接着在下一句、下一段里，朱先生讲的"主观"却又变为指人类的社会意识、心理活动等，于是"美是主客观的统一"，又变为是指美必须依存于主观的意识，是主观的意识、情趣作用于自然客体的结果，这当然就是错误的，为我们所一直反对。但朱先生却把它们都叫作"主客观的统一"，时而是指前面那个意思，时而又是指后面那个意思，并且说着说着，意思便变化了。[1]于是，美依存于"意识的存在物的存在而存在"便在不知不觉中变成了"依存于人们的社会意识"而存在。美是实践（主）与自然（客）的统一，而不知不觉中变成了美是意识（主）与自然（客）的统一了。而这就正是因为朱先生把两种不同的"主观"——"主体"概念混在一起，把本是客观的社会实践活动（第一性，社会存在）也囊括在"主观"之内，于是就必然使它与主体内部的意识活动（第二性，社会意识）等同起来，用后者（意识，第二性）去代替、吞并、偷换了前者（物质，第一性）。

---

[1] 例子很多，姑举一二："劳动生产是人对世界的实践精神的掌握（按：这不错）同时也就是人对世界的艺术的掌握（按：这句便大成问题了）。""人自从进行生产劳动成为社会的人之日起，就在自然上面印下了人的烙印，自然便变成了'人化的自然'，体现了人的'本质力量'，这就是说，自然里面也有人……人是社会关系便是客观存在，而且本身由物质决定，所以人里面也有自然（按：以上基本正确，虽然表述上有缺点）。总之，人与自然这两对立面是互相依存、互相渗透、互相转化的〔按：这就有问题了，因为自然是不依存于人的〕。对立统一的辩证原则既适用于人与自然的关系，也就适用于审美过程即创造与欣赏过程中的主观与客观的关系〔按：开始变了，由生产劳动（主）与自然（客）的关系变为艺术、审美（主）与自然（客）的关系了〕。就是根据这个认识，我提出了美是主客观的统一，认为一些主观因素如世界观、阶级意识、生活经验、文化修养等等（按：这里的主观完全变成意识形态，而不再是生产实践了），能影响人对于美的感觉、对于美的理想。由于人改变世界（包括艺术创作在内）要根据这种美的理想，所以它不但是客观世界的反映，也是主观世界的反映，这就是说美是社会意识形态性的……"〔按：到这里就完全变了，主客观的统一由开头的实践作用于对象而变成意识作用于对象，从而主客观的统一（等于美）也就变成意识形态性的东西了〕。

朱先生一直强调主观能动性，认为它才是马克思主义美学的精髓。但是，正因为朱先生混淆了两种"主观"（实践与意识），从而也就混淆了两种主观能动性：意识的能动性（从感性认识到理性认识的能动的飞跃）与实践的能动性（从理性认识到实践的飞跃）。用意识的能动性囊括了实践的能动性，用仅仅改变人们主观意识状貌的第一个飞跃吞并和替代了直接改变客观现实状貌的第二个飞跃。所以朱先生多次说，"实践可以说是主观意识影响客观存在"，"审美活动本身……主要地是一种实践活动"，"意识影响存在"就是实践[1]（这个"影响存在"，实际上只是理性认识阶段意识能动地改造了来自对象的感性材料），其中并不需要通过人类的感性物质活动这一关。于是，连"审美活动本身"也都是实践，就并不奇怪了。但是，列宁却曾着重说过"理论的领域"和"实践的领域"的重大不同。在前者，人只是作为"认识"，"自身没有规定性的东西（引者按：即人不是作为感性现实的物质存在）来和客观世界相对立"；在后者，人才是"作为现实的东西（作用着的东西？）来和现实的东西相对立的"，"以自己的行动来改变世界"。[2]所以，人（主体）只有通过实践才能影响存在，改造客观世界，光是意识的能动性是完成不了这个任务的。朱先生的毛病恰恰在于少了这个环节，"理论的领域"被当作即是"实践的领域"，审美被当作即是生产，意识的能动性被当作即是实践的能动性。马克思说："……能动的方面竟是跟唯物主义相反地被唯心主义发展了，但只是被它抽象地发展了，因为唯心主义当然不知道有真正现实的活动，真正感性的活动。"[3]朱先生的确是大大地发展了人的"能动的方面"，但可惜朱先

---

1 朱光潜：《美学中唯物主义与唯心主义之争》，《哲学研究》1961年第2期。
2 列宁：《哲学笔记》，人民出版社，1956年版，第200页。
3 马克思：《费尔巴哈论纲》，《马克思恩格斯文选》（两卷集）第2卷，莫斯科版，第401页。

生只是发展了人的意识的能动性即抽象的能动性,而并不是人们真正感性现实的能动性的活动,并不是生产斗争和阶级斗争的物质实践。朱先生知道并引用过马克思这段名言,但却认为:"这段话指出两种形而上学的片面地理解现实的方式:机械唯物主义片面地就客观方面所现的、直观所得的形式去理解现实,唯心主义片面地从主观的能动的方面去理解现实。"[1]其实,这里对唯心主义来说,根本就不是什么"片面的"问题,不是什么"形而上学"的问题,而是说唯心主义所讲的"主观的能动的方面"本身只是抽象的、意识的活动,不是真正感性现实的物质实践活动。正如黑格尔也讲劳动,"他把劳动作为本质",但"黑格尔唯一知道和承认的劳动是抽象的精神的劳动"。[2]而这就正是唯心主义之所以为唯心主义的所在。而旧唯物主义的缺点,也不在如朱先生所说只是"片面地就客观方面"理解现实,而在于它们不理解主体存在的客观实践性质:从一方面说,旧唯物主义把"事物、现实、感性"仅当作静观对象,把人仅当作生物——生理自然存在,离开了人的社会性,所以说"不是理解为实践,不是从主观方面去理解";从另一方面说,它们"把人的活动本身不是理解为客观性的活动",不理解实践活动所具有的改造世界的伟大的客观物质的性质和力量。朱先生对马克思这段话的错解,倒又恰好表现了朱先生哲学本身的基本特点:(1)不理解人类主观能动性主要是它的社会实践,是这种真正的感性现实性的活动,相反,而把它当作主要是意识能动性,于是便把"能动性""抽象地发展了"。(2)不理解人类主体的社会实践活动却又正是一种客观性的活动,把它也囊括在"主观性"之下,于是,感性现实的活动被混同于意识思辨的活动,客观的东西也就被看作是主观的或"主客观的

---

[1] 朱光潜:《生产劳动与人对世界的艺术掌握》,《新建设》1960年第4期。
[2] 马克思:《1844年经济学哲学手稿》,人民出版社,1957年版,第128页。

统一"的东西了。

朱先生要求与"李泽厚派"划清界限，明确分歧。我想，关于美学的哲学基础，首要分歧就在这里。与此紧相联系，应该看看朱先生近年来谈得最多的"美学的实践观点"，或"生产观点""劳动观点"。

朱先生的"实践观点"的基本点是："不只是把美的对象（自然或艺术）看成认识的对象，而是主要地把它们看作实践的对象，审美活动本身不只是一种直观活动，而主要的是一种实践活动；生产劳动就是一种改变世界实现自我的艺术活动或'人对世界的艺术掌握'。"[1]这也就是朱先生的"生产观点"或"劳动观点"："从生产观点去看文艺与单从反映论来看文艺，究竟有什么不同呢？单从反映论去看文艺，文艺只是一种认识活动，而从生产观点去看文艺，文艺同时又是一种实践过程。"[2]朱先生所要说明的，就是美不是反映、认识的客观对象而是意识的主观创造或"自我实现"。在1957、1958年，朱先生所主张的这种"自我实现""创造活动"还比较单纯，即主要强调由主观意识、情趣作用于对象就行了，但后来朱先生在这种"创造""实现"中又加进"实践""生产""劳动"等概念，问题就又复杂了。本来，从生产实践、物质劳动（亦即从改造世界的能动性中）来探究、规定美的本质，这是正确的，我们也是这样主张的。但是，从艺术实践、精神劳动（亦即从认识世界的能动性中）来探究、规定美的本质，这就不恰当了，我们反对这种主张，认为这根本不能叫什么"实践观点""生产观点"。但是朱先生却混而统之，夹杂在一块儿讲，"实践"时而是指生产实践，时而又是指艺术实践；"生产"时而是指物质生产，时而又是指精神生产。于是，又与前面一样，常常是上句话是对

1　《美学中唯物主义与唯心主义之争》，《哲学研究》1961年第2期。
2　《论美是客观与主观的统一》，《哲学研究》1957年第5期。

的，下句却错了，前面对的，后面又错了……，不过，这上下前后，这"实践""生产"之中的两种涵义，到底哪个才是朱先生的真意呢？答案与前面又完全一样，朱先生实际上是口讲生产，心指艺术，在两种实践、生产的混淆中用艺术实践吞并了生产实践，精神生产（劳动）吞并了物质生产（劳动）。

因为，人类的实践活动，主要的和基本的是指人类的生产实践。艺术实践孤立地来看，与生产实践好像没有区别，因为它也实现着某个目的，也必须有感性物质的创造活动。但是，从整个社会来说，却与生产实践有着根本的差别，因为生产实践才真正起着改造客观世界的能动作用，艺术实践却只是通过它所创造的作品能动地作用于人的主观世界（思想、意识）。而这，对整个社会来说，只是解决认识的问题，它在本质上只是一种反映，与审美观赏这种意识活动在本质上是共同的，应同属于社会意识范畴。它的最终目的仍在反作用于生产实践，推动这种基本实践的发展，所以，正如实践是认识（意识）的前提，又是认识（意识）的归宿一样，就整个社会来说，生产实践是艺术实践的前提，又是艺术实践的归宿。

同理，人类的生产主要是指人类赖以生存的物质生活资料的生产，艺术生产（精神生产）单独来看，固也可说是生产，因为艺术创作也必须通过物质材料将意识物化，所创造的艺术品也是某种物质存在。但其本质与前者却仍有根本不同。物质生产在社会生活中是属于经济基础的一种物质变革，而艺术生产则是属于上层建筑并远离基础的一种"思想形式"，两者必须如马克思所讲的那样严格"分别清楚"。[1]但朱先生却认为，"生产劳动就是……艺术活动"，"审美的或艺术的活动……看作人生第一需

---

[1] 马克思：《政治经济学批判》序言，人民出版社，1955年版，第3页。

要"。¹艺术即生产，生产即艺术。这样，通过物质生产与精神生产的混同，也就取消了物质生产的第一性，直接否认了"人们首先必须吃、喝、住、穿，而后才能从事……艺术"²这条历史唯物主义的基本原理。所以，虽同是实践，同是生产，但就社会来说，一是基础，内容，存在，第一性的；另一则是上层，形式，意识，第二性的。把这两者混同，无论在理论上和实践上都会带来混乱和错误。表面上是强调了艺术与生产的联系，实际上是用上层建筑、思想形式替代了经济基础。

所以，总起来看，正因为朱先生在"主观"概念下混淆了主体两种不同的活动，在"能动性"下混淆了两种不同的"能动性"，于是，就必然在"实践""生产"概念下混淆两种本质不同的实践、生产——生产实践与艺术实践、物质生产与精神生产。正因为朱先生在唯物主义领域中把存在与意识、客观与主观混同起来，于是，就必然在历史唯物主义领域中把社会存在与社会意识，把劳动与审美、物质文化（生产）与精神文化（艺术）混同起来。正因为在混同中朱先生主要是夸张后者，于是朱先生的"实践""生产""劳动"实质上就都只是意识的"实践"、意识的生产、劳动，认为是它们创造了美，而不是人类革命实践的客观性活动，不是物质生产、社会存在创造着美。所以，美就不是客观的，而是主（意识）客（自然）观的统一。在我看来，这就是一条以唯心主义哲学作基础的美学路线。

下面简单地谈一点正面意见，并回答朱先生的批评。

美是客观的。这个"客观"是什么意思呢？那就是指社会的客观，是

1　朱光潜：《生产劳动与人对世界的艺术掌握》，《新建设》1960年第4期。
2　恩格斯：《马克思墓前演说》，《马克思恩格斯文选》（两卷集）第2卷，人民出版社，1958年版，第166页。

指不依存于人的社会意识、不以人们意志为转移的不断发展前进的社会生活、实践。"我们以前一再强调的美的客观性，美是客观存在，其最根本和最主要的意思也就在此。就在于，美是客观地存在于现实生活之中，广大人民的生活本身是美的宝藏和源泉。"[1] 既如此，那朱先生的批评，如说"……所谓不依人的意志为转移，就是说不受人的实践活动的影响，美仿佛与人的改变世界的实践活动无关……人的帐上就记不下任何功劳"[2]，便是无的放矢了。很明白，所谓"不依人的意志为转移"，完全不是说可以依存于人的社会生活、实践。我提出美的社会性，强调与蔡仪的分歧，就正是为了说明人类客观的社会实践活动创造着美。所以，我所主张的"美是客观的，又是社会的"，其本质涵义不只在指出美存在于现实生活中或我们意识之外的客观世界里，因为这还只是一种静观的外在描绘或朴素的经验信念，还不是理论的逻辑说明，为什么社会生活中会有美的客观存在？美如何会必然地在现实生活中产生和发展？要回答这问题，就只有遵循"人类社会生活的本质是实践的"这一马克思主义根本观点，从实践对现实的能动作用的探究中，来深刻地论证美的客观性和社会性。从主体实践对客观现实的能动关系中，实即从"真"与"善"的相互作用和统一中，来看"美"的诞生。

简单说来：（1）现实世界是客观存在，它独立于人类主观之外，具有不依存于意识、意志的客观必然性，名之曰"真"。[3]（2）人类作用于现实世界的感性物质力量，是一种有意识有目的的实践活动，具有不同于动

1　参看本书《论美是生活及其他》。
2　朱光潜：《美学中的唯物主义与唯心主义之争》，《哲学研究》1961年第2期。
3　列宁："真理就是由现象、现实的一切方面的总和以及它们的相互关系构成的"，"外部现实是真实存在着的东西（是客观真理）"。

物的社会普遍性质，名之曰"善"。[1]与"真"一样，"善"也是"客观的东西"，虽然"同时……具有主观性的形式"，因为它是人类主体的实践活动。(3) 客观世界不依存于主观意志，"走着自己的道路"，有意识有目的的人的实践活动要能实现，人要在对象中打上自己意志的印记，就必须遵循、掌握、运用现实世界的客观规律，"人在自己的实践活动中面向着客观世界，依赖于它，以它来规定自己的活动"，只有符合客观规律的主体实践，符合"真"（客观必然性）的"善"（社会普遍性），才能够得到肯定。在实践基础上，对客观必然性的能动反映，产生符合必然性的主观目的，这就是"理想"。理想既符合客观必然性，通过客观性的实践活动，便能得到实现。这样，一方面，"善"得到了实现，实践得到肯定，成为实现了（对象化）的"善"。另一方面，"真"为人所掌握，与人发生关系，成为主体化（人化）的"真"。这个"实现了的善"（对象化的善）与人化了的真（主体化的真），便是"美"。人们在这客观的"美"里看到自己本质力量的对象化，看到自己实践的被肯定，也就是看到自己理想的实现或看到自己的理想（用车尔尼雪夫斯基的话，就是看到了生活或"应当如此"的生活），于是必然地引起美感愉快。"美"是"真"与"善"的统一。真、善、美都是客观的。所以，美只有在主观实践与客观现实的相互作用的意义上，而不是在朱先生那种主观意识与客观自然的相互作用上，才可说是一种主客观的统一。但这种主客观的统一，仍然是感性现实的物质存在，仍是社会的、客观的，不依存于人们主观意识、情趣的。它之所以是社会的，是因为：如果没有人类主体的社会实践，光是由自然必然性所统治的客观存在，这存在便与人类

---

[1] 列宁："善是'对外部现实性的要求'，这就是说，'善'被理解为人的实践"。

无干，不具有价值，不能有美。它之所以是客观的，是因为：如果没有对现实规律的把握，光是盲目的主体实践，那便永远只能是一种"主观的、应有的"善，得不到实现或对象化，不能具有感性物质的存在，也不能有美。只有"实现了的善"，才"不仅设定在行动着的主体中，而且也作为某种直接的现实而设定下来……设定为真实存在着的客观性"。[1]马克思在《1844年经济学哲学手稿》中那段有关美的名言，曾为人们所再三引用，但这样理解，才似比较准确。马克思也正是在讲了人类的本质特点——具有社会普遍性（即所谓"族类"普遍性）的生产活动之后，紧接着说："……人类能够依照任何物种的尺度来生产并且能够到处适用内在的尺度到对象上去；所以人类也依照美的规律来造形。"[2]这个"所以"，正是说明这个统一，说明因为具有内在目的尺度的人类主体实践能够依照自然客观规律来生产。于是，人类就能够依照客观世界本身的规律来改造客观世界以满足主观的需要，这个改造了的客观世界的存在形式便是美，是"按照美的规律来造形"。马克思完全不是从审美、意识、情趣、艺术实践，而是从人类的基本实践——人对自然的社会性的生产活动中来讲美的规律，这就深刻地点明了美的客观性的本质涵义所在，点明了美的必然的存在不是来自"先验的形式"（康德），"理念的显现"（黑格尔），"感性的静观"（费尔巴哈），而是来自人类的客观社会实践。美的普遍必然性正是它的社会客观性。美是诞生在人的实践与现实的相互作用和统一中，而不是诞生在人的意识与自然的相互作用或统一中，是依存于人类社会生活、实践的客观存在，但却不是依存于人类社会意识的所谓"主客观的统一"。

1　本段以上引文均见列宁《哲学笔记》，人民出版社，1957年版，第151~223页。
2　马克思：《1844年经济学哲学手稿》，人民出版社，1957年版，第59页。

由上可知，一方面，"真"主体化了，现实与人的实践、善、合目的性相关，对人有利有益有用，具有了社会功利的性质，这是美的内容；另一方面，"善"对象化了，实践与现实、真、合规律性相关，具有感性、具体的性质，"具有外部的存在"，这是美的形式。现实存在对人类实践有用有利有益，这是社会美。社会美以内容胜，它的形式服务于具体的合需要性。在远古，当美本身还简单而粗陋时，美的内容似乎就是美的形式，有用有利有益的对象（如美食、财富），就是美的对象。反映在意识里，"善"的观念就是"美"的观念，如普列汉诺夫所曾阐明的那样。但随着实践的对象化愈来愈广阔深远，实践所掌握的必然规律愈来愈普遍概括，因而愈来愈自由，于是这对象化的存在形式也就愈来愈自由，它自由地联系着、表现着朦胧而广泛的合目的、合需要的社会内容。这是自然美。[1]自然美以形式胜，它的内容概括而朦胧，像是"与内容不相干的"[2]，独立而自由。所以，如果说，现实对实践的肯定是美的内容，那么，自由的形式就是美的形式。就内容言，美是现实以自由形式对实践的肯定；就形式言，美是现实肯定实践的自由形式。

在历史发展中，人类不仅通过生产实践日益掌握自然规律，而且通过社会革命、阶级斗争，不断实现着社会前进的必然规律，人们的现实生活和精神面貌日益充实丰满起来，人的形象日益高大。亿万人民改造世界的雄伟实践，为先进事业奋勇献身的英雄人物的高尚的思想，顽强的意志，丰富的情感，健壮的体魄，成为社会美的主要表现。这样，社会美日益获得丰富深刻的生活内容，但是，其作为自然物质存在的各个别形式却

---

1 这里的"自然美"概念，包括一切事物作为自然物质存在的外在形式的美，即"形式美"，与大自然的美（第二题所讲的山水花鸟等自然美）涵义不完全一样。
2 黑格尔：《小逻辑》，三联书店，1954年版，第286页。

显得局限、束缚；另一方面，自然美日益获得鲜明生动的规律形式，但其直接内容却模糊、抽象。只有当社会美当作被反映的主题，通过提炼集中成为广阔明确的艺术内容，自然美当作被运用的物质手段，经过选择琢磨成为精巧纯熟的艺术形式，在艺术中融为一体，美的内容与形式，社会美与自然美才高度统一起来，成为一种更集中、更典型、更高的美。这就是艺术美。所以，在创作中，对现实生活的观察、体验、分析常是对社会美的把握；对自然现象的观照、领会、熟悉正是对自然美的把握。所要表现的生活、思想、情感是内容，所借以表现的结构、程序、技巧是形式。艺术作品是两者的有机统一。上面从逻辑说，艺术的形式是对自然美的自觉运用，艺术的内容是对社会美的自觉反映。从历史说也是如此。艺术（Art）一词无论中西都来自技术、技艺，即来自人们在物质生产中对自然规律、形式的熟练自如的掌握和运用。古代的工匠即是艺术家。因这时物质生产与艺术生产浑然一体，实用物的制作常即是艺术品的创造。但是，它之作为物质生产总是在于对象内容的制造，它之作为艺术生产却就在于对象形式的制造。对象的内容与人的社会需要、目的相关（如陶器为了盛水）；对象的形式则与人对自然规律、形式的掌握、运用相关（如陶器的造形）。只因为实用品的感性形式总被束缚在该个别实用需要的限定下（如陶器造形必得服从盛水的实用需要），就不能满足日益增长、发展的对广阔丰富的社会实践明确观照的审美要求。这样，在一定社会发展和分工阶段，就使物质生产的技艺逐渐从实用品的制作中分蘖出来，能用之于专供审美需要的艺术生产，亦即在物质生产之外又有了相对独立的精神生产。所以，对社会来说，艺术品的物质存在只是专供精神观照的一种形式的存在，被柏拉图斥为"影子的影子"，但艺术的本质却也正在于它用这种无实用价值的自由形式，来深刻明确地反映广阔丰富的社会内容，通过满足精神需要，塑造人类心灵（"纯"艺术[1]），来进一步推动社会生活实践的发展（反作用于现实美的内容），或作用于社会物质生活的形式外貌，使之多彩化、条理化、韵律化（从工艺美术到劳动组织、生活安排），以进一步将世界美化（反作用于现实美的形式）。这样，艺术美就日益深深地渗透在现实美中，使人们在生活实践的各方面日益自觉地"按照美的规律来造形"。所以，艺术的本质（艺术美）就仍是现实肯定实践的一种自由形式。

美是客观的。那么艺术美也是客观的吗？艺术美只是美的反映，相对于观赏者的意识，它诚然是客观的存在；但相对于现实美（包括社会美与自然美）来说，它却是第二性的，意识形态的，从而也就是属于主观范畴的。所以，朱先生用艺术美来概括一切美，把所有的美都说成是第二性的，意识形态性的，就为我们所不同意。在朱先生那里，美是主客观的统一，审美就是生产，艺术就是现实，思维与存在在这里浑然不分，没有相互过渡的逻辑进程和历史环节，这样实际上两者也就没有真正的同一。有如黑格尔批评谢林：夜间观牛，其色皆黑，浑然一片，根本分不出什么同一不同一了。在我们这里，美是客观的，现实与艺术、存在与意识是有分有合、有对立有统一的：美诞生于生活、实践与现实的能动关系中（第一性的美，客观），它经过艺术家的主观意识的反映，成为艺术中的美（第二性的美，主观），这物化形态的艺术美（相对于欣赏者的主观来说是客观），经过人们的思想情感（主观）影响人们的活动，又去创造和增多生

---

[1] "纯"艺术从实用艺术分化出来，并不降低后者的重要性。相反，实用艺术始终是与人民生活联系最密切、影响最普遍的艺术。它通过虽朦胧但广泛的形式美的方式，对人们起着潜移默化的作用。它们同样具有时代性和阶级性。所以，忽视或排斥它于美的对象之外，看不到它作为自由形式对实践的肯定这一美的性质，是错误的。另一方面，夸张或误认它即是现实生活本身，"衣裳打扮""环境布置"就是现实美、生活美，则又是混淆形式与内容，把艺术美当作社会美了。

活、实践中的美（第一性的美，客观）。于是反复循环，不断上升，人们就不断创造出了更新更美的生活，也不断创造出更新更美的艺术。而这才是真正的思维与存在的同一性，主观与客观、艺术与现实的辩证法，这才是真正的美学实践观点：艺术来自现实，又为现实、为政治服务的观点。

本该再谈谈反映论，因我与朱先生仍有很大分歧，但限于篇幅，这里就不讲了。我认为，艺术反映现实，在本质上是与科学一致的，共同的（这就是与朱先生分歧和争论所在）。但在形式上却有重要分别和特点。科学是对现实的一种冷静的、理智的、抽象的认识，而艺术却是一种情绪的、感性的、具体的把握，带有一种将感情移入观照对象的特点，因此似乎不像"反映"而像是一种情感的"表现"。与蔡仪不同，我完全承认这些事实，并认为完全可以通过哲学—心理学的分析，得到科学的解释，以揭穿唯心主义就此进行的理论虚构。简言之：这是因为观照对象在这里主要是以其结构方面而不是以其意义方面作用于人，而又因人在实践活动中是以自身的生理—心理的结构与对象客体的整体结构相适应、相关系而产生对对象的情绪或情感态度，于是后来即在观照对象的结构时便又复现出在实践中的这种对对象的情感态度，表现为一种感情的"外射""移情""表现"的现象，与科学的认识或实用的反应是以对象的意义为主，避开或忽略了对其整体结构的情感体验不同。这就涉及心理学的一些具体问题。

总起来说，我们认为，美的本质必然地来自社会实践，作用于客观现实（美是客观的），经过审美和艺术的集中和典型化（反映论），又服务于生活、实践（实践观点）。这就与朱先生主张美是人们主观意识作用于客观自然（美是主客观的统一），从而艺术（等于美）就是生产劳动（"实践观点"）的看法是恰好对立的。而这就是全部分歧的关键所在。

自然美问题

自然美问题是一个极端复杂的问题，需要今后作番深入细致的研究。1956年我提出它，只是为了论证一下哲学基础问题而已。因为，在自然美问题上，我觉得各派美学暴露得最为鲜明："因为在这里，美的客观性与社会性似乎很难统一……不是认为自然无美，美只是人类主观意识加上去的（朱），便是认为自然美在其本身的自然条件，与人类无关（蔡）"。[1] 我当时主要是企图说明这两条路作为哲学方向都行不通，只有认为自然美的本质仍来自客观的社会生活、实践，才是正确的道路。

本来，对自然美一个似乎很"平易近人""合乎常识"的看法，就是认为自然美在自然本身，与人类没有关系，人只是发现它罢了，在最近许多文章中，这种看法相当普遍。不过，如果细想一下，便会发现这种看法是经不起推敲的。诚如恩格斯所说，"单凭经验性的观察决不能充分地证明必然性"[2]。首先，说自然本身就美，这究竟是什么意思？美总是对人而言的一种价值，没有人，这种价值又能在什么地方？没有人类，太阳美不美，花美不美，它们的美学价值是什么，正如它们的道德价值（善）是什么，同是毫无意义、不能回答的问题。其次，说美就在自然本身，就必须具体地说明它在自然本身之何处？究竟是哪些自然条件或属性才是美的？于是有些美学家就找到自然界的一些数学的、物理的、生物学的形式和规律上去了——均衡、和谐、韵律、秩序……认为美就是这些东西。而这也就是大家所熟知的形式主义的和机械唯物主义的美学。而这种美学却还是不能进一步解释：为什么均衡、和谐、生长、秩序等就会是美的呢？为什

1　参看本书《美的客观性和社会性》。
2　恩格斯：《自然辩证法》，人民出版社，1955年版，第191页。

么它们会必然地具有美学价值从而给予人们以美感愉快？不能回答这问题，美的本质还是没有找到。再次，正因为不能解释而又要去寻求解释，于是这种美学就常常由机械唯物主义走向客观唯心主义去了：认为均衡、对称、和谐、秩序、生长、发展等之所以美，是因为它们作为自然的规律、特性或"常态"，显耀着自然事物的合目的性的形式，体现了自然界本身的一种"符合理性"的内在本质或过程，换句话说，它们体现了某种神秘的"天意""理性"等，从而成为美。这样，唯物主义就转化为唯心主义，决定论转化为目的论，经验主义转化为神秘主义了。下面是歌德与爱克尔曼的一段话：

我（爱克尔曼）就问："从您这番话能不能得出这样的结论：如果一件东西达到自然发展的极致，它就会美呢？"

歌德回答说："你说得很对，但是什么叫自然发展的极致，还得加以说明。"

我说："我所谓自然发展的极致，是指一件东西所特有的性格在那件东西身上完满显现的那个阶段。"

歌德接着说："照你所解释的意义来说，当然没有什么可反对的，不过应该补充一句，要达到这样完满显现性格还需要一个条件，那就是一件东西的各部分的构造必须符合它的本性，因而见出目的性，比方说一个达到结婚年龄的姑娘，她的本性是生产婴儿和哺育婴儿，所以如果骨盆不够宽，乳房不够丰满，她就不会美。但是如果骨盆太宽乳房太丰满，她也还是不美，因为这越出目的性所要求的……"[1]

---

1 《世界文学》1959年第7期。

歌德这种对自然美的内在理性的看法（"凡美都是有理性的"），在黑格尔那里，就更加哲理化了：

> ……在这三界的繁复形象里，上述充满敏感的观点还朦胧地预感到一种符合理性的前进过程，在动植物的等级次第如此，在各种不同山脉的形成也是如此。个别动物的形体，例如昆虫区分为头、胸、腹、尾等，也使观照者朦胧地预感到这是一种本身符合理性的身体构造……可以看见它们是符合概念的。[1]

所以，企图用自然界本身属性来解释自然美，在开始常常可以是虽机械但仍为唯物主义，但理论本身的逻辑却必然会把它引到这条神秘的、目的论的道路上来的。在这次讨论中，庞安福企图用自然界本身的"生机"来解释自然美，就有此危险。因为他并没有也不能解释为什么自然界"生机"或"内在矛盾的新生方面"就能使自然成为美的？至于蔡仪同志的典型论，当然也是如此。

那么，解释自然美的另一条亦即朱先生的那条路呢？这条路的拥护者是更多了，特别是一些搞艺术的朋友对此道确不能不有所动心。因为它的确能较好地解释山水花鸟的欣赏和创作中的一些现象。例如，无论观云赏月或吟花咏草，总有主观意识、情感在起作用，自然美似乎总与人们观赏时的情意有关，这就是艺术中有所谓"情景交融""借景抒情"。所以，朱先生一再强调，"单靠自然不能产生美，要使自然产生美，人的意识一定

---

[1] 黑格尔：《美学》第1卷，人民文学出版社，1958年版，第163页。

要起作用","总之,人不感觉到自然美则已,一旦感觉到自然美,那自然美就已具有意识形态性"。[1] 自然美就这样被决定于观赏,其必然性的存在就这样被归结为意识的作用。朱先生正是以自然美来论证他的"主客观统一"说的。

但是,与此同时,朱先生却也讲"人化的自然"(或"自然的人化")。朱先生也讲:"人欣赏凭自己劳动实践所征服改造的自然。"[2] 朱先生的"实践观点""劳动生产观点"也都运用到自然美上来过。而这些应该不是唯心主义吧?

的确,朱先生是讲过这些的,并且,当朱先生讲人通过劳动改造自然从而产生自然美的时候,这样来理解"人化"的时候,也的确不是唯心主义。但问题在于,与前面讲"实践"讲"生产"一样,朱先生在这里又把两种不同性质的"人化"——实践(生产劳动)作用于自然的"人化"与意识(审美或艺术活动)作用于自然的"人化"混在一起了。朱先生说:"人'人化'了自然,自然也'对象化'了人。这个辩证法原则适用于人类一切实践活动(包括生产劳动和艺术)。"[3] 在这里,艺术(审美)与生产是被朱先生看作是同样使自然"人化"的活动。其结果就很明白,朱先生这里主要也还是为了要讲那种意识作用于自然的"人化",亦即审美时对象具有意识情趣或人格化的色调,来证明自然美也是"意识形态性"的。然而,值得重视的是,朱先生这种混而统之的"人化"论已经被许多同志自觉或不自觉地接受和运用了。在近来每篇谈自然美,谈山水诗、画的文章里,几乎到处可以碰到"人化的自然"这个概念,其涵义也几乎大半

---

1 朱光潜:《山水诗与自然美》,《文学评论》1960年第6期。
2 《山水诗与自然美》,《文学评论》1960年第6期。
3 《美学中唯物主义与唯心主义之争》,《哲学研究》1961年第2期。

都是指赋予自然以人的思想、情感、意识，于是"情景交融"便"人化"了，好像自然美就是这样产生的。但这却并不符合经典作家的原意，所以应追本溯源，澄清这个问题。

"人化的自然"本见于马克思的早期著作，但马克思并不是谈艺术或审美活动问题时提出这个概念，而是在谈人类劳动、社会生产等经济学和哲学问题时用这个概念的。所以，马克思用它（"人化"）并不是像现在我们许多同志所理解那样是指审美活动，指赋予自然以人的主观意识（思想情感等），而是指人类的基本的客观实践活动，指通过改造自然赋予自然以社会的（人的）性质、意义。"人化"者，通过实践（改造自然）而非通过意识（欣赏自然）去"化"也。所以，自然的人化是指经过社会实践使自然从与人无干的、敌对的或自在的对象，变为与人相关的、有益的、为人的对象。用马克思的原话来说这就是"自然的向人生成"，自然变成了"人类学的自然"，是"人类的非有机的躯体"。[1]这个变化靠意识、审美、艺术是办不到的，而只有靠感性物质的革命实践、靠生产活动才能办到。所以，"人化"的这两种解释，看来也许只是毫厘之差，但实质却有千里之别：一个是夸张主观意识作用的唯心主义的理解，一个是强调客观实践的唯物主义的理解。从而，在美学上，前者就必然把自然美的产生、发展只放在与人们主观的心理活动的联系中考察，把自然美归结于思想、情感、意识能动作用的结果；而后者则必然把自然美的产生、发展放在与客观社会的历史行程的联系中考察，从实践对自然的能动关系中，历史地具体地来把握和了解自然对象与人类生活实践的丰富、多样、复杂、变化的客观联系，它们对人类生活的客观的关系、地位、作用、价值、意

1　马克思：《1844年经济学哲学手稿》，人民出版社，1957年版，第57、91、94页。

义等，说明它们构成了自然或自然物的社会性，而这种客观社会性就是自然美丑的本质。我以前曾举过许多例子，如太阳、泥土（美）、洪水猛兽（丑）等，用来说明："从历史上大体看来，自然美的社会性最初主要是较直接简单的与人类生活的经济功利关系，如狩猎民族以某些动物为美的艺术对象（其实这时的自然美只是社会美）。后来这种明确直接的经济功利关系大多被代以隐蔽间接的精神的娱乐休息等关系。"[1] 今天虽然还有直接经济功利或物质生活内容为美的自然对象（如画玉米、白薯等），但主要趋势却是二者分家了：月亮、星星今天比太阳、土壤更经常为人所欣赏，齐白石虽然也画白菜，但主要仍是画花草。那么，这种分家是不是说"自然人化"说就错了呢？人们常常喜欢问：星空、月亮、原始森林并没有去"化"它，并没人去劳动、改造、实践，也并没有什么"有利""有益"（善）的社会性，那它们为何还是美的呢？其实，这都是对"人化"理解得太狭隘、表面了。所谓"人化"，所谓通过实践使人的本质对象化，并不是说只有人直接动过的、改造过的自然才"人化"了，没有动过、改造过的就没有"人化"；而是指通过人类的基本实践使整个自然逐渐被人征服，从而与人类社会生活的关系发生了改变。有的是直接的改变（如荒地被开垦，动物被驯服），有的是间接的改变（如花鸟能为人欣赏），前者常常是局部的、可见的改变，而后者却更多是整体的、看不见的改变。前者常常是外在自然形貌的改变，后者却更多是内在关系的改变。而这些改变都得属于"人化"这一范畴。所以，人化的自然，是指人类社会历史发展的整个成果。人类经过几十万年的生产斗争，到今天就整个社会生活来说，自然已不再是危害我们的仇敌，而日益成为我们的朋友。自然由"自

---

1 参看书本《关于当前美学问题的争论》。

在的"而日益成为"为我的"了。这种"人化"当然对人们就具有普遍的客观有效性（社会客观性），因为它是人们社会实践的历史必然成果，而不是任何个人主观意识在审美中的偶然的、一时的作用。而正是在这个普遍的、整个社会历史成果的基础上，我们才能爱荒凉的河岸、原始的森林，会欣赏狠恶的野兽、凶猛的暴风雨……自然才能以其外形、形式取悦于人，尽管这些自然事物并没为人所直接驯服或改造，尽管它们的那个狭窄内容于人并不直接有利、有益、有用（如暴风雨之于庄稼）。所以自然美的本质——"人化"，是一个极为深刻的哲学概念，而不能仅从它的表面字义上来狭隘、简单、庸俗地去理解和确定。正如马克思主义所讲的"实践"是一个深刻的哲学概念，不能从它表现为"污秽的小商人活动的方面加以理解和确定"[1]，而要理解为人类的生产斗争、阶级斗争的革命批判活动一样。

自然美的本质在于"自然的人化"。但是，正如美的本质、内容是现实对实践的肯定（客观社会性），而美却还有自由形式的一面（具体形象性）一样；自然美的本质、内容是"自然的人化"，而自然美的现象、形式却是形式美。对这一点的任何忽视，就会走向庸俗化。所以，我以前在论证自然美的客观社会性时，就一再强调说过这点。有人以为这是我"有时显得自相矛盾"[2]，其实是他没理解本质与现象、内容与形式的差别和后者的异常的丰富性、多样性。今天山水花鸟等大自然的美多半是一种形式美。所谓形式美，不是指形式充分、完满地体现了内容的意思（这是内形式），如现在讨论中有些人所认为的那样，而是指与该具体内容好像无干

---

1 马克思：《费尔巴哈论纲》。
2 蒋孔阳：《关于当前美学问题的讨论》，《文汇报》1959年11月15日。

的、相对独立的外在形式的美。[1]它们基本上是自然规律的某种抽象、概括的形式：一定的自然质料如色彩、声音……一定的自然规律如整齐一律、变化统一……一定的自然性能如生长、发展……但它们之所以成为美，之所以能引起美感愉悦，仍在于长时期（几十万年）在人类的生产劳动中肯定着社会实践，有益、有利、有用于人们，被人们所熟悉、习惯、掌握、运用……于是才具有美学价值和意义。原始艺术史证明，像曲线、圆形、光滑、小巧等"形式美"，正是来自实践与自然的这种关系中。而形式美之所以又与人们的生理快感密切联系在一起，则是因为人作为实践主体，总是在主观意识的支配、计划下，以其感性生理的四肢五官来进行客观性的活动。因此，在漫长的实践史程中，人类客观性的生理活动，因适应社会需要，主观目的又符合自然规律、客观现实，从而形成和具有了与动物的生理存在不同的特定性质和结构，"人的感觉，诸感觉的人类性，只有通过它的对象的定在，通过人类化了的自然才生成起来。五官感觉的形成是全部至今的世界史的一个工作"[2]。实践在人化客观自然界的同时，也就人化了主体的自然——五官感觉，使它不再只是满足单纯生理欲望的器官，而成为进行社会实践的工具。正因为主体的自然人化与客观的自然的人化同是人类几十万年实践的历史成果，是同一事情的两个方面，所以，客观自然的形式美与实践主体的知觉结构或形式的互相适合、一致、协调，就必然地引起人们的审美愉悦。这种愉悦虽然与生理快感紧相联系，但已是一种具有社会内容的美感形态。因为它是对现实肯定实践的

---

[1] 因一切艺术美均有其外形式的方面，所以形式美的规律都起作用，只是在某些偏于形式的艺术中起的作用显得更突出一些（如实用艺术、戏曲等），在某些更偏重内容的艺术（如语言艺术、电影等）显得较隐蔽一些。前者的社会思想内容更为朦胧、宽泛，不很明确、固定，桌椅床铺的美就不能要求有小说电影那种明确的社会思想内容。

[2] 马克思：《1844年经济学哲学手稿》，人民出版社，1957年版，第89页。

一种社会性的感受、反映，而不是动物式的消费欲望的满足。将两者混为一谈，无视前者所具有的社会性质，简单地认为自然美、形式美只是满足人们生理快感，这是完全错误的。所以，不同的自然规律、形式具有不同的美，对人们产生不同的美感感受，还是由于它们与不同的生活、实践的方面、关系相联系的结果。例如不同的色彩（如红、绿）的不同的美（或热烈、或安静），就诚如车尔尼雪夫斯基所指出的那样，是来自它们与不同的具体方面、生活相联系（红与太阳、热血，绿与植物、庄稼）。此外，如直线与坚硬的、困难的（不可入）东西，曲线与流动的、柔软的、轻巧的东西；波状线与动，回旋线与静，崇山峻岭与艰难险阻，山明水秀与活泼自由……尽管具体事物或内容完全不同，但在形式里面不仍然有着某种内在（自然质量的或过程的）联系和关系的相通和类似吗？舍开其具体内容，这种相通和类似之抽象概括就正是形式美的特性（外形式）。所以，形式美、自然美也仍是客观的，社会的。

自然美（山水花鸟的美），作为形式美适合人们的实践的生理结构，本无阶级性的问题。只因在阶级实践相互敌对的社会里，自然与不同阶级的实践、生活具有不同的联系和关系，不同的作用和地位，才出现这个问题。一方面，劳动者的巨量劳动，将自然人化了，自然界以其外形肯定他们的实践，本应是美的。但在阶级社会里，劳动成果被剥削，劳动本身也歪曲为敌对自己的"疏远化"的活动，"劳动者在劳动外边才觉得在自己这边，而在劳动里面就觉得在自己外面"[3]。因此，自然作为肯定劳动实践的现实，作为劳动活动的对象化的自由形式，作为劳动实践的历史成果，对社会普遍地必然地具有娱乐观赏关系的大自然的形式美，对劳动者

3　马克思：《1844年经济学哲学手稿》，人民出版社，1957年版，第55页。

就反而是异己的、没关系的，不成为美。而那些个别的，对劳动者谋生有关，肯定其个体生活的自然对象（如牛羊瓜菜），倒对他们成为美的，而这种美实质上只是内容的美，社会美；而并非真正的形式的美，自然美。另一方面，剥削阶级作为整个社会的代表者和统治者，劳动实践的历史成果——自然的普遍概括形式，对于他们就反成为美的。但由于他们在这方面（与自然的关系的方面）一般只是消费的受用的生活，"在劳动者方面表现为外在化、疏远化的活动，在非劳动者那里则表现为外在化、疏远化的状态"[1]。这样，自然界对人类社会实践的肯定，就在客观上被歪曲为对剥削阶级消费生活的肯定。在艺术中反映出来的自然美的阶级性，山水花鸟所以在封建士大夫那里总散发着一种消闲懒散的情调，除了主观反映的阶级性的原因外，其客观根源即在此处。

　　自然美的这种片面分裂，只有通过社会革命，消灭剥削，才能予以扬弃。这不是个从意识上提高劳动者的审美能力问题，而是从实践解放劳动者的阶级束缚的问题。一方面，只有劳动成果归劳动者所有，肯定劳动者的生活实践的不再局限于狭隘的实用对象，而是劳动的普遍成果和概括形式，即整个自然及其外形，于是劳动者就能自由地欣赏山水花鸟。另一方面，广大自然界肯定的不再只是剥削阶级的消费生活，而是劳动者的积极战斗的生活（其休息、娱乐的生活也是积极生活的一个组成部分），于是大自然的美就以其概括地肯定人类实践的真面目充分地显示出来。

　　至于朱先生所再三强调的审美活动中的"人化"，那也只是客观上的"人化"——自然的人化与五官的人化——的主观表现和反映。一方面，正因为形式美的内容概括而朦胧，广泛而自由，所以就给反映它的审美意

1　马克思：《1844年经济学哲学手稿》，人民出版社，1957年版，第65页。

识活动留下了丰富的联想的自由：利用对象的形式、结构方面的特征，来开展各种想象与抒情、象征与比拟，等等。另一方面，正因为自然的形式美的本质仍在它的客观社会性，人们对它的深刻的能动的审美反映就可以通过对这种概括的自然形式的观照，赋予更多的社会生活的明确内容。人们的想象与抒情、象征与比拟就经常具有某种审美理想、观念的深刻内容。"观松柏而感其刚毅长寿，见竹梅而想其正直高廉"，自然对象以其形式特征通过联想抒情被赋予了各种情感的、道德的、理想的性质，成为意识中的"自然的人化"。[1] 所以，这种意识中的"自然的人化"不能创造现实中的自然美，但却能创造艺术中的自然美；它不是自然美存在的本质，但却是欣赏自然美的现象。它在说明艺术创作或欣赏活动时仍是有用处的。正因为此，我同意让这个并不符合马克思原义、但已为大家所习用的第二种涵义的"自然的人化"保留下来，只是强调必须与第一种涵义严格区分清楚。

很清楚，自然美问题上的论争实质上是哲学基础问题论争的具体化和引申。这里与朱先生的分歧仍然来自对"主观"、实践、生产的分歧。朱先生的"人化的自然"是意识作用于自然，是意识的生产成果；我所理解的"人化的自然"是实践作用于自然，是生产劳动的成果。所以，朱先生的"人化说"只是"移情说"。为了反对"移情说"，我强调正确解释"自然的人化"，认为朱先生抛开了自然美的真正的历史本质、前提来夸张自然美的形式、观赏——自然美的创造，只要有人去欣赏，去"人化"一下就行了。这就忘记了今天做到这一步，经历了多少年代客观物质上真正的

---

[1] 同样的山水花鸟，西方风景画里表现得更多的是人们对自然的现实的愉快感受或伦勃朗式的那种渺茫、悲怆的情调；中国山水画则更多地表现着一种观照的人生理想和诗意态度，这种意识中的自然人化的不同，仍与自然对人们生活的客观关系不同有关，中西园林之异趣亦然。

自然的人化。许多事情常是这样：只看到成果，忘记了前提；只看见上层，忘记了基础；只看见精神，忘记了物质……这就会给唯心主义以市场。一些人看见谈自然美不去搞具体问题，而硬要争这些抽象的哲学，也许会感到奇怪，其实他们没有理解，不先谈美的本质内容，就无法研究其自由形式，不先理解自然的人化的正确的哲学涵义，研究形式美也会误入歧途。由内容到形式，由抽象到具体，这里实质上有个美学研究的方法论问题在内。这个方法论问题我们立即要谈到。

山水花鸟的美
——关于自然美的商讨

注：原载《人民日报》1959年7月14日。

范仲淹的《岳阳楼记》中，有这么一段漂亮文字："若夫淫雨霏霏，连月不开；阴风怒号，浊浪排空；日星隐曜，山岳潜形；商旅不行，樯倾楫摧；薄暮冥冥，虎啸猿啼。登斯楼也，则有去国怀乡，忧谗畏讥，满目萧然，感极而悲者矣。至若春和景明，波澜不惊，上下天光，一碧万顷；沙鸥翔集，锦鳞游泳；岸芷汀兰，郁郁青青。而或长烟一空，皓月千里，浮光跃金，静影沉璧，渔歌互答，此乐何极！登斯楼也，则有心旷神怡，宠辱偕忘，把酒临风，其喜洋洋者矣……"同一个地方，不同的自然景色给人带来了或悲或喜的不同感受。但是，悲喜既不能藏于无知无识的自然本身，而又非人们主观意识所能随意加上。"春和景明"不会使人"感极而悲"，"阴风怒号，浊浪排空"一般也难得令人"心旷神怡""其喜洋洋"……那么，自然景色——山水花鸟的美，究竟又在哪里呢？

人在深山遇见老虎，不是像武松那样打虎便是掉头就跑，绝对没法去欣赏，这与在动物园里看老虎大不一样；在行军或收割时碰上一场大雷雨，咒骂之余恐怕也少有人还能有夜里睡得安安稳稳、一朝醒来吟咏"夜来风雨声，花落知多少"的诗情逸兴。所以，张庚同志说得好："人与自然之间关系的变化"才使自然"变成美"[1]。以狩猎为生的原始种族所描绘刻画的，只是他们的狩猎对象。这些今天看来并不怎么雅观的野牛河马之所以偏偏成了他们的审美对象[2]，不正因为这些自然物是与他们的生活紧密联系在一起、具有良好的社会生活内容和理想的缘故吗？至于一般的山水景色、花花鸟鸟，不是可畏可怖危害生活的仇敌，便是与他们疲于觅食的紧张劳动无关痛痒的闲花野草；没有亲密近切的生活姻缘，便没有美的性质。就是桂林山水，也如此。朱光潜先生以前在《文艺心理学》中曾举过一个例子，说"一个海边的农夫逢人称赞他的门前海景美，便很羞涩地转过身来指着屋后的菜园说：'门前虽然没有什么可看的，屋后这一园菜却还不差'"，借以说明美必须脱开"实用"和"功利"。但实际上，直到今天，某些自然对象也还是因为与人们社会生活具有这种比较明显直接而重要的"实用""功利"关系，从而使人们在其中感到生活的巨大内容和理想，才成为美的。太阳光之所以"美得令人心旷神怡"，是因为它是"自然界生机的源泉"，"使我们生活温暖，没有它，我们的生活便暗淡而悲哀"。[3] 黄河长江是美的，因为它们是我们民族生活、繁殖的摇篮。好天气才好工作，才使生活愉快，所以"春和景明""水波不兴"，令人"其喜洋洋"，尽管你个人并不去捕鱼。邳县农民画的玉米和甘薯，齐白石画的白菜和南瓜，使人感到劳动生活的喜悦。一般说来，印着蜈蚣、甲虫的花布，描写老鼠、灰狼是善良主人的童话，却使我们感到厌恶和别扭，这些不都很好地说明了自然的客观社会生活特性（与社会生活的某种良好有益的联系、关系、作用等），才是它的美的根本基础和实质吗？离开人的生

---

1 张庚：《桂林山水》，《人民日报》1959年6月2日。
2 〔补注〕其实主要不是审美对象，参看本书第90页附注。
3 车尔尼雪夫斯基：《论崇高与滑稽》。

活，自然就很难讲有什么美不美。艺术创作如果不去把握和表现自然对象的人的、生活的内容，也很难成为美的山水诗、风景画。

　　自然的美是变化、发展的，是随着人们社会生活的发展而发展。随着自然不断被人的劳动所征服，从而自然与人们社会生活的客观关系愈来愈丰富复杂，它的美也变得丰富和复杂起来。当大自然不再是可怖可畏的怪物而是可亲可近的朋友，当山水花鸟不仅是劳动生产的对象而更是人们休息娱乐的场所、对象，而且这方面的作用愈来愈大的时候，人们就不但欣赏太阳的美，而且欣赏起月亮的美来；不但欣赏庄稼的美，而且也欣赏梅花的美；并且有时是更多地欣赏梅花和月亮的美，尽管梅花和月亮既不能吃，也不能穿，又不是人们劳动所直接征服的对象，与狭隘的实用毫不相干。但是月光底下的娱乐、恋爱、散步、抒情等生活内容，不正是使月亮成为美、成为艺术对象的主要原因吗？正是这样，山水花鸟——整个自然的美，因为社会生活的发展，造成自然与人的丰富关系的充分展开（这才是所谓"自然的人化"的真正涵义），就日益摆脱以前那种完全束缚和局限在狭隘直接的、经济的实用功利关系上的情况，而取得远为广泛同时也远为曲折、隐晦、间接、复杂的生活内容和意义了。现在，同一自然物，处在不同的生活关系、场合或条件下具有多样不同的性质和意义：老虎或老鼠，狐狸或甲虫在不严重危害和威胁人们生活的条件下，可因其机灵或勇猛而成为美和艺术的对象，而大粪、肥猪尽管实用，却因其恶臭或蠢笨不一定是今天吟咏描绘的题材。一些美学家曾借此强调美如花朵、云彩等是不具有任何生活实用内容、没有任何目的概念的"自由美""纯粹美"，其实，却只是自然美的生活内容更加复杂和广阔化了的缘故。正因为生活内容的如此丰富，艺术中就不仅可以有太阳和庄稼、南瓜和玉米，而且也应该有梅花和牡丹、星星和月亮；不仅有"平畴交远风，良苗亦怀新"，而且也有"明月松间照，清泉石上流"。

不过，在这里，应该区别两种所谓"人化"：客观实际上的"自然的人化"（社会生活所造成）与艺术或欣赏中的"自然的人化"（意识作用所造成）。自然之所以成为美（自然美的本质），是由于前者而不是由于后者。同样，也该区别两个所谓"离开"："离开人"和"离开人的比拟"。离开人（即离开人的生活，离开自然与人的客观关系），自然美便不存在；离开人的比拟（或离开人的文化，离开自然与意识的主观联系），自然美仍不失其为美。桂林山水固然因为美丽的名字、动人的传说、抒情的题咏，而愈发引人入胜；但"我并没有这样的感觉；假使这些山从来没有名字，它就完全成了顽石，不能给人任何心旷神怡的享受。相反地，就是在这种'不相识'的气氛中，那种山明水秀的环境，那种细雨中的朦胧，那种雨止云高时候波平如镜、倒影明澈、上下一片青碧的景色，那种傍晚放晴时候一脉余晖斜映在山头水面，使得整个青碧的天地里略微闪耀着一点淡淡的金色的境界：这些都是非常妩媚的"[1]，显然这说明了：即使人们没有给桂林山水加上比拟和名字，没有韩愈的诗、刘三姐的传说，它也仍是美的。其实，你去西山，你到郊外，迎面扑来的自然景色给你带来的美感愉快，也并不需要经过"比拟""题咏"或"传说"之后才产生。相反，"对自然美的悠然神往的欣赏，赶走我们的一切回忆，我们简直没有想到什么，只想到眼前欣赏的对象而已"[2]。所以，我觉得，张庚同志《桂林山水》的文章是把两种不同的"人化"和"离开"混在一起，从而文中的一个基本论点：认为"山水的人化"是"观念形态的产物"；自然美是"观念形态的存在"，离开人的比拟和文化就没有自然美……这类看法（这与

1　　张庚：《桂林山水》，《人民日报》1959年6月2日。
2　　车尔尼雪夫斯基：《当代美学概念批判》。

朱光潜先生的意见很接近：认为美是思想意识作用于客观对象的结果），就是我所不能同意的了。

给自然以艺术的比拟和象征，赋予它以"观念形态的意义"，给它以意识即情感、想象上的"人化"，并不能创造自然美，但却能使人们对自然美的欣赏形成一种富有更确定更具体的社会内容和意义的审美态度，能增强和引导人们欣赏的态度和方向。观松柏而感其刚毅长寿，见竹菊而想其正直高廉……民族的艺术文化使我们的审美感受具有这种特定的具体内容（外国人对松竹菊梅的美感就不一定有这种内容）。所以，"艺术对象……创造着有艺术情感和审美能力的群众。因此，生产不仅为主体生产着对象，而且也为对象生产着主体"[1]。艺术本要善于通过丰富的情感和想象，运用各种比拟、象征、联想、寓意等"比兴"手法，来形象地渲染、夸张和集中对象的美，熏陶感染人们的意识，使人们对生活和自然的审美态度和欣赏趣味，随着这种影响和引导而变得日益丰满、多样和具有倾向性的社会内容，更敏锐地感受到对象的美丑。花朵似美人的比拟一出来，使人感到花朵和美人都更美。桂林山水的取名题诗也起了同样的作用。所以，这里的问题在于艺术家用怎样的思想情感、怎样的比拟象征（想象）来引导人们。同一桂林山水，既可以被描绘得像韩愈诗句那样的"柔美"，也可被柳宗元吟咏为"悲苦""严峻"……艺术家的情感和想象在这里有着广阔的创造性的自由。但韩诗所以比柳诗更流传，也因为它的情感和想象毕竟更吻合桂林山水对于人们的那种亲切愉悦的生活内容和山形奇特的自然外貌。所以，艺术家要很好地做到"情景交融""以景写意"，就要注意使自己的情感和想象符合于客观对象的生活内容和自然形象的某一个性

1　马克思：《政治经济学批判》·导言。

质或方面，使自己艺术中的"自然的人化"符合于客观现实中的"自然的人化"的某一特征。

自然是没有阶级性的。张庚所讲的自然美的阶级性，只是不同阶级对自然美的欣赏，亦即美感态度的阶级性。这种阶级性是被决定于人们的整个客观生活，也部分地被决定于自然与不同阶级的不同的客观生活关系。劳动人民是自然的直接改造者，他们与自然的客观生活关系是积极的、进取的、斗争的，他们对自然的审美态度、欣赏的情感和想象一般也经常是坚强、乐观和开朗的。但在以前的制度下，长期被束缚在生活的艰难和繁忙中，他们却很少有闲暇、心情和条件来观赏自然景色，所以经常是咒骂暴风雨而不去欣赏它，常常更多地赞美庄稼、菜园而较少去理会梅花、海景……，梅花、海景对他们的生活也实在是太无关紧要了！这方面，历史上脱离劳动的剥削阶级中的人们却因占有劳动的实践成果而抢先了一步：当船夫渔妇正苦于"浊浪排空""樯倾楫摧"的时候，诗人们却能摆脱生活和自然的威逼来欣赏和吟咏"乱石崩云，惊涛裂岸，卷起千堆雪"的山水美景；当梁山好汉家破人亡、"铤而走险"的关头，徽宗皇帝却仍有闲暇精心观察"孔雀升高必先举左脚"的细节来作出优美的绘画。但是，供慈禧太后玩赏的颐和园今天也为我们所游玩观赏，宋徽宗的花鸟画，也正如王维、孟浩然的山水诗一样，今天也还是有艺术价值，将来广大的劳动人民也还是会来欣赏和肯定。为什么？因为它们毕竟在不同程度上开始真实地反映了自然对于人们具有的丰富多样的游玩观赏、娱乐慰安的生活内容（虽然首先为他们所占有和享受），反映了山水花鸟的美。

不过，对于脱离劳动的剥削阶级和封建士大夫们来说，自然主要只是他们享乐游玩或避开政治寻求慰安的场所。"晚年惟好静，万事不关心。自顾无长策，空知返旧林。"（王维）他们与自然的客观生活关系一般是消极、妥协、退隐的。这就使他们在反映自然美上具有了自己时代和阶级的特征：他们喜欢吟咏、描绘的山水花鸟一般就是"渡口只宜寂寂，人行须是疏疏""斜阳外，寒鸦数点，流水绕孤村"，其中总或多或少地掺杂浸染着那种种安静、隐逸、感伤、哀怨、懒洋洋的牧歌式的生活色调和气氛、情感和想象。

今天艺术中的山水花鸟的美就不必照搬这种情调而可以反映出时代生活的新内容。这种新内容不在于把某种事物或概念作为时代卷标、社会符号简单地剪贴在山水花鸟身上："画几条小鱼，题上'力争上游'；画两只鸭子，也题上'力争上游'"；"在花丛中画上工厂的烟囱，在山水画中点缀几个土高炉"（当然也可以这样画，但并不是主要的办法），而在于"发掘描写对象本身的美"。[1] 这"对象本身的美"又在哪里呢？尽管现在到处有"土高炉"、发电站，但整个山水花鸟的外貌形体却并没太大的改变，改变的主要是它与人们生活的内在关系：今天开始逐渐克服以前自然作为生产对象和娱悦对象在不同人们那里各持一端的片面发展，从根本上为劳动群众开创能更自由更广阔地欣赏山水花鸟的各种主客观条件；同时，人与自然环境的关系问题，如何保持自然生态的问题，也更为严重和突出。今天艺术中的山水花鸟的美，可以面貌一新地具有历史上从未有过的社会生活的情调和气氛，这才有可能使我们今天艺术中的"情景交融"、艺术中的山水花鸟的美，超过和不同于过去的王维与李白、石涛与八大、齐白石与黄宾虹。

---

[1] 何溶：《美哉大自然风景》，《美术》1959年第4期。

关于崇高与滑稽

注：本文写于 1959 年，1963 年曾略加修改，在收入本书前未公开发表。

（一）

在美学中，除了"美"之外，还有"崇高""悲""喜"（或"滑稽"）等重要范畴。它们与"美"的关系，是一个至今有争论的问题。争论之一便是"崇高""滑稽"应否算是"美"的一种，是否属于"美"的范围？因为，就它们作为审美对象引起特定审美愉快来说，它们与美在本质特征上是相同的；但就它们的审美特点来看，与美又的确有显著区别。人们在经验中便熟知，美的对象给人的感受经常是比较和谐、优雅、平静的，崇高和滑稽的对象给人的感受则常常更为激烈、震荡，带着更多的冲突、斗争的心理特征。自从柏克（Burke）、康德将崇高与美作为两种不同以至对立的审美对象加以考察以来，崇高以及后来与之有关的范畴（如"表现力"）在近代西方美学中日益突出，美的地位却日益降低。浪漫主义艺术思潮将"丑"拉入审美领域，"丑"与上述这些范畴（崇高、滑稽、表现力等）更经常纠缠在一起。这种倾向到现代愈益显著。与希腊、文艺复兴以"美"为准绳的古典主义相对照，现代美学和艺术则以"丑"为美，以"苦"为乐。"美"这一范畴已被看作是过时了的狭隘概念，愈来愈无人提及了。就是崇高、滑稽这些在近代美学中曾名重一时的重要范畴，也被现代西方美学搁置一旁。"符号""语言""表现""创造""有效性"等成了美学研究讨论的中心。[1]但是，美学中的美、丑、崇高、滑稽诸范畴的本质，它们之间的复杂关系，现代美学尽管弃而不顾或轻视它们，却始终并未能解释清楚，而且还不时因此引起各种混乱。例如，作为观照的审美范畴，"丑"本来相对于"美"而言，是具有否定的审美意义或审美价值的概念，但是由于它虽然与"恶"有内在联系，却并不等于"恶"，特别由于它渗入像崇高、滑稽这种积极的审美范畴中，使审美对象在形式上所表现出来的丑陋并不一定具有恶的意义（例如舞台上的丑角不一定是坏人，有时还是好人），"丑"的涵义在这里与日常语言便似乎有所不同，反成为一种具有肯定的审美意义、审美价值的东西了。有的美学家（如鲍桑葵）便干脆认为现实中根本没有丑，丑只是因为人的欣赏能力不够的结果。从而将审美对象分为"平易的美"与"艰难的美"（包括悲、喜等）两种。另外一些美学家则干脆将"丑"作为一个具有肯定的审美价值的重要美学范畴，认为崇高、滑稽等本质上便是丑。总之，是不满足于美这个旧概念，各从其哲学的或实证的立场，要求以丑替美。这一点在当代西方艺术中尤为突出。

在我们看来，美学范畴是与美的本质紧相联系的，它们是美的本质的具体展开。对美的本质的不同哲学理解，自然会对诸美学范畴作不同或相反的解释。机械唯物主义者将美的本质归结为物体的自然属性，于是便也将崇高归结为同样的性质，美与崇高的感受差异便认为是生物学、生理学的原因（如柏克）。唯心主义者将美的本质看作主观的合目的性的形

---

[1] 可参看斯托利兹（Stonitz）：《美的概念的历史》，载《思想史杂志》1961年第22卷，第2号。托马斯·门罗（Thomas Munro）的《自然主义哲学中美的观念》，见《走向科学的美学》一书。

式，于是崇高只能从理性、心灵中去探寻（如康德）。我以为，美的本质在人们改造现实的能动的生活、实践之中，主张从主体实践对客体现实的能动关系去探求美的本质，认为美的本质是真与善的统一、合规律性与合目的性的统一。从而美、崇高、滑稽等范畴，在我看来便是这种统一的各种具体不同的表现形态。"美"这个词作为本质与作为范畴或形态，其涵义是不同的。作为前者，它包括优美、崇高、滑稽等范畴，是这些形态、范畴的存在的根据。在这里美包括了所有的审美对象。作为后者，它只是美学范畴的一种，与崇高、滑稽平行并列，在这里，"美"实际上即是"优美"。可见，广义的美是指本质而言。狭义的美是指形态而言。在古代，由于在造型艺术上比较着重于优美的研究，美常指感性形式中的和谐统一，美的本质与美的形态便常混为一谈，未加分别。近代以来，一方面由于客观上崇高等愈益从道德对象转为审美对象，由文学领域跨入艺术（造型艺术和音乐）领域；另一方面由于主观上人们审美能力的增强，日益能欣赏各种形态广阔的美，反映在美学理论上，美的范畴便也添增丰富起来，美的本质与形态之间的关系变得离异复杂了。

美的本质是真与善、规律性与目的性的统一，是现实对实践的肯定；优美以比较单纯直接的形态表现了这一本质。在形式上，它呈现为和谐、平静、稳定等。现实与实践，真与善，合规律性与合目的性似乎是处在交融无间、相对统一的状态中，给予人们以比较宁静和谐的审美愉快；在这种愉快中，感觉、知觉等心理因素较为突出，作为审美特点的感性功能较为显著。它们比较早地从科学意识、道德意识中分化出来，成为较典型的审美感受，对象也成为较典型的审美对象，因而被注意和研究。但事物有相对静止和绝对运动两种不同的状态，美的本质作为真与善的统一，也有这两种不同的状态。优美只是其中的一种，它在形式上表现为统一的成果。与此相反，崇高、滑稽等作为美学范畴却表现为另一种状态，它们表现为形式上的矛盾、冲突、对抗、斗争。美的本质在这里呈现为统一的过程；表现为实践与现实相斗争的危重痕记。所以，如果说，前者（优美）是本身排除了丑，是与丑相比较而存在的形态；那么后者（崇高、滑稽）却是本身包含了丑，是与丑相斗争而存在的更为复杂的形态了。如果说前者经常表现为形式上的和谐完美，人们通过感官便能直接感受领会；那么后者却经常表现为形式上的粗犷严峻，人们必须通过理智与情感更为紧张的探索与激荡才能感受、领会。如果说，前者是多半诉之于"觉"，那么后者则一般献之乎"心"。

从而，"丑"的概念便也应该相应在此作一明确的界说。我们以为，丑作为美的对立物，它在现实生活和审美领域中，只应有消极、否定的意义；它之所以与积极的肯定的审美对象发生密切联系，只是因为它作为美丑斗争之一个方面，成为有时间接表现美的本质的一种感性形式的缘故。所以，我尽管承认丑与崇高、滑稽有联系和关系，尽管承认丑确乎是上述美学形态有机构成的一个方面或因素，但是不将丑等同于崇高、滑稽等美学范畴，或看作是它们的本质。

以上从美的本质的角度解释了崇高、滑稽作为美学范畴的根本特点，以下分别对二者作些具体说明。

（二）

崇高（Sublime）在近代西方美学中，是研究得很多的问题。十八世纪英国美学家艾迪生（Addison）将"美、新奇与伟大"作为三项有区别的审美对象，认为非常大、非常强烈的东西使人产生崇高的美感；柏克则把崇高的特点归结为"恐怖"。他从生理学的观点作了经验的描述、解释，认为人对对象不能理解而感到可怕，引起自卫的要求，因此引起崇高之感，这种感受是由感官的痉挛而引起的痛感转化而来的。黑暗、孤独、永恒、无限……就都是些不易理解、令人恐惧的东西，它们经常是崇高的对象。深比高、高比长所以更易成为崇高的对象，也因为前者更令人恐惧。很明显，这种解释是经验的表面描述。崇高理论到康德手里获得了深刻的发展，具有了哲学的内容。康德认为崇高有两种：一是数量的，如高山的体积；一是力量的，如暴风雨的气势。它们的特征都是先令人惧后令人喜。它们之所以先令人惧，是因为对象以其数量的或力量的庞大形式突然压来，使你感到自身的感性力量或智慧的渺小无力，而引起不愉快的震惊和畏惧。但更重要的是，这些对象毕竟还是作为不能真正为害于你的观赏的对象，它的威力只是一种形式，你毕竟是能抵御的（在房间里欣赏暴风雨，风雨虽凶猛毕竟不能为害于你）。正因为如此，就引起一种自己能够抗拒抵御这巨大对象的喜悦，从而好像自己比对象更加强大更加有力，而引起精神上的满足和愉快（风雨愈凶猛，给予欣赏者的愉快也愈大）。所以，康德认为，崇高并不在于对象，而在于人们自身的精神。它与美不同，是更涉及伦理的范围了：美感是知性（理智）与想象力的和谐运动，崇高感则是理性与想象力的矛盾运动。康德这个理论影响很大。黑格尔则将崇高与古代象征艺术联系起来，认为崇高是"观念压倒形式"，有限的感性存在容纳不住那无限的理念内容，无限的理念直接外露，于是引起崇高之感。这说法也还是承续康德的理性力量而来。车尔尼雪夫斯基对黑格尔这观点有过通俗的转述："凡是观念超出了它所赖以表现的个别物象的范围，从而不依赖那表现它的印象而直接说明自己，这种美的形式谓之崇高美。所以在崇高中，观念对我们尽量显出其普遍性和无限性。在这观念面前，个别物象和它们的存在便仿佛无足轻重，渺然若失。"[1]在黑格尔，崇高的本质和根源仍是观念和精神，这种崇高（无限理念的直接显露）具有一种神秘主义的色彩。车尔尼雪夫斯基驳斥了这种唯心主义崇高论，指出"无限"这个概念十分模糊。与此对立，车尔尼雪夫斯基提出了自己的看法。他认为"崇高"一词不如改作"伟大"这个通俗易懂的词，因为所谓崇高不过是"远大于"别的对象而已："远远超过与之比较的其他物象或现象的东西，是伟大的。或者说，是崇高的。"[2]"一件事物较之与它相比的一切事物要巨大得多，那便是崇高。"[3]车尔尼雪夫斯基的这种理论企图摆脱唯心主义，却在实质上停留在机械唯物论的水平上，不能深刻地去探究崇高的社会实质和规律，也没能贯彻他的"美是生活"的基本理论，他对黑格尔的批判，过于简单粗糙，并且如普列汉诺夫所指出，他对崇高的看法与对美的看法一样，存在着明显的矛盾。

根据我关于美的本质的看法，下面谈谈崇高的特性是什么。首先，可以看看崇高所引起的美感特点是什么。当你面对崔巍的高山、无际的海洋，当你看一场雷电交加的暴风雨或者是一片广漠无垠的沙漠，常常引起的是一种奋发兴起的情绪。同样，生活中的英雄事迹，无论是惊天动地的丰功伟绩，或者是无声无息的平凡中的伟大，也能引起人们的高山仰止、力求奋发的崇高感受。在艺术中，一出动人心魄的悲剧，一曲慷慨激昂的乐章，常常令你热泪盈眶而又不胜喜悦。这种崇高的美感与一般观花、赏月、忆弟、看云，与读一首抒情短诗、看几幅山水小画那种宁静平和的美

---

[1] 车尔尼雪夫斯基：《美学论文选》，人民文学出版社，1959年版，第78、97页。
[2] 车尔尼雪夫斯基：《美学论文选》，人民文学出版社，1959年版，第78、97页。
[3] 车尔尼雪夫斯基：《生活与美学》，人民文学出版社，1958年版，第18页。

感，显然大不相同。车尔尼雪夫斯基说："美感的主要特征是一种赏心悦目的快感，但是我们都知道，伟大在我们心中所产生的感觉的特点完全不是这样：静观伟大之时，我们所感到的或者是畏惧，或者是惊叹，或者是对自己的力量和人的尊严的自豪感，或者是肃然拜倒于伟大之前，承认自己的渺小和脆弱。"[1]这些特点可以归结为：这是由于一种激荡的、积极要求向上的精神提高而引起的满足和愉快。这种震荡可以激起自己的勇敢和意志，要求征服对象，战胜对象；也可以激起自己的志气和上进心，要求学习对象、赶上对象。总之是要求摆脱、克服、净化自身的渺小、卑琐、平庸、有限而向上飞跃和追求超越。在这里，审美感受中由想象所趋向的情感和理解不是倾向合规律性的自由形式的玩赏、领悟，而是更多地倾向于合目的性的必然内容的探索追求，巨大的伦理情感和深邃的哲理思维的渗透交融成为这种感受的特色。黑格尔在《历史哲学》中说，"大海给我们以无际与渺茫的无限的观念，而在海的无限里感到他自己的无限时，人类就被激起了勇气要去超越那有限的一切"。孟子说："舜何人也，余何人也，有为者亦若是！"这些话如果撇开它们的具体内容，倒可以借来形容崇高所引起的美感的心理特点：自己在对象面前感到渺小、平庸、困难或有限而激起强烈要求奋发之情，于是感到自己的精神境界是大大地提高了，从而引起喜悦。

那么，引起这种感受的由来何在呢？照唯物主义看来，这种感受就应该是对象本身所具有的性质的一种能动反映。这就是说，崇高是客观地存在于对象本身，并不是我们的主观意识——想象力随意加在对象身上的，例如车尔尼雪夫斯基就这样看。但唯心主义却相反，他们认为崇高并不在

---

[1] 车尔尼雪夫斯基：《美学论文选》，人民文学出版社，1959年版，第98页。

客观对象，而是主观意识作用的结果。所以他们认为"真正的崇高在于人本身，人的内心生活"，例如康德就这样看。在这里，正如在美的本质那里一样，崇高的客观性与社会性又被片面地各持一端而分裂着。

我认为，崇高的根源和本质确实在于"人本身"，但这个"人本身"首先是指客观的人类社会生活，而不能直接主观的个体内心世界。崇高的根源或产生在人类社会生活的客观实践和斗争中，而不是根源或产生在人们主观的观念感受中；不是抽象的理性、无限的理念，而是实实在在的人对现实的不屈不挠的生产斗争、阶级斗争和科学实验的革命实践，才是崇高的根源和实质。所以，社会生活中的崇高是一切崇高的本质和首要内容。

社会生活在本质上是实践的，社会生活本身就是人们改造现实的艰巨斗争，它本身是在斗争中成长发展起来的：通过严重的漫长的艰巨的生产斗争、阶级斗争和科学实验的巨大实践，人类终于迫使现实日益成为肯定自己生活实践的对象，而产生了美。这个斗争、实践的过程是多么不容易、不简单，多么令人惊心动魄啊！人的所谓"能够按照美的法则来生产"，不也正是他们的这种改造世界的社会实践和斗争的过程吗？人在道德上的不朽，在审美中的崇高，其本质都在这里。只有依靠社会的集体和力量，才能创造出生活的美来。对任何个人来说，他的崇高的本质归根结底仍在于他体现了一种社会的存在，作为一个为社会事业而奋斗、而献身的成员的存在，而不是作为一个保持自然生命的动物式的存在。个人在生活、实践的斗争中，为了公众事业，为了社会集体，愈忘我，愈大公无私、牺牲一己，作为"社会关系的总结"的人的伦理的理性本质，体现得愈鲜明愈自觉，那么，他就愈能成为崇高的对象。黄继光、向秀丽是崇高的，他（她）们为了祖国和人民赴汤蹈火。雷锋、欧阳海以及今天无数活着的英雄模范是崇高的,他(她)们为了社会主义、共产主义伟大理想而舍己为人。崇高正是在与各种严重的敌人,与困难、凶恶、灾祸、苦难、挫折的斗争中(不管它们是采取狂风暴雨的激烈方式还是表面上比较和缓的形式),才光芒四射的。考验愈严重,困苦愈艰巨,斗争愈激烈,也就愈能表现出崇高。黑格尔说:"……人格的伟大和刚强只有借矛盾对立的伟大和刚强才能衡量出来,环境的互相冲突愈多,愈艰巨,矛盾的破坏力愈大,而心灵仍能坚持自己的性格,也就愈显出主体性格的深厚和坚强。只有在这种发展中,理念和理想的威力才能保持住,因为在否定中能保持住自己,才足以见出威力"。[1]席勒也说:"敌人越凶险,胜利便越光荣;只有遭到反抗,才能显出力量。由此可以得出结论:只有在暴力的状态中,在斗争中,我们才能保持住我们的道德本性的最高意识,而最高度的道德快感总有痛苦伴随着。"[2]但是,在唯心主义那里,崇高只是神秘的理念威力或抽象的道德本性的显现;在我看来,这却正是人类事业的不可战胜的威力和本性的显现;所以,在崇高中,是最能显现出社会生活的本质过程的——实践对现实的艰巨斗争。由于斗争的艰巨,有时丑恶在局部占了优势,使英雄死亡,正义失败,但是由于在这一斗争中,表现了主体实践力量的现实的或潜在的威力。这就不但不能掩盖而且还经常造成或增强这种力量,使人们在它面前奋发兴起,鞭策自己去更加勇敢地斗争。它在伦理学上是"不朽"的本质,在美学上是"崇高"的本质,崇高作为美的巨大内容和价值就在这里,它仍然是真与善、合规律性与合目的性的统一。它与一般优美的不同,在于它是以运动形态体现了这个统一,直接在形式上显露出实践与现实相抗争的严重痕记。优美则多半是在静止状态

---

[1] 黑格尔:《美学》第1卷,人民文学出版社,1958年版,第222页。
[2] 席勒:《论悲剧题材产生快感的原因》,《古典文艺理论译丛》第6册,第78页。

中体现这种统一,从而就在形式上排除了这种痕记。优美表现为现实对实践的单纯的肯定,表现为对丑的排除,表现为实践的成果,表现为审美感受中比较平静的和谐的愉悦。崇高表现为现实(客体)与实践(主体)的斗争过程,表现为现实与实践的对立、冲突和抗争,表现为美丑并存的矛盾,表现为审美感受中的斗争动荡的愉快。所谓实践与现实本也是同一事物的动静两个方面,实践是现实的,现实在本质上是实践的。它们在车尔尼雪夫斯基那里被笼统地称作"生活"。因此我们所谓现实肯定实践,实际上只是试图将"生活"一分为二,予以历史唯物主义的分析和改造,将"生活"放在主体实践与客观现实二者之间的辩证关系中来考察。因此,主体实践活动(合规律性的合目的性)与客观现实存在(合目的性的合规律性)二者,作为审美对象都可以是现实对实践的肯定。并且崇高与优美的动静区别不是指表面现象,崇高可以是动的实践活动的对象和自然对象(如暴风雨),也可以是静的社会或自然的现实存在的对象。但无论在哪种对象中,其本质特征仍在"动",仍在于在形式上显露出实践活动与客观世界的斗争和冲突的严重痕记。同样,可以有动的优美现象,也可以有静的优美现象,但它们的本质特征却都在"静":在形式上表露出客观世界对实践活动的统一或一致。但另一方面,动的实践活动一般更能体现出崇高的本质,正如静的现实对象一般更易体现出优美的本质一样。自然界常以优美胜,而崇高多半体现在人们的实践、斗争的行动过程中。

那么,自然界的崇高呢?夏夜的星空,澎湃的海洋,翻腾的风雨,突兀的山峰……它们所以能激起人们的崇高感,它们的崇高又从何而来呢?是在于那形态、体积、色彩等等自然条件特点本身吗?还是人的意识、想象所赋予的呢?大多数美学家作了后面的回答,前面讲到的康德、黑格尔("大自然从想象力借取了崇高"等),便是如此。唯物主义者例如车尔尼雪夫斯基则认为"自然界的崇高是确实存在的，并非我们的想象力所移入，像通常美学（按：指黑格尔）所设想的那样"。但是，这"确实存在"的自然界的崇高，却又不能直接归之于巨大的体积、形态本身，因为这无法解释为什么这些东西（巨大的体积、形态）能给人以具有深刻伦理内容的崇高感受。照我看来，自然界的崇高，归根结底，以一种非常曲折和间接的途径，归结为自然对象与人类社会生活的某种特定的关系。与自然美一样，自然界的崇高，既是"客观的"（非主观意识所移入），又是"社会的"（不是自然本身的特性）。

那么，自然界的崇高与社会生活的客观关系的特点又何在呢？是一种什么特点使这些自然对象具有或成为崇高呢？

自然界的崇高对象，例如大海、高山、深渊、雷电等，大都曾经是与人为敌的东西。它们在人类社会生活中，曾经长久是严重斗争的可怖对象。它们对实践的关系长久是冲突、否定的关系。"自然威力所以可怕，是因为它不怜惜人，而人在它面前束手无策。"[1]所以尽管这些东西今天已经被历史的社会实践所征服（如没有征服，就根本不能作为审美对象，猛兽在原始人那里正如暴风雨在耕作、行车的人那里一样，都不能作为美学——崇高的对象来观赏。荒凉的风景也只有在文明发达时代和社会里才能具有崇高的审美性质），但是它们却仍然在形式上保存着和表现着与人斗争和抗衡的痕迹和印记；它们总是以惊人的、能压倒人的自然威力——狮虎的凶猛力量，雷电交加似乎能摧毁一切的声势，江河泛滥的破坏气质，荒凉风景所显示出来的灾难，以及高山、大海、星空、日出的威慑或神秘气概，而构成崇高。尽管这些东西已经无害于你，你能把它们作为

1　车尔尼雪夫斯基：《美学论文选》，人民文学出版社，1959年版，第96页。

美学的观赏对象（审美对象），但当你观赏的时候，却总会自觉或不自觉（更多是不自觉地）感到：这风暴、这力量……是多么厉害、多么不可思议，多么令人不可比拟啊！总能感到它们与人的实践相抗衡的气质，但又因为它们并不能伤害你，并不能危害人们（因为社会实践已把它们征服，猛兽已关在笼子里，风暴雷电已无害于人），你（也都是不自觉地）感到完全能抵御它们，从而你才面对它们引起一种奋发喜悦之情——亦即崇高的审美感受。

在讲自然美时已指出，今天的自然美已不再以其与社会生活的功利实用的直接联系为内容，而是以其一定的形体、色彩、结构、组织等形式来引起人们的美感。今天自然界的崇高也如此。正如梅花、荷叶常常比油菜、土豆更多成为自然美的对象一样，老鹰和古松就比蛇和臭虫更能成为崇高的对象。今天，高山、大海是以其硕大的轮廓、体积，古柏、劲松是以其刚健的姿态、颜色——总之是以一定的结构组织等感性形式，来使人引起崇高感的。但自然美作为优美，它们形式特点在于，必须符合于人们长期习惯、熟悉或掌握着的那种自然规律、性能，如均衡、对称、和谐等。崇高的形式的特点却与此恰好相反，常常是以人们不习惯、不熟悉的特征，常常是违反或背离那些一般的均衡、对称、比例、调和等规律，以造成对感官知觉的强烈的刺激、否定或痛苦。所以，粗糙（与作为美的"要素"的光滑相反）、巨大（与美的精细相反）、瘦硬（与美的柔软相反）……常常为自然界的崇高或崇高的自然感性形式所必需的特色。这就是因为像"精细""光滑""柔软"等总容易显现出人工、人为、为人所驯服的对实践的单纯肯定，而与崇高相背离。崇高要求在形式上看出实践的严重斗争，要求人们少去流连观赏那表面精细可爱的形式，而通过粗糙丑陋的形式迅速地接触到那内在的冲突，并且从现实形式上去感受到实践的严重艰巨的斗争。米开朗琪罗常常故意留下一大块不加修饰的粗糙的顽石,伦布朗的暗黑色彩,贝多芬、柴可夫斯基的不协和音,某些文学作品故意不去讲求结构、情节,以及语言的优美、秀雅,而着重表现出朴素、粗犷、单纯的风格,道理都在这里:崇高在外形式上也要求显示出实践的艰巨过程和斗争痕记,以便不去诉诸感官心理的和谐享受,而去诉诸伦理心理的激励昂扬。

崇高在以前还经常被分为许多种类,如峻拔的崇高、恐惧的崇高、具有创造力量(如力)的崇高与具有保持力量(如数量)的崇高等,但是社会生活的斗争千差万别,崇高也因之可以多种多样,用分类去穷尽和规范它,是不必要和不可能的。重要的是,要研究上述崇高的一般本质,在分析具体对象时,精确而具体地把握住对象独有的个性特征。

(三)

崇高既然以形式上严重的斗争痕记显示出对实践的肯定,因此艺术中的崇高,便经常体现在以行动冲突为基本特征的戏剧形式中。其他艺术形式,如造型艺术、如音乐虽然都可以有崇高,但造型艺术限于它的静止形象和感性的特征,音乐限于它的表现观念内容的不够明确,不能像动的再现艺术那样能充分、集中地展示出这种具有明确的理性因素的崇高来。尽管大讲悲剧的亚里士多德没讲崇高,大讲崇高的康德未提悲剧,黑格尔也未将二者直接联系起来,但是悲剧与崇高却终于在美学上被柏克、车尔尼雪夫斯基等人放在一起了。车尔尼雪夫斯基说:"美学家们把悲剧性看作是最高的一种伟大(即崇高),也许是正确的。"悲剧性是否是最高的崇高,我以为还可研究,但说悲剧性是崇高的一种,却是大抵不错的。因为艺术中的悲剧正是在情节或性格的发展过程中,以激烈的冲突形式将现实与实践的矛盾斗争集中地反映出来,以唤起人们积极的审美感受。现实中的悲剧只能使人采取特定的伦理态度,不能成为审美对象;只有当现实肯定实践之后,这一转化才有可能(这也就是唯心主义美学始终弄不清楚悲剧为何总多用历史题材与异国题材的深刻原因),对象所引起的才不是悲伤而是愉悦。作为美学范畴或形态的"悲"与日常语言中的悲,涵义大有区别。日常语言中所说的悲剧,涵义很广泛,一般泛指各种悲惨的、悲哀的、不幸的事件或人物,可以具有完全不同的内容、意义和情感态度。作为美学范畴的悲,则必须在本质上与崇高相通或类似,即它的本质不在于是一种悲惨的事实或严重的哀伤;恰好相反,一切悲惨或哀伤在这里都必须可能化作积极的力量。悲剧在本质上,应该与崇高一样,能够使人感奋兴起、提高精神,而引起美感喜悦。化悲痛为力量,这才是悲的美学实质所在。如果美学的悲只引人产生悲伤、失望、消沉、颓丧,而丝毫不引起崇高之感,那这种悲就不能算是具有审美崇高的悲,悲剧的实质主要在于能否创造崇高,能否激发人们精神的高扬,而并不在于是否以不幸、悲惨、死亡为题材内容。死人满堂不一定是悲,没人死亡的《熙德》或《生死牌》却是荡人心魂的杰出悲剧。

然而,一般讲来,悲剧却又多半是以正面人物的悲惨、不幸、死亡为其题材内容的。为什么艺术中的这种悲惨、不幸、死亡,能引起人们的美感喜悦呢?

关于悲剧的快感问题,在西方美学中已有过不少讨论,其中,亚里士多德的看法始终比较重要。他认为,悲剧引起人的恐惧和哀怜,净化人的情欲而获得精神上的提高。关于惧什么,怜什么,两者关系如何,它们又如何能净化,以及净化究竟是什么等问题,后人有过极多的争论[1],这里不详加介绍了。我们可以从希腊悲剧中看出建筑在这一艺术基础上的亚里士多德的理论的特色。希腊悲剧中的优秀作品,拨开其重重神秘外衣,是以人与"命运"的斗争构成它的审美实质的。所谓"命运",实际上是没有被了解和掌握的客观规律(自然规律和社会规律)的表现。因此好像在冥冥中有命运存在,它们总要以各种出人意料的、防不胜防的偶然性出现,来故意阻挠、危害、破坏着人们的生活和理想。它的威力好像竟是不可抗拒似的。希腊的命运悲剧反映了人们当时对客观规律的无知、恐惧和不能控制,所以才有所谓哀怜与畏惧。但是,这些悲剧所以具有巨大的美学力量,却又恰恰不在于它们宣扬了"命运"的不可抗拒,叫人放弃抵抗,听凭安排;正好相反,而是在于它们描写了人们为了自己的合理的生活,毕竟要去和"命运"作抗争,要去抵御"命运",要尽力去避免"命运"所预定的不幸和祸灾,而不是俯首帖耳、心甘情愿地去接受宰割。以历来为美学家所称引的俄狄浦斯的命运悲剧为例,如果拉伊俄斯甘心接受"命运"的安排,不把婴儿抛弃;如果俄狄浦斯甘心屈从神谕所预告的不幸,不设法逃避,那这一切就都不会发生。正因为力求摆脱这种不幸,努力为自己的生存而奋起斗争,反抗"命运",才得到这样悲惨的报复和不幸的下场。人在这种巨大威力的"命运"面前似乎是渺小的、软弱的、无能为力的,其反抗和斗争似乎也是无用的和徒劳的,但是却正是这种反抗和斗争揭示了人们为自己的生存和发展而坚决奋斗的合理性。所以斗争尽管失败了,却虽败犹荣,更加激起千千万万观众的崇高情感。尽管在这里会产生畏惧和哀怜的感受,但就在这感受中更激起人们激动、敬佩、严肃、自

---

[1] 朱光潜先生以前写的《悲剧心理学》(英文,1933年版)中有一些介绍,可以参考。

豪（高乃依便曾主张悲剧效果中除畏惧与哀怜之外还应加上赞美）等感受。人们在现实生活中本就是经过了与所谓"命运"的顽强搏斗而取得生存和发展的。在这搏斗中总要付出不幸、悲惨、死亡的沉重代价，来最后成为"命运"的主人、恶的征服者和客观规律的掌握者。所以丑对美的压倒或战胜，在整个人类社会实践中就只是暂时的、局部的，尽管死暂时压倒了生，而生却在人心中永存不朽；尽管丑压倒了美，而美却在人心中万古长青。古往今来，多少志士仁人为正义事业而坚决奋斗、前仆后继，甚至有时是"知其不可而为之"地进行。在这里，一切死亡、不幸、悲惨激励着人们，悲剧中的命运的不可抗拒的恐怖实际体现着人的实践、斗争的伟大，体现出伦理、理性的不可征服。以前席勒依据康德的理论，曾把悲剧的愉快归结为道德目的性的胜利：人们由感性的痛苦而得到理性的快慰，从而得到伦理精神上的提高。席勒在这里和在《审美教育书信》中强调，这种美比优美有远为重大的社会教育作用。但是，席勒对悲剧的现实本质并不理解，从而他主张通过壮美和悲剧来提高人们的伦理精神，也就只是一种唯心主义的教育幻想罢了。

如果说，悲剧在希腊，还是以神秘命运这种原始形式出现的话，那么到后来，它就以一种更明确的社会力量和内容而出现了。悲剧艺术在资本主义上升时期发展到了另一个高峰，并广泛流行在各门艺术中。资本主义的社会力量或内容经常渲染着一种个人主义的特色，它们经常是通过个人的野心、贪欲、企图、意愿而出现或实现的。个性、心理因素比古代获得了更为自由充分的发展。资产阶级悲剧的得意主题是个人与环境的搏斗、抗争和个人的最终失败。希腊的不可抗拒的"命运"，在这里被变换为同样不可压抑的个人的某种"天性"或情欲（哈姆雷特的犹豫、奥赛罗的嫉妒、麦克白的野心……），这些拥有优秀品德或才能的人终于因这种似乎是注定了的个人性格中的致命缺陷而倾覆、死亡，这就是近代美学所讲的所谓"性格悲剧"。在这种"性格悲剧"里，比希腊悲剧更加鲜明地体现了现实生活中一定的社会伦理的力量和斗争的特色。无论是直接描写个人与环境的对抗也好，或是个人内心世界的冲突也好，近代艺术的悲剧人物和性格典型都是特定时代、民族阶级的社会斗争的体现。在这里，悲惨、不幸、失败所以常常被渲染得异常突出、严重和残酷，正面形象所以常是畸形、丑怪或带有致命的性格缺陷，都无非是要把这种个性抗衡显得更加突出。从经典式的《哈姆雷特》一直到十九世纪的浪漫主义和批判现实主义中写不尽描不完的那种种悲剧，尽管形态各有差别，基本特征都是如此。亚里士多德的理论建筑在希腊的"命运悲剧"的基础上，黑格尔的悲剧理论却反映了近代资本主义的这一特点。尽管黑格尔是以希腊悲剧为其理论的范例，近代悲剧在他看来主观性太强，但他所深刻揭示出来的两种伦理力量的冲突，我以为倒正好适用于资产阶级的"性格悲剧"。这种所谓"性格悲剧"如果不作自然性的抽象解释，正好体现了资本主义特定时代环境和斗争形势下的某种要求和心理，具有特定的社会内容和意义。它通过个人性格，经常表现了社会斗争中两种势力的冲突。与亚里士多德的净化论不同，黑格尔的悲剧论是理智主义的，比较着重于认识。他强调冲突双方都是正义的，都有片面性，在它们冲突和灭亡中体现出理念实体的威力，从而唤起人们的认识。但是，在黑格尔那里，这种必然性只是作为实体的理念，而不是在社会势力的冲突和斗争中所体现的历史的本质和规律。同时，由于认识论和本体论在黑格尔哲学里是一个东西，这种所谓认识也就成为所谓互相悼念的"和解"。

由于黑格尔较少谈及悲剧中的个人的受难、痛苦等因素，没有充分重视悲剧所激起的情感上的昂扬，太着重于对理性和必然性的领会认识，引起了来自左右两方的修正与攻击。叔本华与尼采从意志哲学、超人哲学出发，强调悲剧愉快来自对生之意志的逃避，来自如醉如狂的酒神精神的日神化，即痛苦的现实化为艺术意象。布拉得雷则把希腊的"命运"与黑格尔的"正义"结合起来，强调不可预测的偶然性，追求一种"痛苦的神秘"，使黑格尔的认识因素较重的"和解"变为情感因素较强的对英雄死亡、个人意志的膜拜。车尔尼雪夫斯基则从左边来反对黑格尔。他反对把悲剧与必然性联系起来，认为黑格尔的悲剧论只是希腊命运论的变种，而希腊悲剧实质上只是对偶然性的一种盲目荒诞的宿命迷信。车尔尼雪夫斯基指出，偶然性实际上是不能阻碍人的胜利的，尽管有天灾来破坏农民的收成，但这种破坏并非必然。相反，农民愈努力耕作，则歉收会愈少，生活会愈幸福。航海者的斗争是艰苦的，但却并非总是悲剧的。"有一只船遇着风暴给暗礁撞坏了，可是却有几百只船平安抵达港口。"[1]可见悲剧与必然性并无关系，认为黑格尔把悲剧中的受难者和覆灭者都说成是因为他们本身具有不合理的片面性而必然如此，就未免太残忍了。车尔尼雪夫斯基认为"悲剧是人的伟大的痛苦或者是伟大人物的灭亡"，"至于痛苦和灭亡的原因是偶然还是必然的呢？那反正是一样的。痛苦与灭亡总是可怕的啊！""在伟大人物的受苦和灭亡中并没有什么必然性的。"[2]车尔尼雪夫斯基的这种悲剧观的健康成分在于：它宣传事在人为、勇敢进取的乐观主义（灾祸并不是注定的、必然的，它阻碍不了我们的努力），反对一切故意借悲剧来宣扬悲观主义、宿命论的反动理论，否定了为唯心主义所神秘化了的悲剧必然性。然而其巨大缺点在于，它并没了解悲剧的真正的美学本质及其与社会历史的深刻关系，把必然性从悲剧中排斥掉，就完全丧失了

---

1 《生活与美学》，人民文学出版社，1958年版，第21页。
2 《美学论文选》，人民文学出版社，1959年版，第108、107页。

悲剧所特有的审美意义。在这一点上，车尔尼雪夫斯基比黑格尔就大大不如了。

马克思反对拉萨尔搬用黑格尔悲剧论的唯心理论，也不像车尔尼雪夫斯基那样完全抛开了黑格尔的合理内核，而是用历史唯物主义的观点批判地改造了黑格尔理论中的合理因素，将悲剧中包含的必然性与明确的社会倾向性，与社会历史的阶级斗争联系起来，使悲剧的美学实质得到历史具体的社会内容和阶级内容。美的本质，如我所理解，总是体现着某种社会发展的本质、规律和理想的。崇高作为美的形态，是在斗争痕记中体现出这一本质。这也就是体现着"历史必然的要求"的事物（它多半是新生的、进步的社会阶级的力量、势力或倾向）与严重的反动社会势力、阶级力量的斗争。但是，"当旧有政制的存在还具有自信和必须自信的时候"，亦即旧有势力还非常强大，其存在还有一定现实性的时候，便使"历史必然的要求"在实际上不可能实现。与黑格尔认为"现实的就是合理的"刚好不同，这里，我们看到的是"合理的"（也就是必须存在的）与"现实的"（也就是所谓"合理的"，即它的存在还具有一定的历史现实性，还具有"自信或必须自信"）的激烈的斗争。后者压倒了前者，摧毁了前者，但这样一来，却更加暴露了后者存在的不合理和必然灭亡，更加显示出前者存在的合理和必然胜利。这样，悲剧就以否定形式肯定了人们的实践和斗争，具有了美学价值。所以，美学意义中的悲并不像车尔尼雪夫斯基所认为，是纯粹偶然的不幸、灾难或死亡。合乎自然规律的死亡，偶然被汽车撞死，都难以构成具有审美意义的悲剧。因为它们不能显示出具有深刻的社会意义和力量的冲突。悲剧总必须在表面偶然的死亡、不幸和悲惨中，看出一种历史的意味，体现出社会生活实践中的严重斗争，体现出正义实践的暂时被否定，体现历史的先进要求的必然失败而又必然不会失败这种种尖锐的矛盾和冲突。

古今中外许多成功的悲剧形象,当然更为形形色色、多种多样。但无论是盗火给人间而遭到天谴的普罗米修斯,或者是因犹豫、轻信而陷自己及亲人于死地的哈姆雷特与奥赛罗,或者是因过失、野心而使自己覆灭的李尔王与麦克白,总都与一定的社会生活或社会势力的矛盾、斗争的种种曲折、复杂、间接、隐晦相联系。与人们正义实践相对抗的丑恶势力,既可以集中表现在具体的人物身上(如舞台上的曹操、严嵩等奸臣),也可以表现在一般人的性格、意识、行为、观念中,恶在悲剧中并不一定非戴上狰狞凶恶的面具不可。在大观园温情脉脉的纱幕中,在那么仁慈善良的贾母、宝钗身上,不正体现着那不自觉的"恶"吗?因此,悲剧艺术在这里所展示的就不是某个个人的品德、行为的问题。人们在这里感到摧毁美的不是某个个别恶人的恶行,而是一种更为巨大、更为严重的势力。正如车尔尼雪夫斯基所说:"在他身上表现了败行本身的可怕,邪恶本身的可怕,而不是邪恶产生的个别恶行的可怕。"[1]悲剧的深度常常因此而增强:和一个坏人作斗争或死于一个骗子之手,与向一个制度搏斗而牺牲在不自觉地体现了这个制度的自己的亲人之手,其悲剧性的程度显然不可同日而语。后者所揭示出来的历史趋向、所展示的两种势力的冲突的社会意义,是更为深刻的。在《雷雨》中,惊心动魄的并不是周朴园、周萍这些个人的罪恶(连他们也没落得好下场),而是整个社会制度。作者曾说,"《雷雨》所显示的……是我觉得的天地之间的'残忍'……在这斗争的背后或有一个主宰来使用它的管辖……。而我始终不能给它以适当的命名","隐隐仿佛有一种情感的汹涌的流来推动"他去"发泄着被压抑的愤懑,毁谤

---

[1] 车尔尼雪夫斯基:《美学论文选》,人民文学出版社,1959年版,第110页。

着中国的家庭和社会"。如果揭开所谓"天地间的残忍"和希腊命运悲剧式的神秘色彩,那么就可看见《雷雨》作为悲剧,是在于表现了封建主义势力可怕地摆布和作弄着人们,人们尽管反抗(侍萍二十年的努力奋斗,繁漪对自由、幸福的渴望,四凤对爱情的追求),都无力地惨败了。但尽管失败了,却因为它代表着历史的要求而使人看到了其内在的合理性、正义性;封建势力尽管胜利了,其存在尽管是强大的,却激起了人们对它的情感上的憎恨和理智上的认识,从而产生了强大的悲剧的美学效果。总之,悲剧的审美感受有两个方面,有两种突出的心理动力:一方面,因目睹失败而同情而"哀怜",但同时感到被摧残者的正义、勇敢而激励自己奋发兴起;另一方面,因目睹失败而震惊而"畏惧",但同时感到人们(也是自己)必须更好地去认识客观规律(必然性)和掌握这规律,从而进行更有效的斗争。悲剧的审美愉快就产生于这两种复杂的心理形式、两种主要的心理功能的紧张运动之中,其哲学本质正是对真理的探索与伦理的追求的交融统一,激励斗志和发人深思、理解与情感、对客观规律性的紧张的探索与对主体目的性的强烈的感动,交错融合,震撼激荡,这就是悲剧的美感特点。只是有些悲剧更着重于这一方面,有些更着重于那一方面,有些美学家强调这一方面,另一些强调那一方面而有所不同罢了。

那么,今天还要不要悲剧?悲剧在今天有什么内容和意义?这是还在争论中的问题,这里简略提几点看法。古典悲剧的时代是毕竟过去了,但悲作为美学意义上的崇高,却仍是激励斗志、启人深思的强大的艺术武器,只是其具体内容和表现形式随着历史的发展而不同。悲剧在今天大概可以有三种。

第一种是如卢那察尔斯基所讲:

马克思和恩格斯对拉萨尔说过,悲剧应当写的不是济金根而是门采尔。那么我们的剧作者为什么不表现门采尔的悲剧,为什么不表现初期农民和无产阶级革命英雄的英勇牺牲,为什么不表现这样一种人,他既非自天而降的英雄,也非出尘绝俗的天才,而是一个阶级的领袖,他的阶级还不可能取得胜利,然而局部的失败,正如马克思论到公社时所说的,却是后来胜利的最大保证。要知道,这是歌颂高度悲剧性的形象的戏剧作品,这个形象能在我们心中引起热烈的同情,极大的敬意,同时又能激发新的锐气……因此,歌颂我们斗争中的牺牲者,描写这场日后会获得胜利的斗争的牺牲者——这无疑是现代悲剧首要任务和最好的基础。[1]

在中国现代革命中,"为有牺牲多壮志,敢教日月换新天",有多少惊心动魄的现实的革命悲剧题材在等待着艺术家们。这种激励斗志的革命悲剧是今天艺术创作的重要任务之一。

第二种悲剧可说是偏重于启人深思这一方面的。在社会主义的今天,那种客观必然性以盲目的异己力量来压倒人们的悲剧本应该是日益削弱。但是,各种异化仍然严重存在,它们奴役压迫着人们的头脑、心灵和躯体,封建主义和小生产者的各种残余、各种官僚主义权益势力还严重存在,并经常穿着种种社会主义或马克思主义的外衣,它们像一种盲目的力量支配、影响、侵蚀着人们,何况又还有着各种各样的认识上的落后和错误。旧势力上压倒进步力量,否定先进的实践,造成不幸和灾祸,仍然严重地存在着。艺术应该去反映、描写这种悲剧,这有助于人们去认识、去理解,从而在生活和实践中去更好地进行斗争。这大概是今天悲剧艺术最

---

1 《苏联作家论社会主义现实主义》,人民文学出版社,第41~42页。

主要也是最艰巨的任务。

第三种，歌颂、表现正面的崇高。这本质上已经不属于悲剧的范围了。如前面所讲，像黄继光、向秀丽、雷锋、欧阳海那种种的赴汤蹈火、舍己为人的英雄事迹，便实际上已不是什么悲剧。因为尽管在死亡牺牲压倒了英雄这点上是悲剧性的，但是就其表现整个社会生活的本质和内容来说，并不构成悲（"历史必然的要求"不可能实现等）。相反，它只是一种正面的崇高，是一种壮美。这种崇高具有一种乐观的理性主义的特征。中国传统艺术和美学中对这种崇高一向很重视，中国文艺中一向很少有希腊那种神秘的命运悲剧，也很少有近代欧洲资本主义那种种令人畏惧、恐怖的"性格悲剧""罪行悲剧"，而且也一般地不喜欢渲染悲惨、不幸、失败。中国艺术着重表现的常常是斗争的艰巨和它的最终胜利，着重渲染的多半是正面形象的勇敢、顽强和不屈不挠，从这里面表达出一种英雄气概和悲壮的美来。无论是杨家将或者是梁山泊，无论是《赵氏孤儿》或者是《生死牌》，都是以英勇的行为和不屈的斗争来正面强调崇高的美。所以，以前一些人说中国艺术中没有悲剧，认为因为中国具有伏尔泰式的理智主义而使悲剧艺术失色。中国人对崇高这个范畴的总的把握，与西方美学传统有所不同，它一向就很少带有恐怖、神秘、可怕、悲惨、不可理解等成分，而多半以更加理智和乐观的概念像阳刚、雄浑、豪健、宏壮、峻拔等来形容它和规范它，直接把它看作是一种巨大的美。

（四）

如果说，崇高（包括悲剧）是现实肯定实践的严重形式的话；那么，滑稽（comic）则是这种肯定的比较轻松的形式。如果说，前者因丑恶的为害巨大而激起人们奋发抗争之情；那么后者却因丑恶的渺小而引起人们轻蔑嘲笑之感。由于在实践斗争中，主客体所占据的矛盾主导地位的不同，而形成肯定实践的不同的形式，它们以不同的特色分别烙记着实践与现实相抗争的深刻痕记。如果说，崇高作为实践与现实抗争的痕记在于真（规律性）对善（目的性）的压倒，真好像就是恶，从而在现象形式上表现为对善（主体）的欺凌的话；那么，滑稽作为实践与现实相抗争的痕记特色，却在于善（目的性）对真（规律性）的压倒，善好像是假（不存在），从而在现象形式上表现为对真（客体）的戏弄。也就是说，主体的合目的性的实践在斗争过程中已确定地占据矛盾的主要方面，客体现实作为敌对对象已成为缺乏存在根据的事物，成为可以任意摆弄的存在，但又因为还在斗争过程中，这种失去存在根据的对象硬要坚持其存在，这样就暴露出它内容的空虚，暴露出它的违反规律性，实质上成了假的可笑形式。车尔尼雪夫斯基说，"只有当丑力求自炫其为美的时候，那时候丑才变成了滑稽"，"那个时候它才以其愚蠢的妄想和失败的企图而引起我们的笑"。[1] 黑格尔也说："喜剧人物的特征在于他们在意志、思想以及在对自己的看法等方面，都自认为有一种独立自足性。但是通过他们自己和他们内外两方面的相关性，这种独立自足性马上就被消灭了。"[2] 马克思说："黑格尔在某处说过，一切巨大的世界历史事变，可以说都出现两次。他忘记了一点，第一次是以悲剧出现；第二次是以喜剧出现。"拿破仑三世模仿拿破仑，路易·勃朗代替了罗伯斯庇尔。滑稽对象的特点在于它失去存在的根据，将为或已为实践否定。从亚里士多德到车尔尼雪夫斯基都说过滑

1　车尔尼雪夫斯基：《美学论文选》，人民文学出版社，1959年版，第111页。
2　黑格尔：《美学》第1卷，人民文学出版社，1958年版，第239页。

稽对象的"无害"性质，其实这正是说，这种对象是寿命不长，为害不久，已为或将为人们的实践斗争所克服所压倒的。所以，滑稽具有的审美实质，就在于引起人们看到恶的渺小和空虚，意识到善的优越和胜利，也就是看到自己的斗争的优越和胜利，而引起美感愉快。滑稽所引起的美感特点是一种轻松的愉快，经常与笑联系在一起。这里的笑不是生理意义上的反射，而是具有深刻的社会性质的。达尔文说："大概笑声最普通的原因，就是某种不合适或不可解释的事情，而这种事情会激起那个应该具有幸福的心境的笑者感到惊奇和某种优越感来。"[1]一般的笑经常与某种愉快的情绪、心境联系在一起。作为滑稽感的笑更是如此，如黑格尔那样，将可笑性与喜剧性分开，并不可靠。实际上黑格尔指出喜剧的主观性的偏重和突出，已经说明滑稽与主体的自信和优越的联系。

车尔尼雪夫斯基说："我们既然嘲笑了丑，就比它高明。譬如我嘲笑了一个蠢材，总觉得我能了解他的愚行，而且了解他应该怎样才不至于做蠢材——因此同时我觉得自己比他高明得多了。"[2]笑正是"具有幸福的心境"的人们在丑的面前表现了"优越感"。这一方面为霍布斯等人所强调；另一方面，笑所具有的理智批判的特点，则为另一些美学家所看重。所以，作为滑稽感的笑也包括伦理与理智两个方面。但与崇高感中的强烈的伦理追求和理智探索相反，滑稽感的笑具有伦理的满足和冷静的认知的特点。由知觉、想象到理解、情感的运动异常迅速敏快，观念之间的矛盾被突然诉之于知觉。所以不同于崇高感中的余音绕梁，一唱三叹；作为滑稽感的笑经常是拍案叫绝、惊喜交错，"顿悟"式的特点更为突出，所以娱乐性也更为鲜明。比起崇高来，滑稽的形态也更为多种多样，这是因为

---

1 达尔文：《人类和动物的表情》。
2 车尔尼雪夫斯基：《美学论文选》，人民文学出版社，1959年版，第118页。

随着人类实践的发展，各种丑恶愈益变得内容空虚，渺小可笑，愈益成为滑稽的对象；反映在艺术上也出现了多种多样的喜剧。滑稽既然是恶失去其存在根据而又要勉强抗争的情态，因此自然界本身就无所谓滑稽。自然不能引人发笑，因为自然被人征服后就是征服了，它没有意识要去挣扎、反抗，除非某些动物有这种情况（动物的这种反抗有时也表现为崇高或悲剧，但那多是人们意识化的结果）。一般说来，自然界的许多滑稽，是由于它的外在形式与人们生活实践中的类似形式相比较，显得拙笨丑陋的缘故，同时也表现了人们对自然形式的歪曲、戏弄的愉快。例如鸭子走路的蹒跚，狗熊行动的蠢笨，等等。而人的形体动作上的不必要的机械、停滞、迟顿，语言中的啰唆、重复、错误，之所以成为滑稽的对象，引起人们发笑，也是这个缘故。因为它们成了脱离生活常规、失去存在根据的丑。例如，一个很庄重的人突然摔了一跤，于是旁观者发笑了，摔者也会脸红地爬起来。但如果摔者是小孩、老人或病者，人们却不会发笑而是赶着去扶起他来，因为摔跤（脱离实践正轨的丑）在那里是有其合理根据的。同样，一个小孩牙牙学语，这是很正常的现象，不会引人发笑；但如果一个正常的成人突然如此，便觉得好笑，成为滑稽对象了。各种闹剧中，这种现实中的滑稽得到了各种集中的和夸张的反映，如舞台上丑角的某些动作、形态、语言中插科打诨等。这是一种初级阶段的滑稽。因为它所嘲笑否定的对象和意义相当简单，经常只是对人的形体、动作等自然形式与外在环境或正常生活习惯的不适应不协调，与人们生活所已有或应有的正常、聪敏、灵活相背离或违反而嘲笑否定之，较少涉及大的社会内容或社会意义。但也正因为如此，它们成为最普及、最通俗、最大量、最常见的滑稽对象和笑料。相声艺术里充分利用了这个方面。

社会生活的发展，使艺术中的滑稽——喜的形态日益高级和深刻。它从嘲笑人的形体动作的丑，上升到嘲笑人们精神世界的丑，上升到嘲笑某种社会制度、秩序中的丑。卓别林说："智力愈发达，喜剧就愈成功。未开化的人很少有幽默感。因此，根据我们对喜剧演员的理解，古代的畸形小丑或皇帝的弄臣是非常可怜的喜剧演员。"这话是有道理的。在"未开化的人"的时代，社会实践力量对现实的征服或胜利本不多，可供嘲笑的丑也就不多，当然也就很难谈得上幽默感。这并不是智力发达与否的问题，而是社会生活发达与否的问题。只有社会生活愈发达，人们的物质生活、精神面貌愈提高，美愈增多，丑愈丧失其存在的合理性，从而对丑的否定才愈能采取滑稽的形态。皇帝的弄臣或畸形小丑，他们只能以怪诞的形体动作或故事情节来供君主、贵族娱乐。在我们今天看来，这种娱乐本身倒反是喜剧性的了：它说明这些皇帝贵族们的精神生活是多么贫乏空虚。所以，在戏剧中，外形畸陋的丑角常常由被嘲笑的对象反而成为嘲笑嘲笑者的对象，统治阶级本想用小丑来嘲笑人民，而人民却反而利用小丑来嘲笑了统治者。可见，由畸形小丑上升到莫里哀、吴敬梓、荷加斯、杜米埃，实际上反映着社会生活和实践斗争的日益向前的巨大胜利。

今天所需要的艺术中的滑稽，不应是追求庸俗的小噱头趣味或闹剧性的滑稽，而是通过闹剧性的滑稽，以表现出一定涵义。我们需要喜剧的大发展，它也大致可以分为三种：

第一种是对敌人的讽刺打击。这种喜剧今天仍大有其发展的生活基础。剥去行将就木却装腔作势的种种封建旧制度人物、性格身上的伪装，揭出其渺小可笑、必将灭亡。

第二种是表现人民内部矛盾的喜剧。这里面在今天有很大一部分仍然是与封建主义的矛盾斗争。卢那察尔斯基曾详细地说明过这种滑稽。

第三种，也正如上述悲剧的第三种一样，它已超出了传统的喜剧范围。它是以表现积极的正面的美为目的的：用幽默嘲笑来烘托出正面的东西。正如戏曲中李逵、焦赞以其鲁莽、误事等可笑来衬托其正面优秀的质量，喜剧中常常可以把正面人物置于狼狈可笑的窘境，而愈发衬托出他个人或环境的美，从而造成一种喜气洋洋的欢乐氛围。在这里，对"丑"的嘲笑实质上只是为了故意的反衬。像电影《今天我休息》中的那位民警的故事便是如此，对他的嘲弄取笑正是对他的赞扬和称许。电影《五朵金花》也属于这一类，通过一连串可笑的误会，反映了白族社员的欢乐的生活。

当然，这些划分都不能是绝对的。今天需要多种多样的喜剧。正如需要各种类型的崇高和悲剧一样。总之，既要有富有深刻教育性能的艺术中的崇高，也要有大量的富有娱乐性能的艺术中的滑稽。塑造崇高的美固然是今天艺术的突出目标，而创造出反映明朗欢快的生活基调的滑稽的美，也同样是今天艺术的重要任务。

试论形象思维

注：原载《文学评论》1959 年第 2 期。

神用象通，情变所孕；

物以貌求，心以理应。

——《文心雕龙·神思》

（一）

第一个问题，有没有形象思维？答曰：有。这在心理学上可以找到很多根据。例如巴甫洛夫曾根据第一、第二信号系统相互关系中的不同特点，把人的高级神经活动分为三种类型：艺术型、分析型和综合型。艺术型的人在思维过程中，第一信号系统的活动占较突出的地位。这些人善于想象，在思维活动中总有许许多多的具体形象浮现着，伴随着。他们善于"整个的、连续的、完全的"（巴甫洛夫）即用活生生的形象整体来反映和把握现实。分析型的人好像把自己的知觉仅限于对物体的客观特征的反映上，综合型的人则常常是把各种想象、推测以及愿望贯串到形象里去。其实在日常生活中也可以见到类似的情况。如说一件事，有的人善于抽象概括，三言两语干干净净就说完了。有的人却喜欢描述一番，把一件事绘声绘色，说得活灵活现，像亲历其境似的。又如到课堂里，有的人一看，说这是在讲课，于是就注意在讲什么，注意搞清它的意义。有的人却不同，喜欢注意这个讲课人的手势声调，那个听课人的样子等形象细节[1]，并由此引起某些情绪记忆和联想。这些，在一定意义和一定范围内，也似都可以说是类型的差异。一般讲来，艺术家（作家、画家、音乐家、演员等）多半属于艺术型。但纯粹的艺术型和分析型也许较少。据说黑格尔是分析型，只喜作抽象的理论思考，"他认为使他自己第二信号系统脱离开具体的形象很幸运"（巴甫洛夫），但这毕竟是极端的例子。很大一部分人，连最伟大的艺术家如达·芬奇、歌德也是属于中间型的。不过我觉得这也毕竟反映在他们的艺术作品里了：达·芬奇的画带着智慧的美，歌德的诗有深厚的哲学意味。

心理学上类型的区分说明了思维中确有不同的情况和特点，说明了有些人，特别是已经有习惯和锻炼的艺术家们，在思维中是喜欢利用形象来反映的。偶尔翻阅高尔基的《回忆托尔斯泰》，有一段很有意思，它记载托尔斯泰有一次正读着一本评论他的书时，"笑了起来，并且说：'多么大胆的假发匠啊。他居然说我欺骗了自己，因此我也欺骗了别人。'旁边就有人奇怪，问道：'为什么说假发匠呢？'托回答说：'我偶尔想到的。他时髦，他漂亮，他让我想到一个莫斯科的理发匠，他到乡村去参加一个农家叔父的婚礼，他在那儿态度算是庄严文雅的，他会跳上等的舞曲，因此

1　这篇文章所用的"形象"一词，不仅指主观反映之后的意象，而且也指客观事物本身的形貌、样子。"形象就是生活本来的样子"（车尔尼雪夫斯基）。

他把任何人都看不在眼里。'"我想，这位评论家大概总是个自以为是、自命不凡，无知而又傲慢的角色。让我们说，大概会归纳成这样一个逻辑判断。但是，托尔斯泰却把他活生生地想象成一个参加农村叔父婚礼的理发匠了。这就是艺术家和艺术创作的特点之一："浮想联翩。"善于创造性的联想，善于作具体形象的具体想象，即善于形象思维。

苏联《共产党人》杂志1958年第1期有一篇伊凡诺夫的文章：《谈谈艺术的特征》[1]。这篇文章与毛星同志的文章是正好相反的。毛星同志主张文艺的特征在于思维的内容，而不在于思维的形式，这篇文章的论点则恰好相反：主张文艺特征只在思维形式，而不在思维内容。因此这两篇文章可以对照着读。我是同意伊凡诺夫的论点的。他指出：

人的认识有各种不同的形式，但最终可归结为两种区别最大的形式——科学的形式与艺术的形式。实质上，可以把它们确定为人的两种认识能力。每个人都有这两种认识能力。不过，有的人用概念思维的能力强些，有的人用具体画面和形象思维能力强些。

因此艺术的实质恰恰可以规定为这样一种认识形式：从现实现象的具体感性面貌中再现现实现象。而这就是形象思维。

他引据别林斯基作了许多论证，这里不复述了。

心理学曾讲到表象思维与概念思维的不同。医生看病，植物学家观察植物，固然也必须注意事物、对象的形状样子等外貌、形象，但常常是很快就通过知觉、表象归结和过渡到概念、判断的逻辑思维阶段，而抛开活

---

[1] 见1958年6月份《学习译丛》。

生生的感性形象了：病在哪里？是什么病？这株植物是草本还是木本？什么性能？等等。即使有时还尽量记住许多形象，如医生看病，遇有疑难，也尽量回忆联想类似病例的形象、症状，但在这时，医生也就很明确地用这些形象来作比较、分析，而这实际已进入归纳、演绎的逻辑思维范围了。至于那些被唤起浮现的病例形象样子本身，却是并不推移发展的。又即使有时也利用浮现的形象的推移和改变，来作科学工作中的创造性的想象，但这想象毕竟只是为了帮助确定，同时也很快就过渡到和归结为概念、判断、推理的逻辑思维。我们想象一个机器的图样，是为了帮助我们在逻辑上明了这个机器制造的道理，然后好制图设计，我们这时想象只是一种短暂的、辅助的手段，不但在客观上不着重形象的社会性的内容、意义，在主观上很少带有社会美感感情，而且形象本身也是片断的、孤立的、比较模糊和笼统的。仅凭形象想象根本就不可能设计出复杂的机器图样。一个科学家（不管自然科学或社会科学）如果不用逻辑概念判断来确定——实际上是打断他的形象想象，那他就只能是一个空想家，而不是科学家了。

毛星同志认为，"人的思维常常是具体的，常常是伴随着具体事物的形象的"，因此就没有什么特殊的形象思维，这恐怕不合事实。因为我们说具体的思维，是指思维内容的具体，而不是指具体的形象。例如，我们进行思维，想到"我国现在的农业生产力"这个概念或判断时，我们就应想到这是些什么样的生产工具，以及什么样的人等具体内容，而并不是也不会去想象某些具体的生产工具、某些具体的人的各种感性形象。同样，说"桌子是木做的""资本主义一定灭亡"等概念、判断，也并不一定会浮现某个桌子或某个资本主义社会的具体形象或图景。而有许多科学概念、判断、推理，也根本不能有感性形象，如"本质""社会上层建筑""光波"等高度概括的抽象，就是形象所无能为力的。相反，人类许多时候正是需要脱离感性形象，通过抽象的概括，才能达到对客观世界的本质认识。如果任何逻辑思维都伴随着形象出现，那对人来说倒会是件不胜其烦的痛苦的事情了。所以，与毛星同志相反，我倒觉得，在日常生活和科学研究中，一般思维（即逻辑思维）是并不常常伴随着具体形象的。而即使有时有形象的浮现和想象，也都只是作为逻辑思维的材料被割裂地利用着、支配着的。它们不是形象整体的具体、细致、清晰的有意识的活动和发展，不是形象思维。

形象思维却不同，它是"浮想联翩"——自始至终都不断地有较清晰、较具体的形象的活动，而且这形象及其活动，还是愈来愈清晰、愈明确、愈具体。"情曈昽而弥鲜，物昭晰而互进"，"文徽徽以溢目，意冷冷而盈耳"。[1] 它是一个创造性的综合想象的过程。所以，它不同于一般思维中形象不自觉地、杂乱无章地或孤立静止地、笼统模糊地浮现。它本身是一个思维过程。

常常是这样：一个故事，一段情节，一个场景，一段旋律……，打动或触发了艺术家，留下了深刻的印象。艺术家就在脑子里有意识地结合自己以前的经验、印象开始了形象的想象，从外貌到内心，从语言到动作，加一点什么，减一点什么，使形象逐渐活起来。艺术家就生活在他们的讲话、做事、吵架、和解中，如见其人，如闻其声。因此，这些形象的时间、地点、关系、变化、面貌、声音、动作、姿态、习惯、性格、思想、感情，艺术家都必须设身处地一步一步去想象得十分周详、明确和具体。鲁迅说："作家用对话表现人物的时候，恐怕在他心目中是存在着这种模样的。"狄德罗说："每一个画家、戏剧作家都应该同时是个相命先生。"

1　陆机：《文赋》。

艺术家的确要"流连万象之际,沉吟视听之区",要有能耐去精确地、栩栩如生地想象和算定每个形象的外貌特点及其灵魂。而有些作品,例如,有些风俗画所以只有事件或场景的表达,而没有形象的发掘和创造(但列宾《纤夫》等画就曾极大量地反复地摸索捕捉和练习人物头像的塑造);有些小说所以只有故事情节的过程,而没有人物的神情性格、声音笑貌(鲁迅的阿Q形象孕育了好几年,托尔斯泰曾反复修改《复活》女主人公的外貌形象),原因之一就在于不懂得或不善于作艰苦深入的形象思维,而相当抽象地即仅从逻辑上去思考和处理题材的缘故。高尔基说:"情节是人物性格的发展史。"这实际上也就是叫人注意作具体的形象想象,而不要作抽象的情节处理。由形象本身发展出情节,这才会是真正具体生动的情节。这就当然不能是抽象的逻辑思维的安排,而只能是具体的形象思维的结果。

(二)

第二个问题,形象思维的实质和特点是什么?

思维,不管是形象思维或逻辑思维,都是认识的一种深化,是人的认识的理性阶段。人通过认识的理性阶段才达到对事物的本质的把握。形象思维的过程,在实质上与逻辑思维相同,也是从现象到本质、从感性到理性的一种认识过程。但这过程又有与逻辑思维不同的本身独有的一些规律和特点,这就是在整个过程中思维永远不离开感性形象的活动和想象。相反,在这过程中,形象的想象是愈来愈具体、愈生动、愈个性化。因此,形象思维是个性化与本质化的同时进行。这就是恩格斯称赞黑格尔所说的

"这一个"：典型的创造。形象思维的过程就是典型化的过程，所以形象思维可以分成这两方面来讲。

一方面，从开始的第一瞬间起，为艺术家所注意、所触动、所尽量寻捕的某个现实中的形象、事件，就一定是它本身具有某种较深刻的社会意义或是能使艺术家联想、触发起某种深刻的社会意义的东西。常是这样：艺术家被生活中的某事某物打动了，他感到在这事这物的形象外貌下藏有某种东西吸引他，打动他，扰乱他，他于是去联想、想象或思考，尽管他一时还说不出来，还不明确这吸引、打动、骚扰他的究竟是什么东西、什么意义，但它实际上却已进入形象思维的第一步了：开始感受、注意、观察、捕捉和挑选含有某种意义（对真正的艺术家来说，这意义当然是社会意义、本质意义）的现实生活形象了。"一个感受力比较敏锐的人，一个有'艺术家气质'的人，当他在周围现实世界中，看到某一事物最初事实时，他就会发生强烈的感动。他当然还没有在理论上解释这种事实的思考能力，可是他却看见了这里有一种值得注意的特别的东西，他就热心而好奇地注视着这个事实，把它摄取到自己的心灵中来，开头把它作为一个单独的形象，加以孕育，后来就使它和同类的事实和现象结合起来，而最后终于创造了典型。"（杜勃罗留波夫）这种"强烈的感动"，也就是人们常说的所谓艺术家感受力、敏感、灵感等，实际上它在性质上是一种一般人都有的美感直觉能力。只是对一般人来说，它主要表现在艺术欣赏上（欣赏时不很明确但却敏锐地感到艺术作品形象中有某种东西、某种意义打动自己和吸引自己），对艺术家来说，它还能惊人地表现在对生活形象的捕捉上罢了。这现象并不神秘但却是事实：艺术家善于敏锐地感受生活形象的意义而开始创作。

据说，果戈理的小说《外套》的材料是得自朋友们的一个笑谈，但果戈理听了以后"沉思起来"。显然这故事中有某种东西打动了他、触发了他，使他去开始形象的想象，而最后终于完成了那篇深刻揭露旧俄社会本质的著名作品。鲁迅《狂人日记》的主人公，其模特儿据说是鲁迅的一个表兄弟，在西北做事，忽然说同事要谋害他，便逃到北京四处躲藏，但自己还说没用。他告诉鲁迅说他如何被人跟踪追捕，在客店深夜听见脚步声，就说捕捉他的人已知道他的住处，已埋伏好。于是马上要求换房间。大清早跑到鲁迅那里，鲁迅问他为何起得这么早，他说，要被处决了，面色苍白，音调凄惨。在路上看见荷枪的士兵，便神情大变，表情比真正临死的人还要恐怖，这是个患迫害狂的精神病者。[1]这样一个看来似并无什么意义的事件，却触动了鲁迅，使鲁迅感触和联想起许多事情，于是他便注意、琢磨、加深和改变这个狂人形象的内容和意义，使狂人的举动、言语具有一定的社会性质和涵义，而终于通过狂人的形象勾画出了一幅惊人的图画，揭穿了当时整个社会在物质上和精神上对人的残酷迫害。

所以，对艺术家来说，形象思维的第一步就要善于在广阔繁复的现实生活中，在五光十色的现实形象中去感触到、去发现和捕捉那些本身具有深刻社会意义的或容易联想起这种意义的形象和事物。艺术家的才能首先就表现在这里：感触、捕捉、联想和了解（常常是不明确的了解）形象。捕捉生活形象的深浅、远近、宽狭，是区别一个艺术天才或庸才的标志之一。有些人对生活形象常常是视而不见，以为平常；有些人却能锲而不舍，悟出道理。所以，如果只对形象有兴趣而不管是什么形象，也不知道去发现、选择有意义的形象，这就完全不是艺术才能。托尔斯泰说得好："如果近视的批评家以为我只是描写我所喜爱的东西，如奥布朗斯基如何

---

[1] 参看周遐寿《鲁迅小说里的人物》。

吃饭，卡列尼娜有怎样的肩膀，那他们就错了。在我所写的作品中，指导我的是为了表现，必须将彼此联系的思维汇集起来……"即从形象中能显现出思想、意义，不是为形象而形象。如果一个艺术家只对人家吃饭抽烟的样子、买裤戴帽的偏好有兴趣（如毛星同志文中所举的例），而自以为这就是在捕捉形象，是在开始形象思维，那就可笑和可怜了。

进一步，从注意捕捉形象到使这形象发展成长，更是一个艰难的过程。托尔斯泰写《战争与和平》时曾说："考虑、反复地考虑我目前这个篇幅巨大的作品的未来人物可能遭遇到的一切。为了选择百万分之一，要考虑百万个可能的际遇……"一个形象下一步究竟应该如何作、如何说，的的确确有太多的可能，困难就在如何从千百个可能中，选择一个最好的最正确的可能，使形象能够摒弃一切非本质的无关重要的生活现象，集中一切富有代表性和意义的现象，来更进一步发展和深化它内在的含意。每一个细节的选择和确定，都应该是形象的社会本质意义的扩大和加深。连话剧演员在舞台上的一切日常生活动作，都必须不是自然形态，而是经过选择提炼了的东西，其他艺术就更如此。鲁迅《祝福》中关于祥林嫂的情节，据说是很多故事凑在一起的，这些情节（如改嫁，小孩被狼吃掉，捐门槛等），生活中本来并不相干，但鲁迅却随着祥林嫂形象的发展把它们集中在一起。据说鲁四老爷的原型也没那么坏，但鲁迅却把生活中另一个人的样子加到鲁四老爷原型身上。这样一来，就深刻多了：祥林嫂的形象变得更苦命，鲁四老爷变得更凶残，从而封建社会的本质也就暴露得更鲜明了。又如《狂人日记》中的狂人，其原型据说病好后就住在家里，并没去"候补"。[1]但鲁迅偏要说狂人病好后就作候补官去了。短短一句，便加

---

1 参考周遐寿《鲁迅小说里的人物》。

深了狂人的形象，使这形象更完整了：只有狂人才是清醒的，才敢大胆地反抗，喊出礼教吃人、救救孩子，而一清醒，便又亲身去做迫害者去了。当时的现实是多么像一间不透气的"铁屋子"，是多么真实的"杀人如草不闻声"呵。列宾名画《意外的归来》，据说初稿是画一个年轻的女大学生，但我们今天所看到的定稿却是一个经过多年折磨的上了年岁的革命家。这个形象的琢磨改变，也就使内容大为深刻化了：进行革命的已不是没有经验的或刚出茅庐一时冲动的热情的女学生，而是顽强、憔悴而有经验和力量的职业革命者了。这样，社会的苦难（对革命的长期残酷的镇压和迫害）、革命的信念就显现得更加深沉、充分和有力了。中国古代画院以诗题试画："如'野水无人渡，孤舟尽日横'，自第二人以下，多系空舟岸侧，或拳鹭于舷间，或栖鸦于篷背；独魁则不然，画一舟人卧于舟尾，横一短笛，其意以为非无舟人，止无行人耳，且以见舟子之甚闲也。"（邓椿）"唐人诗有'嫩绿枝头红一点，动人春色不须多'之句，闻旧时常以此试画工，众工竞于花卉上妆点春色，皆不中选；惟一人于危亭缥缈绿杨隐映之处，画一美人凭栏而立，众工遂服，可谓善体诗人之意矣。"（陈善）为什么会得"魁"，为什么会"众工遂服"？很清楚，这也是因为经过精细的琢磨、想象后所塑造出来的形象，更能深刻地表现出当时所要求表现的事物和生活的本质意义所在。"野水无人渡，孤舟尽日横"，是要求表达出那种安闲、恬静、懒洋洋的牧歌式的封建农村气氛。所以，"非无舟人，止无行人"，就比连舟人也没有（这容易变成一幅无人烟的荒凉野渡）更深刻和更真实了。"动人春色不须多"的诗句是企图通过和寄托于自然景色来表达生活中的春意，而生活中春意总是与爱情紧相联系的；这样，当然画红妆美人就比死板地去按诗句字面画大红花更能概括和表现"诗人之意"了。这是巧妙，是含蓄，也是深刻；而所谓深刻就是更正确更真实地反映了生活的本质。画既如此，诗亦如之。有名的"春风又到江南岸"与"春风又绿江南岸"；"云山苍苍，江水泱泱，先生之德，山高水长"与"先生之风，山高水长"，一字之差，形象迥异，形象所概括的内容也有区别。"风"比"德"，"绿"比"到"，不但形象更具体，更生动，更具有感性传染力，而且所包含的内容和意义也更丰富。"风"不仅是"德"，而是整个人所有的品貌风格；"绿"不仅是"到"，还是"到"的可见的具体结果。很明显，这里的字斟句酌，具有很大的意义；这意义就在于：只有对形象作精细的推敲琢磨，才能使它更真实更准确地概括和反映出生活中美好的、本质的东西。而形象思维所以被看作是思维，其意思和价值也全在此：去粗取精，去伪存真，由此及彼，由表及里，以达到或接近本质的真实。这无论是人物的描写，诗句的推敲，演员的体验，画家的捉摸，都毫无例外的。

上面是形象思维的一方面，与此同时的另一方面，是在形象思维的过程中，随着形象本质化的程度的加深，形象的个性化的程度也同时在加深。因为形象本质化的道路和过程，本就是一步一步地十分具体地进展着的。形象在这过程中既不断地在具体增减删添、发展变化，它就必然会比生活中变得更加活跃、更加独特，正因为它合规律地集中了许多带有深刻社会意义的情节、姿态、气氛，所以个性也就必然会更加突出了。"狂人"因为害怕这害怕那，觉得兄弟和妹妹都想吃他的肉（真的狂人并无此事），就愈发像狂人；祥林嫂两次出嫁，两次又都不幸丈夫先死，小孩又被狼吃掉了，怕鬼神而求捐门槛，把这些在生活中本来是分散在不同人身上的细节集中、提炼、统一在一起，这一方面固然使形象的本质意义加深了，而同时另一方面也就使祥林嫂这个人的命运、遭遇、性格更加个性化、独特化了。任何艺术都必须如此。狄德罗《绘画论》中说，一个画家要善于抓住一瞬间，这个瞬间既要表现前前后后许多的时间，而这个瞬间又必须是独特的富有个性化的一瞬间。油画《列宁在工作中》的作者谈自己创作的经过：作者想表现十月革命前一段时间列宁隐蔽中的地下工作的情况，最初企图用列宁在写作时突然听见外面有声响、竖耳细听的一瞬间来表现。最后定稿却是，列宁突然发现了一个重要意见，而匆忙书写的那一瞬间：在一个简陋的房屋内，椅子斜摆着，列宁只随便坐了小半边，显然坐得很不舒服，但列宁根本没来得及顾到这些，聚精会神地一手按着书的某处一手匆忙地书写。这当然是比初稿更个性化的一瞬间，而同时却又是比初稿更本质化（概括的意义更多）的一瞬间。列宁随便坐着急急书写的姿势，不但完全独特地、自然地表现了列宁那种爽朗、朴素、令人感到十分亲近的个性，（与很多人为表现领袖的庄严，结果弄得十分死板、枯燥不同），集中表现了生活中极富有个性的一瞬间；而同时又深刻地生动地表现了列宁地下工作时期的紧张、热情、忘我的本质的东西。而紧张、热情、忘我这些本质东西又正是通过前一方面的随便、匆忙等个性化的方面，才最好地表现出来。所以，很清楚，形象思维的两方面——本质化与个性化是完全不可分割的统一的一个过程的两方面。如果把这两方面分割开来，只要求本质化，即没有个性化的本质化，那常常必然是逻辑思维的直接引申，形象不能具体地生长发展，结果像一个影子或符号贴在纸上活不起来，这就容易产生公式化、概念化的作品，而不能打动人心。同时，如果只追求个性化，即没有本质化的个性化，那常常必然是形象思维的混乱，或是一大堆无意义的奇异的情节，或是一大堆无意义的自然主义的描写，这就必然是自然主义或形式主义的作品，使人感到厌恶和无聊。

形象思维还有一个主要特征：这就是它永远伴随着美感感情态度。在整个形象思维过程中，艺术家每一步都表现着自己的美感或情感态度，并把这种态度凝结体现在作品里。在创作前,它常常表现为一种要求说出的情感冲动。托尔斯泰说得很干脆,如果没有这种非说不可的创作要求,那就根本不必提笔。《红旗谱》的作者说,他写小说是一种极强烈的情感要求他这样做,要求他写出来,好像这是他的义务。为什么会这样呢?很清楚,那是因为生活中的某些事物、经历、情节,感染、触发、打动了艺术家的感情,艺术家对此不仅是有所触,有所知(即使很模糊很不明确),而且是有所感。从对客观形象的第一瞬间的感触、捕捉和选择开始,就已自觉或不自觉地伴随着艺术家主观的情感——美感态度来表现了:有所激动,有所感伤,有所喜悦,有所憎恶,或爱悦之,或鄙厌之,或怜悯之……只有这样,情动于中,才能构思,才能欣然命笔。中外古今许多理论家、艺术家都十分强调创作过程中情感态度的重要。《乐记》说,"情动于中,故形于声";《诗品》说,"非长歌何以骋其情";鲁迅说,"能憎能爱才能文";别林斯基说,"没有情感,就没有诗人"(这里和以上所指的"诗"应为广义的文学艺术而不仅是狭义的诗歌)。托尔斯泰则更认为艺术的本质和使命就在于传达感情:把作者的感情传给读者;上一代的传给下一代。其他英、法、德国许多美学家也有与此相同或近似的论点。所以,不仅是像诗歌、音乐、舞蹈等这些更直接表现感情的艺术(所谓"造型性"强的艺术)是如此,就如小说、绘画、雕刻以至建筑、工艺等,也是如此。

在这里,正确的情——美感感情态度是艺术典型化的必要条件。只有充分具备和抒发正确优美的主观情感态度,才能真正完满地客观地反映事物的本质真实。情感愈真愈强,就愈有反映的能力,就愈能正确巧妙地进行选择、集中和提炼;情感卑下虚伪,就必然造成形象的虚假、淫滥。《文心雕龙》很早就强调指出过这点:"故情者,文之经……诗人什篇,为情而造文，词人赋颂，为文而造情……为情者要约而写真，为文者淫丽而烦滥。""夫以草木之微，依情待实……言与志反，文岂足征。"这就是形象思维中情感态度的必要性。那么，可能性呢？可能性就在于"生活现象本身充满着情绪内容"，生活本身具有一定的情绪色调。所以，只要不是抽象的逻辑思考而是具体的形象捕捉和想象，生活形象或其表象首先就自然会激起一定的情感态度。"诗人感物，连类不穷"，"目既往还，心亦吐纳"（刘勰）。"现象在你的心里造成相应的情绪，它会影响你的心灵，并激起相应的体验"（斯坦尼斯拉夫斯基）。其他艺术家也同样，在形象的选择、捕捉和长期孕育过程中，艺术家不仅注意和熟悉他们，而且对他们的行为、言语、思想情感以至一举一动也自然会有所评价，有所喜恶。这正如在日常生活中与一些关系十分密切、长期相处的熟人（不论是友是敌，是爱人或是孩子）打交道一样，也总是关心的、注意的；对其言行以至很小的在别人看来是无足轻重的一切也是有所爱憎喜恶一样。艺术形象既像活人似的在艺术家周围（实际上是在脑子里，或画面上），与艺术家息息相关，艺术家是在与他们同生活共起居中来描写、塑造他们，就必然会"随着他们，感受同样的心理活动"（狄德罗），"一个角色从萌芽到成熟的各个不同阶段，会以不同的方式影响演员本人的性情和心境"（斯坦尼斯拉夫斯基）。这不但对表演艺术家而且对语言艺术家都如此的。所以无怪乎巴尔扎克在描写高老头死后会几天不愉快，福楼拜描写包法利夫人服毒时，感到自己嘴里也有砒霜味。只有自然主义作家和作品才真正拒绝表现感情态度。但是，实际上不表示态度，也还是一种态度：对丑恶不表示憎，客观上就表示了作家对丑恶的宽容和默认；对美好不表示爱，客观上就表示了作家对美好的冷漠和轻视。这对"传染感情"当然是有害的。所以，托尔斯泰在称赞莫泊桑的同时，就表示了对莫泊桑的某些自然主义的描写的严重不满，指出作家对所描写的对象不表示态度，是错误的，有害的。而中国古代批评家也早说过，"繁采寡情，味之必厌"。

简单说来，艺术家塑造正面形象，怀有的常常是同情、爱护、钦佩和崇敬的肯定的感情态度，常常是尽量发掘自己内心的某些近似或相同的美好质量、感情，来体验和想象这些形象的外貌和内心。艺术家也常把自己的优美性格、情操放在要塑造的正面形象的身上。所以我们常听说书中的主人公的原型就是作家自己。例如据说安德烈公爵与彼尔（《战争与和平》）是托尔斯泰的两面，贾宝玉是曹雪芹的影子，保尔·柯察金是作者的自传形象……其实不仅如此，一些原型根本不是采自作家本人的正面形象，其思想、感情、性格、行动也常常被赋以作者本人的某些东西。这很自然：因为作者感情上喜欢他，便常常把自己的形象不吝啬地赋予了他。

对反面形象，也需要有设身处地的体验和想象。"文学家在描写吝啬汉的时候，虽然是不吝啬的人，也必须要把自己想象为吝啬汉；描写贪欲的时候，虽然不贪欲，也必须要感到自己是个贪婪的守财奴。"（高尔基）只有这样，通过作家自己的设身处地的想象，才能忠实地具体地造形，这是极重要的。但这里更重要的是：作家一方面设身处地，另一方面却又要保持清醒，在比所设想对象更高一些的地位，站在能批判的角度和立场，带着憎恶否定情感态度来设身处地。因为，只有这样，才能真正真实地描绘和深刻地揭露，才能使人感到不是自然主义的"客观""如实"的照像。既憎恶之，又模仿想象之，这并不矛盾。其实就在日常生活中也可见到：一件丑陋的事情或姿态，在当事人看来也许并不觉得，但一经别人有意模仿或叙说，便能引起哄堂大笑。所以如此，就因为旁观者清，站在"有意"要嘲笑、讽刺的更高的立场、角度上来作了具体的形象模仿和夸张的缘故。在创作过程的形象思维中，艺术家一方面必须与形象同起居共体验,"生活于角色中";而另一方面却又须清醒地考察和批判着形象,"从角色中感觉到自己"。"演员在舞台上生活,在舞台上哭和笑,可是在他哭笑的同时,他观察着自己的笑声和眼泪。构成他艺术的就是这种双重的生活……"(斯坦尼斯拉夫斯基)。对一切艺术家都应如此。只有这样,普希金才不会是奥涅金,莱蒙托夫也不就是皮却林,作家比其形象站得更高。

艺术家对自己作品的形象或形象总体的感情态度,其本质是一个美的理想问题。关键在于艺术家主观的美的理想与现实生活中客观的美的理想能否、如何以及在何种基础、何种范围和何种程度上统一和一致。而主客观的美学理想是否一致或接近,关键又在美感——感情态度是否对头。因为艺术家的美学理想并不是作家自己宣布的一套抽象的信念、理论或宣言,而是一种由美感态度发展成长出来的一套自觉或不自觉的比较根本和系统的对世界、人生和艺术的感情态度或原则。这种美感感情态度是一种深入骨髓的在长期生活和教养下形成的具有强烈的阶级性质的东西,它本身就已包含着立场观点等根本问题在内。这在艺术欣赏或艺术创作中都会随时顽强地表现出来。古话说,情感最难作伪。抽象道理可以说得头头是道,但一创作或一欣赏就马上出毛病;主观意图十分良好,一到具体作品里就突然走样,看来好像有点形象思维不由自主,其实却仍是灵魂深处的美感感情态度在作合规律的运动的表现。不熟悉工农而写工农,或虽熟悉但并不热爱或是抽象地热爱,于是就必然会从自己的知识分子的感情态度出发,来观察、体验和赞赏,把自己所领会的和自以为是美好的一切(这常常就有作家本人的某些东西)加在形象身上,这样一来,形象便成为知识分子了。正因为形象思维不同于逻辑思维,艺术创作就不能像写理论文章那样可以避开感情态度的流露。

所以,如果了解到形象思维的根本特征之一,是永远伴随着美感——

感情态度，那么问题的核心就在于艺术家的美感感情态度究竟是怎样的态度，是符合客观现实发展及其情绪色调的先进阶级的感情态度呢，还是相反。从而，这里的结论就应该是，今天艺术家最根本的问题，是如何使自己具有真正的劳动人民的感情态度。只有具有了这种感情态度，才能高度真实地去体验、去观察、去分析、去想象、去描画、去塑造，才能保证自己的形象思维能够正确无误地进行，由此及彼，由表及里，去粗取精，去伪存真，在个性化的典型形象中充满情感地揭示出今天生活的本质的真实。

（三）

第三个问题，形象思维与逻辑思维有什么关系？

我们认为，逻辑思维是形象思维的基础。这好像倒过来了，难道理性变成感性的基础了？其实不然。因为前已指出，形象思维，作为"思维"，已不是感性的东西了，只是不脱离感性而已。而且，形象思维所不脱离的、所依靠的感性，也不但不是仅具有自然生理性质的感性，而且也不同于一般的感性活动，而已是一种美感性质的感性了。巴甫洛夫指出，人作为具有第二信号系统的动物，是运用词（概念）来进行认识、反映和思考的。"我们不仅在交际中利用词，而且在体验中也是利用词的。所以这一件全人类所共有的事实，即第二信号系统不断地暗地里控制着第一信号系统，就是容易理解的了"。（巴甫洛夫）这就是说，人的第一信号系统的感性活动已根本不同于动物，它在社会性的第二信号系统的强有力的控制和支配下，已不仅是单纯生物学的自然反应，而开始具有一定社会生活的认识内容了。巴甫洛夫这一学说与马克思指出人的五官的社会化与非社会的感觉已有质的不同的观点是正相吻合的。而美感也首先是凭借着感官的这一社会性质才有可能存在和发展。既然在日常生活中，人的感觉和体验都已利用了词，都暗地里受概念的渗入和支配；那么在艺术家的感受和体验里，在要去发现、开掘事物的本质意义的形象思维里（从最初的感触到形象的加工），又岂能不以逻辑思维作基础？事实上，艺术家的形象思维之所以不但不同于动物性的纯生理自然的感性，而且还不同于人们的一般的表象活动和形象幻想，就正是因为它作为一种具有美感特性的东西，是必须建筑在十分坚固结实的长期逻辑思考、判断、推理的基础之上，它的规律是被它的基础（逻辑思维）的规律所决定、制约和支配着的。美感是对现实的一种客观反映，又是对现实的一种主观判断。它不但包含知觉、感情的因素，而且也包含认识的因素。它对现实的反映和判断不是一般感性活动的直接反应，而是表现其整个生活经历、立场观点、文化教育的复杂的高级的反映。美感的形成是以长期的逻辑理智认识为其基础。在美感态度里，即以直觉的方式表现了人们主观对客观现实的相当于高级逻辑推理的价值判断。只是一般人的美感主要只应用于艺术欣赏上，而艺术家却能以不同形态和程度的敏感[1]应用在创作上——应用在捕捉生活现象到形象不断加工的观察、感受、体验、想象等形象思维中。所以只有对社会生活的形形色色的形象、事件、人物能够有长期的、经常的、反复的、是非得失的推究、考虑和判断（尽管这种推究和考虑不一定每次都能提到很高或很明确的理论高度），能够对这些对象事物的性质、价值和意义有胸有成竹的了解、熟悉和评价，只有在这基础上，艺术家才有可能去十分敏锐地（有时是似乎根本未经考虑灵感式的"一味妙悟"）观察、感受、体

1　参看黑格尔《美学》，中译本第1卷，第163页。"在感性直接观照里同时了解到本质和概念。"

验、选择、提炼和集中，去进行上节已讲过的形象思维的本质化的运动过程（捕捉有意义的形象和使形象的意义步步加深）。《沧浪诗话》说："诗有别材，非关书也，诗有别趣，非关理也，然非多读书多穷理则不能极其致。"《文心雕龙》说，"先博览以精阅，总纲纪而摄契"，"积学以储宝，酌理以富才，研阅以穷理，驯致以怿词"，然后才能去进行形象的想象。斯坦尼斯拉夫斯基体系在艺术中算是一个特别强调形象思维的体系了，但"体系"却仍然十分重视创作前案头工作的理性了解，在情绪记忆的储备中也强调对生活现象意义的认识；在创作活动中，强调对"最高任务"的了解的巨大意义；指出"智慧"能推动"情感"和"意志"；指出"想象的工作常常是由这种有意识的理性活动来作准备并加以指引的"（《演员的自我修养》）。这些，对其他艺术也有同样的意义。尽管有了丰富的生活经验和感性材料，但也需要反复再思索（逻辑思维）、再阅读（数据文件），咀嚼再三，大量想，大量看，观察、体验、分析，穷究所有一切后，再进入创作过程，这才不会使形象思维在五色缤纷的个性化的道路上盲目乱闯而失去方向，这才能够使艺术家的形象思维和感性能力像长着眼睛似的遵循着暗中的逻辑规律正确无误地进行。鲁迅的"狂人"和"阿Q"所以能够概括得那么深刻，其形象思维所以能够进行得那么深远，就绝不仅是因为鲁迅对生活现象有十分丰富的感性材料的熟悉、积累、储备而已；而更是因为鲁迅对当时社会现实有过长期的冷静的清醒的研究和分析（逻辑认识）。从罗亭（《罗亭》）到涅兹达诺夫（《处女地》），屠格涅夫成功地创造了一系列"多余的人"的形象。这也是因为作者对社会生活中的这一问题是一直赋予了极大的注意和思考（逻辑思考）的缘故。屠的著名的理论论文《唐·吉诃德与哈姆雷特》，就几乎可作为他的这些艺术形象的一个逻辑注释。所以尽管有了形象材料，艺术家还需要反复地阅读、研究看来与形象思维并无直接关系的文献数据。托尔斯泰写《战争与和平》前据说曾读了一房子的历史资料；茅盾写《子夜》前正值中国社会性质问题的学术论战，中国民族资产阶级的地位、出路等严重问题被讨论着，作者注意了这次理论论争，才更有兴致催自己动笔。与一般美感的形成完全一样，对历史和现实生活的逻辑了解和理论认识常常自觉或不自觉地渗透到以后的形象思维中，并构成艺术家整个感受和感性的内容和基础了。常常有这种情况：形象塑造到一定时候突然发展不下去了。不管艺术家如何想象也好，如何用逻辑来规定指引也好，形象下一步应该如何具体行动，其具体的思想情感的变异如何，艺术家反而是不清楚了。如果硬写下去，形象就会变得不合发展规律、不真实和难以信服了（我们作品中一些形象的发展转变就常如此。一下突然变了，看不出有什么道理）。认真的艺术家这时常常是搁下笔来，再深入到生活中去，努力再去观察体验；同时再大量地阅读有关的资料文件，再去分析、研究。这样，也许需要经过一段时间，也许就是很快的一瞬间便灵感似的恍然大悟，完全知道形象下一步应该也必然如何塑造，于是便再回到创作过程的形象思维中来。

逻辑思维作为形象思维的基础的另一涵义，是指逻辑思维经常插入形象思维的整个过程中来规范它、指引它。这也就是说，在形象思维过程中，艺术家常常随时自觉地运用逻辑思维来从内容上和形式上，从思想上和技巧上准备、考虑、估计、评论自己所企图或正在感受、想象、描画、塑造的形象。首先，选择题材，明确主题，确立结构，安排情节等方面，就常常借助于逻辑思维，而在具体想象过程中，也常常会考虑这形象合不合理？会不会是这样？应不应该是这样？这样有什么意义？等等，这也是在对自己的形象思维（从感受到想象）作逻辑的估计和评价。这时固然常常从形象思维行程中暂时退出来，形象思维被暂时"干扰"或"打断";但这种"打断"一般都很短促（有时只一瞬间或"一念间"，有时较长一些，如前述搁笔再作逻辑思维之例），很快就又回到形象思维行程中去，而这一回去却大大地规范和指点了形象思维，帮助它去作修改、增删、改变的想象琢磨工作。所以艺术家的整个思维活动实际上必须包括形象思维和逻辑思维两方面。这两者常常是相互渗透和交织在一起地进行着的（这对于语言艺术特别如此，因它是用词作形式材料，两种思维有时就十分接近以至合而为一）。如果说在科学家那里，形象想象与逻辑推理的关系，是前者辅助后者；那么在这里则恰恰倒过来：后者辅助前者，以前者为主。不过，对许多科学认识和逻辑思维来说，可以根本不需要形象的帮忙或辅助；但对于任何艺术认识和形象思维来说，逻辑思维都是完全不可缺少的。尽管在某些情况下，逻辑思维可能表现得很不显著、很不自觉（如在抒情小诗或工艺图案的创作中等）。

说逻辑思维是基础，并随时插入形象思维中去，这并不是说逻辑思维可以替代形象思维任何一部分。确定主题、题材、结构、情节虽确常常更多地借逻辑思维的帮助（即在这时，也有形象思维。情节结构的安排就仍是最粗略的形象的想象），但作为作品最重要的形象本身的具体出现、发展和成熟，却只能依靠对它自身作具体形象的感受和想象的精细捕捉和反复推敲。"春风又到江南岸"，"到"为什么要改为"绿"，事后看来，一切明白，用逻辑可以解说得很清楚。但在推敲的当时，只是感到形象还不够饱满，不够满意；这时求助于逻辑思维，也最多只能具体到指出这个句子不够味，是因为"到"字太轻易，须要换个更沉着、更丰富的字，等等。但究竟应该是个什么字，这却是无法用逻辑思维的演绎、归纳等等方法所能推出的，而还是只有回到形象思维中来琢磨、想象，来反复地对意象作具体的捉摸，像贾岛发痴似的老用手作"推""敲"的动作手势（这就正是形象思维：具体的形象想象）一样。只有这样，才能找到最真实的形象和最需要的字。苏联名画《战斗后的休息》中的主人公是焦尔金。照理说，这个人物经过名诗的塑造，在逻辑概念上也已是很明确的了。但画家要把他塑造为造形艺术的形象，就还得重新琢磨："在他脸孔、表情和手势上就不得不花费很长时间。最初我的焦尔金有着一副青年战士柔和而好心的脸孔。但是我看出他太年轻，而最主要的有些笨手笨脚，而且还过于善良。他还缺少机智认真的态度和最本质的东西——善于讲尖刻的俏皮话。另一个显然又不够深刻、善良和聪明，但是感觉不到他有生活经验和丰富的阅历。我又试着……在探索这一形象的时候，我经常也画写生速写……在一张接着一张的速写里，终于开始接近画里所需要的形象。"[1]在创作中（例如绘画），可以找到像"善良""柔和""勇敢"等逻辑概念或判断来规范、指点、估计和评价自己所作形象的优缺点所在，但形象究竟如何改动，如何才能达到要求，却并不是这些已算是很具有形象性的逻辑语言所能为力，还是必须回到绘画形象本身上来推敲，必须通过综合长期积累起来的感性印象的改造，通过"一张接着一张"的速写，来"接近所需要的形象"。逻辑思维的概念、判断、推理不能直接演绎出形象来，这对造型艺术也许是特别明显。其实对抽象性较大的、用词（概念）来塑造形象的语言艺术也还是相同的：无论是金圣叹的"草蛇灰线"，或者是投机商的《小说作法》，都确乎无法演绎出作品。所以，有些好心的读者从抽象的理论原则和逻辑思维出发，责备艺术家如何不这样那样，要求艺术家应该这样那样，也是因为他们没能很好了解这两种思维的关系，没有了解从一个逻辑的抽象要求到一个形象的具体塑造，其中还相距很远很远。

1　茹可夫：《苏联美术家创作经验谈》，上海人民艺术出版社，1956年版，第51页。

既不是有了逻辑认识就能演绎出形象，也不是有了形象就能按逻辑的直接要求来发展。当年的林道静到了北戴河便一定会去看海，并且一定爱在海滩独自徘徊感伤，这实在不是郭开同志用逻辑指令所能禁止或反对的。因为这是林道静这个形象发展的必然：在此时此地必做此事。而形象的这样行动和发展又是完全符合其内在逻辑（思想）规律的：尽管林道静的看海和欣赏风景表面看来似乎没有什么重要的逻辑认识的意义（与全书的主题关系似乎不大也不直接），但作者却按形象思维的规律描写了这个必要的场景，这个场景对刻画和加深形象的面貌、性格等起了作用。所以别林斯基说："思想不是以教条主义方式出现的抽象概念，而是构成充溢在作品里的灵魂。"

形象思维与逻辑思维的相互关系的更深一层，就是创作方法与世界观的问题。艺术创作中一些"似乎神秘"的现象，例如客观形象大于作者主观思想，创作过程中形象纠正作家的思想感情的偏见等，都涉及这个根本问题。简略说来，所谓形象纠正作家偏见，其实并不"神秘"。在日常生活中也有类似情况，例如原来对一个人印象不好，后来长期朝夕生活在一起，却发现以前的看法错了，是抽象地看问题。又如尽管对某人怀有很深的敌意，但这人的具体的某些行为、言语、性格以至思想情感，却还是不能不令人感到佩服、同情以至赞赏，等等。这两种情况在艺术创作中都有。前者是形象的具体想象和发展纠正了原来的抽象认识和安排（如托尔斯泰之对卡列尼娜）；后者就是屠格涅夫所讲的："正确而有力地再创造真实……是文学家的最大幸福。即使这个真实与他个人感情不能一致。"（如屠格涅夫本人之对巴扎洛夫）但要做到后者，却仍需要一定的条件。第一，作者不是像《荡寇志》之类的作者那样的"昧良心"——反动透顶的阶级立场已深入思想感情的骨髓，使他们作彻头彻尾颠倒黑白的捏造。这是最起码的条件，符合这条件，即在不好的艺术作品里仍可以不自觉地保留一些片段的真实；因为形象思维必须具体地描写，不像逻辑思维可作抽象的概括。而在具体描写中就常常不能不反映出一点点或一些片段的真实的现实图景，因为具体形象总必须依据一些现实原型，很难一点一滴都完全捏造。其次，更高得多的条件，就是像屠格涅夫所讲的那种情况：尽管作家对所描绘塑造的对象有思想或情感上的成见，但却仍能设身处地客观地深入形象中来观察、体验、分析、研究，作出比较客观的描写。但这时实质上是蕴藏在作家心灵更深处的某些思想感情已战胜了成见和固执的缘故。屠格涅夫不满意巴扎洛夫，但在塑造巴扎洛夫形象过程中，其感情深处是不断地钦佩、赞赏着这位年轻子辈的。这种感情就在许多地方战胜了固有的偏见而塑造出了成功的形象。而追根到底，为什么又会有与偏见相对立的思想感情在形象思维过程中出现呢？除了形象的诱发以外，就仍然是艺术家的思想感情本身中原来就有某些并不一致的、矛盾的地方所致。艺术家的思想感情就其表现在某些政治、伦理等大问题的认识上，和表现在一系列细小生活态度上，以及表现在这一方面、这一范围与另一方面、另一范围上，都常常是有不相同或大不相同的出入、差异和矛盾的（这种现象也是一般人都常有的）。所以并不是形象能自然纠正和战胜作家的成见，相反，这还是必须通过作家自身的思想、感情、性格、信念中的矛盾、斗争来做到的。外因必须通过内因起作用。至于所谓客观形象大于艺术家主观思想，则又还有一个重要原因。巴甫洛夫曾指出，所有的逻辑思维都是通过把现实分剖开、切成片断后去把握的。非但一个片断的逻辑思维不能，即是把所有逻辑思维集合起来，也还是不能还原为一个活生生的生活整体。对《红楼梦》再说上千言万语，也还是不能还原为《红楼梦》十个章节所给人的活生生的形象印象；对一个电影镜头解说一时半刻，也还是不能抵上那个镜头一刹那间留给人玩味的丰富涵义。逻辑思想总是片断的,而形象却如生活本身一样,是整个的。这样,形象就必然会大于思想,而不是逻辑分析所能完全穷尽、所能包罗无遗。中国艺术常说的"言有尽而意无穷""象外之旨""弦外之音",等等,也包含这个道理在内。这是艺术有限无限的客观规律的一种表现。作家主观逻辑思想上也许只要求表现某一感受,某一思想,某一方面,但因他必须通过形象来反映,结果形象整体就常常大于作者的主观思想了。而批评家的任务就在这里:凭借着理论认识的威力,他比作家能更敏锐、更透彻地看出形象整体所客观包含着的丰富意义,从而加以指出和说明,使欣赏者和艺术家本人对作品得到更深刻和更正确的了解和感受。但伟大的作品形象,也常常不是一时能为批评家所看透,所以,就留给下一代更下一代的批评家、欣赏家以艰巨的研究分析任务。《红楼梦》《哈姆雷特》等不就如此吗?

但是,这是不是说,艺术家进行形象思维时根本不可能或用不着去把握形象的逻辑意义呢?不可能或用不着从逻辑思维上来把握、了解形象呢?当然不是。客观形象大于主观思想,这只是事情的一方面。这并不是说,艺术家的主观思想,不能或无法去充分把握住形象的本质意义的方面。艺术家的主观思想是完全可能把握住和符合于客观形象所昭示、所包含的最本质的、最主要的意义的,尽管难以完全穷尽它。对今天的艺术家来说,如何使自己的主观思想能够更自觉地把握客观形象所昭示、所包含的意义,如何使逻辑思维充分自觉地掌握形象思维的进行,是极为重要的事情。恩格斯所指出的意识到的历史内容、巨大的思想深度和莎士比亚情节的生动性的高度结合和统一,杜勃罗留波夫所向往的诗与科学的高度统一,就必须首先从逻辑思维对形象思维的充分把握上来追求和达到。

美学家鲍姆嘉通早就说过,一个明晰生动更被了解的观念比一个模糊、贫弱、不被了解的观念将更是诗（艺术）的。杜勃罗留波夫指出有正确的"普遍观念"（逻辑思维）指引的艺术家就更能使其作品在反映现实上"更加明白，更加生动"；相反，则会破坏艺术家的正确感受和想象，使作品变得虚伪和脆弱。逻辑思维是形象思维的基础，今天的艺术家们要学会自觉地了解和掌握这一基础，尽量加强理论学习和逻辑认识的能力，日积月累，这些逻辑、理论的认识能力就会变成一个稳固的基础来正确地指引艺术天性（形象思维）的发展和进行，渗透在这天性中来敏锐地强有力地把握和反映出生活本质的真实。

（四）

第四个问题是形象思维的不同特色。

上面只是就形象思维的一般的共同的性质和特点交代了一下。其实更重要的，还在分门别类地来具体探求和研究形象思维的各种规律特点和过程。这对艺术创作和欣赏才有更具体的帮助。因为随着艺术种类和形式的不同，随着创作方法的不同，等等，形象思维过程中又还有各种具体的不同特色。这种不同涉及许多其他美学原则的很复杂问题，远不是这篇文章所能谈清，因此这里简单附一笔，不作论证，只是提醒大家注意罢了。

第一种不同，是随着艺术种类和形式的区别，各门艺术的形象思维也各具特色。不但音乐家与画家，而且小说家与诗人、戏曲演员与电影演员，其创作过程中的形象思维也有某些具体的差别。尽管诗人可以同是作家，戏曲演员也可以拍电影（不是拍戏曲电影），但当他从事不同的艺术种类的形象创造时，却仍然需要适应不同艺术形式的特点，运用不同特色的形象思维。这点对艺术家和艺术创作是很重要的,只有充分掌握适合于某一艺术形式的形象思维的性质、规律的特点,才能顺利地进行创作。例如,电影编导就不同于小说或话剧创作。首先它要求极明确、极具体的视觉形象画面和蒙太奇(镜头组接)语言的"思维"。它不同于理智性极大的、作为"思想的艺术"的文学(小说、话剧等)的形象思维可以容许一定程度的逻辑抽象性和概括性(文学的形象比起来就抽象得多),它不同于音乐和诗歌的形象思维中直接抒情的方法,也不同于绘画、雕塑的形象思维的侧重于凝冻的集中。而电影思维中的所谓"微相学"——细微的面部表情变化传达出千言万语不能表达出的人的内心细微活动和变化,却又是别的艺术中的形象思维所不需要和没有的。不独电影,其他艺术也都有自己的形象思维的特色。例如,绘画之不同于音乐便很显然:前者要求形象思维的极大的细节确定性,后者却要求很大的宽泛性,前者通过造型来表现情感,后者则恰恰相反,通过情绪的表现来描绘和造型。形象塑造的具体方式和过程大有不同。即同在绘画中,国画与油画也有差异:油画用焦点透视,形象想象必须比较固定集中;国画散点透视,则比较自由。即使面对同一对象,油画常首先注意感受、选择其色彩,国画则侧重于捕捉线条。从知觉、感受到想象,各门艺术便都有特点。莱辛早指出过诗与画各有其适合的塑造形象的方法。当然,要强调指出,所有这些,只是在一定范围内有意义,如加以夸张,认为各门艺术的形象思维都各各互不为谋,完全没有关系甚至没有共同的规律、性质和特点,那就大错特错了。实际的状况倒恰恰相反:各门艺术的形象思维不但遵循共同的规律,而且还互相渗透和互相影响而千变万化的。

第二种不同,是随着创作方法的不同而有所不同。例如现实主义与浪漫主义,这基本上是创作方法问题。创作方法不等同于形象思维,它的内容更宽广，更复杂。但创作方法的不同却常常起源于，同时更常常表现为、归结为形象思维的不同特色中。现实主义与浪漫主义，其形象思维是各具特色的；从感受、捕捉生活现象到集中、提炼、想象，以及他们的观察、体验、分析、研究的具体状态和道路都互有差异。郭沫若曾说，一个主情（浪漫主义），一个主智（现实主义）。只要不绝对化，这说法是有道理的。心理学上说，创造性的形象想象，可以有各种不同的方式，如"结合""典型化"，等等。西方很早就有所谓"模仿"与"想象"（都是指狭义的）之分，中国王国维也说过"造境"与"写境"之别。一般说来，浪漫主义因偏于情感、意愿的抒发外露，形象思维就更侧重于主观的想象、虚构，因此其形象常具有更突出、更独特、更罕见的夸张特色（夸张不一定就是浪漫主义，但我认为浪漫主义却一般具有主观情感或想象的较突出的夸张）。现实主义偏于理智的认识，形象思维就侧重于较客观的模拟、提炼。当然，在所有作家和作品中，两种形象思维可以都有，也常常是都有，只是轻重偏向不同，"热情与理智谁占优势就使艺术家变得狂放或冷静"（狄德罗），因此作品的形象特色也有所不同。

　　第三种是形象思维的民族特色问题。形象思维是全人类的现象，认为各民族各有一套规律性质各不相同的形象思维，是错误的。但是，正如逻辑思维因民族语言的不同在表述上各有特色一样（我们讨厌欧化句式翻译体，就正是因为它们的逻辑思维的表述是不合民族特点，违反民族语言的规律的），形象思维在民族生活的传统习惯的长期影响下，在创作过程和表述上也产生了特色。这当然就涉及艺术的民族形式问题，涉及中国艺术传统的典型化方法的规律和特色问题。但所谓典型化方法的民族传统和特色，实际上也就是形象思维的民族传统和特色。很清楚，无论听京剧也好，地方戏也好，读中国古诗也好，看山水画也好，总感到它们的造型和表现运用了某种共同的民族规律，其典型化的方法亦即其形象思维的道路具有某种共同的民族特征。中国艺术是特别强调"神似"的，强调突破表面的形似，精炼地概括出生活的风貌神韵。这无论是绘画、吟诗、作戏，都如此的。正因为强调艺术的真实，强调高度的提炼和集中，因此，无论在绘画、音乐、戏曲、舞蹈、小说、诗歌的形象思维中，都极善于大胆地舍弃非本质的细节现象，通过概括力极强的风格化、程序化等方法来进行各各具体的造型或表现。例如，中国戏曲程序化的突出就是它的优点。程序化是把从生活中长期提炼集中概括出来的精华凝结为美的形式。问题在于不把程序化看作完满不变、独立自足的僵死格式，而注意必须把它与更个性化、更具体化的形象思维结合起来，以后者来充实前者。所以，概括性的形象思维（其中包括程序化的思维）与更具体化的形象思维的矛盾统一和灵活运用，恐怕是中国艺术传统典型化方法亦即形象思维过程的特色之一。应该特别重视这一特色，好好探究和了解它，而不要不顾这些，硬搬外国。因为即使是斯坦尼斯拉夫斯基的科学体系，如不与中国民族喜闻乐见的习惯了的形象思维——典型化方法相结合，硬套在民族戏曲上，就必然会出问题。

第四种不同是随着艺术家个人的才情性格而有所不同。例如，每个艺术家的形象思维中都有现实主义和浪漫主义的成分，但是，随着艺术家个人的性格、爱好、兴趣以至思想感情的不同，对生活、对人生的阅历经验的不同，而各有所偏，各有所好。艺术家是带着其本人所有的一切来进行创作，来形象地感受、捕捉、选择和提炼的。人的不同决定了他的形象思维特点的不同：感受力的方向、范围的不同，对事物意义的捕捉和选择的不同，主观情感表现的不同（同一愤怒，同一悲哀，不同的人就有很大的不同，有的喜怒形于色，急于作强烈的抒发；有的不动声色而深自悲乐，长久不能忘怀)。这种种的不同,最后表现为美感的不同(即美感的个性差异),才能的不同,凝结为作品风格的不同。所以说,"人即风格","才难然乎,性各异禀,……无曰纷杂,皎然可品"(《文心雕龙》第四十七篇)。因此,注意自己的美感、才能和风格的特点,亦即注意自己形象思维(从感受的偏好到想象的习惯)的特点,掌握它的规律,这对进行创作,就将有很大的帮助。批评家的职责也就在应善于发现和指出艺术家的风格——形象思维的特色所在,帮助艺术家去磨锐、去确立自己独有的艺术感受能力、概括手法和表现方式,以造成自己独有的艺术风格。别林斯基读赫尔岑的小说,就指出作者形象思维的特色是理智的强大;车尔尼雪夫斯基很早就准确指出托尔斯泰形象思维的特点是侧重分析人们的心理,善于掌握人们心灵运动的辩证法。中国文艺批评的传统,从古代一直到鲁迅,更极善于精细地鉴别和点明艺术风格的差异和特色:曹丕曾分析了同代诗人的"气质"的差异,刘勰总结了历代作家"体性""才略"的不同,沈德潜说"性情面貌人人各具,读太白诗如见其脱屣千乘,读少陵诗如见其忧国伤时……即下而不贾岛李洞辈,其一章一句莫不有贾岛李洞者存"。他们都能从美学上来强调指出和帮助艺术家去注意进行独具一格的形象的塑造,去进行自己的形象思维。

关于形象思维,就简单而匆忙地谈这一些,说得很不充分,可能还有错误。好在我写这篇文章,是为了展开讨论;所以抛砖引玉,望能就正于大家。

补记：

本文是郑季翘同志《文艺领域内必须坚持马克思主义的认识论（对形象思维论的批判)》(《红旗》杂志1966年第5期）一文的重点批判对象。为保持原来面目，未作任何改动。

1979年12月

关于形象思维

注:原载《光明日报》1978年2月11日。

形象思维是文艺创作的客观规律

形象思维本是一个老问题。这个词虽然出现较晚，但问题很早就被注意和提到。在宋代而不满意宋诗、以盛唐气象作为诗的最高境界的著名的《沧浪诗话》，便曾突出地提出："夫诗有别材，非关书也；诗有别趣，非关理也……所谓不涉理路不落言筌者上也。"又说："盛唐诸公惟在兴趣，羚羊挂角，无迹可求……言有尽而意无穷。"就是说，诗有不同于读书、说理的自己的特殊性质，它不是一般的概念语言或思维（"言筌""理路"），而要求在有限的言辞形象中包含着极为丰富的内容和意味。这是针对当时宋人以议论为诗，在诗中大掉书袋，比兴缺如，弄得形象干瘪、意兴索然而发的。中国美学很早便十分注意文艺的特征，例如《诗经》的比兴，先秦的《乐记》等都如此。严羽比康德（也是极为强调这一特征的）、黑格尔就早了好几百年。

"形象思维"这个词，一般以为来自俄罗斯文献，说它在西欧至今还是一个陌生的名称，其实并不尽然。例如在西欧也相当出名的普雷斯可特

(F.C.Prescont)的《诗心》(*The Poetic Mind*)一书中，便强调提出过visionary thought（视象思维），并指出它是不同于日常思维的另一种思维（参看该书《思维的两种方式》等章节）。这似乎可以表明形象思维的观念是相当普遍地被注意和使用着的。总之，无论在各种各样的文艺创作中，还是在古今中外的美学理论中，尽管用词、提法有所差异，但形象思维的存在，它作为文艺创作所应遵循的普遍规律，是几乎众所公认的。

什么是形象思维？

如果硬要用一句话概括，可以说，不脱离形象想象和情感的思维，就叫形象思维。但细究起来，问题却非常复杂。首先，什么是思维？这个看来似乎不成问题的概念，其实并不很清楚。特别是电子计算器出世能代替人的一部分脑力活动之后，问题就更突出了。思维的本性、特征、过程、因素是什么？人的思维与机器"思维"的区别何在？哪一部分或种类的思维是机器所永不能替代的？等等，都是需要深入探索的重要科学课题。日常思维、理论思维和形象思维之间的联系与区别，它们各自具有的形态、过程和特点，涉及一系列极为复杂的心理学问题，不能多谈，这里只从哲学角度作一点简单说明。

思维这个词，可以分广义和狭义两种使用。就广义说，只要反映了事物的本质或内在联系，达到认识的理性阶段的（所谓本质、理性，也是相对的），就可叫思维，不管是用概念的方式还是用形象或其他的方式。如儿童心理学中有"动作思维"，原始人有思维的"前逻辑阶段"等。就狭义说，它是指用概念、判断、推理去反映事物。但从认识论看，对一个事物达到了理性认识，主要是指了解了它的内部矛盾和本质规律。毛主席说中国人民在太平天国、义和团时期，对帝国主义的认识还停留在表面的感性的认识阶段。这并不是说太平天国、义和团对帝国主义的认识不用概念、判断、推理。同样，未用概念、判断、推理，例如一首小诗，一个曲调等，它用形象也仍然可以表达出作家、艺术家对事物或生活达到了本质认识的理性阶段。毛主席的诗词，鲁迅的小说，就是这种典范。

所以，我们说："思维，不管是形象思维或逻辑思维，都是认识的一种深化，……是从现象到本质，从感性到理性的一种认识过程。"[1]

也可以说："并没有一种与逻辑思维相平行或对立的形象思维，……但已约定俗成为大家所惯用了的这个名词（指形象思维），所以仍然可以保留和采用，是由于它们原意是指创造性的艺术想象活动。……在哲学认识论上，它与逻辑思维是相同的：由感性（对事物的现象把握）到理性（对事物的本质把握），在具体心理学上，它与逻辑思维的规律是不相同的。"[2]

这就是说，形象思维之所以叫思维，不是用狭义（逻辑学的涵义），而只能用广义（认识论或心理学的涵义）。关于这问题的某些争执是由于上述语义不清而引起。首先要把语义、概念搞明确，然后才能明了争论的实质所在。这个实质性的分歧就在于：是否承认形象思维（叫它艺术想象也可以）有不同于一般逻辑思维的心理学的规律和特征。那么，究竟有些什么特征呢？

---

[1] 参看本书《试论形象思维》。
[2] 参看本书《审美意识与创作方法》。

形象思维的基本特征

限于篇幅，概略描述一下。

一个特征是本质化与个性化的同时进行。逻辑思维的特点是到了理性认识阶段，一般便舍去感觉、知觉、表象等感性材料和活动。形象思维不同，它始终是浮想联翩，欣然命笔，形象的活动并不停止或减退，而是随着认识的发展，愈来愈具体、愈确定、愈生动、愈鲜明、愈个性化，五彩缤纷，层出不穷。忽而云霞明灭，湖月照影；忽而迷花倚石，熊咆龙吟。唐代三李（李白、李贺、李商隐）的作品特别具有这种特点，形象丰满，意兴万千。从这些典型作品可以推知他们在创作过程即形象思维中，那种浮想联翩的生动情况：创造性的自由想象把各种本不相连或不相干的事物、对象，通过各种比兴，而不是概念推理的方法，在感受、选择、比较中取舍留弃，去粗取精，去伪存真，由此及彼，由表及里，最后凝聚集合，融为一体，塑造出艺术形象和典型意境。

可见，这个形象思维的过程一方面是认识不断深入、由感性到理性的本质化的过程，另一方面又是想象不断展开、丰富，使形象具有特色的个性化的过程。这两者是同时进行，不可分割的。

诗是如此，其他艺术亦然。例如，鲁迅《祝福》中关于祥林嫂的故事（改嫁、小孩被狼吃、捐门槛等等），就原型说，本是分散在好些人身上，它们并不相干；鲁四老爷的原型也没有那么坏。但鲁迅却随着祥林嫂形象的展开，把这些悲惨的故事、情节集中在一起，把生活中另一个人的形象加在鲁四老爷原型身上，这样一来，祥林嫂被压榨的苦难形象变得更强烈、更典型，鲁四老爷的吃人者的凶残面貌揭露得更深刻、更有普遍性，从而对当时社会生活的本质也就展示得更清楚了。另一方面，这些人物，例如祥林嫂的命运、遭遇和性格也就更具体化、更独特、更个性化了。这不正是形象思维中的本质化与个性化的同时进行，理性阶段并不脱离具体形象想象的认识特征吗？不但小说创作如此，无论是诗句的推敲、演员的体验、画家的构思等，无不如此。

形象思维的另一特征是富有情感。大家都知道，没有情感，文艺创作就没法进行。机器也能"作曲""写情书"，但始终不成其为文艺。对形象思维来说，无论创作冲动的发生、创作过程的延续，都是以情感作媒介或中介，受着情感态度的支配和诱导的。并且，文艺创作中的情感态度总是和作家艺术家想象中的形象融合在一起。且不说抒情诗、音乐这种直接表情性的艺术，形象和情感不可分割；就是在偏重客观描写的小说、戏曲、绘画等艺术中，也是如此。作家艺术家在所塑造的各种人物、场景、情节中，总涂上了一层主观的情感色彩，把自己的爱憎好恶给予了他所构思所想象的人物、事件和对象。这就是为什么我们看到作家、艺术家常常把自己与所塑造的人物或环境混同起来的缘故。这与其他工作如写理论论文时的情感态度明显不同，后者的情感态度毕竟是外在的，从来没人能从一个化学方程式或一条经济学原理中，感受到和寻得出作者个人的情感来。

形象思维与逻辑思维的关系

形象思维既不脱离具体形象和情感，抽象的逻辑思维又起什么作用呢？是不是文艺创作不要思想呢？

当然不是。思想是整个创作的基础，是形象思维的前提。前面引过的

《沧浪诗话》就知道作诗虽不同于读书说理,但"非多读书多穷理,则不能极其至"。所以,除了反理性论者完全否定逻辑思维,把形象思维神秘化外,今天主张形象思维的同志丝毫没有轻视而是十分重视逻辑思维的作用的。

因为,一个作家或艺术家的创作之不同于小孩或猩猩的乱画或模拟,主要不在于创作中有一个抽象的逻辑思维的阶段,首先出发点便有根本区别。文艺创作的出发点,并不是一般的感知表象(小孩也有),而是包含理解(这不是思维吗?只是有时未自觉意识到罢了)在其中,与情感、感知相统一的审美感受。"理解了的东西才更深刻地感觉它",一段情节、一幅图景、一个人物,甚至一块斑痕、一个身影,之所以能够打动作家、艺术家,使他感到其中有某种东西吸引着他、激励着他,这些生活素材所以对他能有意义,使他产生创作要求或冲动,原因就在于被打动者原先就有大量的逻辑思维和生活经验的缘故。一个祥林嫂便引起鲁迅写出那么深刻的作品,主要原因不正在于鲁迅早就有了对中国社会长期的大量的观察、体验、探究、分析,早就有了坚实的逻辑思维的基础吗?

而且,不仅作为基础,逻辑思维还在整个形象思维行程中,不断地起着指引、规范和制约的重要作用,只是有时表面看来不很明确或自觉罢了。但在长篇巨制中,情况就表露得极为明白,作家有时还从形象思维中完全退出来,冷静地从理论角度去分析、研究、评量、决定作品和形象所处的状况和发展的方向(如拟定、修改写作提纲等)。可见,逻辑思维经常是以各种不同形式,或渗透,或干预,或交融在形象思维过程之中的。

总起来看,从形象思维的基本特征和它与逻辑思维的密切关系出发,便必然强调今天革命的文艺工作者要深入到现实社会生活中去,否则就既不可能获得正确的情感态度,也不可能获得现实生活的真实形象(人物、故事、情节、场景等)。反对形象思维,以为凭几个逻辑思维的概念、推理,把它们再图像化一番,就可以创作出作品,这就必然要割断文艺与现实生活、与广大人民的密切关系。

形象思维续谈

注：本文据一次讲演整理而成，原载《学术研究》1978年第1期。

关于形象思维，最近收到一些询问和意见，其中一个中心问题是形象思维与逻辑思维的关系。想围绕这个问题，讲三点：一、形象思维与逻辑思维的区分、先后、优劣等问题；二、从美感看形象思维与逻辑思维的关系；三、所谓形象思维的"逻辑"。

（一）

"形象思维"这个词，本身看来似乎就有矛盾，因为在一般习惯中，思维一词通常狭义（严格意义）使用，主要是指脱离开表象（即形象）的概念、判断、推理。所以，有人说形象和思维联在一起就不通，主张用"艺术想象"来替代它。形象思维本意的确是指艺术想象，但它比"艺术想象"作为科学术语有一个优点，就是它包含有"思维"这个语词，可表达出反映事物本质的语义，而"艺术想象"这个词就不能表达出这种涵义。把形象思维简单说成即是想象、联想和幻想，是不准确的，因为联想和想象可以是作梦,可以是随便乱想,"形象思维"这个词本身就有要求艺术创作去反映事物本质的意思。所以,这个语词终于成为马克思主义的美学术语,解放后广泛流行,不是偶然的。形象思维可说是能达到本质认识的艺术想象。当然,"思维"一词在这里就是广义(宽泛意义)使用的了。

一些人感到形象思维很神秘,其实不然。在日常生活和日常思维中,常常有形象思维的成分(也只是成分)。日常思维中既包含有抽象思维(即逻辑思维)的成分,也包含有形象思维的成分,既有概念、判断、推理,也有表象、意象、想象的活动,它们经常渗透混合在一起。正是从这种日常思维中,分化出高度发展的科学思维和艺术思维,就是现在一般讲的逻辑思维和形象思维(黑格尔也把思维分成三种,与此大体相当,见《美学》第3卷"绪论")。科学家为了对事物进行深入的认识,经常必须尽可能地舍弃事物的形象表象,使自己的思维运行在高度抽象化的概念推移之中,作出判断和推理,有时任何形象表象都没有也不能有。例如数学家的演算、黑格尔的《逻辑学》,都是这种高度抽象的逻辑思维。另一方面,艺术家则主要用形象思维,尽可能地甩开抽象的概念、判断、推理,使自己沉浸在想象和幻想的形象世界里,与想象中的人物、环境、事件打交道,描绘它们,打写它们,好像它们都是真实存在着似的,与作家同呼吸共命运。古今中外作家创作谈中这种事例讲得不少。以前有人说,做梦的人经常不知道自己是在梦里,艺术家的创作有时也有类似情况,他沉浸在自己编造出来的艺术幻梦之中。做梦是没有多少逻辑思维的,一个形象连着一个形象,有时非常合情合理,有时则变化无常毫不规则。艺术创作当然不是作梦,不能把艺术和梦完全等同起来,但在非逻辑思维这一现象上,两者又确有类似之处,它们都是形象的推移。但艺术创作作为形象思维，它不只是形象的推移，而要在这推移中反映出事物本来的规律，这与做梦便不大相同了。正是在这一点上，它与逻辑思维是共通的。

恩格斯说："我们的思维能不能认识现实世界？我们能不能在我们关于现实世界的表象和概念中正确地反映现实？用哲学的语言来说，这个问题叫作思维与存在的同一性问题。"[1] 用"表象"来反映现实是文艺，用"概念"来反映现实是科学；也可以说，表象是形象思维的细胞，概念是逻辑思维的细胞。拿文学来说，它的基本材料是语词，每个语词都是在进行概括，都有一定的抽象性。但词和词并不一样，有的词和表象关系很密切，提到这个词就容易浮现出某种形象表象，例如前门、天安门等，这是一种表象性的语词。有的词则离形象很远，甚至根本没有形象，许多科学概念，如真理、生产关系、虚数、信息论等，就没有也不可能有表象，任何形象表象都没法表达这种高度抽象的本质概括。这才是真正概念性的语词。很明显，文学和科学虽然同样用语词，但前者主要应该以表象性强的语词作材料，少用那些不能唤起形象表象的词汇。

从语词概念和思维发展来看，表象词汇和形象思维在日常生活和日常思维中，早期所占比重要更大一些。拉法格在《思想的起源》中说，原始人没有硬、圆、热等抽象概念，只有"像石头""像月亮""像太阳"的形象比拟。在我们看来是很具体的语词，在原始人那里还是很抽象的。概念如此，判断、推理亦然。某些少数民族往往用某种形象的比喻，某种动物的性格和关系，来表达某种判断和推理。他们还不习惯用抽象思维。儿童也是这样。对儿童进行教育，经常要用寓言来表达某个逻辑的道理。在现代生活中，概念性的词汇则是愈来愈多。自然科学一大堆术语就渗入日常

---

[1] 马克思、恩格斯：《马克思恩格斯选集》第4卷，人民出版社，1972年版，第221页。

生活和日常思维之中。可见，从认识论历史看，无论是原始思维和儿童心理，在日常思维中，都是抽象思维的成分和比重随着人类的发展和个人的成长而逐渐增大。这说明抽象思维（逻辑思维）是人类思维极大的成果。列宁说，表象不能把握每秒三十万公里的运动，而概念能把握它。[1]说明用形象表象把握、反映、认识事物的某些或某种本质规律，有一定的局限性和困难。作为认识来说，形象思维当然不及逻辑思维。人们认识世界主要靠并越来越靠逻辑思维。

这是不是说艺术低于科学，形象思维低于逻辑思维？不是。因为艺术不只是认识。如果艺术只是认识，那人类干吗要两种认识？一种就够了。这是一个很重要的问题，后面还要讲到。这里只讲，即使把艺术作为认识，形象思维也有非逻辑思维所能替代的方面。列宁指出过，逻辑思维中的概念，总是对不断运动着的现实事物的一种僵化、宰割。就是说，从概念开始的逻辑思维，反映现实时，总要去掉现实对象中许多生动活泼的东西，总是从一个角度、一个方面去认识世界。形象思维则不然，由于它的方式、过程和成果都离不开形象表象的活动，它给了人们的便是如同生活本身那样的一个多方面的活生生的整体，而科学和逻辑思维给人的总是一个方面或片面。在这个意义上，巴尔扎克的《人间喜剧》比当时经济学家、统计学家所提供的材料就还要多；《红楼梦》提供的清代贵族上层生活材料、情景，也比当时任何历史记载和后人的分析研究，要更为具体细致，丰富生动；说它们都是当时社会的百科全书，就是这个意思。艺术是丰富生动的生活本身的整体再现。所以，从认识来看，科学与艺术，逻辑思维与形象思维也各有所长，何况艺术的本质并不在认识。

1　参看《哲学笔记》，人民出版社，1956年版。

在同样用语词作单位的文学创作和理论论著中，形象思维和逻辑思维的关系、比重、情况又是多种多样、错综复杂的。理论论著中可以有充满情感的和形象表象的语句，长篇小说中有时也不乏大段的议论说理。但所有这些又都只居于次要、从属、辅助的地位。同是文学创作，诗与散文也不一样。在有些散文中，逻辑思维和形象思维非常接近甚至彼此重合。中国古代一些散文，便既是议论文章，又是文学作品。所有这些问题，需要以后作细致的专门研究。

（二）

逻辑思维作为形象思维的基础，也是一个搞得比较混乱的问题。我认为，这个提法不能作狭隘理解，就是说，不能理解为在任何艺术创作、形象思维之前，都必须先有一个对自己创作的逻辑思维阶段以作为基础。诚然，有些创作和形象思维是这样的，例如写一部长篇小说和多幕剧本，经常先拟提纲，确定主题，安排大体的人物、情节、场景、幕次等，很多是逻辑思维。但是，即兴创作、即席赋诗，甚至有时在梦中获得佳句，就不能这么说了。其他艺术更是如此。因此，说逻辑思维作为形象思维的基础，是在远为深刻、宽广的意义上说的。这里想通过美感来作点说明。美感一般来自对艺术成品的欣赏，但从艺术家创作的成果，来看艺术创作的起点和过程是有好处的。

美感的一个基本特征，是它的直觉性。多年来许多人不敢谈这个问题，其实这是一个人所熟知的普遍存在的心理事实。欣赏一件艺术作品，看到一个漂亮形象，审美愉快直觉地产生出来。经常不是让我考虑考虑之后,再去判定它美不美、应不应该喜欢,而是当下直觉地感到它美或不美,产生或不产生审美愉快(美感),尽管一时还说不出什么道理。如果你直感不到美,即使别人千言万语说它如何如何,你也只能口头上或思想上同意,但仍然产生不了美感(由于审美能力不够,经人指点后,可帮助产生美感,这是另一个问题)。审美是最不能勉强的,好像人的本能——生理感觉似的:苦的东西尽管人说如何甜,尝起来仍然是苦的,无怪乎达尔文甚至普列汉诺夫都把美感说成是一种"本能"。当然,审美能力和美感愉快并不是一种生理快感,并不是先天具有的东西,它不是动物性的本能。看一幅好画,并不是"眼睛吃冰淇淋",不是生理快感,而是一种精神享受,是人所独有的社会性的美感。在这种似乎是本能式的个人直觉的心理形式后面,其实有着极为坚固深厚的社会功利的理智、逻辑的考虑。只是对个人来说,没有自觉意识到罢了。个人生活在一定的社会、时代、阶级之中,不知不觉地接受了、承认了、保持了这个社会、时代、阶级的功利、理智、逻辑的考虑,这种考虑成为他的美感的根本基础。尽管你是直觉到它美,但这个直觉不是凭空产生的。你所以喜欢这些东西,是有其时代的、社会的、文化教养等方面的原因。在美感直觉性中,潜伏着功利的、理智的逻辑基础。普列汉诺夫就这问题讲得很多,举了好些原始民族的例子,也以此论证过十八世纪法国的绘画和戏剧。普列汉诺夫说:"……功利是依靠理智来认识,美是依靠直觉能力来认识的,……功利只能为科学的分析所发现,美的欣赏的主要特征是它的直觉性,不过功利究竟是存在的,是美的欣赏的基础。"这个为鲁迅所肯定和介绍的基本观点,我认为是马克思主义美学中一个关键问题。一方面不能否认和抹煞美感的直觉性,另一方面又不能把这种直觉性看作是生理本能和神秘感觉,而要看作正是社会的理智的因素沉淀在感觉中才可能有美感。这与形象思维的特点便大有关系。

再从美感构成因素来看。美感至少是包含知觉（在文学是表象）、情感、想象、理解四种因素的有机构成。这几种因素的不同比例、不同方式的组合配列，形成各种不同的美感。例如有的美感是平静、宁适的愉快；有的则激动、亢奋一些；有的在愉快中还夹杂某种痛苦和悲伤，如此等等。这涉及一系列极为复杂的文艺心理学问题，美感是尚待发现和解答的某种未知的数学方程式。

在这几种因素中，理解是很重要的一环。在情感和想象的自由运动中，理解在暗中起着作用。也正因为此，才产生审美愉快，使美感不同于生理快感。快感是由于生理上感到愉快而判定对象是你所喜欢的，美感则是因为你感到对象美才产生愉快，这是大不相同的。而之所以感到对象美，则是因为这几种心理因素，其中又特别是理解因素在起作用的缘故。我在以前的文章曾强调说过，这种理解是一种领悟而不是说教，它不是概念认识。当时曾用《四溟诗话》中一个例子："韦苏州曰：'窗里人将老，门前树已秋。'白乐天曰：'树初黄叶日，人欲白头时。'司空曙曰：'雨中黄叶树，灯下白头人。'三诗同一机杼，司空为优。"这位司空的为优，只是不自觉地运用了今天常见的电影蒙太奇：黄叶树、白头人两个镜头一组接，便产生了两个画面之间的第三个意义。对这个第三个意义的理解，正是构成美感、产生审美愉快的重要因素。这种理解因素当然不同于抽象的概念认识，它比用"将老""已秋"之类的确定概念，表达的涵义要更多，更丰富，更使人心领神会。司空图《诗品》说："不着一字，尽得风流；语不涉难，已不堪忧。"诗词本是用字的，偏偏说"不着一字"，意思就是说不必用那种种概念性的语词，也不必说如何如何困难忧愁，只要善于运用表象形象和形象之间的推移联系，这种忧愁的意思便自然诉诸心目,感人至深了。这是因为它"语不涉难",却使想象、情感自由地趋向于"难"的理解。中国美学传统素来讲究"状难写之景如在目前,含不尽之意见于言外","若隐若现,欲露不露,……终不许一语道破",所谓"神余言外""弦外之音""计白当黑""以少胜多""此时无声胜有声"等,都是说的这个道理,都是要求艺术作品给欣赏者留有自己想象和理解的余地,让欣赏者发挥自己上述那几个心理因素的主观能动性,这才可能产生审美愉快,否则都说完了,说尽了,道破了,知觉、想象、情感、理解都没有活动的余地了,也就不会产生美感。中国美学非常懂得这种艺术的审美特征,几句小诗,几笔水墨,之所以能留下那么深厚隽永的意境,就是因为它没有用概念来道破,从而使想象、情感和理解产生合规律性的自由运动,获得一种包含理解、领悟而又非概念认识所能表达或穷尽的感受。

这里所以讲一大堆美感,是为了说明形象思维。创作成果是创作过程的物化和终点,它们有相通、相似和相同之处。欣赏者和艺术家并不隔着一道万里长城,毋宁说只有程度上的差异。艺术家比一般人更具有审美能力或审美感觉,一般称之为艺术敏感、创作灵感、天才,等等。一般人只在艺术成果和作品中感受到美感,艺术家善于在生活中,在现实对象、场景、人物、情节、姿态、动作、话语、音调等中去感受、捕捉、发现、探索、追求某种打动他的心灵的东西,这其实也就是一种粗糙的萌芽状态的美感。因为生活中的美是分散而处于原始状态,不像艺术作品那么集中而典型,对它的审美感受也就不可能那么集中而典型。只有善于感受、体验,具有艺术敏感的作家、艺术家才能发现它、捕捉它,以它作为进入创作过程、开始形象思维的起点。很明显,这个起点便不是一般的形象表象。一般的形象表象,小孩都有,但并非形象思维(所以日常思维中的形象思维的成分并不能等同于艺术家的形象思维)。作家艺术家形象思维的感知、表象和想象活动与美感相似，一方面有直觉性的特征，另一方面又有深厚的社会的理智逻辑基础，包含理解因素在其中。作家艺术家在生活中感受到某种形象，引起创作冲动，展开艺术想象，进入创作过程，一时不一定说得出多少道理，但这绝不是凭空产生，而有其深厚的逻辑基础和原因，这种情况与上述美感的情况基本上是一样的。"一段情节、一幅图景、一个人物，甚至一块斑痕、一个身影……之所以能够打动作家艺术家，使他感到其中有某种东西吸引着他、激励着他，这些生活素材对他能有意义，使他产生创作要求和冲动，原因就在于被打动者原先就有大量逻辑思维和生活经验的缘故。"[1]《祝福》据说是一夜之间写出来的，并不意味着鲁迅在这一夜里或这一夜之前才从逻辑思维上研究和分析中国社会，在这一夜里，鲁迅也许根本没有从逻辑上、理论上考虑、研究中国社会，但他创作得如此成功，却深刻地说明了他的艺术直感有强大的正确的逻辑思维作为基础，因为鲁迅早就对中国社会有长期的深入的思考和研究。

否定文艺创作和形象思维的特征，以及直觉、灵感等等现象，是不符合客观事实的。同样，否定逻辑思维作为上述形象思维以及直觉、灵感的基础，也是不对的。唯心主义美学特点之一，就是夸张艺术想象和直觉、灵感，把它们绝对化、神秘化，把文艺创作和作梦完全等同起来，抹煞逻辑思维作为基础的意义。

美感是直觉能力，但这能力可以培养。形象思维的能力也是这样。培养也不只是欣赏艺术，而是要提高整个文化教养水平，提高逻辑理解能力。有些人看不懂电影，是由于理解能力不够，从而感受不到蒙太奇句子所表达的那种含意。中华民族的审美教养本是很高的，我们一定能够遵循

---

[1] 参看本书《关于形象思维》。

形象思维的规律，创造出无愧于我们伟大民族的艺术作品来。

（三）

逻辑思维有逻辑，形象思维有没有逻辑呢？这要看"逻辑"这个词的含意指什么。逻辑思维的逻辑是指概念、判断、推理的规则。例如概念之间的种属逻辑关系，判断的逻辑分类（全称肯定、特称肯定等），推理的逻辑规定和格式（如三段论、四名词谬误等），在这个意义上的逻辑，形象思维是没有的。形象思维不能找出什么判断分类、推理格式来。像什么"草蛇伏线"之类的"小说作法"，只是概念化的形容，并非形象思维的逻辑。但如把"逻辑"一词理解为客观规律，那形象思维当然有其自己的这种规律。这种规律亦即是形象思维的特征，即我1959年提出的"本质化与个性化的同时进行"和"富有情感"。[1] 这两个特征是不可分割的，所以两点实际上是一点，即"以情感为中介，本质化与个性化的同时进行"。

每种艺术都有自己形象思维的独特规律和表现形式。其中逻辑思维和形象思维的相互关系、交错情况、所占比重、渗透融化很不一样，需要各别作具体研究。但是上面讲的这个规律（"以情感为中介，本质化与个性化的同时进行"）还是共同的。因为形象思维的这个规律，不过是美和美感的本质特征在艺术创作中的体现。美是具体形象性和客观社会性的矛盾统一，美感是个人直觉性和社会功利性的矛盾统一，展示和表现在形象思维、艺术创作中，便是个性与共性、偶然和必然的矛盾统一。艺术创作通

1　参看本书《试论形象思维》。

过本质化（去粗取精，去伪存真）与个性化（由此及彼，由表及里）的同时进行，把个别与一般（共性）统一于特殊，把偶然与必然统一于典型。特殊、典型（包括意境）也就是"这一个"。它是独特的活生生的个性（特殊），又表现出社会的本质、必然和共性（典型）。它是艺术的美、理想的美或美的理想，给人们以审美愉快（美感）。特殊、典型、意境、美的理想，正是形象思维通过上述规律才能达到的。[1]

但是光讲这个还不够，因为本质化和个性化的同时进行，究竟是如何进行的呢？形象是如何由此及彼、去粗取精的呢？这就要讲到"以情感为中介"的问题。

搞任何事情都要有情感。革命工作和科学研究，都需要极大的热情，都要有献身精神。艺术创作于此并无特殊。区别在于，艺术创作的情感是作为形象思维中的一个活跃因素在起作用，与其他活动有所不同。演算数学题，搞革命规划，你如果不压制那沸腾的感情，不极其冷静地考虑研究，就容易出错。情感因素并不能也不需要直接渗入演算和工作之中，构成思维的组成部分。形象思维则相反，它经常需要情感作为媒介或中介，才能使形象彼此联系起来。各门文艺创作使用的比兴，经常是通过情感为中介来进行的。"东方红，太阳升"用以比领袖，自然事物为什么能比拟社会人物，这种形象的由此及彼的推移过程如何可能，两个本来并不相关的对象为何能联系起来，不正是通过情感为中介来进行的吗？人们把对太阳温暖的情感反应与领袖联系了起来。用暴风雨比革命（如高尔基著名的《海燕》散文诗中，呼唤"暴风雨来得更猛烈些吧！"），用花比美人，也无不如此。它是用对不同对象的相似的和相同的情感，把这些本不相干的

1　参看本书《典型初探》《"意境"杂谈》。

对象联系了起来。此外，还有把情感相反的对象联系起来，如"横眉冷对千夫指，俯首甘为孺子牛"，等等。这就是没有情感的机器所不能做到的。机器可以搞某些逻辑思维，不能搞形象思维。

以情感为中介，使形象由此及彼，推移变换，彼此联系，就能把现实生活的复杂性和多方面性作为整体表现出来。现实事物本来是多方面的，它们具有彼此矛盾的性质或特点，人对它们的情感态度也经常是多方面的、矛盾变化和错综复杂的。例如，老虎既有吃人的一面，又有勇猛的一面。于是在诗文中既有"苛政猛于虎"之类的咏叹，用老虎来比拟残暴、迫害；同时又有"秦王扫六合，虎视何雄哉"，国画中常用老虎为题材，写出那威严雄壮的气派。又如老鼠作为令人憎恶的祸害，《诗经》有"硕鼠硕鼠"的比喻；但另一方面，齐白石也画偷吃灯油的小老鼠，"梦破鼠窥灯，霜送晓寒侵被"，老鼠作为夜的点缀，又并不成为可憎反而成为艺术中可爱的小动物了。又如，同一春草既可以表现"千里万里，二月三月，行色苦愁人"的淡淡哀伤，也可以表现"野火烧不尽，春风吹又生"的倔强、开朗、旺盛的生命力。这种对同一事物的不同甚至相反的情感反应和联系，正是使审美和艺术领域无限宽广、千变万化的原因之一。逻辑思维里对同一对象不能同时既肯定又否定，形象思维对同一对象却可以同时既爱又恨，既同情又气愤，既"哀其不幸"，又"怒其不争"，表现出种种矛盾复杂的现实情况和情感态度来。所以，一个人物典型、一种艺术意境，它所包含的丰富内容和情感意义，经常不是仅用好人坏人、肯定否定两种逻辑判断所能穷尽无遗，形式逻辑的排中律（非此即彼）在这里有时会失去效用。并且，形象思维中的肯定判断有时表示出来的，恰好是情感上的否定意义，否定语句则表现出肯定意义。亲爱者偏被称"死鬼"，"你这个好人"是反话，在日常生活中便多见，更不用说集中反映在艺术中了。这些都是只知道非此即彼的逻辑机器所不能理解和不能做到的（小说创作中，有违背作家主观意志、情感的形象发展的特殊情况，这里暂略）。

形象思维中还包括利用心理学讲的感觉器官中的"联觉"现象，来涂上一层情感色彩。譬如"明亮的声音""喧哗的色彩"，声音只有高低并无明暗，色彩只有明暗并不喧哗，但我们完全理解这种说法，这是因为低与暗、高与亮有一种"联觉"（知觉之间的联系）的缘故。用在文艺中，"绿杨烟外晓寒轻，红杏枝头春意闹"，如王国维所说，"着一'闹'字而境界全出"，温度不能用斤两来称，春意也无所谓闹不闹，然而通过这两个具有联觉的表象性的语词，诗人给对象涂上了一层情感色调，创造出优美的春天意境：轻的晓寒，闹的春意，便成为著名的巧思丽句了。至于情感多与表象性的语词有密切和直接的联系，与概念性的语词则稀薄或没有。这些心理学的常识，这里不多讲了。

文艺创作和欣赏中所谓"移情"也是如此，诗人、艺术家把自己的情感转移到对象上去了。且不说像"感时花溅泪，恨别鸟惊心""晓来谁染霜林醉，总是离人泪"这种所谓"有我之境"，就是像"暧暧远人村，依依墟里烟"这种客观描写式的所谓"无我之境"，也仍然是诗人主观情感态度所决定或选择的。村景暧暧、墟烟依依的景象、意境，不正是诗人对中世纪田园生活的情感态度的表现吗？它们都是以情感为中介，使形象推移、想象活动起来。莎士比亚的博喻，"三李"诗中的意境，形象都是一个接着一个，以情感为中介，山光水色，五彩缤纷。中国美学强调"诗中有画，画中有诗"，前者要求有可见的鲜明的形象性，后者讲的就是情感性。画面要有情感才是好画，尽管这种情感可以不是直接而是通过形象的客观描绘表现出来的。包括小说创作也常如此。例如鲁四老爷的原型并没有那么坏，祥林嫂的故事原来分散在几个人身上。为什么鲁迅要那样描写鲁四老爷，要把祥林嫂的故事集中起来，这种本质化和个性化的同时进行，不正是由于鲁迅对剥削者的憎恶和劳动者的同情这种情感态度（与理解交织在一起）所决定的吗？形象思维以情感为中介，使想象和理解处在自由的运动中，这就同时把情感客观化，使理解沉淀在情感之中，具有理性的内容。可见，在形象思维中，美感这几种心理因素是彼此渗透、融为一体、非常活跃的。福楼拜说，包法利夫人服毒的时候，他嘴里都有砒霜味，甚至连知觉都影响到了。这是逻辑思维一般不会有的。由此可见，形象思维并不仅仅是一个思维问题。

今天所以强调一下情感，原因之一，在于音乐是表情性的艺术。[1]音乐与书法、建筑、舞蹈这类艺术接近，比它们的表性更突出。从这类艺术，倒可以看出艺术的本质特征和作用究竟是什么？它是不是模仿？是不是认识？我认为，艺术的本质特征和作用，不在模仿，也不在或主要不在狭义的认识。艺术主要不是教人去认识（狭义）世界，而是教人去行动，去改造世界。它主要是使人激励起来，团结起来，去改造自己的环境，而不只在给人以一种认识而已，它毋宁是给人一种情感的力量。这种情感力量不是生理的，而是包含社会伦理理智的功能在内，这就是我们常讲的教育作用。艺术的教育作用所以不同于读一本理论书籍的那种教育作用，原因正在于它是通过情感上的强烈感染或潜移默化来进行的。艺术的这种本质、特征和作用，便决定了它的思维方式。

既然如此，光从两种不同认识方式，来讲形象思维与逻辑思维的区别就很不够了，这两种思维不仅是认识方式和认识对象的不同，而且它们作为认识的根本含意就有不同。

---

1 本文系在中央音乐学院讲演的记录整理稿。

要指出这一点，是因为光从模拟或狭义的认识出发，要求音乐、舞蹈等表情性艺术也去模拟现实对象，便违反了这些艺术的形象思维的要求和规律。如果舞蹈从头到尾都充满模拟现实生活中的动作，开机器呀，打风钻呀，便等于哑剧，而不是舞蹈了。如果音乐只是摹拟现实音响，便等于口技，而不是音乐了。就连器乐模拟民歌也并不是正确的道路。表情艺术主要应该通过情感的比拟去进行创作，模拟因素只占极次要的、从属的地位，起点醒的作用而已，例如贝多芬《田园交响乐》中的鸟声、暴风雨声。而暴风雨过后那段极为甜美酣畅的音乐，表现出万物生机勃勃的情景、意境，就根本不是模拟所能做到的。无论中文、外文（英文Visionary thought, Imaginative thought 俄文образное мыщцение），形象思维主要指视觉形象，音乐却诉诸人们的听觉，只唤起某种很不确定的朦胧的视觉景象。然而音乐却能通过特定的意境，表现出具有高度哲理性的深刻思想和主题，这甚至是视觉形象非常鲜明的艺术部类都难以做到的。艺术中的音乐和科学中的数学，同样是人类文化的皇冠珍宝。

音乐是表情的，却与数学有极为密切直接的关系。它的形式具有极其严格的数学结构，无论是创作和专业的欣赏都经常会注意、考虑、思索这方面的问题，特别是在训练、学习阶段。正如作诗填词必先注意、考虑、思索诗句的平仄、韵律一样，各门艺术都有其形式结构方面的要求，在创作中必须遵循，音乐在这方面最为突出和严格。对艺术形式结构方面的这种注意、考虑当然是逻辑思维。创作首先必须掌握这种形式技巧，如果连平仄韵律都分不清楚，就难作出好的诗词。但在比较成熟的艺术家那里，这方面经过锻炼，非常熟悉，在创作过程中便很少再去考虑。会作诗词的人，可以冲口而出，就合平仄，很少考虑是否平声仄声，其他艺术也无不如此。而这是需要经过长期、大量训练才能达到的。所以，说逻辑思维是形象思维的基础，还包含有对艺术形式结构方面的熟练掌握的意思在内。

可见，形象思维完全不是如反对者所说的那么简单，从形象到形象就完了，它不但要求大量的长期的从内容到形式的准备，这准备包括大量的逻辑思维作为基础，而且它本身还是一个调动人的各种主要心理因素，从情感到理解，从知觉到想象，错综复杂地交织在一起，而不断深入的创造性的"思维"过程。正因为每个人这几种心理因素的情况、特点、配合、比例等并不相同，有大量的个性差异。有的人情感爱激动，有的人爱冷静地观察，正如有人喜读杜甫，有人爱念李白，有人喜欢《简·爱》，有人却喜欢《呼啸山庄》一样。欣赏有这种种美感的个性差异，创作就更如此了。正是在形象思维中，这种种个性差异可以得到丰富而充分的展开，创作出极为丰富多彩、各具个性特色的作品出来，这是逻辑思维和科学论著所没有也不需要的（当然这也是相对而言）。总之，形象思维作为中心，既与艺术本质又与艺术个性直接相关，它涉及的领域和问题非常广泛，是一个重要的美学课题，需要我们今后仔细研究。

"意境"杂谈

注：本文原载《光明日报》1957年6月9日、16日。收入本书时有所删改。

(一)

　　读一首诗，看一幅画，总之，欣赏艺术，常常是通过眼前的有限形象不自觉地捕捉和领会到某种更深远的东西，而获得美感享受。齐白石的画，在还不懂事的小孩眼中，不过是几只不像样的虫、虾；柴可夫斯基的音乐，在"非音乐的耳"中，最多也不过是一堆有节奏的音响。然而，也就在这虫、虾、音响之中，却似乎深藏着某种更多的东西，藏着某种超越这些外部形象本身固有意义的"象外之音""弦外之音"。看齐白石的草木虫鱼，感到的不仅是草木虫鱼，而能唤起那种清新放浪的春天般的生活的快慰和喜悦；听柴柯夫斯基的音乐，感到的也不只是音响，而是听到如托尔斯泰所说的"俄罗斯的眼泪和苦难"，那种动人心魄的生活的哀伤。也正因为这样，你才可能面对着这些看来似无意义的草木虫鱼和音响，而"低徊流连不能去云"了。艺术的生命、美的秘密就在这里。就在：有限的偶然的具体形象里充满了那生活本质的无限、必然的内容，"微尘中有大千，刹那间见终古"。艺术正是这样把美的深广的客观社会性和它的生动的具体形象性两方面，集中提炼到了最高度的和谐和统一，而用"意境""典型环境中的典型性格"这样一些美学范畴把它呈现出来。诗、画（特别是抒情诗、风景画）中的"意境"，与小说戏剧中的"典型环境中的典型性格"，是美学中平行相等的两个基本范畴（这两个概念并且还是互相渗透、可以交换的概念；正如小说、戏剧也有"意境"一样，诗、画里也可以出现"典型环境中的典型性格"）。它们的不同主要是由艺术部门特色的不同所造成，其本质内容却是相同的。它们同是"典型化"具体表现的领域；同样不是生活形象简单的摄制，同样不是主观情感单纯的抒发；它们所把握和反映的是生活现象中集中、概括、提炼了的某种本质的深远的真实。在这种深远的生活真实里，艺术家主观的爱憎、理想也就融在其中。哲学家常喜欢说人生有各种"境界"。社会生活中常有各种不同的方面，各种不同的高度，从而有各种不同的"境界"。甚至对一个人来说，他的思想、行为、情感乃至一笑一颦，也都只是社会生活的产物，可以是一定生活境界的表现。鲁迅说："只要在他头上戴上一顶瓜皮小帽，就失去了阿Q。我记得我给他戴的是毡帽。"就在这个看来是毫不足道的外部衣着的细节的真实里，却表现着某种本质的东西，一顶瓜皮小帽就会破坏阿Q的形象，破坏作品所展示的社会生活境界，使阿Q失去农民的纯朴而带着某种可恶的市井的流氓味。一个细节如此，"意境"更不用说。它也是人生和生活境界的集中和提炼，是它的典型的反映。所以，"意境"也可称作"境界"，如王国维《人间词话》的说法。但是，因为"意境"是经过艺术家的主观把握而创造出来的艺术存在，它已大不同于生活中的"境界"的原型，所以，比稍偏于单纯客观意味的"境界"二字似更准确。

（二）

"意境"和"典型环境中的典型性格"一样，是比"形象"（"象"）、"情感"（"情"）更高一级的美学范畴。因为它们不但包含了"象""情"两个方面，而且还特别扬弃了它们的主（"情"）客（"象"）观的片面性而构成了一个完整统一、独立的艺术存在。所以，"意境"，有如"典型"一样，如加以剖析，就包含着两个方面：生活形象的客观反映方面和艺术家情感理想的主观创造方面。为简单明了起见，我们故把前者叫作"境"的方面，后者叫作"意"的方面。"意境"是在这两方面的有机统一中所反映出来的客观生活的本质真实。

下面对"境"和"意"两方面加以分析。

"境"和"意"本身又是两对范畴的统一："境"是"形"与"神"的统一；"意"是"情"与"理"的统一。在情、理、形、神的互相渗透、互相制约的关系中或可窥破"意境"形成的秘密。

"形-神"的问题实质上就是典型形象的问题。

艺术最基本的单位是形象。"意境"的基础首先就是"形象"。要诗、画有"意境"，那最基本的要求就是"意境"必须通过"形象"出现。所以，王国维在提出"境界"说时，曾特别强调所谓"隔"与"不隔"的问题：

"池塘生春草，空梁落燕泥"等二句，妙处唯在不隔，……"阑干十二独凭春，晴碧远连云，千里万里，二月三月，行色苦愁人"，语语都在目前，便是不隔；至于"谢家池上，江淹浦畔"，则隔矣。（《人间词话》）

钟嵘也早说过类似的话：

至乎吟咏情性，亦何贵于用事，思君如流水，既是即目，高台多悲风，亦惟所见；清晨登陇首，羌无故实；明月照积雪，讵出经史；观古今胜语，多非补假，皆由直寻。(《诗品》)

钟、王二氏这里所说的实际上就是形象问题。有形象，生活的真实才能以即日可见、具体可感的形态直接展示在人们前面，使"语语都在目前"。这样，才能"不隔"，而之所以"隔"，主要就是用概念、用推理替代了形象的缘故（隔与不隔还有情感的问题，此处暂略）。所以，钟嵘、王国维都一致反对用代字（"桂华流瓦，境界极妙，惜以桂华代月耳"），反对用典故等，就是这个道理。我们古代的艺术理论家早就懂得："意境"必须依赖形象才能存在。

但是，这"意境"中的形象，是怎样的形象呢？

它应该是"形"与"神"的统一。这就是古代艺术家常常谈到的"形似"与"神似"的问题。

首先，要求"形似"："意境"的真实首先"必求境实"，古典艺术要求形象必须基本上外部造型上忠实于生活中的原型，符合于、近似于生活的本来面目（现实主义与浪漫主义在外部造型的真实上有许多差异，另文再谈）。"山下尽似经过，即为实境"（笪重光），"画无常工，以似为工；学无常师，以真为师"（白居易），"夫像物必在于形似"（张彦远），"未有形不似而反得其神者"（邹一山）。所以，学画必先模物写生，吟诗亦常咏物摹仿。这是一方面。另一方面，就要求在"形似"的基础上达到"神似"，不独外形像，而且精神像。要求形象传达出现实生活中更内在更深刻的东西,而这才能达到真正的所谓生活的真实。强调这一方面是中国美学思想的传统和特色所在,无论是在诗歌中绘画中,无论是在理论上实践上,反对自然主义、要求典型化的"神似",中国古代艺术在这一点上是表现得十分鲜明强烈的。顾恺之早提出过"传神",所谓"一像之明昧不如悟对之通神",要求肖像画传达出人物的内在的精神面貌和思想品德。人们传说着,这位大画家特别重视于"点睛"。这就正是因为在人的形体中,眼睛是最能够细致深刻地表达出人们内在的品德情绪的,所谓"神在两目,情在笑容"也。以后中国画家讲求神趣韵味,讲求"气韵生动",就都是这样一脉相承下来的:要求深入地真实表达出生活中的那种生动的本质。"苟似,可也;图真,不可及也……似者得其形,遗其气;真者气质俱盛。"(荆浩:《笔法记》)"画之为用大矣,盈天下之间者万物,……而所以能曲尽者,一法耳,一者何也,曰传神而已……故画法以气韵生动为第一义。"(郜椿)画既如此,诗亦如之。《文心雕龙》说:"形在江海之上,心存魏阙之下,神思之谓也。文之思也,其神远矣,故寂然凝虑,思接千载,悄然动容,视通万里。"司空图说:"诗象之景,如蓝田日暖,良玉生烟,可望而不可置于眉睫之前也。象外之象,景外之景,岂容易可谈哉。"《沧浪诗话》说:"盛唐诸公惟在兴趣,羚羊挂角,无迹可求,故其妙处透彻玲珑,不可凑泊,如空中之音,相中之色,水中之月,镜中之象,言有尽而意无穷。"尽管这些说法里包含着神秘成分,却也同样包含着许多值得去分析和吸取的宝贵的思想和发现。它们基本的特色都是或从创作过程(如《文心雕龙》)或从形象特色(如司空图、严羽)深刻地揭出了作品的真实在于"神似",要求深刻地去反映生活。齐白石说,他的作品是"在似与不似之间",歌德也说过美在"真与不真之间"。而所谓"景外之景,象外之象""水中月,镜中花"实际上就都只是"真与不真""似与不似之间"的意思：它们不等同于生活里的形象原型，月已不是真正天上原来的月，花也不是真正可以"置于眉睫之前"的那朵真花，而是经过艺术家选择、集中、提炼了的更真实更具有普遍性的然而已不同于原来样子的"水月镜花"。但是，这种水月镜花，毕竟还是有月、有花。它仍然不能完全脱离、离异于生活中的原型。所以，"阿Q"一出，弄得许多人惶惶然，像骂自己又不像骂自己，镜中的"阿Q"很像自己而又不是自己。似与不似，真与非真，这就真正达到了形似与神似的高度统一了。而这，也就是恩格斯所说的"这一个"，只有在"这一个"——这"神似"的形象里，才可以包含住社会生活的深远的内容，才可以鉴照出社会生活的内在的本质。人们面对着这样的形象，就不会感到它只是普通生活中所遇到的形象和"个性"，而会透过这个有限的个性、有限的形象领悟出无穷的"景外之景，象外之象"。齐白石的草木虫鱼所以不仅仅是草木虫鱼，唐·吉诃德所以不仅是西班牙的某个唐·吉诃德，艺术之所以能成为人类反映世界改造世界的手段，其实质就都在此。通过艺术，人们认识的远远不只是"眉睫之前"的那个形象本身，而是获得对实际生活的感受。生活本身的深广的客观社会性质通过眼前的这个生动的具体形象展开出来了，生活的韵味通过这"神似"的形象传出来了，于是你才获得认识真理时的莫大的美感的喜悦，感到这艺术品有味道。其实，中国古代艺术理论所一再提出、强调的所谓"韵""味"，所谓"弦外之音""味外之致"以及王渔洋的"神韵说"等，就都是虽然朦胧然而确切地捕捉了、点明了艺术生命的这种秘密。典型与意境的这种秘密："以形写神"，在"形－神"的统一上反映出生活的神髓韵味——生动活泼的生活内在本质。于此，翁方纲解释得很好：

其谓羚羊挂角，无迹可寻；其谓镜花水月，空中之象，亦皆即此神韵之正旨也，非堕入空寂之谓也……然则神韵者是乃所以君形者也。(《神韵说》)

如果说，王渔洋的"神韵说"是从艺术作品的客观形象来着眼立论，那么，袁随园的"性灵说"就是从艺术家主观创作方面来提出和解释这同一问题的。如果说，前者主要涉及了"形"与"神"的问题；那么后者就恰恰涉及我要讲的"情"与"理"的问题。"情"与"理"的问题，从研究艺术家主观创作情况着眼，构成了研究"意境"问题的另一方面。

明中叶以来的浪漫主义文学思潮在"性灵"理论中荡漾着最后的余波。袁枚所强调的，是从诗人主观的情感和感受的忠实抒发出发，来达到创造典型的境界，反映生活的风神。"心为人籁，诚中形外"，"鸟啼花落，皆与神通……但见性情，不着文字"(《续诗品》)。袁枚显然是看到了在真正美好的艺术意境中，充分灌注了、渗透了创作者的主观爱憎情感的这一特点。于是袁枚抓住了这一方面提出"有性情而后真"的理论。其实，袁枚所强调的这一方面正如王渔洋所强调的另一方面一样，也早就是中国古代美学思想一个很重要的传统。从"情动于中，故形于声"(《乐记》)、"变风发乎情"(《诗序》)的古代起，中国美学一直强调情感是艺术的内在生命——"诗缘情而绮靡"(陆机：《文赋》)，"情者文之经"(《文心雕龙》)，"非长歌何以骋其情"(《诗品》)。情感由外物的刺激而起("人禀七情，应物斯感")，而又艺术地以外物为对象抒发出来，"情"与"物"就这样互相结合，融为一体。黄宗羲说，"诗人萃天地之清气，以月露风云花鸟为其性情，其景与意不可分也"，"情者可以贯金石，动鬼神。古之人情与物相游而不能相舍……唯其有之（正因为艺术家有情感），是以似之

（于是其艺术作品才能真实于生活）"。很清楚，艺术的"意境"之所以能是生活的"神似"的境界，正在于它不是生活境界的自然主义的复制，正在于这"意境"中包含着艺术家主观的情操性格，正在于这"意境"是通过积极能动的主观所反映、把握了的客观。也因为这艺术的客观中包含着艺术家的主观，由艺术家主观能动地创造出来的客观，才是最真实的最大的生活的客观。所以，由"形"而"神"的过程，典型意境的塑造过程，也就是艺术家主观情绪感受的表达过程；反映的过程，就是生产的过程；"神韵"的获得的过程，也就是"性灵"抒发的过程。它们是合而为一的。

这一问题是十分重要而复杂的。它涉及美学主客观的根本问题。因为问题在于：艺术作品的力量是它能够最深刻地反映出真实的生活的客观。而要达到这一地步，又必须依赖于艺术家主观的能动作用。于是，艺术家的主观在这里究竟占什么地位、起什么作用呢？

许多美学家抓住上面所说的这个现象，认定主观情感是决定艺术的力量。艺术只是主观情感的创造。所以，艺术所创造出来的美就只是主观作用于客观的结果，是意识形态的对外抒发的结果。而这就是"主观拥抱客观"，"心借物以表现情趣"种种说法的根由。

我的看法是：应该强调主观情感的作用。但情感和思想一样，形象思维和逻辑思维一样，其价值和意义并不在于它们自身，而在于它们能使人更深入地体悟、反映世界。正如主观理论思维愈强愈准的思想家，就愈能发现客观事物的本质规律，从而建立科学的学说一样，主观情绪爱憎愈强愈准的艺术家，就愈能创造出真实于生活的作品。所谓"性灵"的抒发，所谓"情景的交融"等，就都还是为了更深入地本质地反映生活的真实。正是在这种意义上，有"情"才能"神"。列维几所以优于施仕金，石涛之所以优于"四王"[1]，其一部分的道理就在此：景中融化着艺术家主观的强烈的情感，使景不只是自然物的外部形貌声色简单的复制，而变成能深刻反映客观社会生活的艺术。自然美获得了深刻而新颖的揭示。

这里进一步的问题在于：既然"情"——艺术家主观的情趣爱憎是为了反映生活而抒发，那么，怎样的"情"才能起这样的作用呢？显然，并不是随便任何一种情感的抒发都能构成艺术的"意境"，这就正如并不是随便任何一个逻辑推论都能成为正确的理论一样。艺术家的情感等主观因素自然有它的客观规定性，也就是说它本身必须是正确反映客观的主观。只有这样的主观，在艺术创作的意境塑造中才能起它可能起和应起的作用——忠实地去把握住客观，反映出把握住那种深远的生活的本质、规律和理想。例如，在"新鬼含冤旧鬼哭，天阴雨湿声啾啾"的阴暗的"意境"中，包含了诗人主观对这种战争的不满、愤怒和憎恶。诗人的这种正义的愤怒是生活真实的反映，是正确反映了客观的主观，正因为这样，这种主观积极的能动作用就更能够反过来帮助他的艺术作品去反映出真实的客观。这也就是说，诗人的感情愈强烈，对这种战争愈愤恨，那他描写塑造出来的这个战争的形象就愈真实，它的诗篇就愈美好，愈动人。反之，如果是无动于心的客观主义的描写，或者是某种嗜血的歌颂，那不变得苍白贫弱，便将变得丑怪可怕。所以，要求艺术更深地去反映生活，去创造美的意境，不但不排斥艺术家主观因素的积极作用，而且还鼓励和积极发挥它的作用。问题只是在于艺术家主观情感究竟是怎样的情感。

在中国古代美学思想里，这就是所谓"情"与"理"的问题。中国古代美学指出："情"不能是泛滥无归的"情"，而必须是合乎"理""止乎

---

[1] 四王指清初四位著名画家：王时敏、王鉴、王原祁和王翚。——编者注

礼义"的"情"。"情"以"理"为准则、为规范。"缘情"并不离乎"言志","言志"也是为了"载道"……如果我们剥去伦常礼义的外衣,仍可窥见其中对艺术家主观作用的某种认识。

"理"是什么？道理,规律,准范。一个东西之所以是一个东西,生活之所以是这样而不是那样,必有其道理在。"理者,成物之文也"。"理"指的是事物的内在的客观逻辑（规律）的主观反映,也就是指今天的所谓思想性。"理""思想",探到（即反映）了客观事物的本质、规律。所以,"理"与"神"常常被连在一起谈到,"思理为妙,神与物游"（《文心雕龙》）,"理字即神韵也"（翁方纲）。"造乎理者能画物之妙,昧乎理者则失物之精,……造其理者,能因性之自然究物之微妙,心会神溶,默契动静,察于一毫,投乎万象,则形质动荡,气韵飘然矣"（张放礼）。真正艺术的"情",被要求是合乎某种思想的"情"。这样,艺术家情感在作品中抒发愈强烈,则作品的思想性也愈强。"情"与"理"在这里是不可分割地统一着的。有"情"而无"理",就是背"理"的"情",是违背生活真实的主观主义的艺术,有"理"而无"情",就是光秃秃的道理,这种艺术就只能是失去生活真实的公式化、概念化的枯燥的推理论文。黄宗羲说得好,"文以理为主,然而情不至,则理亦郛郭耳"。所以"情""理"一体而不可分。这不可分的整体就构成了作品和"意境"的"意"。所以,"意"不仅是"情",也不仅是"理",它可说是"情"化的"理",也可说是蕴"理"的"情"。"意"（情理的矛盾统一）是艺术能达到神似,能创造典型和意境的主观创作方面的必要条件。庄子说,"可以意致者,物之精也"。李翱说,"义深则意远"。艺术通过作家主观这种"情""理"的统一,通过主观的"意",去把握和反映现实生活达到创造"神似"与"形似"相统一的典型的艺术作品。情合乎理,形造乎神,于是"意境"

出现。

"情"与"理","形"与"神"这两对中国美学的古老范畴,深刻概括了艺术创作的内容,对于我们今日仍有理论意义。《文心雕龙·神思篇》赞曰:"神用象通,情变所孕;物以貌求,心以理应。"这四句对创作"神思"的总结,也可以作为这里对艺术"意境"的分析的总结。因为这四句话已把主观的"情""理"("意")与客观的"形""神"("境")的互相渗透制约的辩证关系精炼地概括了。可意译为:生活的风神必须通过形象来表现,主观的情感在这里起了催生的作用;虽然对象仍必须根据事物的外部形貌塑造出来,但其深入的本质却已早为心灵所把握和领会。

朱光潜先生在《诗论》一书中有谈"诗的境界"的一篇,其中对诗的意境作了相当精辟的分析,提出了问题,揭开了现象,许多地方与本文作者所想到的是相同或近似的。但是,因为美学基本观点的歧异,使得许多地方貌同而实异,甚至常有差以毫厘,失之千里的区别。这里提出两点简单说明一下:

第一,朱先生从"直觉即表现"的克罗齐理论出发,认为意境是不含名理作用的直觉的结果。因牵涉到美学根本问题,这里不能多讲。但简言之,在我看来,"意境"不可能是直觉创造——简单地"见出来的"结果,而是"情-理""形-神"统一的结果。"意境"不是主观情趣对客观意象的一种任意的直觉式的把握、寄托或统一所能得到。朱先生在这里第一,否认艺术的意境是生活境界的反映。第二,否认艺术的意境是经由艺术家艰苦劳作的典型化的结果。我却认为,在艺术家捕捉到某一"意境"时,即使有时是一刹那间的灵感或直觉所致,看来似乎是"不落言筌,不涉理路"的"一味妙悟"所致,但这正是长期搜寻积累的结果。所谓"非读书多参理,则不能极其至",所谓"积学以储宝,酌理以富才,研阅以穷照,驯致以绎辞",皆是也。所以,在更多的时候,艺术意境的形成总是经过千锤百炼的。"新诗改罢自长吟"和一字一句的推敲,就都决不只是形式技巧的雕琢,而正是为了更精细深刻地提炼出艺术的"意境"。这一点也是朱先生所承认的。朱先生在书中甚至还承认了思考和联想对于创造诗的境界的重要。这样,就实际上与朱先生自己所信奉的"直觉即表现",意境为直觉所造的美学理论自相矛盾了。

第二,朱先生认为诗的境界是情趣与意象的契合而成,这就是所谓"即景生情,因情生景"的移情作用。我认为这也并不错,问题在于这种作用是如何产生的,诗的意境作为主观情趣移于客观意象的结果,如何可能?朱先生完全撇开形神和情理诸问题,没去分析情与景如何才能构成诗的"意境"。根据朱先生的直觉理论,主观的任何情趣都可以造成"意境"而无分优劣。朱先生说:"辛弃疾在想到'我见青山多妩媚,料青山见我应如是'时,姜夔在见到'数峰清苦,商略黄昏雨'时,都见到山的美。在表面上意象(景)虽都似是山,在实际上都因所贯注的情趣不同,各是一种境界。我们可以说,每人所见到的世界都是他自己所创造的。"这样,好像辛词与姜词中的"意境"都只是各人的情趣不同而已,而实际上辛、姜之不同却是通过情趣所把握的生活真实的不同。"稼轩郁勃,故情深;白石放旷,故情浅。"(《莲子居词话》)"白石有格而无情。"(《人间词话》)正因为稼轩怀着对祖国命运的炽热的情感关怀、忧虑和抑郁,它所达到的境界就比虽高洁而冷漠的白石词的境界,更高一等。白石"寡情",也就使他不夫反映去表达当时那种国破家亡的深沉悲痛的社会生活的真实。

（三）

　　有各种各样的生活境界，有各种各样情感思想的境界，才能有各种各样的艺术中的境界。有"横刀立马"的英雄的战斗生涯，有"碧云天，黄花地"的小儿女的悲欢离合。即使对一个人来说，也常经历着各种不同的生活境界。而不论哪种境界，只要善于选择、集中和提炼，使之能深入地展示出某个方面的生活真实，就能给人以美感享受。王国维说："境界有大小，不以是而分优劣，'细雨鱼儿出，微风燕子斜'何遽不若'落日照大旗，马鸣风萧萧'，'宝帘闲挂小银钩'何遽不若'雾失楼台，月迷津渡'也。"然而，生活中虽有各种境界，但它们却都只是一定时代、社会的境界。艺术意境所展示的生活真实，总是一定历史、社会的具体存在。诗画中的意境也常常带有时代特征，这与小说戏剧中的"典型环境中的典型性格"完全一样。中国古琴声里的意境多中和平易，即使是深重的哀伤，也都绝非近代浪漫主义那种狂热、粗犷和激烈。在"渡口只宜寂寂，人行须是疏疏"（《山水诀》）的中国古代山水画中，传出来的也是那种同样安宁平静的牧歌式的社会氛围。"春水碧如天，画船听雨眠"，是闲散潇洒的传统士大夫独有的浪漫情调。所有这一切，都带着一定时代、社会的特征；如果我们今天的诗人、画家还要去复制这样的意境，那当然就只能是某种假古董了。当然，即使在今天，生活中也仍然有"渡口寂寂、人行疏疏"的时候，人们也仍然可能有听雨春眠的闲情逸趣。但是，所有这一切寂寞、宁静、听雨眠以至渡口的寂寂、人行的疏疏又都多么不同于古代啊！所以，即使当诗人或画家以此为对象而吟咏或描绘时，其透过完全近似的形象所塑造出来的"意境"将完全不同于王维或韦庄了。画面上可以同样是寂静的渡口，诗题上可以同样是小舟春雨，然而，所造的意境却可以传达出各种不同的社会时代的生活，各种不同的思想情感，各种不同的历史氛围。"西风残照，汉家陵阙"与"萧瑟秋风今又是，换了人间"，同样的怀古，情调意境似同而仍异：一则是感伤的凭吊，一则是豪壮的快语。而像"西风烈……苍山如海，残阳如血"这样悲壮瑰丽的意境，也就只能产生在激烈艰苦的现代战斗生活的体验中。此外，像唐诗与宋词，中国山水画与西方风景画，以至北宋与南宋的画，盛唐与晚唐的诗，它们所塑造的意境都因时代生活的不同而情调风趣各异。豪迈的盛唐诗不同于秾丽的晚唐诗，浑厚纯正的北宋画不同于有霸悍激励之气的南宋画，更不要说富有亲切人间味的中国山水画之不同于近代西方的一些荒凉忧郁的风景画了。

即在同一时代里，由于作家的生活经验、思想情感、性格倾向等的不同，他们所捕捉和所熟悉的生活境界也各有不同。这种不同造成了他们所塑造的艺术意境的不同，从而决定了他们作品风格的不同。所以，风格并不是一种虚无飘渺的东西，而是由许多具体的条件造成的。其中"意境"占着很重要的地位。司空图《诗品》曾形象地描述了二十四种风格，中国画论中也有所谓神品、妙品、逸品等之分，其实这种分别所根据的就正是所造意境之不同。司空图《诗品》清楚地显出这一点："寥寥长风，荒荒油云"，雄浑的风格正是由于这种雄浑的意境；"采采流水，蓬蓬远春"，秀丽的风格就终决定于这种优美轻容的意境。王维与李白，董源与范宽，风格不同，而也由于所造意境有异之故。即使是极为近似的景物的描绘，所造意境也有不同。阮籍"夜中不能寐，起坐弹鸣琴，薄帷鉴明月，清风吹我襟。孤鸿号外野，朔鸟鸣北林，徘徊何所见，忧思独伤心"，苏轼"缺月挂疏桐，漏断人初静，时见幽人独往来，缥缈孤鸿影。惊起却回头，有恨无人省。拣尽寒枝不肯栖，寂寞沙洲冷"，虽然同样是清冷月夜的画面,同样是蔑视世俗的孤傲,然而一则是忧思重重,一则是绝对冷峭。其中仍然展示着阮籍时代和苏轼时代士大夫心理面貌的巨大的差异,而这差异归根结底,又仍然是社会阶级和时代生活的差异,使得阮籍时代的愤世嫉俗与苏轼时代的对整个人生的空漠之感是大不相同的。

上节已说过,"意境"是"意"("情""理")与"境"("形""神")的统一,是客观景物与主观情趣的统一。在这统一中,由于两者的相互关系特别是显现形式不一样,产生所谓艺术"以境胜""以意胜"的问题。《人间词话》说:"古今人词之以意胜者,莫若欧阳公;以境胜者,莫若秦少游。"若以下面两首词加以比较,可以见出这里所谓意境各有偏胜之说的意思:一则是豪放痛快,尽情倾吐;一则婉约曲折,言不尽意;各有所长,不能优劣:

尊前拟把归期说,未语春容先惨咽。人生自是有情痴,此恨不关风与月。离歌且莫翻新阕,一曲能教肠寸结。直须看尽洛城花,始共春风容易别。(欧阳修:《玉楼春》)

漠漠轻寒上小楼,晓阴无赖似穷秋,淡烟流水画屏幽。自在飞花轻似梦,无边丝雨细如愁,宝帘闲挂小银钩。(秦观:《浣溪沙》)

又例如,秦少游的"山抹微云"的著名慢词就是"以境胜"——以客观的景物来呈现情感的杰作;欧阳修的"别后不知君远近,触目凄凉多少闷"等词,却是"以意胜"——主观情感的明快抒吐的优秀代表。此外,在诗、画中,这类现象极多。例如温(庭筠)、韦(庄)、李(义山)、杜(牧)之分,"四王""八怪"之别,都在某种意义和某种程度上表现了这种情况（当然这一点又不能说死，不能机械地去硬套）。"意胜"或"境胜"，主要是体现着一定的创作方法和形象思维的特色问题。杜勃罗留波夫论小说时所说屠格涅夫与冈察洛夫两种创作风格和方法的不同，王国维讲到的有我之境与无我之境，罗斯金讲的《荷马史诗》中的自然与近代诗人中之自然之异，都在某种意义上与此有关——即所谓"意"与"境"的关系和配合问题。

这里紧连着的是所谓"古典的"与"浪漫的"问题。在各种艺术中，理论家常常喜欢区别它们二者。这里只简单提一下它与"意境"有关的地方。大略言之："古典的"多意境浑成，不露痕迹，因而它表现为有节制、含蓄、沉郁、客观、含不尽之意等特色，中国古代诗画多如此，大多属于这一范畴。浪漫主义则多"意"胜于"境"，表现为情感外露、强烈、激动、主观等等特色，它主要是伴随着近代资本主义个性解放的产物。在中国，除盛唐曾有一度高涨外，应该说直到明代中叶以来才大露光芒，作为一种时代潮流而出现。在创作上表现如《牡丹亭》《西游记》；在理论上，如公安派，如石涛《画语录》。但以后随着清代社会生活的逆转而又消沉下去了。中国美学思想基本的和主要的则还是古典主义的美学思想，它所强调的是一唱三叹、言不尽意式的含蓄和沉郁。这主要是由传统社会的历史条件所决定。为达到这一境界，中国美学还提出了许多具体的问题，例如在意境的创造中，就要求"以景结情"：以无情无知的客观景物来反衬出感触深重的主观情绪，"结构须要放开，含有无不尽之意，以景结情最好"（《乐府指迷》），"词家多以情寓景"（《人间词话》）。相反的方法，"其专作情语而绝妙者，如牛峤之'甘作一生拚，尽君今日欢'，顾敻之'换我心为你心，始知相忆深'"（《人间词话》），即以"意胜"而近乎浪漫也。后面这种在中国古典艺术中是比较少的。

鲁迅的小说，明显继承了中国这种独特的"古典的"诗歌传统。即以上述例子说，鲁迅就极善于通过所谓"以景结情"的方法塑造出许多极为沉郁的"意境"：《祝福》里的漫天雪花和爆竹的无知的欢乐，分外地反衬出不幸者的悲苦和凄凉；《药》结尾的凄清画面把当时时代生活的沉重和先驱者的孤独，反映发掘得多么真实和深刻！

（四）

"意境"是中国美学根据艺术创作的实践所总结的重要范畴，它也仍然是我们今日美学中的基本范畴。可惜对这一问题研究极为不够。几年来没有任何文章。因此，这篇文章所能谈到的一些，当然只能是抛砖引玉、极不成熟的杂谈了。系统的分析有待今后的努力：需要深入到中国古典艺术理论和作品的遗产中去追寻探索，需要结合今天艺术创作和理论批评工作中的许多问题来论说。例如，在今天各个艺术领域中，艺术家们显然还不善于去塑造壮美或优美的"意境"。在今天的作品里，常常并不是"以意胜"或"以境胜"或"意境浑成"，而是"以理胜"：美的客观社会性的内容以赤裸裸的直接的理性认识的形式出现。于是，作品就变成了公式化、概念化的说理：歌曲成了口号，漫画成了标语，诗歌成了政论，而不善于把"理"通过"情"而溶化在"神似"的形象之中，不善于把"形""神""情""理"统一起来。同样，在艺术批评中存在着完全相同的毛病：理论家、批评家们不去从艺术所塑造的"意境"的特色出发，不去细致具体地分析它们所反映的客观生活的深广度和体现的作家主观的风格、手法等倾向，而只是停留在主题内容的逻辑的复述上，艺术的形象意境在这种教条主义的解剖刀下变成了毫无生气的"思想性"加"艺术性"的外在的凑合。不去分析作品的形象和意境的时代生活和个人情感的特色、风格和创作方法的特色，只是指出他们的作品都直接间接谈到了政治，谈到了国家大事和民生疾苦，因此就都直接间接是重要主题，似乎这么一来就保证和论证了这些诗词的内容和价值。把诗的生命——"意境"问题撇开或还原为主题思想的抽象简单的图解，这比起我们古代批评对诗的意境的生动细致的发掘，该多惭愧。然而，这种文章在近来的《文学遗产》上就常常可以碰到。

当然，回过头来，又应该看到，今天无论创作或批评中的这种"以理胜"的普遍现象，在一定时间内的现实存在，倒有其必然性。普列汉诺夫论民粹派的作品时提出过在某些文学新兴时期，常常是思想内容压倒了表现形式。这时的艺术家常常是"热诚的教导者"，他们首先在理性上、在逻辑思维上接受了新思想的热烈的鼓舞和感动，从而致力于去直接表现和宣传他们的这些思想主张。他们还不熟悉生活，还不能深入细致地观察研究生活，感性具体地从生活本身中来提炼和表现出主题。因此，在他们那里，多半倾向于"席勒化"，不善于"莎士比亚化"。这种现象常是新时代诞生前后的新兴文学的特色。以后随着生活的发展，希望艺术家的这种时代热情走向深沉的道路，艺术家们应跨过对时代生活的抽象理论的认识阶段，深入细致地来潜沉在广大的人民生活中。这样，对生活境界才日益有真正切身的把握、体验；这样，艺术家才逐渐不但能从理论信念上，而且还更能从感情上具体地来把握和了解生活；这样，艺术"意境"的百花齐放才能到来。

以"形"写"神"
——艺术形象的有限与无限、偶然与必然

注．本文原载《人民日报》1959 年 5 月 12 日。

读了王朝闻同志的文章《一以当十》后，令人想起一些有趣的问题。例如，艺术中的有限与无限、偶然与必然的问题。成功的艺术作品，总能够在一些偶然的、有限的具体形象里传达出那必然的、无限广阔的内容来打动人和感动人，所以才"一以当十"。记得小时候看齐白石的画，看来看去也只是几只虾米，并且既不如池塘里的虾米那样好玩，也不如学校挂图上的那样仔细认真，令我佩服。但后来，年纪大些时再去看，却不同了：看到的不仅是画面上的虾子，而且还感到一种那么亲切开朗令人想活动起来的愉快情绪，一种年轻的春天般的对生活的肯定和喜悦。于是，我完全折服了：这是真正的艺术！画虾子不仅仅是虾子，其中包含着更多的、更广阔、更丰富的东西，尽管画面上并没把它直接画出或注明。因此这使我想到，中国艺术传统那么讲究那么强调的所谓"象外之旨""弦外之音""言外之意"，大概也是就这个道理说的。"象""弦""言"是些具体的有限形象，它们只是些"一"；但这些"一"应该突破或超越自己形象本身的表面有限意义（所以说是"外"），而概括集中地反映出生活和人民思想感情的更丰富深远的"旨""音""意"——"十""百""千"，反映出"神"。几只虾子的形象是极有限的,但它所反映出来的健康生活的韵味和风神却是广阔无垠的。记得一篇心理学家谈用绘画测验儿童的有趣文章。其中说:许多儿童用语言来说明和解释自己的绘画,其解说的内容比画面上可见的事物总要多一些。(例如"树没有叶子了,下雪了,冬天来了"。)另一些儿童则不行,他只能指着所画的事物说:这是什么,那是什么。(如"这是树""这是雪""这是太阳"……)这个心理学的研究报告当然与我们要谈的艺术不相干,但这使我感触到:前一部分儿童的绘画倒是很有些合乎艺术规律:"象外有旨",虽然这个"旨"非常简单、浅陋,但"天下雪,树无叶"的"象"却毕竟表现或要求表现出一个"冬天来了"的"旨"。后者则不然,"象"只是"象":下雪就是下雪,出太阳就是出太阳。当然,艺术家的创作与这种儿童绘画有很大甚至根本性质上的不同。例如,对儿童说来,有"旨"无"旨"可能主要在于有没有表现"旨"的要求。对艺术家来说,问题常常不在于有没有而在于能不能实现这种要求。艺术总是从生活中提取形象,而形象总是有限和偶然的。而且生活里的形象却并不都具有同等价值:有些生活形象本身就具有更大的内容或意义,相对地说,在那些"有限"中蕴藏着更多的"无限","偶然"中体现着更多的"必然";而另一些生活形象,却是比较狭窄的"有限"和"偶然",常常"一"就只是"一","形"就只是"形",甚至有些还是纯粹的假象。但不管哪种生活现象,艺术家如果不对之加上一番"由表及里""去粗存精"的功夫,那就常常总在或多或少或大或小的程度上困在有限的"象""弦""言"之中,而不能传达出更多的"旨""音""意"来,困在"形"中,不能传出"神"来。例如,我们今天有些作品写炼钢就只是炼钢,画积肥也只是积肥,看不出也感受不到画面形象之外能有更多更丰富的东西。其实,写炼钢并不必把开会、辩论等生活中炼钢的原委过程全盘写上，尽管这可以是千真万确的生活现象，但如果只在这表面上作文章，那即使把形象模拟得惟妙惟肖，铺张得极大极长，到头来恐怕仍不能脱出表面形象的有限内容和意义，仍不能高度概括地反映出广阔的时代生活的本质，仍只能低于生活。郭沫若也说："日常生活不等同于艺术，如果话剧只是日常生活的几个切片，那么处处都是舞台，而且不要钱，观众何必还要出钱买票到你剧院来看话剧！"[1]

所以，我想，任何场景、题材、情节、人物，都只是些具体的有限形象。关键在于如何去对待它、处理它：是把它永远囚禁在"这是什么那是什么"的"形"中呢，还是使它冲出这种局限，让"形"中包含更多的东西？"这是树""这是雪""这是在炼钢，积肥"，是"形"，齐白石的虾、鲁迅的阿Q、毛主席的"萧瑟秋风今又是，换了人间"也是"形"。但这两种"形"却有多么大的不同：一种是真正有限的孤立的一览无遗的"形"，一种是有限中见无限、意味深长、百看不厌的"形"。艺术家应该尽量争取后者，避免前者。中国古代的许多艺术家是很懂得这点的。所以他们总是强调要突破"形似"达到"神似"，强调要"以形写神""形神兼备"。悠久丰富的艺术实践使他们了解，艺术形象总是有限的具体：把场景铺张到《三都赋》那样长，也不能写尽生活现象；把花朵刻画到工笔画之细，毕竟仍不如自然物本身。所以，要突破形象的有限，就不能只着重在表面的外形模写或场面铺张上——在"形似"上作文章，而更应尽量使形象具有深度，尽量提炼形象，使它最大限度地反映和表达出丰富的生活真实。也就是使"形"来传"神"。只有"以形写神"，才能"一以当十"。中国传统艺术惊人地具有这种本领，它积累了创造了十分卓越的典

---

[1] 《戏剧报》1959年第5期。

型化的方法：善于用很少的东西表现出很多的东西，用很有限的形象反映出很广阔的内容。无论国画、戏曲、小说、诗词，莫不皆然。一出小杂剧，可以"观古今于须臾，抚四海于一瞬"；一轴小山水，可以上下数千寻，纵横几百里；小说是粗线条的高度概括的勾勒；诗则更强调"情景交融""景中有意"，从不为写景而写景，它们都毫无例外地一方面特别讲究"惜墨如金""字斟句酌"；另一方面也特别讲究"一唱三叹""言有尽而意无穷"。正因为愈重视艺术内容的无限广阔性（"意无穷"），也就愈珍惜艺术形象的有限性（"言有尽"），就愈发严格要求这艺术有限形象中能包含广阔丰富的内容，从而也就愈发惜墨如金，字斟句酌，千锤百炼，精益求精，务使一字一句、一笔一画、一章一节、一举一动，都毫不浪费。《蔡宽夫诗话》说："晋宋间诗人造语虽秀拔，然大抵上下句多出一意，如……'蝉噪林愈静，鸟鸣山更幽'之类，非不工矣，然终不免此病。"以后诗家也都有所谓"合掌"（上下对偶同一意思）之忌。这些艺术鉴赏和评论所以那么苛刻，那么精细地讲求这等道理，就正因为他们了解，形象是有限的。只有"形"中见"神"，以"形"写"神"才成为关（这是我们民族美学的主要精神之一），因此形象就应该是高度的精炼集中，任何多余或重复就与此相违背。今天我们可以批判地领会和学习这些道理，我们也要珍惜自己的每一个字句、每一个细节、每一下笔触、每一个镜头、每一句台词，要充分利用艺术的有限形象，把它挖掘又挖掘，提炼再提炼，像鲁迅的小说那样，像毛主席的诗词那样，使一章一节、一字一句都能以极有限的形象传达出极丰富的生活内容。在这个"形"中见出"神"，"一"中见出"十"，见出"百""千"，这才不会使人"一览无遗"，而成为"百读不厌"。

与此相联系的偶然与必然也同此道理。艺术的有限具体形象总是偶然的，透过它反映、表现出来的广阔深远的内容却总必须是必然的。生活现象本身就具有极为丰富复杂的多样性的偶然。同样的坏人仍可以有很大不同。同样的好人，亦然。在同一环境下长大的革命者，既可以是活泼、机智、开朗的欧阳立安，也可以是沉默寡言、稳重的欧阳应坚（见陶承《我的一家》）。生活中的这种个性差异的偶然，并没有妨碍相反倒是加亮了他们作为革命者的各自所必然具有的鲜明特色。共性通过个性，一般通过个别才能存在；必然与偶然，也是这样。在生活中如此，在用形象反映生活的艺术中就更应如此。也只有这样，"形"才能传"神"，"一"才能当"十"，艺术典型才有意义。

同一《秦香莲》，既可以写成"铡美"——借包公的力量以雪恨，也可以写成"审美"——用自己的手来复仇；同一《昭君出塞》，御弟王龙既可以是京剧里的庸俗的小丑，也可以是湖南地方戏里的一往情深的好人。"铡美"或"审美"，都可以，艺术可以从生活现象本身的变幻多端、复杂多样的各个不同侧面的偶然来反映、来描写，但这种种反映和描写却都必须是能反映和表现出生活和人们思想感情所要求的必然。所以问题不在于艺术中能否有偶然，而在于这偶然能否和如何表现出必然，在于这偶然的"形"能否和如何表现必然的"神"。《狂人日记》中的狂人的言吐举动等形象恐怕是最少见最不平常的"偶然"了，但鲁迅却仍可以从这偶然中表现和反映出一种多么深刻真实的社会生活内容的必然。一个《狂人日记》中的狂人，就代表了封建制度下亿万个被压榨、被迫害者。狂人愈狂，愈误会、愈怕哥哥吃他的肉，愈像偶然，也就愈发揭露了礼教吃人的本质，愈是必然。正如有限与无限一样，在这里，偶然与必然又是辩证地矛盾统一着了。中国艺术，无论小说、戏曲、诗词、绘画，也都是特别懂得这道理的。所以，一方面它们很强调"无巧不成书"，"莫不因方以借巧，即势而会奇"，故事性、戏剧性异常强烈紧凑；另一方面却又巧得合理，巧得不露痕迹，好像必然如此，因此令人完全信服。"诗宜朴不宜巧，然必须大巧之朴"（《随园诗话》）。纤巧牵强，"戏不够，神来凑"，就一向被认为是败笔，因为这种偶然没有必然内容。同样，《秦香莲》的结尾如果不是"审""铡"而是大团圆，这就行不通；相反，《生死牌》如果不是大团圆而是以贺总兵的跋扈收场，这也行不通，观众都不会答应。尽管生活中可以有这种偶然，艺术也必须摒弃。因为这种偶然没有必然性内容，不能反映生活中普遍或将普遍出现的社会发展必然的偶然，它是一种不能传"神"的单纯偶然的"形"。所以，所谓"诗比历史更真实""艺术的真实不同于生活表面的真实"，也就是说，艺术所选择集中的偶然，比历史和生活中出现的偶然，更有必然性；更能反映生活的本质真实；它更巧，也更真；它是一，更是十；它故事性愈强，真实性就必须愈高。"薛宝钗出闺成大礼"之日正是"林黛玉焚稿断痴情"之时，不巧吗？巧。不真实吗？非常真实。强烈的戏剧性的艺术对比加强了主题思想的表现，使人更感到这出悲剧的必然性的力量。曹操叮说是个杰出历史人物，可以也应该有翻案的戏。但长久流传在舞台、小说上的奸雄的曹操形象，却也仍是一种具有必然内容的偶然：集中体现在曹操身上（这是偶然。因为历史上有许多比曹操质量更坏的统治者。但请注意："偶然"并不是说没有原因，曹操被塑造成坏人是与其某些质量手段的确阴险毒辣从而为人民所憎恶有关系的）的奸险、阴狠、毒辣，是人民对统治阶级典型的刻画（这是必然）。集中在一个曹操形象上的"偶然"却正是千百个封建统治者脸谱的"必然"。在这种意义上，艺术比历史又更真实了。

深刻了解和掌握艺术中有限与无限、偶然与必然，对今天创造一个万紫千红、百花齐放、富有多样性独创性的艺术形象的园地，有重要的意义。忽略艺术的有限和偶然，就容易丢失生活本身的多种多样的丰富复杂的形象，而让必然和无限以赤裸裸的姿态出现。这是我们今天的突出毛病。戏剧中的保守的工程师都必戴眼镜、穿西服和工人争持……这常常是仅从逻辑概念上来表现无限和必然的缘故；保守的工程师常具有资产阶级思想以至生活习气，这确乎是生活中常有的事。但是，它们赤裸裸地出现，而不通过生活本身就具有、而非艺术把它更集中更突出地来表现的十分具体的有限和偶然，则观众得到的就只是一些逻辑概念，戏就不"耐看"了。马克思主义美学是强调艺术的倾向性的，但同时更指出这倾向"应当从场面和情节中自然而然地流露出来，而不应当特别把它指点出来"。美感是想象力和理智的谐和的自由运动，无论是自然主义的形象的有限或者是赤裸裸的逻辑的必然，就都不能给人以发挥想象力的余地，去低徊流连反复玩味其"象外之旨""弦外之音"，而只剩下光秃秃的理智的认识——"这是什么，那是什么"，那当然就不"耐看"了。

所以，艺术中如果光是有限和偶然，就常常是自然主义或形式主义；如光是无限和必然，就容易成公式主义和推理论文，两者都不是美。美，就正如车尔尼雪夫斯基所说，它是包罗万有而又变化多端的东西。包罗万有是它的无限丰富的必然的生活内容，而变化多端却正是它的多样偶然的有限的艺术形式。要包罗万有而又变化多端，就要形神兼备，"一"以当"十"，以"形"写"神"。

虚实隐显之间
——艺术形象的直接性与间接性

注：本文原载《人民日报》1962年7月22日。

列维坦有幅著名的风景画，画的是条坎坷不平的、往西伯利亚去的道路（《弗拉基米尔卡》）。在沉郁荒寂的画幅里很好地表达了沙皇时代俄罗斯深重的苦难，虽然画面上没有出现被流放的革命家们。记得第一次看到它，还是在新中国成立前，当时给我的印象非常深刻，并且，还令我突然想起一首古诗来，"步出东门行，遥望江南路。前日风雪中，故人从此去……"后两句是被沈德潜誉为汉魏诗中最好的句子的。这两句也并没直接叙说什么情感，但在我的头脑里，不知怎的，却总唤起一幅风雪中一连串的足迹伸向远方的画面，抒情性极为浓厚。后来，看苏联影片《夏伯阳》，政委走后那条空荡荡的马路逐渐淡出，又使人获有类似的感受。看来，在这些艺术部门不同、思想内容也不同的作品里，却有着某种共同的规律在，都能使人在空荡荡的地方看到丰富的东西，在表面的形象直接性中领悟到背后间接性的道理。艺术所以能够化平淡为神奇，比生活更集中和更强烈，大概正由于能将间接性寓于直接性之中，它们之间有一种特殊的关系在吧。鲁迅的阿Q，齐白石的鱼虾，梅兰芳的一招一式，成功的艺术形象总是直接性（实、显的方面）与间接性（虚、隐的方面）矛盾双方的一种特殊的和谐统一:其直接性总是超出自己,引导和指向一定的间接性;其间接性总是限制自己,附着和从属于一定的直接性。两者相互依存、相互制约,使人们的抒情的想象趋向于一定的理解,获得自由而又必然的联系与和谐,从而发生审美愉快。

艺术形象光有直接性是不够的。那样,想象活动不起来,与生活形象就很少区别。巴比仲派画家罗索在野外写生,一个过路人问他:"你在干什么?"罗索答道:"你不是看见我在画那棵大橡树吗?"那个人仍然很奇怪,说:"那棵橡树不是已经长在那里了吗?你画它干什么呢?"真的,如果画画只是纯粹的摹仿,艺术只是简单的复现,那个过路人便问得非常有道理。因为光有直接的形象,的确不能就算是艺术。不独生活本有形象,无劳艺术去再制;而且科学也利用形象,例如,就有给小学生认识橡树的植物画图。而之所以艺术家画幅上的橡树毕竟不同于小学校课室里的植物挂图,在医学上也许非常有用的逼真的蜡人在美学上远不及某些断头缺臂的雕像,正在于一个是生活的实(一般直接性),一个是艺术的实(特殊的直接性);前者一般只形诸冷静的实用或认识,后者却能诉诸情感的观照与想象;前者只告诉你这是什么东西,那有什么用处,对象一般的意义方面占了主导;后者却经过想象,对象的结构方面把你引向更为广阔自由的领悟和欣赏。形象的直接性在这里主要只是作为一种特殊的感性材料、手段,它必须超出自身本来的意义,与广阔深远的情感、思想、内容联系起来,才能成为艺术特有的直接性。在这里,画幅上的橡树才不只是橡树,而是作者的情趣、生活的风神。"当年鏖战急,弹洞前村壁。装点此关山,今朝更好看""雄关漫道真如铁,而今迈步从头越。从头越,苍山如海,残阳如血",小不足道的断壁残垣,高所难攀的山关险道,就其现实的直接形象(一般的实)来说,并没多大意义,但是,在牢笼万物、气包洪荒的诗人那里，却能随意驱使，取舍自如，化常见为非凡，寓间接于直接，或以色调的疏快优美，或以意境的悲壮伟丽，使形象远远超出其本来的直接性自身（一般的实），成为伟大革命的一代诗史。观乎此，则艺术形象的生命所在，主要不在直接性本身是些什么，而在直接性中表现了什么，也就可以明了。（所以说"主要"，是因为题材作为一般直接性，仍有其相对的重要意义，特别是在某些再现艺术——如小说、电影、风俗画等部门中。）

艺术形象的直接性（实）有其特点，其间接性（虚）也有特点。如果前者的特点在于引导后者，那么后者的特点就在于它不脱离前者。这样，审美认识才有别于概念认识。概念认识是想象过渡于、归结于既定概念，是把想象放在确定的普泛概念下，以形成一套脱离具体感性的道理或知识。这就是生活中的一般间接性，其集中的形态就是科学。审美认识则是想象符合于、趋向于非既定的某种概念，是把非确定的概念溶解在想象里，以得到一种不脱离具体形象的感受和体会，这就是艺术特有的间接性。所以它给人的是欣赏而不是推理，是领悟而不是说教。领悟和欣赏虽也可说是一种认识，但不是概念认识。相反，如果出现了概念认识，则审美认识就反而要被阻抑下来，作品就常常失去它的可以捉摸可以玩味的艺术效果，而使人索然败兴。谢榛《四溟诗话》中有个有趣的例子："韦苏州曰：'窗里人将老，门前树已秋。'白乐天曰：'树初黄叶日，人欲白头时。'司空曙曰：'雨中黄叶树，灯下白头人。'三诗同一机杼，司空为优。"司空何以为优呢？诗话作者没有说。古人没法看电影，不能发现这位司空的"为优"只是不自觉地运用了今天常见的电影蒙太奇：黄叶树、白头人的镜头一组接，有如爱森斯坦等人所阐明的那样，便产生了两个画面（直接性）之外的第三个意义（间接性）：想象在这里自由而又必然地符合于、趋向于某种非既定的理解（审美认识，艺术的虚），于是便比用"已秋""将老"之类的确定概念来说明表达（概念认识，一般的虚），更要使人心领神会、咀嚼一番了。《白雨斋词话》说："意在笔先，神余言外……若隐若见，欲露不露，反复缠绵，终不许一语道破"。说的也是这个道理。语言文字本是概念认识的手段，但在艺术里却要求它不再当作推理符号来做逻辑论断，而要求利用它与感性经验的联系来唤起自由的生动表象与情感，如果"一语道破"，就恰恰破坏它的这一特性。所以，诗人作家的锻词炼句，最重要的就在于求得形象感染力的明确。试看李白诗，"玉阶生白露，夜久侵罗袜。却下水晶帘，玲珑望秋月"，确乎没"一语道破"思妇的哀怨，但却像通过一连串无声的电影镜头，从外景（白露、秋月）、特写（玉阶生露、露侵罗袜）、动作（下帘、望月）等富有形象感染力的蒙太奇语言，没有概念而又明确地道出了一切。同样，前述司空的"为优"，也仍在他不求概念认识的明确而力求形象感染力的明确，从而取胜的。可见，关键在于，艺术形象的间接性不能是抽象的概念、理论，而必须本身也是具体感性的；它与直接性必须彼此渗透相互依存，而不能彼此割裂或外在拼凑。否则，虽着意让概念也穿上美丽的衣裳，装点得五彩鲜艳，银幕、舞台上即使用闹哄哄的鼓掌、笑嚷以示兴奋，诗歌小说中即使用一片片的欢呼、热闹以表激情，但因为没有真正具体的表象和情感的艺术间接性，就并不能使观众和读者感奋或激动起来，反觉得上面的笑闹激动不过是一种形象（一般直接性）加概念（一般间接性）的外在拼凑，于自己的喜怒哀乐是隔了一层的。相反，"东方欲晓，莫道君行早。踏遍青山人未老，风景这边独好""此行何去，赣江风雪迷漫处。命令昨颁，十万工农下吉安"，军容无哗，并没笑嚷，但饱含乐观情感的形象却语语如在目前，直接性与间接性是这样地水乳交融，彼此渗透，沁人心脾，使人感到分外的欢快。抒情、写景、叙事，至此方为不隔。可见，艺术形象的间接性不但不能离开直接性，而且还必须具体和完全溶化在直接性之中。它不是附加在直接性身上的抽象的思想、理论、概念，而只能是由直接性自身生发出来的具体的想象、情景、感受与理解。直接性与间接性的这种互相交织、融为一体的虚实关系：实（直接性）里含虚（间接性），虽实亦虚；虚不离实，虽虚亦实，就构成艺术形象的根本特性。

从而，一方面，就直接性与间接性、虚与实的联系和关系的特点来说，艺术形象就比概念认识要远为自由、灵活。这正是由于艺术的直接性（实）所指向的不是僵硬宽泛的既定概念，而是生动活跃的自由联想，不是抽象思维，而是形象思维。在这里，各种感性具体的联觉、感知、印象、情绪都被唤起和活动起来，使人能百感交集，浮想联翩，所以它所包含的内容比概念要远为广阔具体，多样丰富，而需要和值得人们去咀嚼玩味，反复体会，觉得其中不简单，不是几个概念、几句说明所能规定和代替的。我们常说"形象大于思想""可意会不可言传"，就正是这个道理。"前日风雪中，故人从此去"所指向的深厚友情的间接性是几个概念所能"言传"和穷尽的吗？"苍山如海，残阳如血"所抒写的悲壮景色的直接性，又是几个推论所能规定和代替的吗？古人说，诗无达诂。其实只是因为直接性与间接性这种自由联系的特点，艺术形象的虚实关系的这种丰富性、灵活性的特点，才使人们能各根据其不同的生活经验、文化修养、精神财富来见仁见智地补足、充实形象，来各自进行欣赏中的不同的"再创造"。人们也正是通过这种"再创造"，把客观的直接形象与主观的情感体验在想象中合而为一，在对象中感到自己，于景物中看到生活，于是觉得物我同一，亲切非常，当然就不会再隔一层了。

但是，另一方面，艺术形象与概念认识又有本质相通的地方。它们都与一定的理解、判断、逻辑相联系。它们都是对象的本质反映。间接性的抒情想象不管怎样活动自由，但总得有个范围；艺术的虚不管怎样不可言传，意在言外，但总得有个"意"在。否则，想象的自由便会完全失去规范，而形象的间接性也将变得含混模糊。著名的李义山的某些诗，有时就有这个问题。因为作者没有或不愿对其形象间接性有所较明确的规范，没有或不愿让读者的想象趋向于某种较明确的理解，于是便扑朔迷离，朦胧恍惚，很难审定其意之所指而"苦恨无人作郑笺"了。但不管怎样朦胧恍惚，李义山却又总还保持了一定的规范：能把想象必然地引向感受和理解一个色彩缤纷、富有优美情绪、音调的形象世界，所以其作品就还是成功的。近代的未来主义、现代抽象派的某些作品则完全舍弃和否定了直接性与间接性这种必然联系，他们自以为在那些破坏自然形体、七横八竖的狂乱构图中，有某种高深的"哲理"或事物的"本质"在，其实正因为毫无想象的必然规范，其所谓"自由"的形象就不可能真正具有或引向某种有意义的间接性的感受内容，而只是一种纯粹主观的、偶然的、自己不知所云而别人也莫名其妙的抽象欲望或变态情绪的表现，它们给予人们的反常的官能刺激，充分地反映了反理性主义的时代特点。我们认为，真正美好的作品，其形象的直接性与间接性，欣赏的想象与理解，艺术的创造与"再创造"，是必须既自由而又必然的。一方面，虚自由地扩大实，丰富实，充实实；另一方面，实又必然地制约虚，规范虚，指引虚。正因为这样，艺术才既具认识的功能，又不失审美的特性。"更立西江石壁，截断巫山云雨，高峡出平湖"，没有概念化，想象的流转是自由的，然而却又有对未来世界的明确的展望和理解。"横扫千军如卷席，有人泣，为营步步嗟何及！"没有说理，豪迈的情感抒发自如，但却不由得使人想起毛泽东同志的军事战略和在这战略指导下的伟大胜利：不在一城一地的得失，大踏步地前进、后退，使步步为营的愚蠢敌人处处挨打，终至溃灭。也正是在这理解中，丰富的体验与生动的想象便变得更加深刻了。百年前，杜勃罗留波夫曾慨叹说："把最高尚的思维自由地转化为生动的形象，同时，在人生的一切最特殊最偶然的事实中，完全认识它的崇高而普遍的意义——这就是一种到现在为止，还没有什么人能够达到的、使科学和诗完全交融在一起的理想。"在这里关键的是，思维、认识必须是自由地而不是概念地转化为形象，实际也就是想象与理解，直接与间接，情感与认识，自由与必然，科学与诗，已达到一种水乳相融式的渗透统一。

　　从上面看来，直接性与间接性的联系与关系是太疏远不行，太密切也不行；太浅露了不行，太深藏了也不行。过犹不及，虚实之间的这种种妙处，全在艺术家去朝夕揣摩，匠心独运。但是，有作为的艺术家们却还是能够灵活运用，变化无穷，作出各样各式的文章，写出多种多样的风格来。在直接性与间接性的矛盾统一中，在虚实的关系比例中，有时使作品更偏于间接性的品位：抒情、想象趋向于理解的自由运动徐缓渐进，使人老在形象中玩味捉摸着某种道理，于是这就以含蓄胜。有时在这统一中又使作品更偏于直接性的突出：抒情、想象趋向于理解的自由运动迅速紧凑，使人顿时在形象中体会领悟到某种道理，于是这就以明锐胜。虽然这两者始终仍是虚与实、间接与直接的和谐统一，但前者以其间接性的深沉，后者以其直接性的新颖，却可以形成不同的风格，给人以不同的感受。《文心雕龙》说，"文之英蕤，有秀有隐……隐以复意为工，秀以卓绝为巧"。前者经常是"义主文外""玩之无穷"，一唱三叹，余音不绝。前面的许多例子如"故人从此去""玲珑望秋月"等，便都属此类。鲁迅《故乡》描写见到闰土"问问他的景况"时，闰土刚断断续续说了几句，便"只是摇头……沉默了片时，便拿起烟管来默默的吸烟了"。"沉默了片时"之后,本来可以来一个长篇大论,然而作者却偏偏写他终究是"拿起烟管来默默的吸烟了",欲说还休,欲说还休,终竟一句也没说。但在这一句不说的后面不是大有逼人三思的深意在吗?《红楼梦》写黛玉临终时高叫"宝玉,宝玉,你好……",便"浑身冷汗,不作声了"。"你好"什么呢?没有说,也说不出,说不尽,然而却老令人捉摸体味着其中的感情和道理,这,不又比说出来还更感动人吗?至于"秀",则不同。在这里,艺术家反复锤炼着精粹的字句和形象,使情感、想象和理解能得到一种紧凑巧妙的联系和畅通,形象、思想与风神取得一种创造性的表现和点破,于是使人感到先获我心,惊喜交错。王国维说:"'红杏枝头春意闹',着一闹字而境界全出。'云破月来花弄影',着一弄字而境界全出矣。"(《人间词话》)《苕溪渔隐丛话》说,"古今诗人以诗名世者,或只一句或只一联……如池塘生春草,则谢康乐也,澄江静如练,则谢宣城也……孟浩然有气蒸云梦泽,波撼岳阳城;贾岛有鸟宿池边树,僧敲月下门"。这一句一字一联,就集中地表现了"彼波起辞间,是谓之秀""如欲辨秀,亦惟摘句"[1]某些形象直接性的鲜明美锐(显)的特色。电影《青春之歌》里,余永泽、林道静双人照(结婚)处渐渐化出,化入了油盐酱醋坛坛罐罐(婚后生活),那是多么巧妙的讽刺。当卢嘉川就义高喊"中国共产党万岁"声后,马上就是林道静所手贴的标语特写——"中国共产党万岁"的赫然大字。它又是紧凑地告诉了人们:共产主义者是斩不尽杀不绝的,一个战士倒下去,千百个战士站起来!电影《耕云播雨》用窗外时远时近的雷声插入室内有雨无雨的争论,便加添了情节的戏剧性的紧张;话剧《雷雨》中,周萍与四凤正难舍难分之际,闪电中窗口出现了繁漪;小说

---

[1] 刘勰:《文心雕龙》。

《林海雪原》里杨子荣在威虎山刚刚坐定,又偏逢小炉匠脱走上山;相声里讲究"抖包袱"那一着,绘画里也有戏剧性的"一瞬间"。这些不也都是"彼波起辞间"使"境界全出"的蒙太奇语言的"秀"(显)吗?形象直接性的巧妙新鲜,使想象与理解顿时获得迅速紧凑的领会畅通,从而收到炫人耳目、动人心弦的艺术效果,真乃"言之秀矣,万虑一交。动心惊耳,逸响笙匏"[1]。自然,"隐""秀"的区分又不能是绝对的,不但一篇之中可以有秀有隐,二者兼备;而且它们本身也可以相互交织,多彩多姿。

总起来看,艺术创作可以各擅胜场,有隐有秀,百花齐放,殊途同归:总都是直接性与间接性的矛盾统一,是想象与理解的自由而又必然的和谐运动。形象的直接性可以少而精,形象的间接性要求深而广;一个是不着一字,尽得风流;一个是只着一字,境界全出;一个能令人动心惊耳,拍案叫绝;一个却叫人一唱三叹,低徊流连。而总之,一方面是不要概念而又趋向于、符合于一定的概念,一方面是不止于形象而又即在形象之中,两者水乳交融,合为一体,就构成艺术形象的美的秘密。司空图曾说,诗的妙处是"味在咸酸之外",然而,依我们看来,不又仍在这虚实隐显之间吗?

---

[1] 刘勰:《文心雕龙》。

审美意识与创作方法

注:本文原载《学术研究》1963年第6期。

创作方法是美学中一个非常复杂的问题。本文作为粗糙的读书札记，许多论点只具有初步探讨的提纲性质。

（一）

第一个问题：什么是创作方法，它包括些什么内容？

创作方法是构成艺术家之所以为艺术家特征所在。艺术家的全部财富，他的世界观、阶级立场、社会政治思想直到他的生活经历、习惯爱好、个性特点，都无不直接间接地体现在或折射到他的创作方法中来，决定和制约着他对艺术形象的创造。实际上，我们是从具体的艺术形象的世界里感受到艺术家创作方法的存在及其不同的特色的。李白的诗与杜甫的诗，吴承恩的孙悟空与曹雪芹的贾宝玉很不相同；同是宗教题材的敦煌壁画，北魏《太子饲虎变》里的峻酷的哀祷不同于盛唐《西方净土变》里的欢乐的颂歌；同是博格尼尼的画像，安格尔不同于德拉克罗瓦。这里，引导艺术家们创造了如此丰富而各不相同的形象世界的"方法",亦即艺术家们自觉或不自觉地用来指引他们去反映现实进行创作的原则和途径、精神和手法,是确乎有所不同的。这种不同虽然已经物态化在艺术作品的形象世界里,但其实际的作用和具体的表现却出现在艺术创作的形象思维和物质体现的过程中。这个过程与艺术家的审美意识有着密切关系。创作方法作为一个极为复杂的问题,可以从不同方面来分析研究,例如从艺术与政治的角度来着重研究创作方法与世界观、阶级立场的关系问题,从艺术心理学的方面来着重研究创作方法中的个性特征,等等。这篇札记是想从审美意识这个角度谈谈某些有关的问题。

审美意识是人们反映现实、认识现实的一种方式。如果说,作为客观存在,美的本质是真(合规律性、客观现实)与善(合目的性、社会实践)的统一,那么,作为主观意识,审美感的本质便是理(理解、认识性活动)与情(意志、情感实践活动直接相关)的统一(从心理功能上来看),也是感性与理性的统一(从认识论上看)。审美感受与审美理想各有侧重地体现着这个统一。

审美感受是感知(或表象)、想象、情感、思维(理解)几种心理功能的复杂的动力综合。审美感受一般不离开对对象的直接反映,表现为渗透着理解的感觉,是人类特有的理性认识、逻辑思维基础之上的感性活动。审美理想则是从大量审美感受中提炼集中的产物。正因为如此,审美理想与其他理想、观念有所不同,它具有经验性的形象特征和标准,非逻辑概念所能等同或替代。另一方面,审美理想又与审美感受不同,它更鲜明地显示着一定时代、阶级的理性要求。对比审美感受,审美理想的想象因素与情感因素相对地较为突出。这种情感和想象渗透了理性内容,与一定的世界观、社会利益和实践要求密切相关。车尔尼雪夫斯基关于贵族阶级与农民阶级各不相同的美人的理想,是众所熟知的例子。普列汉诺夫也多次论证过这个问题。例如他指出,中世纪僧侣阶级在拜占庭圣像中塑造的美人的理想与资产阶级在古代维纳斯雕像上所找到的美人的理想,是正好表现着不同时代、阶级的历史特点和实践需要的。中国的情况也一样,古代雕塑中的秀骨清相(北魏、北齐)与丰满肥腴(唐、宋),展示着不同时代、阶级对美的不同理想。可见,审美意识中的情与理的辩证法在这里展开为:在审美感受,理解(知性)沉淀为知觉,成为感性的方面;在审美理想,情感沉淀为理想,成为理性的方面。一方面,只有理解沉淀在感性中,才可能构成不同于一般感觉的审美感受;另一方面,只有情感沉淀在理性的思维中,才可能构成不同于一般概念的审美理想。

从审美意识角度来看艺术创作,其核心正是有关审美理想的问题。审美理想一方面以其理性内容与世界观相联系,另方面以其感性形式与审美感受相联系。如果说,一般人们多半停留在观照形态的审美感受内,其时代、民族、阶级的审美理想通过审美感受才呈现出来;那么,艺术家的特色便是不满足于、不停留于对现实和既有艺术的审美感受上,而是在广泛地观察、分析、体验、探究现实的基础上,提炼集中审美感受,由观照进入创作,经由形象思维或艺术想象[1],创作艺术作品,以继承、革新旧有的艺术形象和审美意识,来主动地为其时代、社会树立审美理想,以满足一

---

[1] "形象思维"作为严格的科学术语,也许并不十分妥帖,因为并没有一种与逻辑思维相平行或对立的形象思维,人类的思维都是逻辑思维(不包括儿童或动物的动作"思维")。但是由于它的本意原是指创造性的艺术想象活动,即艺术家在第二信号系统渗透和指引下,第一信号系统相对突出的一种认识性的心理活动,已约定俗成为大家所惯用了的这个名词,所以仍然可以保留和采用。它以逻辑思维为基础,本身也包括逻辑思维的方面和成分,但并不等同于一般的抽象逻辑思维,而包含着更多的其他心理因素。在哲学认识论上,它与逻辑思维的规律是相同的:由感性(对事物的现象把握)到理性(对事物的本质把握);在具体心理学上,它与逻辑思维的规律是不相同的,它的理性认识阶段不脱离对事物的感性具体的把握,并具有较突出的情感因素。参看本书《试论形象思维》。

定社会的实践需要。创造出或崇高或优美的艺术形象以体现自己时代的审美理想，是艺术创作的重要职责之一。艺术家的创作既是为其时代、社会树立特定的审美理想，可见，艺术家在创作中所遵循的原则和途径、精神和手法（即创作方法），必然与艺术家如何捕捉集中审美感受上升而为审美理想的过程，亦即审美理想的形成过程有着内在的关系。这个过程是十分曲折复杂和多种多样的。但概括起来，基本上不出两种倾向：一种是审美感受的客观再现占优势，审美理想似乎即形成在这感受之中，感性的、理解（知性）的因素较显著，从而创作精神更倾向于记录感受、认识对象、再现现实；在手法上也更多地偏重于现实地描绘对象，或者追求感性形式的完美（如古典主义的现实主义），或者追求感性材料的真实（如批判的现实主义），具有平易近人、真实写照的外貌特点。总起来是感性的现实和冷静的理智起了主导作用。另一种倾向是，审美理想的直接表现占优势，审美理想似乎形成在审美感受之外，与对现实的审美感受相对立相冲突，在这里，理性的、情感的因素较显著。从而创作精神更倾向于抒发内心，改造对象，表现情感，在手法上也更多地偏重于理想地表现对象，追求超感觉的内容和观念，采取象征、寓意等方式，以突破感受的经验习惯。总起来是理性的观念和热烈的情感起了主导作用。[1]前一种，一般称之为现实主义，后一种，一般称之为浪漫主义。

现实主义与浪漫主义，其涵义非常复杂多样，甚至往往是含混不清的，特别是当广泛运用它们的时候。例如说科学是现实主义而艺术是浪漫主义，等等。以至有些人分析出它们有六七种不同涵义而主张废除这样的

---

[1] 参看席勒《素朴诗与感伤诗》、斯泰因夫人《论德意志》、黑格尔《美学》第2卷、别林斯基《智慧的痛苦》等。

词汇。[1]但不管怎样,这两个词仍然不断地被人们所接受和沿用下来。实质上,它们本也不只是艺术或艺术家才可能有的两种不同的倾向或途径。在日常语言中,便可以听到说这个人是现实主义者,那个人是浪漫派;科学中也有所谓浪漫主义。这是因为,一方面,主观与客观、人与现实诸关系基本可说是认识与实践的关系,是认识客观规律性与发扬主观能动性的关系。因此,人们对待现实的态度、倾向在这两个方面的侧重不同,便可以形成所谓现实主义与浪漫主义的分别。另一方面,由于人们的知觉、想象、性格、情绪等生理心理上的先天后天诸差异,使人们对待世界的方式、能力在这两个方面的侧重不同,[2]便也可以形成现实主义与浪漫主义的不同。前一个不同主要与人们的社会倾向的内容,与人们的审美理想关系更多,后一个不同主要与人们的个人心理形式,与人们的审美感受关系更多。前一个不同构成不同的创作精神,后一个不同形成不同的创作手法。[3]实际上它们即是人们对待世界的两种基本态度(精神)和两种想象形式(手法)。

现实主义与浪漫主义所以在艺术的创作方法中占有比在其他地方远为突出的地位,是因为创作方法作为审美意识的物态化的方式,其实质是理与情的统一;因此,对理与情两方面的不同偏重,在这里就比在其他地方(例如,比在以理解、认识为主的科学思维中或以意志、情感为主的伦理行为中)能够得到更充分、更完备的发展,以分别满足人们认识与情感的

1　参看雷德(A.Reid)《美学研究》第13章。
2　参看荣格(C.Jung)《心理类型》。
3　手法可以有广义的与狭义的两种涵义。本文所用的是广义的涵义,亦即艺术家在创作过程中所经常运用或遵循的具体法则,因为只有这种涵义的手法(如象征、描写)与如何表现精神有比较直接的关系,从而才与精神、内容方面构成矛盾的统一体。狭义涵义的手法(如对比、反复),多半只涉及形式美在物质体现中的运用问题,与精神、内容的关系是更为间接的,有更大的相对独立性质,所以不在本文探讨范围之内。

不同需要和要求,而终于形成艺术中的两种创作精神、两种创作手法以至两种创作流派。

在这里应该紧接着说明的一点是,现实主义与浪漫主义作为对待世界两种不同的精神,是并无优劣长短之分的。它们本身还只是一种抽象的、潜在的可能性。只有在具体的时代、社会的思想倾向的指引下,才能使它们由单纯的潜在可能性实现为各种具体的现实性。同样有着现实主义精神的人,在不同世界观的指引下,既可以成为明察秋毫的科学家,也可以成为斤斤计较的庸人市侩。同样有着浪漫主义精神的人,在不同世界观的指引下,既可以成为热情澎湃的战士,也可以成为白日梦呓的冒险家。现实主义精神与浪漫主义精神所具有的肯定、否定的社会价值,并不取决于它们的抽象的可能性自身,而取决于它们如何通过审美理想受世界观的具体制约和指引。世界观通过审美理想制约和指引着创作精神,使艺术家的现实主义的或浪漫主义的创作精神具有确定的社会倾向。艺术家一般总在其艺术创作中追求着一定的目的、意图,遵循一定的原则的。但是什么是这种目的、意图和原则呢?因世界观的不同、审美理想的不同,便有创作精神不同的回答。

乔治·桑和福楼拜有一场有趣争论:乔治桑说,"你呀,不必说,一定要写伤人心的东西;我呀,要写安慰人心的东西。你……限制自己于描写,同时有系统地极其小心地藏起你私人的感情……你让读者分外忧愁,我呀,我只想减轻他们的不幸。"(《与福楼拜的书信》)"现实的灾祸的直接的叙述,酝酿的热情的呼吁都不是获得拯救的出路;宁肯吟一首甜蜜的歌曲,宁肯听一曲牧童的短笛,宁肯写一篇使孩子们没有惊愁、没有痛苦、值得安眠的故事……"(《小法岱特·序二》),于是乔治·桑就写了许多赞扬劳动人民的纯朴、善良和理想化了的农村图画(如《小法岱特》

《魔沼》《弃儿弗朗沙》等)。另一方面，福楼拜说："你事无巨细，一下子就升到天堂，再从天堂降到地面，你由先见的原理、理想出发……我呀，可怜的东西，胶着在地面上，好像穿的鞋是黏底，一切都刺激我，撕裂我，蹂躏我……"(《与乔治桑的书信》)于是福楼拜就有无情揭发资产阶级的现实生活、使伪善的卫道者们激怒得要作者吃官司的《包法利夫人》。世界观的不同，经由审美理想展现为创作精神的不同，希望改变现实，怀着空想社会主义的世界观的乔治桑，强调追求远离丑恶现实的社会理想，走向浪漫主义。悲观厌世而抱有带着怀疑主义特征的世界观的福楼拜，执着在对现实的审美感受的真实中，着重审美理想的现实性到怀疑它的正面价值，走向批判的现实主义。

从上面的这个例子也可以看出，创作精神是决定创作手法的，它构成创作方法中精神与手法这个矛盾中的主导方面。对待世界的现实主义创作精神使艺术家倾向于冷静描写和采取真实再现的现实主义创作手法。巴尔扎克对雨果创作手法上的许多非难，"雨果先生的对话太是自己的语言"，"他不变成人物，而是把自己放进他的人物里"，实际上根源于他们两人创作精神的根本差异；白居易写讽喻诗因为强调自己的创作精神是"惟歌生民病，愿得天子知""文章合为时而著，歌诗合为事而作"的现实主义，所以要求创作手法也是"其词质而径，欲见之者易喻也；其言直而切，欲闻之者深戒也；其事核而实，使采之者传信也"的现实主义，而排斥屈原、李白式的幻想、夸张、象征、狂放。坚持"穿黏底鞋"的福楼拜声明，他在手法上也要"特意回避偶然性和戏剧性，不要妖怪，不要英雄"(这些形象对浪漫主义却多么重要！)，契诃夫则甚至连"天空瞧着"、"海在笑"(高尔基《玛尔华》开头第一句就是"海在笑")这样的比喻语句也不能容忍："海不笑，不哭；它哗哗地响，浪花四溅，闪闪放光……

您看托尔斯泰的写法,太阳升上来,太阳落下去……鸟儿叫,谁也没哭,谁也没笑……"[1]

另一方面,怀着强烈浪漫主义精神的艺术家因为要求否定现实和改变现实,就经常使其创作手法、形象想象不满足于日常现实本来面目的复写,而"上穷碧落下黄泉",远远翱翔于现实之上,沉溺在主观感情、理想的激荡和抒发里,缅恋在各种对象的臆测、虚构中。艺术家经常忍不住从客观再现中跳出来作强烈的抒情表现,以它来直接表达主观理想和塑造情感形象。无论是拜伦、席勒,是音乐中显赫的浪漫派,或者是绘画中席里柯、德拉克罗瓦;在中国,无论是屈原、李白、李贺、《西游记》或者是扬州八怪——仙魔神鬼的虚构形象,色彩缤纷、飘忽不定的幻想和憧憬,热情的夸张,偶然性的情节,戏剧性的巧合效果,几乎成了人所熟知的浪漫主义的形式和手法。这两种精神和两种手法,如果借用莫泊桑的话,就一个是把"事实本身赋予过于次要的意义"(精神),所以"想象和观察交融在一起"(手法),这是浪漫主义;另一个是"小心翼翼避免一切复杂的解释……和议论,而限于使人物和事件在我们眼前通过"(手法),就正因为它"不是娱乐或感动我们,而是强迫我们思索理解蕴含在这事件中的深刻含意"(精神),这是现实主义。可见,现实主义更偏重于客观的再现,更偏重于理解,而浪漫主义则更偏重于主观的表现,更偏重于情感。不同的手法和形式,正符合于、服务于不同的精神和内容。

形式、手法被决定于内容和精神,但远远不是那么机械和简单。相反,在中外古今极为复杂多样的艺术实践里,精神和手法的结合有着极为复杂多样的情况。精神决定手法,两者符合和一致,这只是一般的或大体

---

[1] 契诃夫:《契诃夫论文学》,人民文学出版社,第403页。

的情况，但还有许多相反的情况：现实主义精神采取浪漫主义手法或者浪漫主义精神采取现实主义手法。《伊索寓言》以及许多神话，以至谢德林的小说，鲁迅的《理水》《奔月》之类，都可说是前者，手法属于或接近于浪漫主义，而精神实质却是现实主义的。另一方面，车尔尼雪夫斯基的《怎么办》充满了浪漫主义的革命精神，却是现实主义表现手法（包括拉赫美托夫形象的塑造）；鲁迅在《药》里的浪漫主义精神，也只是在瑜儿的坟上"放上一个花环"的现实主义手法而已。精神与手法的这种离异，原因是很多的：（1）首先是创作手法作为表现形式一经形成，便具有极大的相对独立的性质，而可以服务于不同的创作精神，它能对精神起巨大的反作用。在这里，个人心理特征的差异有着重要的意义，艺术家这种心理特征经由审美感受在其艺术想象（或形象思维）、物质传达中获得充分的展开，使艺术家的观察、体验、反应、表达，产生各种具体的不同：或是更多地如实描写，尽量地接近对象；或是更多地离开对象，让虚构作自由的飞翔。特别是在已经成熟和有了自己创作个性的艺术家那里，一定的审美感受、艺术想象（或形象思维）的途径已固定为个人的习惯、经验和倾向，使艺术家对现实的观察、捕捉、体验、分析、研究到概括、提炼、集中，都受着这种习惯、经验和倾向的内在规律的制约，而在表现创作精神时便深深地留下了自己的痕记，使创作方法具有特定的感性形式和个性面貌。契诃夫的手法，使人们确信契诃夫在表现浪漫精神时，也绝不会像果戈理那样作抒情独白。果戈理的浪漫手法，使其在现实主义巨著（《死魂灵》《钦差大臣》）中，也仍然保留其幻想、夸张、抒情独白的种种特征。杜甫、白居易、《儒林外史》在表现其浪漫理想时，手法也还是现实主义的（例如"安得广厦千万间"等）；屈原、李白、《西游记》在表现其现实主义精神时，手法也还是浪漫主义的（如嘲笑猪八戒在耳朵里攒私房银子等)。创作手法的相对独立性质使相同的手法可以服务于不同的精神。同样,不同的手法也可以服务于相同的精神。例如,同是现实主义画家的列宾与苏里柯夫,创作精神尽管大体相同,但是由于他们审美感受的个性心理差异便使他们创作手法颇有不同:列宾画人物草图多着重客观原型的实录,较少加进主观的想象和解释,这种想象和解释要在画面上去多次加工进行;苏里柯夫则恰好相反,他在感受和捕捉对象时,就已加上自己的创作意图和创作想象,他的人物草图与原型出入、变形就很大,但是以后移到画面上的加工修改却较小。[1] (2)其次是时代环境或其他种种原因,使艺术家或故意、或被迫采取特殊手法。诸如寓言体裁的采用;鲁迅《狂人日记》的独特形式,等等。(3)再次,传统的影响和继承,例如十九世纪英国现实主义(勃朗特姐妹、狄更斯)。之所以总有着许多象征、怪诞的手法,就是因为直接承受上一代浪漫主义的结果。充满浪漫精神的李商隐在手法上所以时常采用和掺杂许多现实主义手法,就鲜明地体现了杜甫的现实主义的伟大影响,而与李贺不同。就是在李贺那里,炼词锻句和反复推敲,也仍然在手法上表现了以杜甫为代表的上一阶段的影响。总之,手法作为艺术表现的形式,它一经形成,便是比较稳定的,历史的传统和个性的特征在这里可以起着巨大的作用。所以,手法对精神有统一、服从的一面,但也有矛盾、离异的一面。而手法与精神的分歧离异,随着不同的具体情况,可以有好的性质,例如扩大了精神的表现方式;也可以有坏的性质,例如妨害精神的表现。从上可见,构成创作方法的精神与手法这两个方面,其关系是非常错综复杂的,需要继续深入探究。这里可以指明的是,不能把精神与手法截然分开,也不能把它们混为一谈。截然分开或者

---

[1] 参看《绘画心理学》,科学出版社,1959年版。

混为一谈，就常常容易忽视艺术创作的实际情况，忽视精神对手法的具体规定和手法对精神的无限丰富的表现形式；不是使创作方法变成没有具体艺术形式的抽象内容和空洞精神，便是用艺术的外表特征和手法，替代和抽掉内在的精神或内容。

具体分析创作精神与创作手法的各种各样的交织配合和丰富多彩的矛盾，有助于深入地了解艺术世界中五彩缤纷、各有特色的创作风貌或美学风格。在《典型初探》文中，我曾引述过车尔尼雪夫斯基关于屠格涅夫、托尔斯泰等作家创作特征的评论，这种创作特点都无不与艺术家的创作精神和创作手法，以及它们之间的相互关系有着密切的联系。例如，屠格涅夫和托尔斯泰美学风貌的差异，实质上表现着他们创作精神和手法的差异，表现着屠格涅夫的资产阶级自由主义的世界观和审美理想与托尔斯泰宗法制农民的充满宗教情绪的世界观和审美理想的巨大差异，同时也表现着他们两人的个性心理的巨大差异。一个富于诗意的敏感，拥有浪漫的热情；一个执着于严峻的剖析，具有现实的态度。后一种差异（感受、手法的差异）在实践中是被制约于前一种差异（理想、精神的差异）的，正是前一种差异使他们终于发生严重的冲突。[1]可见，同是现实主义或浪漫主义的创作方法，却仍然可以出现各种纷繁精细的不同。这种不同，归根结底，表现着不同的时代、阶级的艺术家所具有的理想的不同，对待现实的根本态度的不同，表现着他们的世界观的不同，而在根本上反映客观的一定时代、社会的现实与理想的关系的特点不同，从而在艺术中出现了各种不同的现实主义和浪漫主义的创作方法。但是理论总是采取了比较纯粹的态度，在实际上，"进步的"或"反动的"现实主义，"积极的"或"消极

---

[1] 参看罗曼·罗兰《托尔斯泰传》。

的"浪漫主义,反映一定时代、社会的特点,虽然有时泾渭分明(《金瓶梅》与《红楼梦》,拜伦、雪莱与湖畔诗人等),但在许多时候,却总是鱼龙混杂,难以分辨的。同一音乐家威柏,既可写出《自由射手》,也可写出《优幕兰》;"三言""二拍"中既有体现进步精神的故事,也有庸俗反动的东西。现实主义可以夹杂着自然主义(左拉、莫泊桑),消极浪漫主义也常与积极浪漫主义混在一起(德国浪漫派等)。在中国,阮籍、陶潜、苏轼、马致远等,积极与消极,现实主义与浪漫主义,也不是那么清楚明白。这里,就必须通过历史的考察,揭示它所属社会、时代的本质特征,才能真正具体地理解创作方法诸问题。

(二)

第二个问题,创作方法作为艺术史上的流派,其规律和原因何在?

艺术家可以常常分别成为现实主义者或浪漫主义者。其实,如上面所说,作为手法,现实主义与浪漫主义,无所谓好坏,它们同样服务于精神。艺术性高的手法可以服务于思想性低的精神。反之亦然。作为精神,现实主义与浪漫主义也各有好坏,并非一切现实主义精神就都是好的。只是在名称上我们已习惯于把现实主义或现实主义精神在它的好的含意上来理解和运用。其实,有好的现实主义,也有坏的现实主义,正如有好的和坏的浪漫主义一样。

那么,黑格斯所讲的"现实主义的胜利",又是什么意思呢?看来这问题只能理解为,巴尔扎克世界观("看法")的内部矛盾,通过创作方法,使其一方面战胜了另一方面。同时,这也说明,现实主义比起浪漫主义来，无论就精神或手法来说，其客观规定性要大一些，主观情感、意愿的飞翔的自由要小得多，从而其客观现实的真实暴露的可能性就要多一些。浪漫主义在不同世界观和审美理想的指引下，既可以朝着过去，也可以面向未来；既可以消极地逃避现实来"否定"现实，也可以积极地变革现实来否定它；既可以遁入神秘宗教和无可解决的生死谜语中，也可以走向真正的人民性和民间去。不同的艺术家可以作出不同的选择。在这里，与在现实主义那里本是一样的。只是由于浪漫主义精神的特点更偏于主观情感、意愿，更偏于审美理想的直接表现，从而它的积极与消极、进步与反动，受世界观直接制约的情况更加突出和明显，客观反映能力要小得多。可见，就艺术反映现实说，现实主义是更为根本的东西。现在的问题是，在一定历史时期，就有或是属于现实主义范畴或是属于浪漫主义范畴的一定流派或思潮作为必然的艺术现象而出现。那么其规律又何在呢？

艺术家偏重于不同的方法，这当然有许多原因。例如个人心理上的性格、气质的原因，就很重要。歌德"过于入世的"性格，"他的气质、他的力量，他的整个精神的倾向都是把他推向实际生活"，而成为现实主义者。同时代的席勒，却能"逃向康德的理想去避免鄙陋"，而终其生是浪漫主义者。就是一般人的审美趣味，也常随个人性格不同而各有所偏：有人更喜欢屈原、李白一些，有人却更爱杜甫、陶渊明一些，等等。但是，一个也许更为主要的原因，仍然是时代和社会。常常是一定时代和社会对艺术的不同要求，通过审美理想，使艺术家自觉或不自觉地具有和充满不同的精神倾向，这种精神倾向又规定着艺术家采取相适应的不同的手法，而形成这一定历史时期中的一定的艺术流派或思潮。所以，一定的现实主义或浪漫主义的高涨，常常是一定时代、社会的要求，一定的经济、政治的反映，而并不是艺术家个人的性格、爱好所能随意支配；相反，时代、社会的这种要求，倒反过来要来支配、控制甚或改变艺术家个人的性格、爱好或倾向，来改变他的"艺术天性"。例如，福楼拜或果戈理，如果按其个人的"艺术天性"来说，也许都是更倾向于浪漫主义精神的作家，他们也都写出过出色的浪漫主义的作品（如福楼拜的《圣安东尼的诱惑》，果戈理的《狄康卡近乡夜话》）。但是却正是由于时代的要求，使这些富于浪漫主义倾向的作家终于要走上现实主义的道路：苦难深重的现实要求有责任感的艺术家认真地对待它，深刻地揭发它，而不要让自己的想象躲到根本还看不到前途和出路的主观浪漫空想中去。于是，《包法利夫人》《死魂灵》尽管掩盖不了艺术家个人天性偏好的痕迹（果戈理的夸张、嘲笑和抒情；福楼拜对语言的唯美主义的癖好等），但毕竟还是现实主义的巨著。而在另外的一定时期，例如在充满希望的革命高涨时期，现实主义大师也会转向浪漫主义。鲁迅的《铸剑》是惊人的浪漫主义杰作；契诃夫绝笔之作的《新娘》也展示了冲破藩篱的浪漫晨曦。同样，除了时代，还有着深刻的社会、阶级的原因。契诃夫坚持现实主义的年代，却也是高尔基开始其革命浪漫主义的创作年代。当时高尔基自己所特别钟爱的是《切尔卡什》《伊利吉尔老婆子》《玛尔华》这些充满浪漫主义精神的作品；相反，契诃夫尽管非常赞扬高尔基，却始终不太喜欢这些作品，而更喜欢现实主义精神较强烈的《草原上》《筏上》。所有这些，就正是阶级的原因。当时俄罗斯的海燕般的无产者的革命浪漫主义的创作精神和手法，是为非无产阶级的伟大的现实主义者契诃夫所不能理解和采用的。

时代和社会对艺术家创作方法的规定和制约，具体地表现为艺术史上先后发生和矛盾斗争的各种流派和思潮。在西方，文艺复兴以后，古典主义、浪漫主义、现实主义作为文艺的主要流派、思潮，彼此有规律地起伏消长着。还正是因为这些思潮和流派是那么突出和重要，才使得像"浪漫主义""现实主义"这些名词和概念，被当作一种特定的创作方法而确立起来，成为研究探讨的对象。对这些方法的研讨好像就起源于对这些文艺思潮、流派的研讨。所以很多人在探究现实主义开始于文艺复兴呢还是十九世纪，开始于宋人话本呢还是明清小说，等等。这显然就是把作为艺术反映现实的创作方法，与这种方法在一定时期所呈现的具体历史形态（思潮、流派）混同作为一个问题来看的。这种混同有一定的道理和根据，因为某种创作方法的确只在一定的历史时期才充分发展到它的成熟完备的形态，而表现为一定的独特的历史思潮和流派。从其最完备成熟的形态剖析追寻，知道了复杂的也就知道了简单的，这确是条研究途径。但是如果满足于此，不注意其中的差别，那就会把创作方法看成一种僵死不变的东西，无法说明文艺思潮的所来，现实主义、浪漫主义好像就是从十九世纪突然跳出来的东西了。实际上，创作方法，无论是其精神的方面或手法的方面，都是一个由低到高、由简单到复杂、由萌芽到壮大的发生发展过程。在原始人的洞壁绘画里，我们看到现实主义的萌芽，在远古许多神话故事中，我们看到人类的浪漫幻想。原始艺术中对待世界的现实态度与巫术象征的浪漫观念，难以仿效的天真和乐观与难以置信的粗糙和野蛮，清醒的观察、认识与蒙昧、荒唐，彼此有机地渗透交织，展示着人类审美意识与创作方法第一张奇异多彩的画图。无论在精神或手法上，其中都包含了现实主义与浪漫主义两个方面和两种因素。所以，从有审美意识和艺术创作的时候起，人们对待世界的两种基本精神和人们形象思维的两种基本途径，就必然表现在艺术上，因而就必然开始有两种基本的创作方法。但由这种原始艺术的粗糙的摹拟复写，到"典型环境中的典型性格"的塑造，由简单幼稚的夸张幻想，到惊心动魄的英雄巨人的创造，现实主义和浪漫主义却都经历了一个漫长的艺术发展的过程。

问题在于：历史——时代和社会的复杂错综关系，使这两种精神和手法，复杂多样地交错配合形成了种种具体不同的方法和流派，而披上许许多多的名称——"古典主义""感伤主义""自然主义""象征主义"以及"建安风骨""盛唐之音"，等等。而各门艺术部类的不同，便使这种情况更加复杂化了。例如，以理想性取胜、塑造"可亲而不可及"的巨大形象的雕塑，历史上曾有过不同的现实主义与浪漫主义的创作精神和手法。但这两种方法的区分却又有一定的限度，因为雕塑艺术的种类特性使其创作精神更偏向于浪漫主义，而其创作手法却更偏向于现实主义，从菲狄亚斯到米开朗琪罗，再到罗丹，各不相同，这里面的种种规律需要具体分析，无公式可套。本文只以文学这门历史上最重要的艺术种类为主，大概指出，在特定的历史时期内，一定时代和社会的现实与理想不同的矛盾统一关系，将在根本上支配决定着某一种倾向的审美理想、某一种精神、某一种创作方法作为其时代和阶级的艺术主流而出现。例如，在苦难深重、黑暗势力还很强大、前景和出路相当渺茫、看不见晨光的漫漫子夜时，社会审美理想便淹没在审美感受之中，看不见它的显著的先导作用，批判的现实主义和享乐的自然主义，就常常为不同阶级、不同阶层所择取，现实主义成为主流。而当人民力量开始强大或其影响仍然保留着，黑暗势力并不能完全控制局面，社会审美理想要求背离对现实的审美感受，突出它的先导地位，不同阶级、阶层就可以沉浸在积极的或消极的对变革现实的浪漫主义憧憬中。局面已经打开，前途充满希望，整个社会处在上升时期，或是人民力量已经崛起，旧势力行将崩溃，作为先导的社会审美理想与作为基础的审美感受的矛盾关系处在比较和谐的统一状态时，就可以出现现实主义与浪漫主义的某种结合和交融，虽然这在历史上比较稀少。以上所说主要是时代的因素。阶级的因素也很重要，同一时代，不同阶级、阶层因其经济地位、政治要求的不同，而可以对社会生活分别怀有和采取不同的精神。例如，当新兴资产阶级正日益沉浸在冷冰冰的现实主义精神中的时候，封建贵族或小资产阶级却可以徘徊在感伤的浪漫情调中。当统治阶级沉溺在纤细颓废的形式快感的审美理想中的时候，新兴阶级则提倡严肃的"道德的艺术""政治的艺术"与之对抗，把感性形式美搁置一旁，审美理想更偏重于内容的追求、理性的突出。占统治地位的精巧、矫饰、学院程序的审美趣味和创作手法愈发展到极端，新兴阶级的创作手法就愈与之采取对立的方向和原则，于是这就形成同一时代不同阶级的不同艺术流派和艺术思潮。[1]

下面最简略地回顾一下历史的情况。

据研究，原始艺术大致可以分出以忠实再现、描写为主的阶段和继之而起的以象征、符号为主的阶段，[2]这约可相当于现实主义与浪漫主义的区别。但原始氏族的审美意识实际上是与其他社会意识如科学意识、道德意识混在一起没有分化的，艺术采取了礼仪、巫术、宗教等方式。因此，审美意识本身尚未取得独立地位，其中的所谓现实主义与浪漫主义的区分便只具有萌芽的意义。奴隶制社会在社会大分工的基础上建立，社会审美意识获得了分化、独立和高度发展。统治阶级的意识是社会的统治意识。奴隶主阶级直接显示权威暴力和原始的宗教世界观，使其审美理想具有某种沉重、威吓的因素，继承了和发展了原始艺术第二阶段的象征特点，产生了企图尽力夸张统治威力的巨大的象征艺术（如庞大的金字塔建筑，枯燥冷漠的埃及雕刻，中国殷周青铜器等）。但是随着早期奴隶制社会为奴隶主制成熟期所替代，在经济、政治的繁荣发展的基础上，这一阶级的审

1　参看普列汉诺夫《十八世纪法兰西的绘画和戏剧》等著作。
2　参看赫伯脱·里德《艺术与社会》。

美理想中的阴森、威吓因素便为欢快、明朗的因素所替代。这里不再是上阶段的具有独特浪漫气质的象征艺术，现实主义的创作方法成为主流，审美理想沉溺和满足在愉快的审美感受中，它们以难以复现的健康童年的魅力，以社会的人为主题，对它的存在作了完美的确认、乐观的自信和无可限量的远大前途的预告（如希腊古典艺术，中国战国至汉代的艺术），在历史上第一次创造了非常完美的艺术感性形式，成为具有典范意义的古典艺术。

与此相对立，中世纪封建社会占统治地位的审美理想在封建主义和宗教世界观的支配下，普遍带有禁欲主义的色彩，感性现实的有限世界遭到轻视、封闭和唾弃，更多地倾向于内心世界和精神生活的平衡、满足的无限追求。与古典世界的单纯明净不同，情感的丰富性、细致性、复杂性在这里获得了高度的发展和表现。西方中世纪在封建主野蛮的相互残杀和基督教统治影响下，向苦难中求欢乐，于丑怪中显美丽（哥特建筑、拜占庭艺术等），审美理想带有浓厚的悲剧特征和病态色调，浪漫主义成为主流。中国封建社会基本处在儒家中庸哲学的理性主义统治下，更多地偏重于在现实人生中取得情理的和谐统一，在艺术创作上具有自己的特点。

文艺复兴使社会从中世纪蒙昧的黑暗里苏醒过来，而资产阶级社会前景的局限还没有暴露，社会的审美意识在人文主义世界观的支配下，向希腊寻求理想。当时，时代的朦胧曙色引诱人们作最大的乐观展望，这就使文艺复兴的现实主义比希腊具有更多的浪漫主义的成分，审美理想不仅沉溺和满足在审美感受的有限形式的完美中，而且还极力起着提高感受的先导作用。两种创作精神在这里有某种交融。文艺复兴艺术的雄伟风度、高尚理想，对生活的欢快的肯定和积极的追求，在手法上，无论是莎士比亚或者是造型艺术家们，都能大胆地把现实与幻想、悲与喜、崇高与卑下、英勇与滑稽糅合在一起，在这种糅合中塑造现实主义的真实性格（不同于以后浪漫主义在这种糅合中所具有的矫揉造作和片面化的弱点），同时这些性格里又充满了昂扬的浪漫音调（与以后批判现实主义的人物不同）：就连哈姆雷特、李尔王也有着多么动人心弦的激情！但现实主义在这里始终还是主要的方面。当时时代的特点，规定艺术家对待现实的精神更倾向于客观的理解和研究。艺术家常常就是科学家。达·芬奇以对现实的忠实再现为自己的创作信念和准则，莎士比亚也借哈姆雷特的口指出艺术是"大自然的镜子"。文艺复兴是希腊古典现实主义的雄伟的历史再现，是艺术史上另一个高峰。

十七世纪的法国古典主义，服务于巩固专制王朝的政治目的，有其明确的理性主义世界观作为创作原则。它的审美理想的特点是，在这种世界观直接作用下，审美感受受到严格规范化。它所追求的美，与希腊古典主义的感性形式的完满不同，而是几何学式的规律性的真实。由于作为皇室宫廷和贵族阶级的艺术，它并不面向真正广阔的人生和现实，而是将中世纪以来骑士文学所浪漫主义地发展了的情感世界，加上了抽象思辨的规范。它的强处在于能尖锐地刻画内心世界里的巨大主题（个人与社会的关系），如国家义务和爱情、个人利害与荣誉等严峻冲突，要求以理克情，个人服从国事，对待事物给以鲜明的理性回答。现实在这里变得异常抽象和净化，缺少丰满的历史具体性，人物性格多是"类型"。就在以精确描绘见长的造型艺术里，也是这种净化了的理性统治着——普桑的绘画、凡尔赛的庭园艺术。这不是生活的而是心理学和伦理学的现实主义，但它从理智上揭示内心情感的严重主题方面所取得的艺术成就，像法国悲剧那样撼人心魄的理性的激情，仍然是值得我们今天批判地去吸取的一份遗产。十八世纪启蒙者的现实主义作为上升时期资产阶级的代表，他们面向的现实是真正比较广阔的生活本身了，普通的地主、日常的市民生活代替了法国悲剧的帝王将相。他们的审美理想是用启蒙主义的世界观——明白清晰的理智来到处解说现实、分析感受，他们的艺术充满着理论式的冷静态度。所以理智多于感情，议论多于描绘，分析多于综合，思想多于形象。无论是菲尔丁的小说，夏尔丹的绘画（在戴维那里达到这种现实主义的最高峰：古代罗马英雄的崇高服装下的资产阶级革命信念），都很清楚。固然，一方面，它在将现实作启蒙的分析和教训中，常常失却对现实的审美感受的全部丰富、生动的生活内容，形象贫乏，细节真实性很低，远不及以后的批判现实主义；但另一方面，它那种爽朗的理智态度和启蒙精神，却又是以后的批判现实主义所未能具有的。而这一切，却正是由当时时代、社会和阶级（新兴期的资产阶级）的特性所规定。

十九世纪浪漫主义的洪流——从德国的神秘派到英国的湖畔诗人和拜伦、雪莱，再到法国的拉马丁、夏布多里昂和雨果、乔治·桑，从音乐、绘画到其他，这是艺术史上非常重要的带规律性的巨大事件。启蒙者预言的"理性的王国"在资产阶级社会的现实里破产了，新秩序成了"漂亮诺言的讽刺画，只能引起悲痛的失望"（恩格斯），金钱的无情统治和平庸的市侩生活令人焦躁和烦闷，不久前的革命和人民运动的印象还记忆犹新。现实令人失望，理性令人怀疑，人们（主要是一部分资产阶级的"浪子"们，下同）企图回到个人的内心世界和在情感生活中去寻求信任，"理智会犯错误，而情感则绝不会"（舒曼）。卢梭的思想又风靡起来，人们由社会退到个人，由个人退到心灵，由心灵退避到自然，由自然再退避到超自然的神秘崇拜。总之是怀着骚乱和愤郁的心情，急切要求对现实的否定而不断地转向个人和心灵，人们对现实的审美感受只具有否定的内容，于是便用从情感出发的理性观念来与审美感受相对立，产生了浪漫主义的虚幻的审美理想。它以对完美形式的空前破坏,突出地表现了对感性和理智的蔑视,与对理性和情感的狂热追求,审美理想似乎是以背离、超脱审美感受而十分突出。远古象征艺术的崇高风格,在这里获得了浪漫主义的理性新内容。浪漫主义与现实主义,在这里便像表现与再现、崇高与美等一样,在创作精神和创作手法上完全对立了起来。感性与理性,形式与内容,在这里充满着尖锐的矛盾和冲突。这个冲突反映着当时个人与社会、生活与心灵的对立,在实质上反映着资本主义制度的根本矛盾。随着世界观和社会思想的不同,积极的浪漫主义转向未来的眺望,消极的浪漫主义走向中世纪田园生活的牧歌。在手法上出现了"国之人莫我知"的孤独的"傲岸不羁"的巨人,出现了怪异离奇的不平常的情节和故事,出现了天堂、地狱的象征性的深长寓意。时间、空间的哲理性的抽象沉思,细致感伤的个人心理的抒情;对自然界的膜拜神往,异国情调,中世纪的幻梦……总之,对理智和感性有限形式的蔑视,对理性、无限、神秘的追求,一切正好是与平庸现实相对立的独特形象。它煽起强烈的感情,直接刺激人们去行动(反抗现实或逃避现实)。"幻想的文学"代替了"思想的文学",雨果代替了狄德罗。进步浪漫主义所具有的夸张的然而是强烈的否定现实的热情和理想,是艺术史上的重要瑰宝。但是,这种浪漫主义精神的根本弱点却在于:它总带着个人主义的病态特征,带着或多或少的远离甚至敌视人民集体和社会生活的空想性和脆弱性。理想与现实在这里常常完全对立和割裂。

紧跟着浪漫主义思潮后面,是著名的十九世纪批判的现实主义。通过主观愤怒的抒发来表示对现实的狂暴否定,只具有短暂的激情作用,资本主义秩序的逐渐稳定使社会的浪漫热情日益萎缩,夸张狂热的空想和呼号已令人生厌;人们开始确认现实感受的否定性质,而对它加以冷静的观察和分析。于是,与希腊古典现实主义的审美理想沉浸在肯定性质的审美感受中恰好相反,这时的审美理想却沉浸在其具有否定性质的感受中,以至于似乎是没有理想。特别是在当时实证主义哲学和蓬勃发展着的自然科学的影响下,日益走向对复杂错综的现实作出各种细致的揭发和解剖。这样,它便以其对现实的惊人的洞察和认识的能力,通过细节的真实、典型的塑造,以空前丰满的感性形态使现实主义这一创作方法发展到空前高度。这里并没有故意令人惊骇的曼弗雷特式的巨人,而是平平常常但同样动人心魄的高老头或于连,"如果昨天小说家是选择和描述生活的巨变,以及灵魂和感情的激烈状态;今天的小说家则是描写处于常态的情感、灵魂和理智的发展……以单纯的真实来感动人心"(莫泊桑)。所以,这种创作方法的特色是,达到了为以前任何现实主义所未能做到的巨大的再现力量和认识意义。马克思主义经典作家正是从这个方面给了它很高的评价:英国现实主义小说家"给世界揭发的政治的和社会的真相比所有政治家伦理学家加在一起还要多得多";从巴尔扎克"所学到的东西也比从当时所有专门历史家、经济学家和统计学家的全部著作合拢起来所学到的还要多"。这种现实主义"只是批判,并不肯定什么"(高尔基),它一般失去了积极的浪漫主义的精神,也少有启蒙主义的理智的乐观信念,更缺乏希腊古典艺术或文艺复兴的那种开朗的气魄和形式的完美。在斯汤达、巴尔扎克那里还多少保存着上一阶段的浪漫气质的余波,他们曾经是动荡的社会生活的积极参与者,在他们的创作中,强烈的爱憎,正面的激情还不时闪出逼人的光芒;到了拿破仑第三资本主义"和平发展"的稳定时期,上一代激荡的年代过去了,艺术家对前景的无望,对信念的嘲笑,对现实的实证精神,使现实主义只是从事于严酷冷静的揭发再揭发,像福楼拜、莫泊桑、左拉,就发展到了典型的地步。他们经常只是社会生活旁观者和

"研究者"，左拉批评巴尔扎克太浪漫，主张采用严格的科学式的客观记录和详尽描写。这种对待现实的创作精神，正是时代和社会所赋予的。如果说，启蒙主义是在资产阶级初兴期诱人作乐观的美梦，浪漫主义是感到大梦初醒后的失望而大喊大叫追寻出路，那么，在资本主义社会已日益定型的时刻，则正是"梦醒了无路可走"的痛苦，于是既不能走进群众革命队伍中而又要作资产阶级的"浪子"的艺术家，就只好把热情放在冰箱里而对一切都作冷静的观察、怀疑、嘲弄、揭发。"当你坐下来写作时，你要心冷如冰"，"我们把生活写成原来样子，以后就什么也不管了，……我们既没有近的又没有远的目标，我们的心里是完全空的"（契诃夫）。所以，相对讲来，这种现实主义教育人去认识是更多于直接煽动人去行动的。

当然，批判现实主义也还各有不同，英国不同于法国，法国不同于俄国。这种不同仍然刻着各别时代、社会的痕迹。从普希金到契诃夫，俄国的传统之所以在十九世纪批判现实主义潮流中最富有浪漫精神，并不是俄国艺术家的"天性"有何不同，而是由于当时的俄国艺术是与当时激烈的社会斗争——俄国人民解放运动三阶段紧紧地联系在一起的。先进贵族（十二月党人）和随后革命民主派的世界观的深刻影响，使艺术家们对现实的感受具有更多的肯定成分，审美理想在这里有着更鲜明的先导色彩。所以，在资产阶级革命已经过去的西欧，无论是于连，或是简·爱、希斯克利夫，便都是与社会斗争，与人民、与时代的进步事业，或多或少隔绝的个人反抗和个人奋斗；在阶级斗争剧烈、人民解放运动高涨的俄罗斯，从奥涅金、皮却林开始，"多余的人"却总在憧憬着和追求着某种朦胧的、有重大意义的生活目标。在狄更斯或巴尔扎克那里，大卫·科波菲尔或欧也妮·葛朗台的心中对社会并没有太大的仇恨，或作了绅士般的妥协，或理想的大团圆；而在陀斯妥耶夫斯基或屠格涅夫，在宣扬黑暗的宗教或软弱的自由主义的同时，其主人翁总与现实还有着难以抑制的愤恨和难以避免的不可调和。托尔斯泰之所以不满意莫泊桑，契诃夫之所以不喜欢左拉，都是认为后者的创作方法太客观。同样，列维坦比柯罗也总具有更多的抑郁和忧伤。正是社会斗争的局势，才使俄罗斯十九世纪下半期的先进艺术，从文学到音乐（强力集团、柴可夫斯基）到绘画（流动画派、列宾）的创作方法达到当时世界批判现实主义的高峰。可见，艺术家的创作精神和手法的不同，根本上是通过审美理想而被决定于处在具体不同的历史阶段上的时代和社会。一定时代和社会的基本特点，一定世界观的基本特点，通过审美理想，决定了艺术家的创作精神和创作手法的基本面貌。

中国的艺术历史还没有足够的研究可以供这里作概括的叙述。但以上的基本原则是大体相同的。原始陶器和殷周铜器，《诗经》与《楚辞》，理论上的儒家与道家（庄子），可说是中国现实主义与浪漫主义的最早的标志。《史记》作为史书，其认识的方面是基本的，但因为离社会大变革相去未远，激荡年代的回想使它添上了激情闪灼的浪漫篇章。汉代，浪漫主义成为主流，体现上层统治阶级审美理想的汉赋以其对贵族阶级现实生活的肯定，与下层人民对苦难现实的沉重吟咏（乐府诗），成了鲜明的对比。建安文学继承了汉乐府的传统，但由于处在人民起义的斗争年代，便开拓了现实主义与浪漫主义相结合的新门户，其对待现实的精神是深刻严肃的现实主义，其中跳跃着一种力求振发的积极的浪漫精神，这特别在曹氏父子的诗篇中最为明显：它不满足于对苦难感受的现实记录，而突出地表现着新兴贵族地主阶级的代表壮心未已、平定天下的豪迈感情（这不同于以后的杜甫、白居易或陆放翁）。继六朝消极浪漫主义（游仙、山水）和自然主义（宫体）之后，"盛唐之音"是浪漫主义的，积极的流派（李白、岑参、高适诗派）是主导。它的时代和阶级的背景，是世俗地主阶级在经济政治上突破了六朝贵族门阀统治及其在文艺上的束缚，在当时社会生活基本处于向前发展的年代，它还有着积极抱负和理想的表现。所以，与盛唐的浪漫主义紧相接连的，是虽然产生在水深火热的苦难生活中、却仍然具有积极进取的儒家优秀思想的杜甫的现实主义。以李白、杜甫为旗帜，浪漫主义和现实主义两种创作方法达到了一个处于上升时期的世俗地主士大夫阶级文艺所能达到的最高峰。其后，随着这个阶级的稳固地全面占据统治地位（宋代），与人民群众的阶级矛盾日益发展，它在艺术上便也逐渐衰颓起来，对待现实不再有激昂的热情（除了在民族危机的年代），中唐以来便已开始了冷静萧瑟的退避（对陶渊明开始推崇；韦应物、刘长卿的消极的现实主义；即使是白居易的现实主义，也远远缺乏李白、杜甫那样的浪漫气概和远大理想），而终于走进晚唐和宋代的享乐、爱情、山林等浪漫主义中去了（花间和北宋词，山水画的兴起和蔚为主流）。从晚唐到北宋，开始了中国封建艺术的审美理想和整个审美意识由前期到后期的巨大转变。前者"文"与"道"的理论中对封建理想与社会现实的执着，已不再是后期审美理想的中心，佛道的影响已开始渗透于儒家的理论中，对内心世界的探索，对人生无常、世事多变的忧伤、喟叹和空幻之感，对个人精神生活的平衡稳定的追求，含蓄、淡远、意趣、神韵的讲究，构成从司空图《诗品》开始到苏轼，再到严羽《沧浪诗话》以及以后文人画等艺术创作的精神特征，它们是后期世俗地主阶级的审美理想的突出表现。前期封建地主阶级的审美理想，由于来自对现实的审美感受，它成为古典的现实主义；后期封建地主阶级的审美理想，由于对现实生活感受的退缩和逃避，更多地转向个人和心灵，成为浪漫主义（宋词、元画等）。但这种浪漫主义，因为始终在儒家理性主义的控制下，与西方中世纪又有很大的不同，在大的范畴内，又仍然不脱古典主义的范围。

城市居民的宋明话本和"三言""二拍"，开辟了市民文学的现实主义的新阶段。在这种"极摹人情世态之歧，备写悲欢离合之致"的世俗生活的风习画和人生故事中，充分地表露了市民阶级对待生活的特有的现实主义精神。这里并没有多大的激扬热情和浪漫幻想，它们一方面是对日常世俗的生活的脚踏实地的肯定、自信和津津玩味，另一方面则是对封建阶级荣华富贵的攀附、羡慕和服从。在这种现实主义倾向下，封建贵族上层的腐败与市民阶级的低级趣味的融合，产生了典型的自然主义（《金瓶梅》等）；另一方面，农民阶级与市民阶级的先进要求的吻合，又把枳极的现实主义推进到一个新的高度（《水浒》《三国演义》等），后者更多地择取了巨大的历史主题和下层人民的理想。主角不再是矮小的卖油郎而是黑脸大汉李逵、鲁智深，不再是像荷兰小画派式的日常生活的细节，而是风云龙虎的战斗，它的现实主义精神大大冲破市民阶级的局限，获得了更深刻的人民（农民阶级）性。所以，即使在同是现实主义的宋明话本和《水浒》《三国演义》之间，也要注意它们的现实主义的时代、阶级的不同特色。这里特别值得提出的是，反映时代、社会的激烈斗争和变化的问题。明代中叶以来，文艺思潮和流派的发展变化的客观规律，是一个颇为重要和非常有意思的问题。我以为，从上述市民阶级的现实主义（话本和《水浒》《三国演义》）到随后的积极浪漫主义（《西游记》《牡丹亭》和公安派的散文等）到清初的感伤主义（《桃花扇》《长生殿》《聊斋》和归庄的散曲等），直到成熟形态的典型的批判现实主义（《红楼梦》《儒林外史》），这种种创作方法的演变正是由当时特定的时代、社会、阶级，通过对艺术家及其审美理想的作用，而决定和支配着的。其中过渡传递的痕迹宛然可寻：当明中叶封建力量衰败、进步势力冲击专制皇权以来，理论思想上曾出现儒家的"异端"(泰州学派、李贽),"异端"思想的世界观在艺术家们的审美理想中留下了深刻影响(李贽与公安派、汤显祖、徐渭等的关系),终于在文艺上出现了明代显赫一时的反抗现实的积极的浪漫主义(这在诗、画里一直延续到清代的扬州八怪、袁枚等)。然而,随着清军入关,农民革命的失败,社会生活和心理氛围发生了重大变异。封建地主阶级借助外力重新树立了牢固的统治,黑暗势力分外加重了,一切先进的理想、要求被扼杀,现实充满了沉痛的社会仇恨和民族悲愤。现实生活的情况规定了艺术创作精神和审美理想。一方面是明代兴旺的市民文学的萎缩,适应封建统治,复古文艺的保守的现实主义的繁荣(从正统文学的诗词、散文的复兴到"四王"画派的推重);另一方面,沉浸在爱国主义感伤中的进步士大夫,经过这场巨大历史生活的教训和明末清初民族民主思潮(黄梨洲、王夫之、顾炎武、唐甄等)的洗礼,对现实的认识有了非常深刻的发展。表现在理论上,出现了叶燮的唯物主义美学理论,表现在创作方法上,以前的欢快的浪漫主义经过感伤阶段(《长生殿》、清初的诗词散曲等),日益走向严峻的批判的现实主义。《桃花扇》可说是这个转折的预告。《桃花扇》仍然带着浪漫主义的浓厚感伤情调,却已在开始对腐朽的本阶级作现实主义的痛苦的悔恨和无情的揭发,它嘲弄地和忧郁地感叹着"眼看他起朱楼,眼看他宴宾客,眼看他楼塌了",而最后归结为否弃上层生活的隐逸"渔樵"。这种审美理想和创作精神,到了封建统治已经巩固、黑暗势力更加稳定的清代,得到了非常深刻的发展,产生了像《红楼梦》《儒林外史》这样的巨著。产生它们的时代和社会背景,是封建统治回光返照的最后阶段,是一个死气沉沉的漆黑的反动年代:各种封建渣滓——从程朱理学到复古文艺,正闹哄哄地盛极一时,先进的思想情感被束缚压制得麻木苍白,像戴震这样伟大的思想家也只能埋身在考据中，丝毫得不到正确理解。具有民主启蒙思想的先进士大夫们看不到可以指望的出路，也找不到可以指靠的力量，他们看到的只是本阶级生活现实的糜烂、卑劣和腐朽，严峻的批判现实主义精神在这里完全成熟了：与前一阶段市民阶级的现实主义对富贵荣华、功名利禄的渴慕恰相对照，这里充满着的是来自本阶级的饱经沧桑、洞悉隐秘的强有力的否定和判决。这样，创作方法在这里达到了与外国十九世纪资产阶级批判现实主义相媲美的辉煌高度，然而也同样带着没有出路、没有革命理想、带着浓厚挽歌色调的根本缺陷。一直到中国十九世纪的下半叶，反帝反封建的革命斗争日益高涨，与政治斗争密切结合着，积极浪漫主义的愤懑不平、悲壮慷慨的诗歌——从龚自珍到谭嗣同到以柳亚子为代表的南社诗人们，才成为这一社会斗争高涨时期进步文艺的主导。

上面之所以要因陋就简地画一下创作方法的粗糙的历史轮廓，是想指出，对创作方法必须作一种历史具体的研究。这样才能具体说明，在什么样的时代和社会的条件规定下，可能出现什么样的创作精神和创作方法，并成为一代艺术的主流和方向。如能比较清楚地说明创作方法的历史的具体内容，对今天的创作方法就可能有更深刻的认识和了解，因为一定的创作方法、创作思潮总是一定的时代精神的表达。在我看来，我们今天特别需要现实主义，而应坚决摒弃一切假浪漫主义。

略论艺术种类

注：本义写于1959年，1962年10月修改，原载《文汇报》1962年11月15日、16日、17日。

艺术分类的原则

艺术能否分类？一些著名美学家否认这一点，例如，克罗齐认为，既然一切艺术都是"直觉的表现"，只是主观创造的同一事实，"并没有审美的界限"，因此"就各种艺术作美学分类那一切企图都是荒谬的"。[1]卡里特（E.F.Carritt）也说："只要承认美是表现和任何情感均可表现，则美的哲学分类之不可能是很清楚的。"[2]更多的美学家主张分类，例如，同是主张表现说的鲍桑葵在批评克罗齐否认外在体现的重要时，即强调作为中介的物质手段对美的意义，指出艺术分类有关美的秘密，因为它们是各以其不同的中介、手段、形体而才有其精神和表现的。[3]远早于鲍桑葵，在古典美学中，莱辛即揭示出不同艺术由于不同的物质手段所必然拥有的特殊的审美力量和效果，这实际上已确证了艺术分类的必要性。[4]美学史上

---

1 克罗齐：《美学原理》，人民文学出版社，1958年版，第105页。
2 卡里特：《美的理论》第8章。
3 鲍桑葵：《美学三讲》。
4 莱辛：《拉奥孔》。

关于艺术分类的古典著名理论，如亚里士多德（根据摹拟的手段、方式和对象来分）、康德（借用人的语言表现来分：词——语言艺术，姿态——造型艺术，音调——感觉游戏的艺术）、黑格尔（象征、古典、浪漫）等，其中有不少值得研究的合理成分，特别是黑格尔根据理念内容和物质形式的统一原则作出的逻辑历史的分类，是颇有价值的艺术史理论。后来比较流行的艺术分类，如卡瑞埃分为时间艺术、空间艺术、时空联合艺术，如库森、哈特曼等所分视觉艺术、听觉艺术、想象力艺术等。这种分类，由于仅从单方面的主体或对象的外部状貌作为原则，显得比较表面，不能深入揭示出各门艺术的美学实质。分类的意义和目的在于寻找和发现各门艺术反映现实的特性和规律，自觉地认识它们、掌握它们。"对于物质的每一种运动形式，必须注意它和其他各种运动形式的共同点。但是，尤其重要的，成为我们认识事物的基础的东西，则是必须注意它的特殊点，……每一种社会形式和思想形式，都有它的特殊的矛盾和特殊的本质"。[1]艺术也完全如此，具体的创作自由是建立在对这些特殊的矛盾和特殊的本质的美学掌握上。如果违背各门艺术的特殊审美规律，"向雕刻提出连环图画的要求，向雕刻提出多幕剧的要求"[2]，希望工艺表现思想，编写舞剧堆砌话剧情节，就会导致创作的失败。艺术种类不是个学院性的纯理论问题，而是有其现实意义的。

分类的意义既如此，分类的原则是什么呢？

艺术是人们主要的审美对象，诉诸人们的五官感觉（主要是视、听）。一方面，艺术是作为成品，作为静观的欣赏对象而存在。另一方面，艺术又是人们审美意识（通过作家或艺术家的创作实践）的物态化，这一方

1　《矛盾论》，《毛泽东选集》第1卷。
2　王朝闻：《一以当十》，第307页。

面，艺术是作为创作，作为主动的实践过程和产品而存在。艺术之所以成为艺术，是因为后者而不是前者。艺术是人们主观审美意识与客观世界相统一的成果，是人们审美意识作用于现实材料的物化形态。所以，这一方面在把握、规定和显示艺术的美学本质和特性，才是更根本的。它应是艺术分类的原则和依据所在。"任何本质力量的特有性恰恰是这个力量的特有的本质，所以也是这个力量……的对象化地——现实的、生动的存在特有的方式"[1]。

审美意识本质力量的特有性，这个力量的特有本质，是情感与认识的统一。在其物化形态中，就体现为对主体的表现与对客体的再现的统一。物化了人们审美意识，在对象化中体现了审美意识特有的本质力量的艺术，其内容是情感与认识、表现与再现的统一体。情感与认识、表现与再现都是对现实的反映（亦即广义的认识），但因社会生活的不同需要，反映可以各有偏重，或以情感——表现为主，或以认识——再现为主，就分别构成表现艺术与再现艺术两大种类，前者如音乐、舞蹈、建筑、装饰、抒情诗等，后者如雕塑、绘画、小说、戏剧等。这两类艺术的区分，古今均有人指出过。例如尼采关于酒神艺术和日神艺术的著名说法[2]，当代法国美学家苏里奥（E.Sourion）分艺术为再现与非再现两类[3]，等等。

表现与再现作为分类的第一原则，是就审美意识的物化的内容特性来说的。另一方面，审美意识的物化的形式特性对分类也有着规范作用。审美意识的物化或者是在（艺术）实践的过程中，或者是在（艺术）实践的产品中，来实现或呈现出来的。审美意识的物化形式是过程与产品的统

1　马克思：《1844年经济学哲学手稿》，人民出版社，1957年版，第88页。
2　参看《悲剧的起源》。
3　参看李斯托威尔《批评的近代美学史》第14章。

一，而由于它们或偏于过程或偏于产品，就或以动（时间）为主，或以静（空间）为主，而分成动的艺术与静的艺术，前者如音乐、舞蹈、戏剧等，后者如建筑、装饰、雕塑、绘画等（各种物质材料本身或静或动的特性，自然地制约着它们被用作艺术手段的不同偏重，静的材料如石头偏重于产品的静的创造，动的材料如声音多偏于过程的动的表现）。跟表现与再现（内容）一起，动与静（形式）就构成分类的第二原则。这样，一经一纬，相互交织，以前者为主导，就构成了总的分类原则。[1]

按这原则，艺术就可以分为下列几类：（1）表现，静的艺术——这是实用艺术：工艺、建筑；（2）表现，动的艺术——这是表情艺术：音乐、舞蹈；（3）再现，静的艺术——这是造型艺术：雕塑、绘画；（4）再现，动的艺术——这是戏剧、电影，因为这类艺术的物质材料的综合特点，故名综合艺术；（5）语言艺术：文学。用语言作手段来构成艺术，严格地说并不是审美意识的物化，语言仅有物质的外壳（语音），其实质（语义）是精神性的表象（客观世界的主观映象即想象）。因此它不能按物化方式来分动静遵循上述第二原则，应该单独构成一类，实际上它也是属于动的再现艺术范围之内的。

上面只是分类中的几个荦荦大者，各种艺术又可细分，如绘画中有油画、国画、版画等，电影中有故事片、纪录片、美术片等，如版画中还可分为木刻、石版、铜版等，美术片中也可分为木偶、动画、皮影等。但这已逐渐越出分类的美学研究范围了。下面，只就上述五大类别从艺术种类的特性（一般不涉及具体艺术内容）作些粗略说明。

---

[1] 〔补注〕这一总原则尚待进一步研究和展开，这里说得是不充分和不清楚的。但文中讲到的各门艺术的美学特征，仍认为是重要的。

第一类：实用艺术（主要是工艺与建筑）

工艺

这里主要指在造型和色彩上美化日常生活的用品、环境的艺术，从品类繁多的日用品、家具直到被一些人误认作是所谓"生活美""现实美"的衣裳打扮、环境布置等。这门艺术广阔多样，与人们的生活关系密切，有人因其不是专供欣赏而排之于美学门外，这是不对的。从我关于美的本质理论来看，人们在物质生产中要求对象在外在形式上也成为对自身作情感上的直接肯定，要求从外部形式上也看出自己本质力量的直接表现。这就从根本上决定了实用物品的生产之所以应该是美的和它之所以以表现为其基本的美学规律。并且这方面的美学价值和内容，将随着社会生活的发展而愈益突出、普及和重要。

这样，工艺的美就不在于要求实用品的外部造型、色彩、纹样去摹拟事物、再现现实；而在于使其外部形式传达和表现出一定的情绪、气氛、格调、风尚、趣味，"使物质经由象征变成相似于精神生活的有关环境"[1]。在这里，自由运用形式美的规律，有着巨大的作用。对称表现出更多的严肃、完整的情调，不对称的均衡则显得更活泼流畅一些，如色彩上的热色与冷色、强烈对比与和谐对比，造型上重心的高低、直线与曲线，可以形成丰富多彩或强烈，或平静，或紧张，或稳定种种不同的美，这种美的内容不是明确具体的认识，而是洋溢、烘托出来的朦胧宽泛的情感。[2]所以，不应要求工艺美具有像小说、绘画那样确实限定的艺术内容，而是由其外

---

1 黑格尔：《美学》第3卷。
2 参看本书《美学三题议》"自然美问题"部分。

在形式所烘托的气氛情调,在潜移默化中影响、作用于人们的情感和思想(在实用品上加印上词句、图画,如送往边疆的毛巾印上北京字样或天安门的图景,这是为了满足一种特殊的具有明确认识内容的情感需要,不算工艺美的一般规律)。

工艺品首先是实用物,是在一定环境、场合下使用的。因此,工艺美一方面固然必须将情感概括化,烘托出一种广泛朦胧的情绪色调;但另一方面,这种烘托的情绪色调又必须有特定的具体性,必须与特定的实用环境、场合的气氛相符合,以适应、烘托、满足人们在不同环境氛围中的不同的心理要求。并且,工艺美的情绪色调不仅有这种各个生活方面不同要求的具体性,同时又还有各个时代和社会的不同要求的具体性。不同时代和社会对其实用环境所要求的情绪色调,所希望看到的自身本质力量的对象化,是具有不同的内容的。例如,从客厅的太师椅、卧室的"宁波床"到坟墓上石碑,严格的平面、直线的对称,堂皇富丽的暖色,极度发展了的雕琢、繁密等便是中国传统社会讲求的工艺美。人们从工艺的审美处理上便可以辨识出这是巴洛克,那是洛可可,这是宋瓷,那是明代家具等社会、时代以至阶级的烙印。但现代实用品的特点却大不相同,一是大规模的工业生产,二是为广大人民群众服务和使用。因此它就要求充分利用现代技术作科学的合理设计,以符合人民群众的经济利益和现代生活的适用特点。从而,附着于实用品身上的工艺美,也就必然地趋向简单明了、爽快活泼,而注意功能美便成为一个很突出的问题。认为物品的功能就是工艺的美,这是错误的;但不顾物品或远离物品的功能来追求工艺美,也是错误的。现代健康的倾向是,注意尽量服从、适应和利用物品本身的功能、结构来作形式上的审美处理,重视物质材料本身的质料美、结构美、尽量避免作不必要的雕饰、造作。与琐碎、繁密、雕琢、华贵的为少数人使用服务的古代工艺品相对立，大方、简朴、明快、开拓，才正是现代工艺美的时代特色所在。

可见，工艺的美总是与概括特定的情绪色调和服从特定的功能结构分不开的，是与其作为实用品在什么社会、时代为什么人服务分不开的。所以，对工艺美的现代性（亦即科学性与群众性）的讲求，就正是社会物质生活，正是当代社会生产力、科学技术与社会生产关系、精神面貌两者统一的必然的要求和反映。

此外，工艺还包括专供玩赏而无实用价值的，如象牙雕刻、刺绣等特种手工艺，它们实际上已完全脱离实用而成为独立的纯艺术，因之，就常常可以不遵循实用艺术的美学规律，例如，便可以设计得更古色古香，更繁密、雕琢一些。

中国的书法在这门艺术中占有一个特殊的位置。由于它的物质手段（笔墨）的灵便特性，便使它有可能远为自由地运用形式美的规律来表现出人们的情感、气度以至个性来。比其他工艺，它更接近于建筑和音乐。今天，人们在实际生活中已很少用毛笔，书法几乎已是一种纯粹的表现艺术了。

建筑

同作为静的表现艺术，它的美学规律基本与工艺相同。"建筑与工艺没有质的区别，只有量的区别"（车尔尼雪夫斯基）。但量变为质。它的质的特点也正在于它的"量"。具有巨大形体的建筑强迫你长期地经常地感受它、接受它的比工艺远为巨大的美学影响。这种影响的巨大，一方面在于它的物质实体性巨大存在所带有的感知效果（书法虽也可化静为动，但毕竟只能作平面的安排，就不能有这种物质实体存在的力量）。同时，另一方面，还在于它的组织的数的结构的复杂所带来的领悟效果。建筑物比一件工艺品是远为复杂多样的整体。立面体型、平面布置、内外部空间结构的处理、门窗式样、色调装饰以及园林布置，各以其特色构成一个丰富复杂的如乐曲似的错综组合。它虽静，却如动，当你在中国园林中徘徊，在哥特教堂里瞻望，你好像走进一支乐曲中，建筑物的各因素各方面可以给你一种曲调或旋律似的审美感受，领会到一种巨大、深邃的情感内容。谢林把建筑称为"凝冻的音乐"[1]，不是完全没有道理的。

与工艺一样，建筑中实用与美观的统一，在这里也是非常具体的。剧场建筑不同于学校建筑，宿舍不同于办公楼，一般建筑又不同于纪念性建筑，前者活泼轻松，后者庄重严肃。烘托出与不同实用需要相和谐的各种不同的情调、心境。而流传下来的古代最成功的建筑所以常常是庙堂陵墓与宗教性建筑，也正是因为这些建筑物的实用功能本身就是情感性的；展现了特定时代和特定社会、时代、民族或阶级的情感和理想。所以，建筑艺术在这里充分发挥了它的力量。今天纪念性建筑、公用建筑也仍然是这门艺术的皇冠。在这些建筑中，我们可以清晰地看到在情感表现中的整个时代的一定社会面目和一定的思想观念。"……希腊建筑表现了明朗和愉快的情绪，回教建筑——优美的哥特式建筑——神圣的忘我。希腊式建筑如灿烂的阳光照耀的白昼，回教建筑如星光闪烁的黄昏，哥特建筑则是朝霞。"（恩格斯）

与工艺一样，作为实用艺术，建筑艺术与人们的物质生活和社会生产力有直接的关系。前者与建筑物的实用功能，后者与建筑物的材料结构

---

[1] 参看鲍桑葵《美学史》第12章。

密切相关。因此，在今天社会生活和技术条件下，如果硬要在具有钢筋铁架的结构中去追求木建筑的形象格式（如"柱高一丈出檐三尺"的法式），在具有现代实用功能的机关学校建筑中，抄用古代宫殿的繁复装饰（如强烈的红绿彩色、精雕细琢的藻井斗拱、金碧辉煌的屋顶凉亭等），就不但是经济上的盲目浪费，而且也是审美上的错误理解。与中世纪教堂建筑（石结构、冷色，指向天空的尖顶，高旷的内部空间……渲染着神秘、崇高的宗教气氛），或四合院的民房（封闭性的空间、正房厢房布置井然……反映了封建社会自给自足生活的封闭性、上下尊卑的等级秩序、安静缓慢的生活节奏等）不同，现代建筑艺术充分注意和正确通过功能、结构的合理，鲜明地反映出这个时代的群众性与科学性的特色。应该注意充分的阳光空气，门窗（所谓建筑的眼睛）的宽敞明亮，造型的单纯朴素等，以呈现出一种明快、开朗、富有活力的艺术风貌。

与工艺一样，建筑艺术的民族性应该从属和服从上述时代和社会的特性。民族形式、传统不是原封搬用古代某些固定的技巧、格式、形象（如红绿彩色、对称结构、大屋顶等），而是在新的实用目的、新的材料技术的艺术运用的前提下，来批判地继承古代建筑所表现出来的（如平易近人、亲切理智、恢宏大量）和造成这种气派的某些传统的形式结构原则（如注意合理布局，色调温暖，避免神秘奇巧等官能刺激）。不在现代社会基础上讲民族性，是不对的。

第二类：表情艺术（主要是音乐与舞蹈）

音乐

在有关音乐的美学观点中，叔本华把音乐抬到艺术王座的看法，影响最大。"音乐决不同于其他艺术，其他艺术只是观念的复写，观念不过是意志的对象化而已。音乐则是意志本身的复写。这就是音乐为什么特别能强有力地透入人心的原因。"[1]叔本华的美学观源出于其悲观主义的意志哲学（审美是对意志的盲目流转的暂时逃避），但他在这里却说出了一个有关音乐本性的重要问题。即音乐与其他艺术有所不同，与人的内心情感的直接表现密切相关。音乐与表情的深刻的本质联系，中国的《乐记》、希腊的柏拉图早朴素地指出过，黑格尔也曾认为，"在音乐中，外在的客观性消失了，作品与欣赏者的分离（在其他艺术中还有这种对峙）也消失了。音乐作品于是透入人心与主体合而为一，就是这个原因，音乐是最情感的艺术"。[2]音乐是在时间中进行着的，其物质手段（声音）的特性是动的过程。情感也是在时间中运行的，与时间有本质联系（如常常事情过去了，而快或不快的心境、情绪却还延续一个时间），所以，如果说，静的表现艺术在表现情绪、抒发心境方面还受着物质材料（艺术手段）的特性限制的话，那么，动的表现艺术，而特别是像与情感有直接联系的音乐，完全可以把艺术的表情因素、方面发展到极致，成为表现艺术的顶峰，那就并不足怪了。从而，说建筑是凝固了的音乐而音乐是流动着的建筑，这个似乎奇怪的比拟，却表达了这两门艺术的一个共同的美学特征：即反映

---

[1] 叔本华：《世界作为意志与观念》第52节。
[2] 斯推司：《黑格尔哲学》第693节。参看黑格尔《美学》第3卷。

现实的原则不是摹拟,而是比拟;不是描写,而是表情;不以如实的再现为主,而以概括的表现为主。它主要不在于去描绘特定的事物、情景,甚至特定具体的欢乐悲伤,而在于去表现悲、欢等概括的情感境界。建筑用形体、线条、色彩等物质材料,音乐用强弱、高低、快慢、稳定与不稳定、协和与不协和等乐音运动,通过概括性的"比拟",来反映广阔的现实。通过比拟,不但能表现出人们内心细致复杂的各种情感、心理,而且也还能富有情感地间接再现出许多不属于声音范围的自然事物(如蔚蓝的天空、平静的湖水等)和社会现象(如现实的苦难、光明的到来等)。所以,如果像某些人那样,把反映现实的音乐形象简单地理解为是像绘画、小说那样是写现实界的声音,去追求所谓"现实音响的概括""客观音响原型的人化"(如苏联克列姆辽夫的音乐美学),就会重犯十八世纪音乐摹拟论的错误,而在实践中引导音乐走向自然主义(音乐中的某些摹拟手法,如《田园交响乐》第二乐章的结尾也只是为点醒一下,造成更明确的气氛、情景偶尔用的)。摹拟之所以能成为绘画而不成为音乐的美学原则,另一方面也是与其不同的物质手段相关:事物一般都反射光波可以被人认知,而远非一切事物都能发声,所以口技(声音摹拟)的认识功能便极为局限,并不构成艺术。[1]也正因为不受描写对象的摹拟原则的限制,音乐与建筑一样就能够广泛而自由地运用形式美的结构原则。黑格尔说音乐之所以是艺术还在于它的建筑式的结构。可以认为,建筑般的严格的数学结构是音乐美的形式基石。毕达哥拉斯关于音乐与数的理论,莱布尼茨所说音乐是灵魂在数学中不自觉的练习,剔除其唯心主义神秘论的成分,仍是值得继续研究的。正因为音乐的数的结构,能够极为概括地深刻地反映现

---

[1] 这一意见为赵宋光所提供。

实世界的广阔多样的数的秩序、和谐，与深刻的情感内容的凝合，就使音乐作品能达到和具有哲理性的思想深度。与汉斯力克（E.Hanslick）认为音响物质形式的运动便是一切的形式主义相反，在数学结构的形式基础上的比拟原则，通过情感，是与广阔的现实生活内容相紧密联系的。因此，音乐工作者一方面要善于去熟练、掌握这种具有内在数学规范的复杂形式和技巧，另一方面要善于去提炼、凝聚情感内容，不仅从对现实生活的直接感受中，而且也从对其他艺术的间接领会中（因为在那里，情感已经被提炼了一次，所以常常可以看到音乐从其他艺术如绘画而特别是文学中借取题材）。作为强大的表情艺术，音乐不但善于将人们情感的全部细致性、丰富性充分表现出来，而且还具有最能激奋人心、鼓舞士气的艺术特长。伴随着悲壮豪迈的《国际歌》，近一个世纪多少工人阶级的英雄们作出了壮烈的丰功伟绩。以聂耳、冼星海的作品为首的抗战时期的群众歌曲的巨大作用，也是人所熟知的。今天需要在群众歌曲的大量创作、流行的基础上，创作出具有深刻时代特征的大型音乐。这又不是赞同今天某些器乐作品中符号式地去搬用或引用歌曲曲调（这只是种抽象简单的概念式的表现手法），而是主张要善于去发掘、扩充、借鉴、丰富原有曲调的音调和逻辑两方面所反映和表现的特定的时代的情感内容。

舞蹈

"咏歌之不足，不知手之舞之，足之蹈之"。可见，舞蹈是以人体姿态、表情、造型而特别是动作过程为手段，表现人们主观情感为特性的。舞蹈以身体动作过程来展示心灵、表达情感，一方面源自日常生活中情感动作、体貌姿态的表情语言的集中、发展；另一方面则又来自对培育身体力量和精神质量的操演锻炼动作的概括、提炼。这两者从不同方面都规定了舞蹈动作所具有的高度概括、宽泛的表现性质。因为，一方面，正如音乐中的表情一样，作为日常表情语言的人体动作姿态所传达出来的情感是类型性、概括性的（如悲、喜、爱慕等）；另一方面，正如体操、杂技一样，身体锻炼动作中所显示出来的精神素质也是高度类型化、概括化了的（如机智、勇敢等），它们都鲜明然而却概括地展开着作为主体的人所拥有的潜在的巨大精神能力和情感体验，而并不是十分具体地再现出在某个特定场合、情境下的具有确凿认识内容的情感、心灵。这样，就从本质上规定了舞蹈艺术的美学特性：主要不是人物行为的复写，而是人物内心的表露，不是去再现事物，而是去表现性格，不是摹拟，而是比拟。要求用高度提炼了的、程序化了的舞蹈语言，通过着重表达人们的内心情感活动变化来反映现实。如同音调的强弱高低一样，动作的多样的幅度、力度、角度，就可以表现出不同的情感、性格和形象。几句话可以交代说明的精神状态、情感体验，用舞蹈则可以把它抒写得细致深入、淋漓尽致。所以，舞蹈中一切摹拟性、再现性的描写叙述的因素（如虚拟的各种生活动作、情节、事件、图景），都应该绝对服从于这种表情因素。复杂曲折的情节，繁细准确的图景，因受着人体形式本身的限制，就远非舞蹈所能摹拟复写。古代以传递经验认识现实的摹拟式的舞蹈走向戏剧，操练式的舞蹈才成为今天的舞蹈。至于直接摹写生活情节、场景的舞蹈所以仍然在民间广泛存在，则是因为人们对某项事物、情节有在情感上加以反复品味、认识的兴趣或需要，却并不是发展的主要方向。专业舞蹈永远要在其中吸取养分、原料，应该从现代人们生活的动作姿态中，从民间素朴简单的舞蹈中，加工提炼、高度概括出各种舞蹈词汇，同时改造、革新旧的词汇、程序，通过比喻、象征、夸张、形式感的舞蹈文法的运用和创造，来更自由地、宽广地表达出这个时代的情感内容，而不要搞成一套套哑剧式的模拟。

舞蹈使人的心理表现与生理运动、美感愉悦与快感享受紧相联系，经由人们内在的身心呼应和模仿，这门艺术具有最为生动活跃的传染效果。群众舞蹈和各种交谊、娱乐性舞蹈将是现在和未来社会中极有前途的艺术种类。

如上所说，作为表现艺术，舞蹈与音乐、建筑一样，其内容具有宽泛性、多义性（音乐这一特色最突出）。但同时，与用抽象的音调、线条作艺术手段的音乐、建筑不同，舞蹈通过人体形象便使其内容自然地更带有限定性、摹拟性，而具有一定的造型的再现性质与认识作用，使人联想及各种有关的具体内容。舞蹈是表现艺术中最接近于再现艺术的。

第三类：造型艺术（主要是雕塑与绘画）

雕塑

在舞蹈里，我们已看到造型性质的加强，舞蹈的形体动作的凝固就走向了雕塑。莱辛曾谈到希腊只为美丽的人造像。[1]泰纳也曾谈到希腊雕刻与当时提倡体育运动的关系。[2]人体所以成为雕塑的基本对象，雕塑所以用于歌颂，其深刻的原因在于：人们在其他事物对象中最多只能认识到人的本质力量的外在的、局部的、限定的实现，而在人本身的形体外貌中就

---

1 参看莱辛的《拉奥扎》。
2 参看泰纳的《艺术哲学》。

可能集中地认识到人的本质力量的内在的、完备的、概括的存在。雕塑以实体性的物质存在形式（不同物质材料就有不同美学效果）再现出人的形体，实际上就是以产品（与舞蹈的过程不同）充分地现实地物化了上述对人的本质力量的全面概括的肯定。希腊雕刻以其所谓"人的发现"，实即马克思所讲的希腊艺术如"正常的儿童"，它们以对人的本质力量所作的第一次完美的确认和乐观的自信，在艺术史上留下了光辉的古典之页。

雕塑的上述这一特性使它最适宜于去表现内容宽广、寓意深长，使人感到可亲而不可及的崇高的正面形象。黑格尔曾说，雕塑最适宜于表现神，[1]中外古代雕塑也确多用以表现神，因为神还不是"多种多样的在活跃的运动和行动之中的主观生活，例如人的情欲、动作、事变"[2]，即还不是生动的人间个性。剔除其中神秘因素，其合理内核在于：黑格尔天才地猜测到了雕塑内容具有的较大的寓意性、理想性。雕塑的本领在于它能突出地表现高度概括了的、理想性强的、单纯的性格、质量、气概，而不在于琐细描写某一复杂具体的形体姿态或动作细节，也不在于表达非常个性化了的内心生活的和外部特征的精确风貌。即使是向绘画趋近的浮雕也是概括事件，而还不是绘画的"一顷刻"。雕塑"所应描绘的是性格的永恒和实质的特性，它的普遍品德，如善良、诚恳、勇敢、智慧，等等。一瞬即逝的心境情绪如发怒、惊讶等则应排之于外。它们是绘画而不是雕塑的对象……纯主观和个性的心灵状态该排除在外。正因为此，最好的雕塑是并

1　〔补注〕这几句很平常的话曾遭到姚文元的批判，其实他根本连本文字句也没看清，就大扣帽子。姚文元那篇讲艺术分类的大文（《新建设》1963年第9期），无妨与本文对读。他引了一大堆材料，讲了一大堆"理论"，却始终未能揭示各门艺术的基本特性。他也未论证他那些艺术部类是如何从其分类原则中得出来的。

2　黑格尔：《美学》第1卷，人民文学出版社，1958年版，第105页。

不要眼睛的光芒的,虽然绘画则非常需要它"。[1]撇开黑格尔对宁静的共性的古典主义的偏爱(黑格尔认为雕塑的理想是宁静安息而不是运动激情),这里还是道出了雕塑的美学特性来了:要求外部造型的单纯和观念概括的纯粹。也只有这样,才能使雕塑避免因太写实、太逼真的个性化反而可能引起厌烦憎恶的感受效果(因严重缺乏真实的血肉、动作,像一个呆笨残废的人)。其实,莱辛在区别语言艺术与造型艺术时,早也一再提示了雕塑的这种单纯性和概括性:"对雕塑家来说,维纳斯就只是爱情……稍微离开这一理想,我们就难以认识它。多一点权威少一点谦朴,就立刻不会是维纳斯而成为朱诺。……一个发怒的维纳斯,对雕塑家来说就是一个矛盾的题材。因为爱作为爱是不发怒的。对诗人来说则不同了。维纳斯诚然是爱,但还有更多的东西,她是爱的女神,但除此还有她自己的个性……那么,她可以发怒又有什么奇怪呢?"[2]所以,即如塑造现代战斗英雄的雕像,也不应着重追求某个太个性化的战斗姿态或太复杂的心境、情节,而要在面貌形体上概括而单纯地表现出英雄的勇敢性格和高贵品质。

今人我们应该更多地创作能够宣传重大思想、长久感染人的令人钦慕瞻仰的大型雕刻:广场上的雕像、纪念性的雕像、装饰大型建筑物的雕像等。这种雕塑,群众性最广,思想性最强,教育作用最大,是值得我们着重提倡的。而在大型雕塑中,上述美学规律是更突出的(室内雕塑或浮雕,具体情节、动作可以更多,寓意象征性可以更少),现代雕塑所以日益走向抽象化、非再现的寓意,也仍然是上面这个规律的重要展现。

1　斯推司:《黑格尔哲学》第686节。
2　莱辛:《拉奥孔》第8章。

绘画

"画者,挂也,以彩色挂物象也"。绘画通过一定的色彩、线条、形状,以异常精确具体、个性化了的图景的物态化产品来反映生活供人感受。比起雕塑来,绘画一方面更加写实,对对象的细节描绘加强了。更重要的是艺术家的内心表现也加强了。这两者使绘画比雕塑就更为个性化。黑格尔说:"绘画由理想的场地走入生动的现实,它通过细节的准确描绘,寻找再现出现实现象的外观……这种作品中现实现象的生动力量是更接近于艺术家的心灵目的的。""从纯传统的类型、建筑式的构图、雕像式的法式,从缺乏运动和动作中解脱出来,来寻求生动的人的表情,富有特征的个性,赋予内容以所有理想和外在情境的有关细节,正是这些构成具有自己独特效能的绘画艺术的进步。"[1]但是绘画形象是一个静止的凝冻的顷刻,而现实生活却是运动变化着的活生生的长河,因此这个矛盾的统一和解决就在于:要善于从生活中去捕捉、选择而特别是琢磨、集中、提炼这一顷刻的图景画面来概括出它的前因后果,要使这个异常具体的个别的一顷刻的画面具有典型性,比现实原型的一顷刻更深、更广、更高、更真实、更普遍。外部的面貌能展示内心的一切,静止的场景能表现运动的行程。"作品不是仅仅让人看一下,还要让人考虑,让人长期地反复观赏……让想象自由活动才是最有意义和效果的,我们愈看下去,就愈能在里面想出更多的东西来。"[2]

正如情感与物化过程的本质联系(情感在时间中延续)使音乐成为表现艺术的顶峰一样,认识与物态化产品的本质联系(认识在空间中展

---

[1] 黑格尔:《美学》第3卷。
[2] 莱辛:《拉奥孔》第3章。

开），便使绘画达到再现艺术的极致。它们分别充分实现了表现、再现的特性。而在这两大艺术部类中，如果雕塑接近于舞蹈，那么，绘画便可比于音乐。前者（雕塑、舞蹈）都是以具有实体性的物质存在的人体姿态作手段，或再现或表现人的概括性的力量、性格；后者（绘画、音乐）则是以摆脱了物质实体性存在的平面、声音作手段，来再现或表现人的具体性的事件、感情。如果前者反映的是人的本质力量引而未发的可能性、普遍性，那么后者反映的便是人的本质力量展示了的现实性、特殊性。如果前者有更大的客观性、物质性，那么后者便有更多的主观性、精神性。所以黑格尔将绘画、音乐同列入精神超溢物质的浪漫艺术类型中（其中绘画因是外部图景的再现，所以更客观一些，音乐是内在情绪的表现，更主观一些），而与古典艺术类型的雕塑区分开来。近代以来，绘画中的主观表现因素，西方从十八世纪风景画、静物画的兴起到十九世纪浪漫派、印象派的出现，中国则自元代讲求意趣、写意替代传神以来，是更为显著了。但不管怎样加强，绘画毕竟与音乐不同，它总必须仍以空间展现为基础。与上述雕塑的抽象化一样，现代绘画也完全舍弃图景的具象描绘，西方现代主义的美学理论，像克莱夫·贝尔就提出美是"有意味的形式"，强调线条的情绪表现就是一切。罗杰·弗莱认为"审美情感只是囿于形式的情感"，"某种纯粹形式的关系才唤起特殊深邃的情感，对内容的情感和联想等欣赏并非真正是审美的"[1]，像康定斯基主张绘画完全向音乐看齐，立体主义要求彻底破坏现实形体以求得事物的"真实本质"，等等，再现与表现的界线在日益消失。但看来，比起雕塑，具象（再现）比抽象（非再现）于绘画本质似应更适合一些。

1　引自布尔根编《新批评主义》。

第四类：语言艺术（文学）

语言艺术与所有其他艺术性质上的重大区别，使文学常与整个艺术并列称呼。这区别来源于作为文学的艺术手段的物质材料的特性。文学是用与感觉、知觉富有联系的，理解性与情绪性相统一的词语来唤起人们的表象、联想和想象，而不像其他艺术那样直接诉之于感觉。关于语言艺术这一特点的阐述，西方美学家有不少理论。如瑞恰慈的理论曾经有着重要影响。他否认有一种特殊的审美方式，"我们看画、读诗、听音乐的活动与早上穿衣，去展览会等活动并无不同"，只是更为复杂的经验的统一，是各种冲动、情绪的中和、均衡而已。[1]他把词的功能分为意义的、情感的、语调的、意向的四种，认为对诗人来说，情感功能是最重要的，[2]诗中的词义是含糊的，无关紧要的，重要的是它与人们一定的身心利害关系相关联，是情绪性的整体，可以先于理智的了解，等等[3]，我们关于文学的社会意义和内容研究得较多，关于文学的语言形式的美学特性，却研究极少，这方面是需要加以注意的了。

文学用词作为艺术手段。这一手段的特点如本文讲分类原则时所指出，它的实质（词义）并不是物质材料而是精神性的表象。它已从直接的感性中脱离出来，如黑格尔所强调认为，"在诗中，心灵是为其自身决定内容……虽然运用声音来表现它"，"因为声音——这诗中保留下来的唯一物质材料，已不再是其声音自身的情感，而只是（观念的）符号"。[4]这样，就与其他艺术用物质材料所提供的感性经验和思想内容不同，词义所

---

1 参看瑞恰慈《文学批评原理》第2章。
2 参看瑞恰慈《实用批评》。
3 参看本书《美英现代美学述略》。
4 鲍桑葵：《美学史》附录一；参看黑格尔《美学》第3卷。

提供的这一切都已受着确定知性理解的规范,而不像形体、色彩、声音等所呈现或暗示的那么朦胧、宽泛和不可限定。用绘画或音乐描绘或表现的情节、情感与用文学所表达的,其内容所能具有的知性(理解)的确凿性,是不可同日而语的,更不用说建筑、舞蹈等部类了。所以,语言艺术的这一独特手段与知性(理解)的直接不可分割的联系,就使它比其他艺术具有远为巨大的理性力量,更易达到深刻明确的思想高度,使人们能够由感受体验迅速直接地趋向于认知、思考,便于对现实进行理性的深入把握,而成为所有艺术中思想认识作用最强的一种。所以说,文学是思想的艺术。在这里,感觉形式的愉悦因素退居很次要的地位,思想内容的认识因素占着压倒优势。这门艺术主要以内容的理性深度取胜。

文学用词作艺术手段,词在现实世界的广阔联系,能使世上一切情景、事件、色彩、声音、气味、感觉、心理状态等,都能通过它的信号刺激间接地使人感知。其他艺术"由于材料的限定,仅只有少数观念能在诸如石头、色彩、音调等现实的特殊形式中充分呈现出来。从而内容与艺术构思的可能性便局促在非常限定的范围内……相反,诗则从一切对感性材料的臣属中解放出来……因此……能够表现和装点任何可出自或进入人们想象中的内容。它所以能如此,是因为它所用的材料不是别的,正是想象自身"。[1]其他艺术所直接描绘、抒写或间接暗示、呈现的主客观世界,总受着各该物质材料的限制,声音不能描写嗅觉,正如线条难以表现味道一样。由于词能自由而广阔地与感性经验取得间接联系,从无限广大的人生外在世界,到无限复杂的心理内在世界,比其他艺术能够更多面、更广泛地去把握对象、反映现实,唤起和组织人们丰富复

1　黑格尔:《美学》第3卷。

杂的表象经验，使人们更完整、更充分地感受生活、认识世界。所以黑格尔把诗（文学）定义为"普遍性的艺术"（不受特殊艺术类型的束缚）。另有人则说它是"经验的艺术"，"完整形态中的生活的充分意味"[1]，是有一定的道理的。

如果上面是文学与其他艺术的主要区别，那么在这里文学与科学的区别就在于，虽然它们都运用词，但文学的词是与感性的情感和形象紧密地联系着，"必需……不能仅仅诉之于思想……诗人的想象在这里应保持在纯思的抽象普遍性与物质对象的具体有形性之间"[2]。从而这种涂满具体感性色调的词便必然唤起人们利害经验的情绪反应，而具有情感内容。"词，由于成年人过去的全部生活是与那些达到大脑半球的一切外来刺激或内起的刺激物相联系着……因而词也能随时引起那些刺激所制约的有机体的行为或反应"（巴甫洛夫）。这与尽量从具体感性表象中抽象出来的科学的冷静词汇不同，文学的词常能引起行动反应，具有情绪感染能力和性质。这也就是常讲的文学语言的形象性和情感性的实质。其次，与科学的词讲求和具有的概念的确凿限定不同，文学的词因广泛多面地与感性对象相联结，所唤起和代表的表象经验经常是错综交织、相互暗示着的，因此便自然带有某种不可限定的混合、游动从而丰富、灵活的特性。正是由于这一特性，才使诗人作家反复吟味，锻句炼词，以求能充分而准确地传达显现出拥有丰富的感性声色的一定的意象世界。一字之差在这里所以能造成千里之别，就正由于它们之间所包含的感性内容、所唤起的表象经验有丰富与贫瘠、充分与狭窄、合适与不当，亦即混合游动与僵死固定的区别的缘

1　普弗：《美的心理学》第6章。
2　黑格尔：《美学》第3卷。

故,而这与科学语言正又是有所不同的。[1]

因为表象经验难分动静,所以语言艺术单独构成一类。但这却仍无碍于其内容能或更偏于主观情感的抒发,成为表现性的文学品种(抒情诗),或偏于客观现实的描述,成为再现性的文学品种(小说)。表情是抒情诗的首要因素,意象、图景的描绘必须被统帅和被支配于它,是它的一种折光和反射。所谓一切景语皆情语也。因为是表现艺术,所以比例、节奏等形式美的规律在抒情诗中仍起着作用。如意象的节奏式重叠出现(内在的形式美),语音的节奏美(外在的形式美),对情感的表现与渲染,都有重要的意义。与此对峙的是以叙说故事为首要因素的再现艺术——小说,它显然更倾向于对现实的客观把握,具有强大的认知功能。本来,它就是源出于人们为传递经验、领会人生而进行的对日常生活事件、重大历史情节的相互告知、描叙和流传。[2]

语言艺术既以词义为其手段实质,除了少数感叹词是真正的情感的直接抒发外,其他都是具有或多或少或明或暗的客观图景的表象,所以其总的种类特点是更倾向于再现的。抒情诗的表现也还是通过一定的再现,如所谓借景抒情之类。而另一方面,词义是离不开其物质外壳——语音的。人们是在语音的运动过程中来了解词义唤起表象的(静态的书本也需经由动态的阅读,默读或朗读都是语音的运动)。这样,如果结合词义实质(再现)与语音外壳(动)来看,便可以发现为什么文学会与动的再现艺术(戏剧、电影)有紧密的必然关系,会构成它们的灵魂。

文学渗入动态再现艺术中可以有两种方式,一是带着它语音的外壳,使语音也构成动态再现艺术的物质材料中的一个因素,例如话剧。另一

---

1 参看本书《形象思维续谈》。
2 参看帕克《美学原理》第9章。

则是舍弃语音，着重将词义化为视觉、听觉（主要是视觉）的直接感性对象，例如电影。

前面曾指出文学因不是用物质材料作为手段较其他艺术的优长之处，但同时文学也因此而具有重大的弱点，即与感性现实只有间接的联系，表象经验比之直接的感觉知觉，其刺激和感受便要远为贫弱模糊。千言万语描述一个人远不及一张画使人感知得那么生动鲜明，所以人们总不满足于文学的刻画而要求它变为直接可感的艺术对象。正是这种需要，便使文学与动态再现艺术的内在必然联系的可能性成为现实性，而出现各种戏剧和电影。

这也就是为什么我们要在动态再现艺术（综合艺术）之前来先谈语言艺术的原因。

第五类：综合艺术（主要是戏剧与电影）

戏剧

戏剧把生活中的矛盾冲突提炼集中起来加以表演，在如实的动的过程中再现现实，使观众作为一场生活事件的目击者而获得异常生动强烈的感受。戏剧感受之所以强烈，不但在其形式上这种不同于文学、能直接诉诸人们的感性直观的特点，而且更在于其内容是高度的理解与情感相结合的特点。不像静态的绘画的认知只含有朦胧的情感倾向，也不像动态的音乐情感只含有朦胧的认知因素，戏剧是依靠语言艺术，在对情节冲突——"戏"的理智了解的基础上来引动人们的情感态度的。这种情感态度随着

"戏"在时间中的延续,一直处在不断的紧张均衡的运动过程中[1]——这点与音乐类似——就逐渐能达到异常昂越激动的境地。在这种境地中的情感,其内容就不再是某种宽泛朦胧不很明确的东西,而是具有明确的认识内容的伦理态度了。戏剧将理智的是非认识与情感的悲喜感受结合在一起,转化为对具体事物、对象的爱憎利害的伦理判断和理性力量,而直接导向于实践的行动。这就是为什么"走出剧场,人会觉得高尚些"(狄德罗、车尔尼雪夫斯基),为什么戏剧具有强大的鼓动人们行动的力量的缘故。

文学也能将认识与情感高度结合变为理性判断,但一方面由于它是通过表象来进行,失去了直感所能引起的特有的情绪效果,同时更重要的是,文学中的情感抒发与情节冲突远没有戏剧这样提炼集中,这就削弱了认识的尖锐性和情感的迫切性。尽管有情感表现,小说总偏重于事件的客观展开的叙说;尽管有事件描写,抒情诗总偏重于心灵的主观自我的抒发。戏剧则不同,它"将史诗的客观性质与抒情诗的主观原则在实质上统一起来","戏剧不躲避在与外界世界对立的心灵生活的抒情表现中,而是通过和在它的外部实现中来陈述这一生活。所以事件不是来自外部情境而是来自个人的意志和性格……同时个人也不再是专门执着于唯我独尊的独立性中,而是通过他所置身的情境的特性来成为他自己的","在我们眼前像确定事实似的直接呈现出本质上独立的行动,它不仅源出于性格的自我实现的个人生活,而且将具体生活中的理想的意向、群众、冲突等实质性的相互作用的结果,作为限定形式……"[2]黑格尔就这样解决亚里士多德古典情节论(情节是戏剧的首要因素)和近代性格论(性格最首要)的论争,深刻地抓住了戏剧美学的本质问题,强调了主观性格和客观情节在冲

1　参看首弗《美的心理学》第7章。
2　黑格尔:《美学》第3卷。

突中的统一。

戏剧是综合艺术,由于各种不同因素占据主导地位,便使戏剧有许多不同的种类,而可大别为更偏重于再现的如话剧和更偏于表现的如歌剧、舞剧、中国戏曲。两者各有其特殊规律。前者——话剧依据于再现性的语言艺术,以制造"生活的幻觉"为能事,戏的内容比较复杂,而表演形式则比较简单,与生活相去不远。其中又有或更侧重情感的现实体验(斯坦尼斯拉夫斯基),或更侧重哲理的深邃把握(布莱希特)。后者——歌剧、舞剧、戏曲,则是建筑在音乐舞蹈的表现特性基础上的再现,虽然作为戏剧,其摹拟写实的成分已比原来的歌、舞分外加强,但却总仍以表现为其主要因素。所以其戏的内容是比较简单的,表演形式则非常复杂,非常强调形式美的规律。如戏曲便"是建筑在歌舞上面的。一切动作和歌唱,都要配合场面上的节奏而形成自己的一种规律"[1]。"中国戏曲的表现形式,基本上是一种歌舞形式……给观众一种美的感觉的艺术"[2],要求程序、类型切合情节冲突的灵活运用。形式因素的欣赏、愉悦,在这类艺术中占有突出的地位。

可以知道,各剧种受着各该主导因素本身的或表现或再现的特性的制约与支配,便各自形成自己的美学本性和独特规律,应该按照它们的这些客观规律来发展变化。如果话剧不去讲究语言,加深它的思想理性内容,反而着重向戏曲看齐,在表演动作上去追求虚拟,搬用程序,这就正如戏曲不去讲究"唱、念、做、打"的优美形式以传出一种气势、韵味,反而在情节冲突和服装布景上去写实、摹拟、追赶话剧一样,是同样舍本逐末,没有出路的。

---

1 梅兰芳:《舞台生活四十年》第2集。
2 程砚秋:《戏曲表演艺术的基础——"四功五法"》。

电影

电影是"把绘画与戏剧、音乐与雕刻、建筑与舞蹈、风景与人物、视觉形象与发声语言联结成统一的整体"（爱森斯坦）。在这巨大的综合性之中，视觉形象是最主要的因素。摄影技术的进步不但使电影的视觉画面无限开拓，能够"一只手拿细笔描绘眼睛和睫毛，另一只手拿粗笔勾勒一百公里宽的空间、巨大的热情和群众运动"，而且使这些画面本身也可以变为如绘画似的艺术品，具有惊人的表现能力。黑白明暗的色调、造型性的渲染、构图组织的精巧，默片时代便曾留下不少成功的范例。但是，作为电影，其视觉形象的特色与绘画有根本不同，它必须是在运动过程中的画面。画面形象应该服从于运动，而不能盲目追求如绘画那样的静态画面所要求的艺术效果。动的视觉形象的画面才是电影的本性所在。

而这就涉及蒙太奇的问题。作为电影艺术的重要手段，蒙太奇（镜头组接）一定程序中所显示出来的逻辑关系和理解内容，成为与文学比美的特殊的语言。蒙太奇将逻辑、思想、知性的理解力化为视觉的直感形象，使人们在直感中进行有明确涵义的思想理解活动。电影在实现、培养和发展人们在直感中的知性能力，将理解积淀在感受中，已有巨大的心理学的收获。蒙太奇成为一种表达思想的可见的语言。它在揭示现实形象中的巨大的思想涵义，丰富人们的认识能力方面，可以起很大的作用。

正由于上述视觉画面与蒙太奇各自具有的特性的统一，就使电影拥有再现一切运动形式中的现实世界的巨大能力。电影之所以能与文学比美，也正在于电影不但能复写出星罗万象的人们的宏观世界，甚至可以包括某些纯精神性的复杂状态，如抽象的哲学玄思、淡淡的莫名惆怅等，凡与视觉表象即与外界物质事物能有直接间接的确定联系或相互对应的心理状态,电影都能在一定范围和一定程度将之忠实地再现出来,使内心活动展示为鲜明的运动中的画面形象。所以,电影不再是外界事物交代式、纪录式的摄影,而成为可以包含丰富的潜台词和深刻的思想内容的复写现实的再现艺术。从而,蒙太奇语言的存在,富有内容的画面形象动作,便都使电影中的发声语言(对话、独白等)可以压缩到极精炼简短的地步,成为一种虽必要却次要的因素。所以说,放弃画面形象和蒙太奇语言的巨大表达能力,而滥用对话来表达内容,是一种牺牲电影本性的懒汉作法。

电影更接近小说,更少接近戏剧。不但因为它主要不是利用发声语言,而且还因为它可以摆脱戏剧直接在观众面前表演所具有的过于逼真的实感效果,而能如文学的表象那样,远为自由广阔地反映现实,使人们可以对生活获得史诗般的多面整体感受和哲理性的理解高度。长镜头的出现、画面的流畅开展、朴素的写实手法的加强,便在形式上也更趋向于小说式的流畅叙述。

如果说,戏曲在表现基础上达到了最大的再现;那么,电影则恰好相反,在再现基础上却能达到最大的表现。它的确是种"充满情绪的叙述"[1]。不但现实对象的选择、方位、角度、长镜头的安排,蒙太奇句子的组织,可以自由广阔地体现艺术家的主观世界:立场、观点、情感、思想、趣味、风格,以及所提出的问题,所进行的判断,所抒发的情感,所传达的认识;而且更重要的是,所有这一切都是通过间接的再现方式表现出来,是化为直接可见的视觉画面出现的,它不能完全离开视觉形象的再现基础("抽象电影"因完全抛开了这基础,所以失败了)。而这样,就不但使所表现的一切具有确定的认识倾向,并且使这倾向也好像是自然地从

---

1 爱森斯坦:《蒙太奇在一九三八》。

形象自身流露出来的。最主观的表现通过最客观的、似乎是现实的如实存在的形式传达出来,这是电影宣传思想、表达情感极有成效和信服力量的重要原因之一。如何发挥电影这些特性,不再停留在简单的记录式的生活复写上,而是尽量实现它所具有的巨大的表现能力和心理效果,是很值得深入探讨、研究的。特别是在今天,电影已成为从老人到儿童、从学者到工人最喜爱的艺术种类。

上面从分类角度将艺术各主要部类的各主要美学特性作了极为简略概括的点明。总括起来,可以看见,静的表现艺术是作为人们的生活环境,对人们一定精神生活所作的物质象征,是人们对现实一定情感的概括表现;动的表现艺术则是这种情感集中而强烈的直接抒发。静的再现艺术提供对现实的情感认识的物态化对象;动的再现艺术将这认识大为扩展并与情感的运动结合起来。语言艺术则有对现实深入把握的理性力量,并渗入各门艺术,帮助它们表达思想。各门艺术随其动与静、表现与再现的性能不同,再因其所用材料特性的不同,便各有自己的内容与形式,各有自己的对象与方法,各有自己的特长与弱点,各有自己的规律与法则。例如,在表现艺术的种类中,内容积淀为形式,内容即在形式之中,一方面这就使形式规律所造成的美的因素在这些部类中占有重要的地位;另一方面则又使内容具有一定的多义性、宽泛性的特色。在再现艺术的部类中,形式与内容有一定的分离性和独立性,内容作为联想因素与形式作为直感因素,相互交融地进入创作和欣赏中,内容具有更大的限定认知性,而形式美的规律则不很突出,所以可以有丑。关于这些深刻而有趣的问题,因非本文任务,不能多谈了。要再一次指出的是,表现与再现在所有艺术中都应是统一的。并且,表现并不就是表情,而是整个主观世界的传达;再现也不就是描绘,而是整个客观世界的复写。所以,表现中有认识,再现中有情感，否则便只是盲动的情感和死板的认知。同时，表现的形式可以来自再现的概括，再现的内容通过表现也愈益深刻，在两者往复循环、不断上升中，艺术才获得了长足的进步。中国古典艺术在表现与再现的统一方面取得了一种古典主义的高度和谐。我在以前的文章中，曾一再指出，"中国美学思想基本和主要的则是古典主义的美学思想"[1]。它反对情感的粗糙表露，也反对事实的如实摹写，在再现中提倡表现，在表现中强调再现（如诗歌讲究以景结情，诗中有画；绘画则讲求意趣，画中有诗），以取得情与理的古典式的平衡、一致与和谐。不是抽象的思辨，不是狂热的激情，而是在理智的控制和渗透下的情感对现实人生的追求和满足。所以如此，当然是中国长期传统社会经济基础的产物，是共性即个性，理性即感性，伦理即心理等古典理性主义精神（鲜明反映为儒家的哲学思想）的显现。

要注意到，近代艺术的总趋向是日益走向表现。西方古典美学是众所周知的摹拟说，近代浪漫主义兴起后，表现成为基本的美学倾向。[2]充分估计这一趋向，对艺术发展的了解，是有意义的。

总之，各门艺术各有其不同的审美本性和规律，这里重要的是，各门艺术应该努力遵循和尽量发挥自己的特长，注意自己的局限，而不要越俎代庖，只有各门艺术彼此区别、分工而又互相渗透、补充，才能共同构成一个五色缤纷、五音嘹亮的艺术世界的丰富整体。艺术世界的多样和丰富根源于客观现实世界和人们主观世界的多样和丰富，也服务于生活和人们需要的多样和丰富。

---

1 参看本书《"意境"杂谈》。
2 参看鲍桑葵《美学史》第1章。

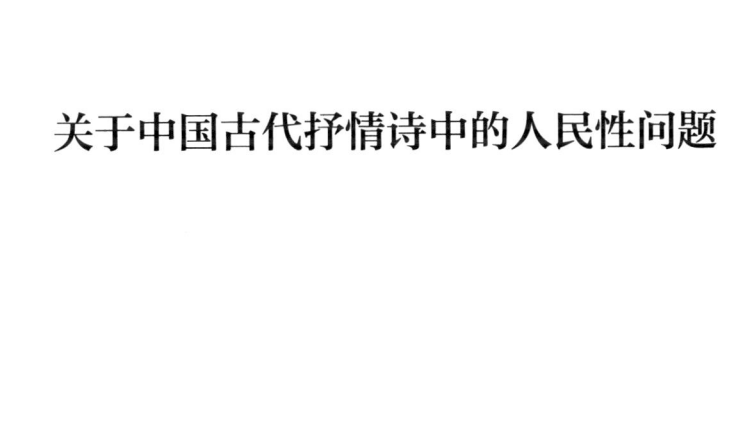

关于中国古代抒情诗中的人民性问题

（一）

　　抒情诗在我们整个古典文学中占着极其显著的重要地位，在任何一部中国文学史的著述中，有关诗或抒情诗的论述总费去了最大的篇章。然而，尽管我们再三强调继承民族文学遗产，但如何从文学的人民性这一角度来阐述我国古代抒情诗的内容、特点和价值，却还没人作过真正认真的研究。一方面，这固然是由于这一问题本身的异常复杂的性质所影响，另一方面，也反映了只知道大讲阶级性的庸俗社会学的严重影响和阻碍。但这一问题的深入探讨，不但对于我们认识和研究古代抒情诗和其他文学作品有直接关系；而且对于今日诗歌的创作和批评，也有巨大意义。例如，对于抒情诗的社会性质的深入了解，对于作家个人感受的抒发——因与历史环境、人民情绪和社会气氛相合拍、相交融，才为人民所共同感受和理解这一特点的深入了解，对今天的艺术创作就有帮助。

　　诗歌，首先来自民间。自《诗经》、乐府直到今日的民歌民谣，中国广大人民在长期的生活斗争中创造了一座巨大的诗歌宝库。虽然古代人民的创作常限于口头传诵而未被写定,更加上统治阶级的有意扼杀,留到今天的大都只是为数不多还被窜改删削的简短篇章。但是,就在这些作品里,我们不仍可以感触到那闪亮着的人民情感和智慧的光华,不仍然可以呼吸到浓厚的人民现实生活的真实气息吗?这些具有美学深度的人民自己的创作,是以后千百代优秀诗人歌手们宝贵的楷模和典范。

有人说,民间诗歌的特色,带着浓厚的社会叙事性质。这些诗歌是所谓"感于哀乐,缘事而发""饥者歌其食,劳者歌其事"。人民用自己的歌喉,质朴地歌唱着生活与斗争、苦难与幸福。在这里,缭绕着我们的是一个真实素朴的社会生活的乐章,它以一种令艺术巨匠们也惊美的单纯美,强烈感触着人们。这些作品浸透了广大人民的思想感情。人民把自己的欢乐与悲哀,希望与理想,愤怒与仇恨,凝聚在对现实生活的歌唱中了。在《孔雀东南飞》《孤儿行》等悲惨的社会叙事中,我们看到了人民对不幸者深厚同情和慰藉;在"硕鼠硕鼠""坎坎伐檀兮"等严厉的社会讽刺中,我们听到了强烈愤恨的反抗之声。许多民歌实质上就是最优美的抒情诗,它们直接地表达了广大人民的心声,社会生活的真实在这里也得到了鲜明的反映。

然而,提出了这样的问题:许多民歌的抒情中是常常带着沉重的抑郁和忧伤的情调的。那么,是否应该在今日来肯定和"宣扬"这种据说是"带着悲观情绪"的抒情诗呢?

我认为,这种提法是不准确的。高尔基说过,人民永远是乐观主义者,他们与悲哀没有缘分。然而,也应该承认,在古代民歌中的确常有着一种"郁郁多悲思"的深沉情绪。"秋风萧萧愁杀人,出亦愁,入亦愁,座中何人,谁不怀忧?"在中国古诗中,无论是《诗经》还是乐府,都的确常常充满着一种沉重的悲伤音调。所以问题就在于:不要简单粗暴地对待这种现象，而要认真地理解它和研究它。这种民歌抒情诗中的忧郁和悲哀，是具有现实生活的深刻内容和社会、时代的根源的。在古代社会里，在生产力极端低下、人民生活极度困苦而剥削和压迫者却贪得无厌、残酷压榨的年月里，这不正是人生和社会本身的合理的忧郁和悲哀吗？这不正是人民生活真实苦难的反映吗？所以，民歌中的忧郁和悲哀总是那样的浩大和深沉，它实际上早已失去了个人咏叹的性质，而成为全人民或全民族的共同的感受和倾吐了。这不但中国是如此，其他民族中也有同样的情况："……可是我们这里欢乐的歌曲还很少……我们大部分民歌都显出一种沉重的悲哀。时而是母亲在歌曲中哀哭着儿子，或者是未婚妻哀哭未婚夫；时而是年轻的妻子怨诉着丈夫的粗暴以及婆婆的恶毒；时而是善良的年轻人为了和他内心里一切可爱的东西离别开了，在遥远的异地，忧思着故乡；时而是被自己的悲哀所压倒的穷人，忧伤着什么都没有；生活在蔑视里。在所有的歌曲中，都可以看出一种愿望，一种对于较好命运的憧憬，一种灵魂的冲动……"[1]

正是这样，就在这些带着真挚的生活忧郁和悲伤的人民歌声里，我们仍然可以听到那种"激越而勇敢的冲动"，那种对幸福生活强烈的理想和愿望、朦胧的憧憬和追求。人民没有为苦难所吓倒和埋葬，人民在对自己悲惨命运的慨叹中，实际已浸入了自己为争取美好前途而不可屈服地生活斗争过的积极精神。所以，我们读这种诗甚至是关于年华易逝人生短促的悲叹时，也并不引起消极颓废的情绪；恰好相反，引起的是深厚的同情、澄澈的沉思、不可抑制的愤怒和要求奋发的激励情感。

---

[1] 杜勃罗留波夫：《杜勃罗留波夫选集》第1卷，新文艺出版社，1954年版，第431页。

（二）

从而，可由此再进而考察统治阶级知识层文学家们的个人的抒情诗创作。这里，问题也就变得更为复杂了。首先，如高尔基评论西欧资产阶级文学时所指出，在统治阶级知识分子的文学创作中，我们首先应该分出两类作品和两派作家："一派是赞扬和娱乐自己的阶级的……所有这些人都是典型的'善良的有产者'，没有多大才能，然而如他们的读者一样灵巧和庸俗。"[1]中国封建古籍中汗牛充栋的各种各样的诗集、文集，也属于这一类。尽管它们之中有的也曾经流传当世，显赫一时，然而在时间的严酷考验下，却早已消失得无影无踪了。但是，历史在唾弃这些堆金积玉的高贵倾吐的同时，却长久地保存着另外一些统治阶级知识分子所写下的抒情作品。玄言诗、宫体诗、香奁集、西昆体可以消失，而阮籍、陶潜、苏轼，甚至李后主的作品却能够长久为人们所记住。这不是偶然的，优美的诗歌在广大的人群中之所以长久流传，显示着其内容蕴涵着一定的人民性。因为，抒情诗固然与社会叙事性质的史诗有所不同，它主要是纯粹通过个人主观感受的直接倾吐来反映现实、表达生活。"诗言志"，"诗缘情而绮靡"，但重要的是诗人所倾吐出来的个人感受、个人的思想情感同时必须也能为广大人民所感受、所理解。别林斯基说得好："伟大的诗人谈着'我'的时候，就是谈着普遍的事物，谈着人类……因此，人们能在诗人的忧郁中认识自己的忧郁；在他的灵魂中认识自己的灵魂。"

有人因而提出了问题：在中国古代封建社会里，与人民处在直接敌对地位的地主士大夫们又如何能写出这种具有人民性的诗篇来呢？他们的抒

1　高尔基：《苏联的文学》，新文艺出版社，1953年版，第24页。

情诗又为什么能为人们所感受、所理解、所喜爱呢？

中国传统社会的士大夫地主知识分子的确大多处在"帮凶""帮忙""帮闲"的阶级地位，这是基本的情况。也正是以这种情况为基础，就产生了前面指出的那一派文学，"缀风月，弄花草，淫巧佚丽，浮华纂组"[1]，应制、奉诏、蒙昧、安命……每个时代都有这种奴才文学和帮闲文学。它们不只是"娱乐自己的阶级"，同时它们更是维护自己统治的精神武器。

但与此同时，高尔基也指出了，在这些平庸作家之旁，统治阶级中还出现过另外一派作家，"另一派为数不多，只有几十个，是批判的现实主义和革命浪漫主义的最伟大的创造者。他们都是自己阶级的叛逆者，自己阶级的'浪子'"[2]。在中国漫长的古代封建社会里也有着类似的情况，在统治阶级士大夫中出现了许多杰出的像屈原、司马迁、曹植、陶潜、李白、杜甫、白居易、苏轼、辛弃疾、孔尚任、吴敬梓、曹雪芹等这样的文学巨匠。他们的创作中包含着很深刻的人民性的内容。

这些作家之所以能够突破自己阶级的局限取得惊人的艺术成就，当然有各种不同的复杂原因。每个伟大作家都是通过自己独特的道路而达到这种成就的，需要具体分析和研究。但是，如果要初步探讨其一般的规律，我们就不能如现在许多论文满足于仅以个人或作家主观的某些因素来解释。应该重视在我们伟大古典作家背后的激烈的社会斗争、强大的人民运动和时代潮流对作家诗人们的刺激和压迫，应该重视各种战争以及各种政治集团或路线、文化思潮或倾向的尖锐斗争，尤其是符合和代表着人民利益和要求的社会力量、社会意识对作家诗人们重要影响。应该深入地去探索人民群众的思想情感是怎样"突破层层的重围"而冲进文坛，作家诗

---

1 石介：《怪说》。
2 高尔基：《苏联的文学》，新文艺出版社，1953年版，第24页。

人们的思想情感怎样与人民群众有了深刻的联系或相通之处的。这不但对于社会叙事性质的史诗——小说戏剧是如此，而且对于抒情诗也不例外。只有这样，才不会把很多优美的抒情诗简单地说成只是某些个人的"失意""不幸""不满现实"之类的牢骚，才会更深刻地去揭露这些作品的形象世界中丰富的人民性的美学内容和社会基础。

在这一点上，抒情诗与社会叙事诗一样，是带着特定时代的特定色彩的。优美的抒情诗常常能与一定社会历史中的人民的思想情感联结起来，或者与特定的现实生活联结起来。这样，个人情感的倾吐才能超出纯粹的个人意义来反映现实和生活，而获得广泛的社会意义，为当时和后世人民所接受和理解。李白的抒情诗不能产生在魏晋，正如曹植的抒情诗不能产生在盛唐一样。但他们的个人咏叹都反映了时代和生活。

所以，如果把那种悲壮激越、慷慨不群的著名的"建安风骨"，单纯地只看作是某些英雄们的个人感触的抒发，就失之肤浅了。且不论建安时代抒情诗所具有的浓厚社会叙事的史诗性质，就是在那些纯粹个人志趣和感触的抒情中所以带上那种独特的苍凉悲壮的音调，正是当时社会现实生活所加上的深重烙印。典型社会环境中典型的人民情绪、社会氛围的反映和抒发，是"建安风骨"人民性实质之所在。汉王朝的统一帝国崩溃了，连年不断地在进行着残酷的战争，社会生产和人民经济生活受到了极严重的破坏，广大人民企望着和平与温饱，上层志士强烈要求着奋发和复兴。规模浩大的农民起义失败后，社会的动乱分裂和衰退、人民的深沉苦难构成了建安时代的社会背景，在这背景下的人民情绪所形成的社会氛围是极其沉郁悲壮的，这种强烈的社会影响了是不能不"穿破层层重围"，使统治阶级中与人民生活有某些接触的优秀诗人也感染着，从而，也就不能不使他们的文学创作中自觉或不自觉地反映和抒发着这种时代的苦难、生活的艰难和人民的忧郁、悲哀。功业极盛、势倾一时的曹氏父子写出了像"延颈长叹息,远行多所怀。我心何怫郁,思欲一东归""秋风萧瑟天气凉,草木摇落露为霜。群燕辞归鹄南翔,念君客游思断肠"等具有深厚人民情感的民歌式的著名作品。很清楚,人民现实生活中的"丧乱之音"的突进文坛,就是作为一时代的典型音调的"建安风骨"的主要特色。只有在这个意义上——不是在形式的相似而是在内容的人民性上,"建安风骨"才正是民间诗歌——汉魏乐府的提高和总结。我们之所以能够接受并喜爱"烈士暮年,壮心不已""怀此王佐才,慷慨独不群""救民涂炭""天下归心"这种抒情诗人们的纯粹个人志趣的倾吐,也正是因为这种倾吐、这种感情不是缺乏社会现实内容的虚假庸俗的狂言豪语,不是那种充满在许多文集诗集中的无病呻吟,相反,通过诗的艺术形象,这种抒情真实地具有当时社会现实和人民生活的内容和当时先进的社会理想。对人民的同情和对统一祖国的进步事业的渴望,使作者这种个人抱负的倾吐带上了真挚、正义的英雄色彩,而使人振奋和喜爱。含蕴着深厚的现实主义和积极浪漫精神的建安抒情诗,并非偶然地长久影响着后代诗人们。

被称为典型地代表着"盛唐之音"的伟大的浪漫主义抒情诗人李白的作品,就无论从内容、形式和风格来说,都恰好与建安诗歌的"丧乱之音"成了一个鲜明的对照。这种诗歌的不同根源于社会情况的不同。"盛唐之音"与"建安风骨"同样是其各别的时代的典型的声音。在隋末农民大起义猛烈破坏和摧毁旧政治经济基础而建立起来的统一的大唐帝国,正是中国古代民族和中国封建地主制度的灿烂的黄金时代。社会的经济、政治、军事、文化各方面,处在蓬勃发展、欣欣向荣的上升阶段。封建文化这时已发展为相当成熟的状态,我们的祖先这时是全世界无与伦比的高度文明的伟大民族。处于上升阶段的地主统治阶级中的许多知识分子们,在这个时候具有奋发有为、生气勃勃、敢于突破旧有束缚的青春的创造能力。他们在这封建制度的繁荣时期中创造出新的艺术和文学，来肯定新制度的建立并歌颂它的繁荣。但这种文学艺术的永生价值，却又恰恰不是在于它们狭隘地反映和歌颂地主剥削制度的建立，而在于它们具有一种与人民思想情感相通或一致的健康向上的乐观主义的精神。马克思、恩格斯曾指出，在资产阶级上升时代，资产阶级中进步阶层的最优秀的思想意识和文学艺术领域内的代表们，是能够有热情、正义的高贵品格和仇视一切贪婪、卑劣的进步思想情感的，他们充满着对生活的自信和肯定，也能够突破自己的阶级狭隘性，"作为整个社会的代表而出现"，来反映广大人民群众的思想和情感、愿望和要求。在中国封建制度的上升时期中也有过这种情况。盛唐时期那种许多开朗乐观的著名诗篇，像李白那种对封建社会庸俗生活的厌弃和争斗，对更高的人生价值和生活理想的强烈渴望、热情梦想和追求，那种蔑视世俗、笑傲王侯、充满着排山倒海似的巨大力量的浪漫诗歌，就恰恰是这一封建社会上升阶段中社会进步精神的反映，就恰恰是这一典型的社会环境中最高的典型产物。它是不可能产生在像建安时代那种衰颓乱离的社会基础之上的。与"建安风骨"完全一样，"盛唐之音"也同样具有高度的人民性，它永远是我们民族的自豪的声音。

所以，与唯心论美学所断言的相反，即使是抒情诗，它的美也并不在于体现了什么先验的永恒不变的"抽象人性"，而在于它具有丰富的人民性的内容——它以形象反映了一定社会历史环境下的人民思想情感和它所形成的社会氛围；说出了生活的真实，历史的真理；表达了先进的社会理想和美学理想。

（三）

上面还只说到一个方面。还要看到，正因为与小说戏剧不同，抒情诗主要是通过诗人个人主观感受的直接倾吐来反映现实、表现生活，作家的世界观、作家主观自觉的思想意识在这里就占住了特别重要的地位。"风格即人"，它常常在很大的程度上决定着抒情作品的内容和风貌。如前所指出，作为作品重要内容和时代特色的社会氛围、人民情绪，对作家主观的感染常常可能是并不自觉的。然而，却不能想象，作品和创作方法竟可以与作家自觉的主观思想意识或世界观完全没有关系；不能想象，社会气氛、人民情绪以及各种社会矛盾、斗争、各种生活影响可以完全不通过作家主观思想意识而在作家个人的抒情诗中表现出来。在研究抒情作品的客观社会根基的同时，还应该着重研究作家本人的主观世界，这两者实际上是不能分割开的。

如果说，西方包括高尔基指出的那些巨匠在内，都在不同程度上通过不同的方式接受了近代资产阶级民主主义、自由主义思想影响，成为思想中的进步方面；那么，也可以清楚地看出，道家思想中的素朴的追求自由解放的精神和儒家思想中的兼济爱人的观念，就常常是我国历史上尤其是近代以前的优秀古典作家们的主观思想或世界观中的重要因素。在孔子那里，与"礼"相补充的"仁"的提出与强调，企图用"仁"来重新解释和规定"礼"，应该承认有进步意义。孟子把美化了的"仁政"理想（如"黎民不饥不寒"等）与对黑暗统治的斥责（如"庖有肥肉，厩有肥马；民有饥色，野有饿莩，此率兽而食人也"等）结合在一起，把知识分子独立自主的个人抱负、个人志趣的强调，与对富贵权势的蔑视和不屈结合在一起（如"得志与民由之，不得志独行其道，富贵不能淫，贫贱不能移，威武不能屈"等），又向前迈进了一大步。以后，中国历代统治阶级中许多优秀的知识分子和作家们，常常能在儒家思想中吸取和继承这种比较积极的方面，他们常常怀抱着"博施济众""兼善天下""嫉恶如仇""刚强不屈"等剥削制度下的进步的社会理想和高尚的个人品格。这种抱负实际上成为他们世界观中的进步方面，去推动他们深入生活、同情人民、踏上创作道路的一种思想上的力量。所以，不能像今天许多论著那样，把"先天下之忧而忧，后天下之乐而乐"或"人生在世不称意，明朝散发弄扁舟"这种个人的抱负与志趣，一概简单地判定为反动地主士大夫们对功名利禄的钻营或颓废卑怯的遁世来估计和抹杀，应该更加细致地和更严谨地去研究在一定的历史条件下，它所包含的合理的和现实的因素。在黑暗腐败的封建社会里，坚持正义、同情人民、热爱祖国与讲求风骨气节、反对奴颜婢膝、洁身自好、有所不为，就正是中国历代统治阶级中进步分子优良品质的不可分割的两个方面。这种要求社会进步与黑暗现实、黑暗统治的不协调不合作的"狂狷"品质，是能为人民所理解所同情的。这些优秀的人们和作家在专制淫威下，经常处在不幸者的地位。这些作家抒吐其个人情绪感触，对自己不幸的深沉悲叹，对自己志趣的高扬吟咏，常常不能不以各种方式，直接间接地有意无意地与其对国家命运的关怀、对人民苦痛的同情、对黑暗时政的忧愤、对统治集团的嘲讽蔑视等密切联系和融合起来了。个人的抒情超出了狭小的范围，获得了广泛的现实意义。而这，也就是为数不多而经久不灭与那些汗牛充栋而转瞬即逝的"有感""咏怀"根本不同之所在。"帮忙""帮闲"的封建文人墨客们的无病呻吟、矫揉造作，是不能有这种人民性的。韩愈说"不平则鸣"，又说"文穷而后工"。也正是这种不平和穷困的声音，虽然它们在表现形式上可以属于纯粹个人咏叹的性质,但人民仍能在其中"认识自己的忧郁","认识自己的灵魂"。

在屈原和杜甫那里,这种情况不是很明白吗?在他们那些个人感愤抒发的深处,是忧国忧民的精神,是对社会现实和人民生活的关注。在白居易、辛弃疾那里,这种情况不也很明白吗?无论是"江州司马青衫湿"的身世凄怆,或者是"更能消几番风雨"的壮士悲愤,不也正是当时时代或民族的普遍的忧伤和义愤吗?另外一些抒情诗人,尽管并不能像杜甫甚至也不能像辛弃疾那样能有"诗史""词论"式的创作,他们也没有如李白那样作为一代歌手的典型时代音响,但他们作品中的人民性仍然存在,只是表现形式更为复杂。一般说来,他们通过多种不同方式,抒发了根基于现实生活真实感受之上的思想情感或品格操守中的可珍贵的东西,它们在客观上散发着一种与当时周围黑暗环境冲突、抗争的不协调的气息。晋代诗人陶渊明就是杰出代表。陶诗一向在所谓"静穆""超然"的赞誉下,被一些人歪曲为安命、保守。实际上恰恰相反,作为陶诗基本特点之一的,就正是那种对污浊倾轧的当时上层社会生活、对腐烂短促不保百年的荣华富贵的大的怀疑、厌弃和蔑视,就正是那种对自己忍受穷困的正直生活和节操的大的满足和骄傲。诗人抒发了自己的志趣和理想。无论是"行訾诚可学,违己讵非迷""荣华诚足贵,亦复可怜伤"的高傲心怀的倾吐,或者"春蚕收长丝,秋熟靡王税。荒路暧交通,鸡犬互鸣吠"的牧歌式的农村理想的图画,都不是什么"没落的士族意识";[1]恰恰相反,在这些个人抒情作中蕴涵着高贵的情操和理想,这种对幸福温饱生活的愿望,对上层社会的倨傲和轻蔑,正是根源于广大人民贫困悲惨的现实生活的基础上的。在陶诗中,发自生活深处的真

1　张芝:《陶渊明传论》。

实的"穷苦之音"——那些对贫困、饥饿、寒冷、屈辱的慨叹,紧密地与个人的志趣与理想的吟咏溶化在一起。"劲风侵襟袖,箪瓢谢屡设。萧索空宇中,了无一可悦。历观千载书,时时见遗烈。高操惟所举,深得固穷节";"竟抱固穷节,饥寒饱所更。敝庐交悲风,荒草没前庭,被褐守长夜,晨鸡不肯鸣"。被沈德潜惊为"说得斩绝"的"吾驾不可回"的诗人的高贵品格和志趣,实际上是建筑在多么深重的现实苦难的真实感受之上的啊!

当然,许多诗人的咏叹和抒情,并不能也没有陶渊明这样坚实的生活根基,但因为他们的诗仍然不同程度反映了现实生活的许多类似的根本问题,虽然这些诗的内容和价值不如以前提到的那些诗人,却仍然有其一定的人民性而能被流传和肯定下来。像阮籍、苏轼这些被现在认为难以评论的优秀诗人,正是如此。阮籍的"徘徊将何见,忧思独伤心"的"忧生之嗟""抗身青云中,网罗孰能制?岂与乡曲士,携手共言誓"的"使气之诗""天地解兮六合开,星辰陨兮日月颓,我腾而上将何怀"的"慷慨之词";以及苏轼的"明月几时有""缺月挂疏桐"式的孤傲与寂寞,"长恨此身非我有,何时忘却营营?夜阑风静縠纹平,小舟从此逝,江海寄余生"式的忏悔和追求,都是多么深沉地抒发了在黑暗专制制度的胁迫下,对本阶级生活的极大的苦闷、烦厌、不满足,这里面以不同的深度浸染了与黑暗现实不协调的愤慨、对立与抗争的思想。虽然许多时候带着浓厚的悲观情绪,但这种情绪也正是"对现实的蔑视和否定",是"因为感觉到孤独、无力而产生的忧愁与绝望"(高尔基)。在古代中国的优秀士大夫的思想抱负中,"致君尧舜上,再使风俗淳""许身一何愚,窃比稷与契"与"野人旷荡无腼颜,岂可久在王侯间""白鸥没浩荡,万里谁能驯"(上皆杜甫诗),是矛盾又统一着的两个方面。鲁迅在论嵇康、阮籍时,就深刻地指出了他们"表面上毁坏礼教者，实则倒是承认礼教，太相信礼教"[1]的矛盾的两面。所以，尽管由于阶级和历史的局限，使这些封建士大夫的个人抒情诗里时常夹杂着许多低沉、颓废和绝对孤独的音调，但是，如果我们善于具体历史地去深入研究，就仍然可以发现其中富有着人民性的精神。实际上，在中国许多作家那里，在像左思、刘琨、陈子昂、韩愈以及宋代苏辛派词人、元代某些散曲作家那里，都可以发现这种珍宝。

前已指出，抒情诗并不是纯粹个人性质的现象，不但每个诗人随着其生活道路、创作道路的不同，作品带着自己独特的个性和风格；而且每个诗人随着其所处社会历史环境的差异，其创作的内容和风格同时也反映着时代的特色。然而，一般说来，更应注意研究我国封建时代抒情诗所具有的共同的民族风格，例如长久被人称道的那种含蓄沉郁、一唱三叹、"短歌低吟不能长"的卓异风格。这种风格曾被统治阶级多方歪曲，从古代一直到今日好些人都用"温柔敦厚""乐而不淫""怨而不怒"之类的论赞，掩盖了它的深刻实质和真正面貌，不必否定这种传统"诗教"，但更重要的是应该从社会历史环境中来探索和揭示这种风格的形成的真正原因。古代中国漫长地处在专制统治的严酷高压下，在连资本主义社会中的那种残缺虚伪的自由民主都一点也没有的环境里，实际上是根本不可能有任何真正明畅、爽朗的倾吐的。鲁迅先生就曾感慨向秀《思旧赋》的"刚开头就煞了尾"，指出阮籍"虽然也慷慨激昂，但许多意思都是隐而不显的"。[2]优秀的古代诗人们，尽管长久地背负着这种沉重的历史社会的重担，尽管他们嚼着这种"吟罢低眉无写处"（鲁迅）的痛苦，却仍然找到了真实表达自己思想感情的艺术途径。从《离骚》的香草美人开始，他们通过各种

1　鲁迅：《魏晋风度及文章与药及酒之关系》，《鲁迅全集》第3卷。
2　同上。

比较曲折隐蔽的"意在笔先，神余言外""写物附意""讽兼比兴"等方式来抒发自己的思想感情。他们的艺术成就达到了这样惊人的高度：不但丝毫没有使自己的创作降低了感染能力；而且还恰恰相反，异常炽热、丰富、复杂的感情和爱憎通过"欲说还休、欲说还休"的痛苦压抑下透露和冲奔出来，比明快直接的倾吐，给人以更加强烈、更加沉重、更加有力的感受和影响，形成了自己民族的美学风格和审美趣味。思想内容与艺术形式就这样紧密结合在一起，使中国抒情诗在世界艺术中永远放射着自己民族独特的光芒。

总结上面，可以看出，抒情诗和其创作者所以能属于广大人民，之所以能为人民所欣赏和爱好，原因不是别的，正是因为它们本身具有广泛和深刻的社会现实意义，具有与人民的思想情感共同或相通的地方，因此才能世世代代地激起人们普遍的共鸣和反应。然而，这一问题的复杂性还远没有为许多研究者所了解和注意，李煜词所以为今日许多研究者所"逃避"并被公认为"最难解释"，清楚地反映了这一点。很清楚，许多人是被李后主作为一个荒淫皇帝的"不利"身分所吓住了，许多人是被那种极其沉痛哀伤的抒情所吓住了。于是不是把它打入"反动没落的统治阶级的感情"式的冷宫，便是把它装扮为"在异国感到孤独的人的忧郁"或者"不啻是对于保卫祖国的重要性的呼唤"式的"爱国主义"。实际上，一方面，李煜的词并没有因为被贬入冷宫而失去了它长久流传所凭借的感人的艺术魅力，另一方面，也并没有因为被解说为"爱国"而减少了人们对李煜所追怀的"故国"与人民的祖国究竟有何相同之处的怀疑。这就证明了，要真正了解它，还必须对李煜词的美学形象作更深的探索。在"此中日夕只以泪洗面"的生活基础上的李煜后期的词的感人能力，恐怕绝不只是因为它表述了李煜个人对以前故国生活的怀恋，但同时也恐怕并不在它有着某种并不存在的"爱国主义的情感",它是通过人生的慨叹和往事的追怀,深切地表述了对自己被处在被侮辱被损害的难堪地位的真挚的悲痛。这种悲痛是完全能为人民所理解所同情的,这种悲痛在古代黑暗社会中有着一定的社会现实意义。有这样一个情况:同是亡国皇帝的作品,宋徽宗的《眼儿媚》《燕山亭》就远没有后主的《虞美人》《浪淘沙》为人爱好;同是后主的词,"多少恨,昨夜梦魂中""四十年来家国,三千里地山河"等就远没有"春花秋月何时了,往事知多少"几首传诵得广,这似乎不能看作偶然的或纯粹是文学技巧上的问题。王国维指出过这个现象,并企图加以解释:"……道君(指宋徽宗)不过自道身世之感,后主则俨有释迦、基督担负人类罪恶之意,其大小固不同矣。"[1] 所谓"大小不同"正在于:抒情是仅仅围绕着对个人以前美好生活的怀恋呢,还是有着更广更深的内容?是"万水千山,知他故宫何处"比较狭隘的悲痛和哀愁呢,还是超越了个人身世之感,具有一般意义的"问君能有几多愁,恰似一江春水向东流"比较博大深厚的生活痛苦与悲哀?前者最多只能引起人民旁观的同情(甚至还根本引不起这种同情),后者却能够激起人民自己生活中的切身感受,激起自己感情上的共鸣。所以,如对李后主以及许多其他诗人的作品从这些方面去探索研究,也许能得到更大的收获。

(四)

上面最简略地考查了中国古代抒情诗的性质、内容和风格的一般情

---

[1] 王国维:《人间词话》。

况,肯定了在所谓诗人"言志"的创作中也可以有广泛的人民性的内容。下面再考察一下包括在抒情诗中的一般的离别、爱情和歌咏自然的诗篇。

近代影响很大的文学批评家王国维在其《人间词话》中曾标出"境界"为论词的标准,并指出"境界"有二:"有诗人之境界,有常人之境界。诗人之境界,惟诗人能感之而能写之,故读其诗者亦高举远慕,有遗世之意……若夫悲欢离合、羁旅行役之感,常人皆能感之而惟诗人能写之,故其入于人者至深而行于世也尤广。"虽然王国维看出了抒情作品中的某种性质不同的类别,但把这种分别解说为诗人主观禀赋之不同,却是不很准确的。实际上,所谓"诗人之境界"是完全能为"常人"所感受和理解的,不过因为敏感的诗人们所感受和写出的都特别强烈集中和深刻,所以读来就使人"高举远慕""忘其鄙近,自致远大"[1],把精神带上了更高的境地,这正是许多优异的抒情作品的价值,像上述那些忧国忧民、刚强高傲的"言志""咏怀"等作品,就在不同程度上具备着这种内容。至于王氏所谓的"常人的境界",一般日常生活中的"悲欢离合、羁旅行役之感",实际上也绝对不是没有阶级界限的"常人皆能感之",对所有人都一样的东西。"后车数十乘,从者数百人","行则连舆,止则接席",贵族们的"行役之感",与孤独的流浪者"异乡日暮""萧然羁旅"的"客愁"就根本不同;而"公子爱敬客,终宴不知疲"与"落月满屋梁,犹疑照颜色"的友情也异样。所以,不管诗人是写一般的友谊、爱情,或是写通常的"悲欢离合、羁旅行役",关键就仍在于:诗人写出的个人感受是不是能和广大人民在其生活中所感受所理解的相同或近似。如果是,这些作品就能够为人民所了解和传诵,否则,它就将和时间一起很快消逝。

---

[1] 钟嵘:《诗品》。

一方面应该充分注意到这样的特点：在抒发一般日常生活中的爱情、友谊、离别、自然景物等感受的时候，统治阶级中的诗人们与人民在感情上和生活感受上的差异和隔阂，的确比关于社会叙事或个人志趣方面的抒情来得小，甚至小得多。远离人民的诗人王维写出的"劝君更尽一杯酒，西出阳关无故人"的深厚友情，仍然令人感动；宋徽宗的工笔画，冯延巳的爱情、离别词，至今仍保留着其艺术的价值；像《长恨歌》这样的创作，当时就传遍了社会的中下层。虽然它们都是帝王贵族和统治阶级知识分子所创作，虽然它们的题材主要也还是描绘着上层社会的爱情生活。重要的是，在这艺术形象世界的塑造中，诗人涂上了真正的人民爱情的色彩。如何其芳同志所指出，作者虽然以明皇杨妃为题，"然而由于诗人用自己的想象和感情去丰富了这个故事，就赋予了它以一般的意义，使它在某些方面和其他描写古代的普通男女的不幸恋爱故事具有相同之点了"。[1]作者渲染和美化了他们的爱情，通过高度的艺术手法，把它表现得那么真挚和多情，使它带上那么感人的人民爱情生活中的不幸者的悲剧色彩。所以，人民在这里并没有去计较作品中的主人翁本是虚伪污浊的统治者和他们那种荒淫享乐的色情生活，而只是喜爱对那种与自己生活、自己感情相接近的生死不渝的爱情的歌唱。元曲《梧桐雨》以及清代名剧《长生殿》里的"但使有情终不变，定能偿夙愿"也是如此。（《长生殿》还有其他更加丰富的内容）。许多统治阶级知识分子写下的优美的爱情诗歌，都是因为以不同的方式在不同的程度上，与人民的爱情生活中纯洁、痴心的深厚感情有或多或少的相通之处，也才能被流传下来，例如李商隐的诗，北宋词人的作品（包括五代词人和《花间集》所收的一些优秀作品）。

---

[1] 何其芳：《关于写诗和读诗》，《中国青年》1953年第23期。

生活是丰富的,人民的胸襟和要求是广阔的。生活中除了主要的东西,还有着许多别的东西。人民除了要求反映生活中最重要的东西外,对于真实地反映了与人民生活相关的其他东西。也是极高兴、极喜爱的。

正如齐白石老先生的作品虽然并没反映和描绘百年来中国人民生活中最重要的方面——反帝反封建的革命斗争,却仍为广大人民所喜爱一样,人民对于我们许多古代优美的山水诗、咏物诗,对于写这些作品的诗人的态度,也是如此。

如果可以说,我们喜爱齐白石的花草虫鱼,是因为通过这些生气勃勃的细小生物的美丽形象,使人感受着一种生活的朝气和生命的喜悦,则我们喜欢许多优美的山水诗、咏物诗也是这样。杜甫、李白这些巨匠的创作固不用说,就像孟浩然的《春晓》,苏轼的《蝶恋花》("花褪残红青杏小"),姜派词人史达祖的《双双燕》("过春社了")等,都是在自然景物的白描中洋溢着这种生气蓬勃的轻快、清新的春天生活的气息。

王国维这句话很正确:"一切景语,皆情语也。"[1]陆机也说文人们常常"遵四时以叹逝,瞻万物而思纷;悲落叶于劲秋,喜柔条于芳春;心懔懔以怀霜,志眇眇而临云"。[2]诗人们在咏叹自然景物时,正是把自己对一定的现实生活的感受,把自己一定的思想感情密切地渗入其中的。马克思指出人类在改造世界的同时,形成和发展了自己的审美感。所以,在介绍和评论这些歌咏自然的抒情作品时,不能如现在一般论文简单空洞地解释为"描写了祖国山河的壮美"之类,而不去深入地注意和考察"凝固"在这描写中的人的思想感情的特点。

山水诗、风景画要有艺术性,得表述人的某种典型的心情和感受。我

---

1 王国维:《人间词话》。
2 陆机:《文赋》。

们看到的并不单是山峰、河流，其中所表达的也不只是对自然界的描绘，而首先是人的深刻的感受和心情，即人的思想和感情。而不同的时代背景、不同的社会生活，作家的不同的身世、个性，也就使诗人们即便在其山水诗、风景画中也都必然带着特定的情感和风貌。他们的"典型的心情和感受"也就具有各别的社会、时代内容。有些诗人，例如屈原、杜甫，就把自己忧国忧民的深刻情感凝固在对自然景物的依恋中了；有些诗人，例如陶渊明，就把自己对农村生活的深切体验及理想、情操凝固在其田园诗中了；有些诗人，例如李白，就把那种豪放、勇猛的青春气概凝固在其对祖国山河的歌唱中了。所以，"国破山河在，城春草木深""暧暧远人村，依依墟里烟""君不见黄河之水天上来，奔流到海不复回"，无论内容或风貌都是不同的，然而它们重要的共同点就恰恰在于：它们不是自然主义的僵死图画，而是一定的社会现实生活中的可贵的思想情感的反映。不难看出，"人民性"这一概念是严格的，同时又是宽阔的。如前所指出，有些诗人虽然远离人民和社会斗争，但我们也仍承认他们的作品，肯定他们为白描风景的能手。王维的诗、袁中郎的小品文不也能为人民所接受吗？其所以如此，是因为这些诗人们与假情雕琢的文人们究竟不同，他们常常是政治生活或其他社会生活中的失意者或不幸者，对社会烦厌不满，使他们常常消极地把心转向大自然，在自然中去寻找"抚慰"的力量。这些高傲的孤独者把自己的生命、自己的生活、自己的乐趣，寄托和沉浸在对自然的依靠中了。他们把自然加上了人的色彩，自然景物与人的生活、人的情感交融在一起。"诗中有画，画中有诗"，这些诗人们常常以最精炼的笔墨，生动地、形象地描绘了自然，而为人们所喜爱。

总起来看，无论在什么文艺领域内，都应该仔细研究和区分各种不同的作品。研究文艺中的人民性问题，就该深入地理解和把握各种差别，以此来论述和评价作品,来具体揭示和论证每个作品和作家的人民性的具体内涵和特色。然而,我们现在的许多古典文学的研究者们却不幸常常忘记了这点,他们虽然怀抱了最好的愿望和动机,却常常走向庸俗社会学,例如,对于"词",在简单地一律否定抹杀之后,翻过来却又是不分皂白地一律肯定和赞扬,抽象地从纯艺术风格或形式上评论这个诗人或作品的"清新""疏朗",那个诗人或作品的"浓艳""粗豪"。也有研究者生怕背离了封建学者的"正统"标准,把庸俗腐朽的作品和艺术倾向奉为正宗,而把真正富有社会现实生活内容的作家、作品和艺术倾向一律贬为"别调"。例如,好像"词"这种形式本身就决定了它不能具有人民性似的,这当然完全不对。一方面我们不要害怕去肯定某些著名的诗人作家的创作倾向的反人民反现实主义的事实;另一方面,对于一个并非优秀的诗人或作家,我们也并不拒绝去吸取和接受其创作中一部分的优美的作品。

不难看出,人民性是一个复杂的问题,它具有既严格又宽阔的内容,现在该是创造性地来研究它的时候了。

谈李煜词讨论中的几个问题

注:本文写于1956年,当时未能发表。

近几月来，关于李煜（后主）词的讨论很热闹。《光明日报·文学遗产》连续发表了好些文章和座谈会记录，引起了很多读者的注意和关心。但目前对后主及其词的分析评论，存在着许多问题。下面提出一些不成熟的意见，请大家指正。[1]

（一）大家所集中讨论和争论不已的第一个问题，是关于作为古代封建皇帝的李后主的政治措施及其个人生活的问题。本来，在讨论以前，似乎并不存在这些问题。因为作为皇帝的李后主，一向是以一个昏聩无能、贪欢享乐的"亡国之君"留在人们的印象中的，大家都认为他的个人生活与政治措施是剥削压迫人民，与人民群众的利益是完全对立的。但是在这次讨论中，许多同志大概是先怀着要肯定后主词的"善良愿望"吧，于是就去匆匆忙忙地翻阅史书，引出了几条史料，强调说明"后主的生活并不像一般人所想象的那样荒淫腐朽，他的行为也并不那么昏暴和愎谏"，"他还有基本上积极的政治活动和严肃的生活的一面"。这些同志所以要强调

---

[1] 有关后主的一些史料，许多同志都已征引过了，本文均略。本文所引意见均见《文学遗产》各期有关后主词的文章或座谈记录，不一一注明。

说明这一点,主要是认为这样就能保证后主词的价值,就能保证后主词的内容的"严肃"和"积极"。然而,这却使另外一些同志不同意,这些同志也去匆匆地翻阅史书,也引出了几条史料,强调证明着后主的确是个"好声色""不恤政事"的不折不扣的"荒淫皇帝"。从而,也好像如此,便保证了后主词的没有价值,保证了它的内容的"腐朽"和"荒淫"似的。这样,双方的争执便变成:一方面,因为后主是个荒淫皇帝,所以其词荒淫腐朽,没价值;另一方面,因为后主并不那么坏,所以其词"歌颂爱情的坚贞",有价值。但是,问题解决了没有呢?并没有。因为双方的前提和结论虽然恰恰相反,但双方用以作前提和结论的观点和方法却又不幸恰恰相同。因为双方所遵循的理论和逻辑都是:政治措施和个人生活上的好坏完全系于皇帝个人才能品德的好坏,也证明着皇帝个人的好坏;皇帝个人政治上和生活上的好坏便又决定其文学作品的好坏。但是,这样一来,双方争论得愈热闹,也愈把读者弄糊涂了。因为像欢快清新的"一片芳心千万绪,人间没个安排处",烦乱郁闷的"剪不断,理还乱",迷离怅惘的"宴罢又成空,梦迷春睡中",却并不因为有人赞扬其作者"仁慈宽厚,很爱人民"便格外增加了什么"爱国主义"之类的丰富内容,也并不因为有人斥责其作者"没有什么仁政,只是醉生梦死的过着奢侈生活"便失去它长久感人的艺术魅力。那么,后主到底杀人还是不杀人,行仁政还是不行仁政,信孔子还是信佛教,究竟与这些词有什么具体的和密切的关系、联系呢?这一点谁也没说清楚。既然如此,那么又为什么许多同志这么高兴地要去纠缠在后主到底荒淫不荒淫,昏聩不昏聩,到底是好皇帝还是坏皇帝这个烦恼无望的纠纷里呢?仔细看来,是有这样一个原因的:即大家对古代封建皇帝及其政治措施、个人生活的了解上有一些胡涂观念。中国的封建皇帝的确是威风凛凛,手掌生杀予夺之大权的,国家的盛衰兴亡，人民的安康疾苦，皇帝个人的确是要起相当重要的作用和负相当重要的责任。因此，皇帝个人的才能品德，皇帝是"荒废政事"还是"勤政爱民"，的确对国家的命运和人民的生活有一定的影响。但是，尽管如此，也仍然不能把这一点加以绝对化。因为虽然在万人之上能随便杀人弄权的中国封建皇帝，也绝不是一个真正不受任何规律所束缚羁縻、可以从心所欲的神明或上帝。恰好相反，皇帝不但受着历史和时代的束缚和限制，而且其任何政治措施、政治行为（尤其是重大的政治活动），甚至其个人的私生活的好坏良否，都是自觉或不自觉为其代表的阶级、阶层或集团的利益、要求和状况所支配和决定。正如开国君王大都是雄才大略、奋发有为一样，亡国之君一般也都是"好声色，不恤政事"的。所以，并不是某个皇帝因为具有卓越的才干便能开基创业，而是这种才干正必须在其阶级或集团的现实环境的陶冶教养下，才能产生。另一方面，某个皇帝"昏庸""荒淫"——"好声色，不恤政事"也正是其整个阶级、阶层或集团的荒淫腐朽的现实环境的陶冶教养下的结果，是这一统治阶级、阶层或集团腐朽没落的集中反映。在李后主是否"荒淫"的问题上所以纠缠不清，正是没有注意到这个道理的缘故。因为，如果从这个道理出发认真地考虑一下，便可以看出，已有足够的具体史实告诉我们：表现着其整个政权和集团的衰败趋势，李煜时代南唐上层统治集团的一般的生活便都是荒淫腐朽的。后主虽然也不满和嘲讽大臣韩熙载的"纵情声色"，实际上不过是以五十步笑百步罢了。后主的"性骄侈，好声色""不恤政事"，使"百姓疫死，士卒乞食"，倒是南唐政权必将覆灭的时代里的一种必然的现象。当然，也许"纣之恶不如是之甚也"吧，也许后主的确也有一些善良的愿望、宽厚的感情和某些积极的政治措施吧，但是作为一个亡国之君，体现着其代表阶级或集团的没落灭亡的客观趋向，其政治上生活上这种昏聩无能、骄奢淫佚的基本方面，是我们所不必也不能为之掩饰的。李氏王朝的颠覆，南唐之灭于北宋，是经过相持数十年之久的历史情况酝酿发展所最后造成。所以，在讨论中，即使是竭力"护卫"后主的同志，也承认"南唐之灭亡于北宋，作为一种历史现象来看，是不值得惋惜的"。那么，也很清楚，作为一种社会历史现象来看，后主的昏聩骄奢同样是不值得我们去惋惜和粉饰的。既然如此，我们的同志们为什么一定要去争论这个不成问题的问题呢？上面说过，这主要是因为在这些同志看来，证明后主昏庸不昏庸，是好是坏，是直接关系着肯定或否定其作品的。这些同志正是抱着这个看法来互相责难的。但是，这样一个看法到底正确不正确呢？证明后主在政治上是个"有民主作风"的"好皇帝"，便能保证其爱情词一定作得好吗？相反，便一定会坏吗？

事情恐怕并不如此简单，历史和文学都是极端复杂的现象。如果我们稍稍注意一下，便可以看出，在古代文学史中，在文化还是垄断在少数剥削阶级手里的时候，上层统治集团的贵族宫廷作家，一般说来是远离人民的现实生活的。但这些人物虽然一般地过着荒淫腐化的生活，只要不是完全满足于肉欲、完全没有内心精神生活、完全不能了解体会女性爱情和心理的蠢才，有时也能创作出一些真实动人的反映描绘女性心理和爱情以及一般自然景物、离愁别恨等日常生活中的感受的作品来的。由于他们有较高的文学艺术的知识、技巧、教养和较多的观察、体会、研究的机会及环境，他们就常常能够细致、精确地捕捉和描绘出人们（多半是女性）在爱情生活以及离愁别恨中各种变幻不定、复杂多样的感受、情绪和活动，以及反映和展开人的内心世界上的诗篇。而像爱情、离别这样一些日常生活中的片断的心理感受和心理状况，人民群众与统治阶级也不是完全没有共同和相通的地方的。所以，只要不是像"香馥馥，灯前有个人如玉"那种恶俗的肉欲小调,而是比较真实地反映和描写人们心理和情感——即使是"不足道"的、没有什么重大社会价值和意义的爱情感受和情绪,人民也还是可以把它作为遗产接受下来,从其中获得美感享受,用以丰富自己的精神世界和心理认识的。这正是像五代、北宋许多在政治上毫不足取的诗人仍然为我们所记得,像《花间集》这样并无重大社会价值的作品仍然在今日被重印出版,其中一部分作品仍然为我们所传诵和喜爱的缘故。作为昏聩荒淫的皇帝的后主前期词,基本上也是如此,无论就题材内容或社会意义来说,它与五代、北宋词并没有质的区别。其前期词,正如同其同时代人的许多类似的作品一样,仍是可以肯定下来的。

需要说明的是,我们虽然很不赞成去纠缠作为皇帝的后主到底是好是坏、昏庸不昏庸的问题,但我们并不反对人们去研究后主个人的身世、性格、才能等,只要这种研究是为了并围绕着阐明后主词所独有的艺术风格这一目标。因为后主词,即使是其前期词,在其先后和同时代的诗人中,便已具有其脱尽脂粉气的高朗、抑郁和伤感的"粗头乱服,不掩国色"的风貌特点,创造了一些超越前人的优美的艺术意境。只要不把后主词的这种特点随意夸张为反映南唐人民感伤情绪这种具有特定社会内容的东西,而去切实地具体研究、了解后主个人的环境、思想、性格、气质等,那对帮助我们去理解作品,当然会有很多好处。

总括上面,我的看法是:作为一个皇帝,李后主在私生活上的荒淫佚乐,与一般封建皇帝和上层封建官僚没有也不能有什么大的不同;后主在政治上的昏聩无能,与一般"亡国之君"也没有什么大的差异。强调它或掩饰它,都没有什么必要,因为这些情况与他的爱情抒情诗的文学创作的好坏,并没有直接的必然的逻辑联系。作为诗人的后主,他前期作品的价值和局限,应该肯定的和应该批判的地方,与他先后和同时代人的同类作品，也没有什么本质的区别。

（二）大家所集中讨论和争论不已的第二个问题，是后主词中的爱国主义思想情感的问题。大多数同志对这个问题是持肯定态度的。理由是，词中直接便有"故国""南国""无限江山"等词句和观念，词中洋溢着家园之思、乡土之爱。为了进一步说明后主的爱国情绪的"正义性""合理性"，这些同志提出了许多理由，如说南唐李家王朝是"建立在农民起义的基础上"，与"北方诸政权"的建立不同；南唐的经济情况比北方繁荣先进，赵宋灭南唐是"落后势力镇服了进步势力"，是使历史"后转"，"造成社会停滞的关键"……总之，结论是"人民很爱南唐"，"当时人民具有爱国情绪"，而当李姓王朝将要覆灭的前后，连"当时南唐的人民也是感伤的"，所以，当时是一个"悲剧性的时代"。这些同志的意图在于，由此找到一条肯定后主词的爱国主义性质的途径。因为依照这些同志的论证，当时南唐人民是爱国和感伤的，后主词也是爱国和感伤的，所以后者正是前者的反映和表达。这种论断，粗粗一看，似乎也有些道理，尤其是当有人举出在抗战时期读后主后期词便令人产生爱国情感的例子的时候。但是，如果仔细推敲一下，便可以看出，这种论证是多么牵强了。

暂且不论后主词是否真有爱国主义，首先应该搞清楚究竟什么是"爱国主义"，以及当时人民是否可能因李氏王朝的衰败覆灭而产生爱国主义的思想情感的问题。

大概大家都会同意，说"爱国主义"不是用来到处糊贴装饰的笼统模糊的商标，而是一个具有特定的社会生活内容和时代历史特点的具体概念。因为，所谓"国家"，按照马列主义，首先就是指维护阶级统治的整套的强力机构和工具。在中国的封建时代，这就是以皇帝为核心和标志的一整套剥削压迫人民的封建官僚制度。在这里，"国家"经常意味和表示着某姓的王朝或某姓的皇帝,所以,"忠君"就是"爱国"。在这种情况下,严格说来,除了与统治阶级瓜葛甚深的"遗老"以外,人民群众对于这种上层统治阶级、集团的"国家"——某姓王朝、某姓皇帝,并不是也不可能那么真正地爱戴,对它们("国家"或王朝)的变异,政权的转移,即所谓"改朝换代",不管它是和平的"禅让",或者是流血的"征讨",一般说来,也不是那么深切地关心。因为,与农民起义推翻旧王朝或者异族入侵覆灭了旧王朝不一样,这种"改朝换代"对人民社会生活并不产生或引起重大的影响和作用,以致能够普遍地激起人民的爱国情绪。所以,要南唐人民去爱国——去爱李姓王朝,坚决反对赵宋统一中国,在道理上讲来,也是有些荒谬的。实际上,也没有足够的史实能证明,南唐李姓王朝的覆灭曾引起南唐人民或全国人民普遍的义愤、坚决的反抗和沉重的感伤,竟造成了一个"悲剧性的时代"。没有史料能足够地证明:人民对李姓王朝有过强烈的爱戴和拥护。如果今天有人硬要去牵强附会来证明南唐人民对李姓政权的忠君爱国;那么,明天这些同志不又会须要去证明魏、蜀、吴的人民对其曹、刘、孙三姓的"爱国主义",去证明隋唐人民对陈叔宝、宇文周的"爱国"吗?

国家既然都是统治阶级的工具,那么,这是不是说,古代的中国人民便根本不可能有爱国主义了呢?当然不是的。在一定的历史条件下,特别是异族入侵,统治阶级的国家与人民利益十分接近或一致的时候,人民对这"国家"则是极其爱戴拥护的。所以,应该注意到,与有人在讨论中所否认的恰恰相反,中国古代人民的爱国主义和爱国观念一个十分重要也十分鲜明的历史特点,就在于,它与民族感情民族观念的不可分割的联系和统一。自秦汉以来,中国已形成和出现了一个以汉民族为主体的统一的国家。无论在经济生活、语言风俗和思想情感上,全国人民——无论南方与北方共祸福，同哀乐，息息相通，一脉相关。形成这样一个统一的民族国家也正是由整个南北方经济生活内在的规律性所决定，它对全体人民是有利的，是符合各民族的利益和人民的愿望的。自秦汉以来，古代中国人民的爱国主义思想情感总是以保卫和爱护这个统一的多民族国家为内容，以它的繁荣或衰败而骄傲或痛苦，总是与抵抗和反对外部的威胁和侵略相密切联系。因为外敌入侵所带来的，经常是影响整个民族全体人民的最严重的后果：社会的倒退，国家的分裂和深重的屈辱和苦痛。正因为如此，正因为民族与国家统一的这种特点，也才有可能使人民在外敌入侵的情况下，把作为统治阶级的工具的国家和皇室作为自己的国家和首领，作为保障自己和平幸福生活的标志和命脉而英勇保卫它。也正因为如此，上层统治集团的政治军事代表人物常常能在这时作出完全符合人民的利益要求的行动。这从文学史上来看，是最明显不过了。许多伟大的爱国主义诗人和作家总是产生和出现在这种尖锐的斗争或危机的时代里，而从"誓扫匈奴不顾身"的豪迈的英武气概到"诌一套《哀江南》，放悲声唱到老"的沉痛的亡国悲哀，都正是典型地反映了这种典型的时代氛围和人民情感，具有真正充实丰富的社会、时代内容和人民性。与这种情况相对照就可以知道，所谓亡国的感伤和沉痛，根本不可能是赵宋统一国家的时代气氛和思想情感。所以，说赵宋统一南唐时是一个"悲剧性的时代"，说"当时南唐人民也是感伤的"，说后主词是这种感伤的爱国主义的反映，就是十足的虚构。而就词论词，谁也难于相信：后主的那种个人的沉痛和感伤就是人民群众的爱国主义的情绪；谁也难于相信：像充满了那么浓厚的悔恨和绝望的个人抒情，能够是什么爱国情绪的反映和代表。我们如果拿稼轩词与之一对比，问题也就很明白。

当然，另一方面，如果同志们一定要把后主词（包括前后期）中确有的对自己家乡的爱恋描绘、强调为后主词的爱国主义内容，那也未尝不可以。因为爱乡土、爱故乡，总是爱国情感的一项具体内容。但是，如果这样，则又有何诗何词不可以算作爱国主义呢？描绘、赞美和追怀、眷恋自己的家园乡土的诗词是这样的多呵！所以，如同恩格斯、列宁嘲笑那些把"拿破仑死于1821年5月5日"当作"绝对真理"的人一样，这不过是喜欢"对于简单的东西使用巨大的字眼"罢了。

上面所以如此不惮烦地说这许多干枯的道理，是因为感到应该从理论上澄清古典文学研究工作中对爱国主义理解上的混乱。这种混乱不是偶然出现的。今日有人在后主词中找爱国主义，是与昨天有人从《红楼梦》《儒林外史》中找民族情感，在《长恨歌》《西厢记》中找爱国思想，有着一脉相承的内在联系的。"爱国主义"变成了一个无往而不过的轻便法宝而被到处祭用着。

现在再让我们看看后主后期词的真正的内容和价值吧。在讨论中，实际上有一点是基本上没有什么争论而为大家所同意的，这就是后主后期（降宋后）词比其前期有着远为重要的内容，后主主要是以其后期作品而赢得他的地位的。而后期作品的主要内容和价值，是在于它们"较深切地表述了对自己处在被侮辱被损害的难堪地位的真挚的悲痛"，"这种悲痛是完全能为人民所理解所同情的，这种悲痛在古代黑暗社会中是具有一定的社会现实意义的"[1]。所以，问题就在于应该进一步探索后主词中这种"被侮辱被损害"的思想情感的更具体的内容和特色，探索这种情绪形象化的道路，它的特有的风格和面貌。因为所谓"被侮辱被损害"的情绪是有多种多样的，也可以由多种多样的艺术形象和方法表达出来。那么，后主的

---

[1] 参看本书《关于中国古代抒情诗中的人民性问题》。

方法和特点是什么呢？

这里可惜不能细论。简单说来，有这么两点：首先，后主是"通过人生的慨叹"来表达和抒发自己的屈辱和不幸的。从作品形象来看，作者所深切感受和苦痛的，远不只是念念不忘或执着于伤感往日豪华的不可复得（仅仅表达这种情感的诗，如"多少恨，昨夜梦魂中"等并不是最优秀的作品），而另有一种较博大较深沉的思想情感。作者从自身遭受迫害屈辱的不幸境地出发，对整个人生的无常、世事的多变、年华的易逝、命运的残酷等，感到不可捉摸和无可奈何，作者怀着一种悔罪的心情企望着出世的"彻悟"和"解脱"，但同时却又恋恋不舍，不能忘情于世间的欢乐和幸福，作者痛苦、烦恼、悔恨，而完全没有出路。这种相当错综复杂的感触和情绪远远超出了狭小的个人"身世之戚"的范围，而使许多读者能从其作品形象中联想和触及到一些带有广泛性质而永远动人心弦的一般的人生问题，在情感上引起深切的感受。而这也就正是王国维所神秘地解说的所谓悲天悯人的"担负人类罪恶"的"血书"的真正实质所在。后主作品中这种比较宽大深厚的情感，主要是由其对失去自由的屈辱的囚徒生活感受所引起，同时也与其个人的思想（如受佛学影响）和性格（如比较善良真挚，不像"此间乐不思蜀"式的蠢劣）也有关。所以，完全无视后主词的这种特色，简单地把它一笔抹杀为对自己过去荒淫生活的怀念，是不正确的。但是，另一方面，也不能把后主这些词夸大为有什么积极反抗的情绪。这些词中虽然也有一些愤懑和不平，但低沉和哀伤仍是它基本的占压倒优势的音调。它清楚地反映了这个远离人民的不幸者的个人的软弱无力、无所寄托和完全的孤独和绝望。这些作品读来不是令人振奋的，而只是令人深深悲哀的。

后主后期词的第二个特点，是它"通过往事的追怀"来表达其痛苦的情绪。作者在这里把自己的屈辱和悔恨与对家乡和幸福的一失而永不可复得的最沉重的痛楚融合在一起了。失去家乡、失去幸福，而对家乡和幸福的往昔生活的追怀，是一种具有广泛意义的情绪，它能够引起许多人类似的感触而在感情上引起共鸣。所以，我固然一方面反对把这种情绪夸张为"爱国主义"；但另一方面，我也并不拒绝承认，在一定时间条件下（例如在自己的乡土被敌人侵占，和平幸福生活被敌人破坏的时候，如抗日战争时期），这些作品在读者感情上能由乡土之思而引起某种爱国情绪来。

最后，关于"雕栏玉砌"等词句，我觉得是不值得去死扣和争辩的。因为无论对作者或对读者来说，它只是对照着目前苦痛境遇而追怀往日幸福生活的一种艺术概括，并不一定非与"剥削人民""荒淫生活"相联系不可。后主词长久传诵不绝，在古代和今天，许多不幸者仍然能在其中找到自己情绪的表现和共鸣，不是完全偶然的事情。

由此看来，讨论具有的缺点是：它完全停留和纠缠在作者个人的生活行为上，而对作品本身艺术形象的内容和特色，注意和分析太不够。而这，却也正是《红楼梦》讨论中所早已表现出来的文学研究工作中一个普遍性的问题。

（三）简单谈一下第三个问题：对文学作品的社会、时代背景的了解问题。在这次后主词的讨论中，大家都指出，要了解作品必须研究和了解作品的历史背景和历史环境。但事实上大家都并没很好地执行这种主张。相反，对所谓作品的历史背景的了解上，却有许多严重的庸俗社会学的谬误。简单说来，这就是大家把所谓历史背景完全看作是社会的经济情况。所以，在这次讨论中，历史背景的研究竟完全集中在南唐的生产力和经济情况上。但是，尽管一部分人强调南唐的繁荣富庶，"荒土尽辟，国富民强"；另一部分人强调南唐的衰败贫穷，"百姓疫死，士卒乞食"，互相争论不休，问题却始终未能解决。因为，难道南唐经济情况的好坏，便是后主词的"历史背景"吗？它如何能决定后主词的内容风格呢？有南唐某种生产力和经济情况便能产生后主的某种词吗？这当然不能不令人怀疑。所以，在这里，南唐经济还是南唐经济，后主词还是后主词，历史自历史，文学自文学，两者根本没有也不可能联系起来。而勉强"联系"的结果，却是走向庸俗社会学的方向，如说"南唐生产力和经济情况比唐代安史乱前已发展了一步。当时南方与北方比较起来的确是新的东西多一些。反映南方生活情况的后主词，就显得清新自由得多"，等等。后主词及其"清新自由"的艺术风格就是这种"南方生活"的反映吗？这到底是如何反映的呢？令人费解之至。

这些同志把后主词孤立起来研究，而不愿意去探索和了解具有特定的题材、内容、风格（多半是并非社会生活中的重大问题的爱情、离别，以及描绘自然景物的抒情诗）的"词"在五代北宋之所以突然崛起并广泛流行在当时的上层社会中，成为文学的主流和一时的风尚，有其真正深刻的历史背景。自唐末五代以来，社会物质生活的变化（商业城市的繁荣、市民阶层的发展等）和阶级斗争的复杂剧烈（战乱频繁，旧士族统治阶层的完全没落等），使当时上层封建士大夫知识分子的思想情感和心理状况产生了许多变化。他们逐渐失去了对社会事业的积极进取的蓬勃旺盛的心情和精力，他们开始对人生世事感到朦胧、厌倦和怀疑，转向和沉溺于官能的刺激和爱情的享受。在日常世俗欢乐的沉浸中，他们同时又感到闲愁、烦闷、无聊、伤感、不满足和要求精神上的解脱。所以，无论是在他们的政治活动时，或者是山林隐居时，也无论他们在爱情歌唱或是在宫廷享乐中，开始透露出来的常常是那种"一场春梦酒醒时，斜阳却照深深院"式的烦闷、苦恼的情绪。上层社会和士大夫知识分子这种时代情感和心理的特点，最清楚地反映和表现于其时代的文学艺术中。五代、北宋词的内容、题材、风格实质上正是反映了和决定于当时上层社会和士大夫的社会阶级的这种心理状态，而这种社会心理状态却又是反映了和决定于当时社会物质生活和阶级斗争的状况的。只有真正深入到这种种复杂曲折的历史背景中去探索，才能打开作品的社会根源的秘密。不这样做，不去深入研究"词"的出现和其内容的真正的社会时代原因和特点，不去研究后主词的真正的历史背景，而简单地以南唐的生产力和经济情况来作为后主词的历史环境，来直接解说后主词的内容，这暴露了这些研究者在基本观点和方法上的谬误。

（四）最后要谈的一个问题，是讨论中反映出来的轻率任意的主观主义的研究态度问题。这次讨论有这样一个特点，即双方许多同志都能引用一些史料作为靠山来反对别人。实际上，历史材料变成了自己主观意见的注脚。因为他们不是从历史材料的研究中去发现真理、确立意见，刚好相反，而是先抱着一个主观的意见去找方便的材料。所以，抱着肯定后主词的意图的同志便找了几条说后主"仁慈宽厚"的材料提了出来，认为必须否定后主词的便又找了几条相反的材料提出来。双方都绝口不提或一笔带过于自己意见"不利"的材料。这样，不能不令人奇怪：难道这两种相反的材料一定得由两个或两派持相反意见的人才能分头发现吗？为什么这些同志不可以把这两种材料仔细反复研究后，去伪存真，去粗取精，发现其问题，解决其矛盾，实事求是地解释明白，以求得一个比较科学全面的说明呢？不这样做，凭着自己的主观立论的需要，也不管这些材料是出自何人，是否真实、准确（如正史野史便不相同，站在赵宋立场与站在南唐立场的记载当然更不一样），便提出一部分，抹杀一部分，再加以任意的解释（如见有"江南父老"字样便说是人民，用有关赵佶的史料来解说后主等），难道这是正确的研究态度、研究方法吗？

补记：

后主词长久引起后人"共鸣"，以及文学艺术的永久感染力，实质涉及所谓人性心理结构问题。这种心理结构，不是动物性的先天属性，而是社会的产物，历史的成果。如同物质财富一样，它是人类精神财富的表现，是人区别于动物之所在。

1979年12月

美英现代美学述略

注：本文写于1964年，原作为内部参阅资料，后发表于《美学》1979年第1辑。文中材料以写作时所见到的为限。

十九世纪末以来美英资产阶级美学简述

自鲍姆嘉通给美学命名和康德写了《判断力批判》以来,直到二次大战前,近代美学一直以德国为故乡。车尔尼雪夫斯基曾说,"只有德国的美学才配称作美学"。[1]近代美学理论和论著大半出于德国学者之手。康德之后有席勒、谢林、黑格尔,黑格尔之后有他的一大批门徒如费歇尔(Vinscher),罗森克朗兹(Rosenkraz)等人,此外还有形式派的赫尔巴特(Herbart)、齐麦尔曼(Zimmermann),创实验美学的费希纳(Fechner),以及叔本华、立普斯、哈特曼(Hartmann)等人。他们大都以卷帙浩繁的著作、包罗万象的体系和某些独创的看法,在美学领域中起了广泛影响。在第二次世界大战前,由德索尔(M.Dessoir)主编达三十年的《美学和一般艺术学》杂志,还一直是资产阶级所公认的国际性的美学权威。当时像德索尔(1867—1947)、尤提兹(E.Utize,1883—1956)、盖格尔(Moritz Geiger, 1880—1937)、沃开特(Volkelt,

---

1 车尔尼雪夫斯基:《美学论文选》,人民文学出版社,1957年版,第25页。

1869—1930)、穆勒尔-佛雷弗斯（R.Müller-Frerenflls，1882—1949）等人都是很有名的人物。美英与之比较是要逊色的。但就在这一时期（十九世纪末至第二次世界大战前），美英美学也仍有其自己的传统和特色。它们上承十八世纪英国美学的经验主义传统，比较着重于对审美感受作各种生理、心理的解释，同时受实证主义的强烈影响，多从艺术鉴赏、批评以及生活经验的关系中提出某些美学观点，较少进行抽象的思辨和建造庞大的体系。迄至第二次世界大战，它们的主要代表人物和理论，有斯宾塞（Spencer，1820—1903）的游戏说，格兰特·阿伦（Grant Allen，1848—1899）、马歇尔（Marshall）等人的快乐说，布洛（Bullough，1880—1934）提出的距离说，鲍桑葵（Bosanquet，1848—1923）、科林伍德（Collingwood，1889—1943）的表现说，克莱夫·贝尔（Clive Bell，1881—1964）与罗杰·弗莱（Roger Fry，1866—1934）的形式说（以上英国）。在美国，除了爱默生（Emerson，1803—1882）较早外，主要有桑塔耶拿（Santayana，1863—1952）的自然主义与杜威的实用主义理论。下面对它们作些最简略的叙述。第二次世界大战以来美英美学的主要人物如托马斯·门罗（Thomas Munor，1897—1974）、苏珊·朗格（Susanne Langer）、赫伯特·里德（Herbert Read）、赫罗特·奥斯本（Herold Osborne）等人。这在下面几节中作较详细的述评。

斯宾塞的美学思想主要在其《心理学原理》第二卷第九章中，他以生物学的"进化"理论来解释席勒从哲学上提出的游戏冲动问题，认为高等动物，特别是人类，由于营养丰富，除了进行保持生命的活动之外还有"过剩而无用的精力"，这种精力的无目的发泄游戏就产生审美愉快，所以美就是无目的无利害的一种过剩精力的活动。"不断增长的精力过剩将按比例带来不断增长的审美活动和愉快。"[1]在斯宾塞的影响下，阿伦用实验方法探求人的苦乐感受的神经生理原因，认为美的特点在于它"不直接与维持生命的功能联系起来"，因而"能给予我们神经系统以更大的刺激而只有最小的消耗"。例如视、听所以能成为高级的审美器官，就在于它们与保持生命无直接联系，并"能在刺激后迅速恢复"。其后，马歇尔也用生理学来解释审美现象，强调"持久性"是美感区别于其他快感的特色，其他快感持久即变为痛苦，"美是相对说来更持久的、真正的愉快"。[2]快乐说是十九世纪末比较风行的理论，它们大都把美当作与人的感觉、情感有关的愉快感受，强调它无关实用的非功利性，着重从主观心理方面来探讨研究。但这种过剩精力说和快乐说有一个理论上的明显谬误，这就是它抹杀审美的社会性，把它当作生物学、生理学的东西，把美感与快感混淆等同起来，看作只有量的差异（如"持久性""感官不易疲劳"等），没有质的不同，从而也就把具有深刻社会和历史内容的审美和艺术问题，加以简单化了。人们经常把斯宾塞的游戏说与席勒联系起来，并称为"席勒－斯宾塞的游戏说"，其实二者有重大区别（卡西尔〔E.Cassirer〕也指出了这一点）。作为上升时期资产阶级的思想代表，席勒有关艺术的游戏性质的观点，具有深刻的哲学意义，接触到了某些重要的本质问题，斯宾塞的游戏说却完全是庸俗的生理学的实证假说，它与快乐派一起，反映了日益追求表面的实证论证和形式的刻意雕琢。快乐派的美学理论就正是与当时王尔德（Wilde）等的唯美主义文学以及印象派艺术的感觉主义等文艺思潮相呼应的。它们共同是十九世纪七十年代后的时代、社会的特定

---

[1] 引自卡里特编《美的哲学》（*The Philosophies of Beauty*），牛津版，1931年，第184页。
[2] 以上引文均见李斯托威尔（Listowel）著《近代美学批评史》（*A Critical History of Modern Aesthetics*），伦敦，1933年版。

产物，也正因为如此，随着二十世纪初这种理论便不符合需要了。现代派艺术由讲求形式走到从根本上破坏形式，由讲求形式美的审美愉快到根本否定这种愉快，二十世纪现代艺术已很少给人以纯粹的愉快，或形式的美感，倒更多是夹杂着痛苦、烦恼、不安等多种因素的复杂感受，或形式的不和谐与丑陋，这就不是单纯着重感官愉快的快乐派等理论所能适应，从而快乐派理论反而成为现代各派美学的一个攻击对象了。[1]就是精力过剩的游戏说，在现代人类学关于原始艺术研究的冲击下，也较少能有人坚持。但是游戏说和快乐说却正是资产阶级美学由古典进入现代，由哲学体系进入实证理论的早期阶段，以后就沿着这条线下来。这是本文要从这里开始论述的原因。

比快乐说稍后而更有影响的是从二十世纪初兴起的克罗齐美学，克罗齐本人是标榜黑格尔的。英国著名的新黑格尔主义者鲍桑葵和著名的历史学家、批评家科林伍德，受克罗齐的强烈影响，在美学上都是表现说的主张者。与当时布拉德雷一样，鲍桑葵在黑格尔主义的影响下，企图将古代着重客观物质形式的美学观与近代着重主观精神内容的美学观折中调和起来，他说："古代关于美的基本理论总是与韵律、对称、和谐等，总之一句话是与变化统一的原理相联系，现代则更着重于意义、表现、生活的彻底表达，总之一句话是与特征（或性格Character）的概念相联系。如果将这两个因素结合起来，便可得一美的定义了，这就是对想象与感官有个性特征的表现，而同时又受其手段的一般或抽象的表现条件所制约"。[2]他在这里要"补正"克罗齐不讲物质体现的"谬误"，认为"审美态度的核

---

[1] 例如它一方面遭到朗格等人的攻击，另一方面又遭到奥斯本等人的非难。奥斯本便认为愉快既非美的充分条件，又非它的必要条件，这实际上便是完全否定美与愉快的联系了。见奥斯本《美学与批评》。

[2] 鲍桑葵：《美学史》，伦敦，1934年版，第5页。

心在于心物合一,这里,心灵是情感,物是它的表现";"因为美在心而认为外在体现不重要或偶然,在我看来便是谬误"。[1]鲍桑葵的这种调和主张只使他获得一个美学中的折中主义者的称号。[2]鲍桑葵毕竟是本世纪初的人物,他不了解克罗齐的表现说不但如白璧德(Babbitt)所说的那样[3],是十九世纪以来浪漫主义文艺思潮在美学理论中的最终表现,而且正是现代艺术日益要求彻底否定美的突出表现。这一点二十世纪以来的艺术已充分表露出来了。在艺术实践是如此,在理论上,就认为艺术的本质特征并不在美。"美"这个词,从古代希腊起,一般常含有形式上的和谐、合式的意思,在现代人们看来,便太典雅、太狭隘而不合胃口。"这些年来,"美""美的"这词已不受欢迎了,……这个概念已不再在美学中占据中心和主要地位……它很少出现,出现也常用在一种嘲笑的方式上……美以及几个传统的所谓'美学范畴'——崇高、秀雅完全不适用了",[4]而主张用"表现"、"表现力"及"审美价值"(Esthetic Value)、"审美性质"(Esthetic quality)等词来换取或代替"美"这个概念。例如比鲍桑葵稍后的科林伍德便认为"艺术不是美",美包括"各种可敬可赞的爱的对象",艺术则以审美为特征。艺术的审美价值不一定是美,而美也不一定就是艺术的审美价值,而美学主要是研究艺术,从而美也就不成为美了。那么什么是艺术的审美价值或审美性质呢?科林伍德特别将艺术与娱乐、技艺、仿真、宣传等一一区别开来,认为艺术本质只是感情表现。他所谓感情表现并不是描述感情,也不是发泄感情或激起观众的感情,而只是在想象中意识到自己的情感。他说:"首先,他意识到有种感情,但他还不

---

1 鲍桑葵:《美学三讲》(*Three Lectures on Aesthetics*),伦敦,1915年版,第68、69页。
2 如李斯托威尔便把他与亚历山大(S. Alexander)同放在折中派之内。
3 参看白璧德《新拉奥孔》(*The New Laocoon*)第二部分。
4 门罗:《走向科学的美学》(*Toward Science in Aesthetics*),第262页。

意识这是种什么感情。他只觉得他内心中骚乱激动,但不知其实质。这时他只能说:'我觉得……但我不知道我到底觉得了什么。'通过某种活动他才能从这种境地中解脱出来,我们这才称他表现了自己。"[1]伴随着这种表现后的轻快之感就是审美感情,所以审美不是静观,不是感官愉快,而是想象,亦即是表现或语言:"审美活动是思想在意识形式中将感觉经验转化为想象的活动。"[2]这样,他便极端地发挥了克罗齐的唯心主义的表现理论,在英语国家里,被称为"克罗齐－科林伍德的表现说"。与克罗齐不同的便是科林伍德比较着重意识、思想在审美中的活动(未强调直觉);既然艺术家表现的感情是经由意识了解的社会性的感情,从而科林伍德就更注意和强调艺术家是观众心灵的代言人和预言家,注意作家与观众的合作等,不赞成浪漫派一味的"自我表现",而认为观众也是在自己的想象——表现中欣赏艺术,具有更多的自由主义色彩。[3]但在这里,科林伍德实际上已陷于自相矛盾,因为他一方面主张表现只在艺术家的心中,艺术作品只是艺术家的情感的想象,而根本否认体现,轻视技艺、技术因素,而另一方面却又强调与观众的"合作",这就理论本身的逻辑说,是很难自圆其说的。[4]也有人从"表现"作为创作过程、作为传达、作为艺术作品的性质三方面证明克罗齐－科林伍德的学说不能成立,并提出"为什么只有情感表现才是艺术?其他的东西如思想是否是表现"等问题,指出并非所有表现都一定是成功的艺术品,不能以创作过程来评定作品的价值;在创作中也常有冷静的谋划和不动感情的许多实例,如著名现代诗人

1　科林伍德,《艺术原理》(The Principles of Art),牛津,1937年版,第109页。
2　同上书。按:科林伍德将思想(thought)分为理智(Intellect)与意识(Consciousness)两种,前者用于科学,他对"想象"也有自己的独特解释和用法,此处均略。
3　同上书,参看最后几章。
4　朗格:《情感与形式》,纽约,1959年版,第382、383页。

艾略特所主张的"感情的逃避";同时作者所表现的情感,也未必就是观众所恰好感受到的等[1]理由来批驳"表现说"。但尽管如此,尽管所谓"表现"是经不起推敲的含混词汇,"表现说"本身也是破绽百出的理论,但由于它适应了现代艺术的总思潮,所以它始终很有势力。科林伍德至今仍有影响。当代英国著名美学家、曾任英国美学协会副主席的卡里特在其流传甚广的《美的理论》《美是什么?》等著作中极力宣传了克罗齐的表现理论。"表现说"成了现代美英美学的正宗主流。

"表现说"的倡导者、宣传者如卡里特等人都不是与文艺实践领域有直接联系的人物。"表现说"基本上是从哲学角度提出来的美学理论,有人曾认为克罗齐不过是为了建造其整个哲学才提出其美学理论。因此像"表现即直觉"(克罗齐)、"表现即想象"(科林伍德)、"美是能在其中发现情感表现的东西"[2](卡里特)等,总不免空疏笼统。现代艺术需要更具体的理论论证。这样,与表现理论并行,出现了迄今还很有影响的克乃夫·贝尔与罗杰·弗莱的形式主义美学,他两人都是造型艺术的鉴赏家和批评家,主要在后印象派的创作实践的影响下,提出了所谓"有意味的形式"(或"有意义的形式"〔Significant form〕)这一说法。贝尔说,"线条、色彩在特殊方式下组成某种形式或形式的关系,激起我们的审美感情,这种线、色的关系和组合,这些审美地感人的形式,我称之为'有意味的形式'"[3],"艺术作品中的再现因素,……总是不合适的。因为欣赏艺术,并不需要从生活中携带什么,并不需要有关生活的观念、事物的知识……不需要熟悉生活中的各种情感","欣赏艺术,我们不需要任何

---

1 霍斯珀斯(Hospers):《艺术表现的概念》(*The Concept of Artistic Expression*);韦兹(Morriss Weitz):《美学问题》(*Problems in Aesthetics*),纽约,1959年版,第193~217页。
2 卡里特:《美是什么?》(*What is Beauty?*),伦敦,1932年版,第87页。
3 贝尔:《艺术》(*Art*),纽约,1913年版,第8页。

别的，只需要对于形状、色彩的感觉和三度空间的知识……这正是伟大艺术之所以普遍与永恒的标记所在"。[1] 弗莱说，"审美感情只是一种关于形式的感情，由于形式的某种关系可引起特定的深刻的感情"。[2] "我们对艺术作品的反应是对于关系的反应，而不是对于感觉对象、人物或事件的反应"。[3] 总之，他们强调艺术有一种特殊的审美性质，它不是艺术作品的理智、情感、情节、故事等再现内容，再现这个方面只是"钓饵"，勾引人们去接近它（作品），但时过境迁，便不再能引起人们的情感。具有永恒性的则是线条、色彩、明暗本身的某种纯形式的关系，对这一方面的感受和想象比上一方面要远为持久，它排斥了有关现实生活的种种考虑、联想与行动。而集中注意于感受和想象这种形式（如线的韵律），使它们对情感保持一种有目的的"秩序"与"变化"的关系，这才是真正的审美态度和艺术本质。这种作品就正是"有意味的形式"。很清楚，这是非常明确的形式主义。它不同于赫尔巴特、齐麦尔曼的形式主义。齐麦尔曼等人只讲自然物质的外在形式，贝尔-弗莱所谓"有意味的形式"是讲"表现"的，不只是指对象本身的某种客观的形式规律。但是，究竟什么是"有意味"，它包含些什么内容，贝尔等人却始终没有讲清楚，甚至还承认讲不清楚，这样，就不能不使它带有一种神秘的性质。"有意味的形式"被认为乃是世界本质之所在，是"事物中的上帝，特殊中的普遍，无所不在的韵律"。所以，它以自身为目的，才比作为与人们实际生活相关的目的要令人感动。这不很有神秘主义的味道吗？这派理论与由后印象派以及塞尚开其端、毕加索集其成的立体主义等艺术派别相呼应、拍合，直接为这种

---

1 贝尔：《艺术》（Art），纽约，1913年版，第25页、第27~36页。
2 《视象与构图》（Vision and Design），引自韦兹《美学问题》，第49~61页。
3 《转换》（Transformation），引自卡里特《美的哲学》，第267页。

艺术实践服务。（塞尚便多次有过类似的言论，如"绘画不在奴隶般地去抄录题材，而在于无数关系中去寻找和谐"[1]，但弗莱并不承认这种完全非再现的艺术。）正因为如此，这派理论才特别受到重视，"有意味的形式"成为美学中的流行的口头禅，并被人评为"在许多方面，从逻辑上说，这大概是现代艺术理论中最令人满意的"[2]。实际情况却并不如此，从逻辑上来说，这一理论很贫乏，甚至在形式逻辑上陷于循环论证（审美感情是由"有意味的形式"所激起，而"有意味的形式"又被规定为特定的形、色组合引起审美感情[3]），但由于这派理论以其直接对造型艺术的比较锐敏深入的分析评论，具体地强调了审美的非功利性、宣传艺术与生活相隔开的要求，它就像本来极为含糊笼统的布洛的"距离说"一样，成为现代美学的宠儿了，[4]它构成当代美学的一个重要流派和倾向。

美英现代美学除了像贝尔－佛莱、像布洛这种强调审美与生活的分别，强调审美的非功利性倾向和派别以外，还有一些与之恰好相反的、非常强调审美与生活的联系，强调审美的现实功能的派别和主张。早在十九世纪下半叶，英国的威廉·莫里斯（William Morris，1834—1896）与约翰·拉斯金（John Ruskin，1819—1900）曾分别从空想社会主义与宗

---

1 文杜里（Lionello Venturi）：《走向现代艺术的四步》（*Four Steps Toward Modern Art*），纽约，1957年英文版，第74页。
2 奥斯本（Osborne）：《美学与批评》（*Aesthetics and Criticism*），伦敦，1955年版，第131页。
3 参看《英国美学杂志》1963年10月号，第291~292页。
4 布洛的距离说，认为人对艺术的审美态度的基本原则和特征便是适当心理距离，距离是通过把对象及其所生的感受与一个人的自我分离开而得到的，是通过把对象放到实用的需要的目的的考虑之外而得到的，如果距离太近（这多半是欣赏者的缺点），则引起实际生活态度的反应，而失去审美态度；艺术家比常人要"高明"，就在于他能更超然于生活。另一方面，如果距离太远（这常是艺术品的缺点），则使人漠然无动于衷，也不产生审美态度。现实生活经常需要通过一定的时、空距离才能进入艺术，但如这距离太大太远便也不能产生艺术的审美作用。布洛以这样一个非常简单的原则阐释许多审美经验和艺术现象，尽管非常含糊笼统，却受到了相当广泛的欢迎，被划入古典理论之列，至今仍很受重视，由于国内对此说已有一些评介，本文从略。

教伦理的不同立场,强调过艺术的社会作用,在艺术创作中(如绘画中的前拉斐尔派)也产生过一定影响。但他们的这些主张或只具有空想的性质或具有明显的向后看倾向,没有在美学中获得进一步的发展。二十世纪以来的一些强调审美与生活经验相关联系的美英资产阶级的理论,以杜威(Dewey,1859—1952)和英国著名的文学批评家瑞恰慈(I.A.Richards,1893—1979)作为这种倾向的主要代表,与它们已大不相同了。贝尔等人主张,有一种特殊的审美感情,瑞恰慈却认为根本没有什么特殊的审美感情;所谓审美感情,实质上只是许多实际生活中的各种经验、情绪的心理冲动的平衡、中和而已。这种种经验、冲动愈丰富愈复杂而又愈能组织统一在一起,就愈能引起审美愉快。瑞恰慈说,"当我们看一幅画或读一首诗或听音乐,我们并没有做什么不同于去展览会或早上穿衣的活动,但引起经验的样式是不同的。一般说来,这经验是更为复杂的,如果我们成功的话,也是更为统一的。但我们的活动根本上却并无种类的不同"[1],"所谓'形式'的神秘不过是因为我们对它(人的心理—神经系统)的作用的细节还茫然无知罢了"[2]。与贝尔-弗莱主要以现代造型艺术为基地,瑞恰慈的理论则以表现出种种复杂感受和感情的现代文学为其经验基础,他的理论成为美英现代派诗歌的美学依据。

与瑞恰慈类似,杜威从其实用主义工具论哲学基础出发,在人的生理与环境不断冲突和平衡的相互适应中来探求美感根源。他认为完全变动、骚乱或完全静止、完整的世界没有美感经验的可能,"生命在环境中进行,不仅在其中而已,而还是由于它和通过相互作用于它而进行的","正由于我们所居住的现实世界是运动与终结的结合,破裂与重新统一的结合,生

---

[1] 瑞恰慈:《文学批评原理》(*The Principles of Literary Criticism*),第16~17页。
[2] 同上书,第172页。

物的经验才可能有审美性质。生命与环境不断地失去平衡而又重建起平衡,由骚乱走入和谐的时刻是生命最强烈的一刻"。[1]杜威强调艺术来自日常生活中美感经验的提炼,认为美感经验与一般经验并无根本差别,强调过去的艺术理论从脱离了生活的艺术出发,现在则应从日常的普通经验出发。他说,"一件首要的工作摆在从事艺术哲学的人面前。这件工作就是去恢复作为艺术作品的精炼强烈的经验形式与一般认为是构成经验的日常事件、行为等之间的承续关系"[2]。"艺术在人们经验中的源泉可以从打球者的姿态优雅如何影响观众,可以从家庭主妇栽花的愉快,可以从她丈夫在屋前耕种的强烈兴趣,可以从观赏者对拨炉火和注视火焰飞扬的高兴中看出来。"[3]等等。

瑞恰兹利用语词在文学作品的丰富复杂的涵义所引起的各种感受的交错作用,即各种感受、情绪的中和统一形成审美感受来加以夸张,以之作为艺术本质。实践他的理论的现代派诗歌正是以支离破碎的词句、扑朔迷离的意象、晦涩含混的象征和以对古典形式的彻底破坏,传达出那种种疯狂、颓废、神秘等等反理性的复杂感受。与瑞恰慈从文学批评出发相仿佛,杜威从哲学出发提出类似的所谓经验的均衡、中和的观点,是以生物性的个体对环境的适应来解说美的感受,把艺术看作是趋向所谓"完善"的一般日常经验,实际是某种神秘的主观境界的把握和个体性的某种经验的满足,同样充满着反理性主义的特征,杜威反对用理论和思辨去论证这种所谓审美经验的"圆满境界",主体与客体、感性与理性、知觉与对象在他那里完全混成一堆,不可分析,不可言说。就连他自己的理论,也是

---

1 杜威:《艺术即经验》(*Art as Experience*),纽约,1958年版,第13、17页。
2 同上书,第3页。
3 同上书,第5页。

一片模糊笼统，有人就讥之为轮廓模糊之浪漫派的绘画。但这样一种反理论的理论，在美国颇有影响，不断被人提及，表现了它符合现代的社会需要。关于杜威，国内已有过批判，他的美学是值得专门评述的，这里暂先简单提一下。

除了杜威，在美学领域内享有世界声誉的美国美学家还有桑塔耶拿。因为他的有名的美的定义即"快乐的对象化"，一般都把他归于前述的快乐派，但他的快乐说不是从生理学的观点，而是从其自然主义的哲学立场来加以论证的。桑塔耶拿很早分出质料美、形式美与表现美三种。他认为审美特征不在于非功利性，因为任何一种注意或满意都专注于对象而不及其他；另一方面如果我们对美没兴趣（interest，即利害），则根本无审美之可言。审美特征也不在如康德所讲的那种普遍必然性，因为所谓"普遍性"不过是由于人们机体环境的相近所使然而已。桑认为，美是一种内在的积极价值，它建立在娱乐的感知中，其他快乐与美的知觉之不同，在于后者能对象化（或客观化）。他说，"美是一种价值，它不能被认为是一种能影响我们感知的独立的存在。它存在于知觉之中，而不能存在于别处。不能知觉的美正如不能感受的愉快一样，是自相矛盾的"，"美是一种价值，这就是说，它不是事物或关系的知觉，而是一种情感。……一个对象如果不能给人以愉快便不是美的。说有任何人对之均漠然无关的美，是一种自相矛盾"，"美只存在于知觉中，却好像是客观事物的一种性质，美通过快乐的对象化而建立起来"，"当知觉过程本身是愉快的，当理智操作（通过它，诸感觉因素都联结和筹划出来，事物的形式与实质的概念也产生出来）自然地愉快时，我们便有一种与对象紧密联结着的愉快，它与对象的特征和结构不可分割。这些结构、特征在我们中的位置也就是知觉的位置。在这种情况下，我们自然就很难区分愉快与其对象化的感受。与它们一样，它聚成了对象的一种性质……我们给予它以'美'这个名称"。[1]简言之，即在知觉中将主观愉快对象化，这就是美。桑塔耶拿的美学虽然比较陈旧，但它远比生理学的快乐说更受今天美学家的推崇，后面专门讲的门罗，便正是打出所谓自然主义的旗帜的。后面专门讲的朗格也受他一定影响。

以上列举了十九世纪末叶到第二次世界大战美英美学界一些主要人物和理论，当然这远不是一个完备的名单，例如，像英国的贝恩（Bain）、亚历山大（S.Alexander）、佩特（W.Pater）、苏利（J.Sully）、浮龙·李（Vemon Lee），美国的白璧德（Babbitt）、杜卡斯（Duccese）等人，都是有名的心理学家、哲学家、文艺批评家，也是美学中的重要人物。同时美英美学与欧洲大陆的联系也是千丝万缕、不可分割的。例如，不但斯宾塞有游戏说，德国的格罗斯（Gross）也倡此说，浮龙·李的移情说与立普斯的关系也很密切。实际上，现代美英各派美学理论大都可以溯源于德国，这种情况不详述了。

如本文开头所说明，这一时期美英美学界比欧洲大陆，特别是比德国，是要逊色一筹的。这种情况直到第二次世界大战时方有所改变。由于纳粹的迫害，德国及欧洲许多学者迁居美国，在美国进行研究和担任教学工作，用英语出版著作，再加上美国未受战争灾害，在出版、集会、研究等条件方面的相对优越，美国美学界在战时和战后，比其他资本主义国家就表现得相对地活跃，于1941年创办了《美学与艺术批评》杂志，1942年组织了美国美学协会，杂志成为协会的机关刊物，1942年至今由托马斯·门罗主编，刊登有关美学和艺术理论、艺术史等各方面的论文，有较

---

[1] 转引自韦兹《美学问题》（*Problems in Aesthetics*），第641、644、643页。

大的国际性的影响。许多人推崇这一杂志是继由德国德索尔之后的"国际美学界的领导"。一些人说美学"中心"已转到"盎格鲁－撒克逊语言的国家"。门罗自己也说,"在美学中,德国过去的领导曾经是出色的……自从大战以来,领导权却要让给法国和美国了"[1],"自第二次世界大战结束后,美学又重新成为国际性的课题,重要著作在各国都可以见到,国际会议又重新举行了。美国新一代的学者在世界范围内复兴美学起了主动的作用"[2];甚至在美学史的研究方面,也都表现出反对过去鲍桑葵等人专门推崇德国美学的情况[3]。但是,在今日欧洲大陆,特别是法国,各种美学思潮如托马斯主义(马里坦〔Maritian〕可为代表,但此人已留居美国)、现象学派、存在主义,以及苏里奥等人仍很活跃。总的说来,美英与欧陆基本情况差不多,当代西方美学并没有太多新东西,它们依然是承继上述的一些理论演变发展而来。如果说,十九世纪末的快乐说是美英美学的新阶段的开始,那么今天的种种理论则是它的发展或完成。一般说来,它们大都是克罗齐表现说的进一步的引申和变形。其中,也可以说有两派,一派着重所谓经验内容,一派着重表现形式。(这种区分偏重,在欧陆本自黑格尔以后便已开始,如赫尔巴特的形式派美学与移情说等内容派美学。)在英美,前一派如贝尔－弗莱较重形式,在当代则有朗格等人予以继承发展;后一派如瑞恰慈、杜威等人,着重所谓经验本身的内容关系,门罗等人可说循此方向。甚至在心理学的美学中,格式塔派与弗洛伊德派也可说

---

1 费伯(Faber)编:《法国和美国的哲学思想》(*Philosophic Thoughts in France and the United States*),纽约,1950年版,第656页。
2 门罗:《走向科学的美学》,纽约,1956年版,第96~97页。
3 斯托利兹(J. Stonitz)在许多美学史的论者中强调近代美学的几个基本观点(如非功利性)并非创自德国,而均来源于英国十八世纪的美学家(如艾狄生等人)。此外,最近还有人著文论近代美学是由三个来源所形成的,即十八世纪的德国的哲学、英国的心理学和法国的文艺批评(此文见《英国美学杂志》1964年1月号)。

是以不同的面貌表现了这两种不同倾向。它们又日益在符号美学的名目下接近和合流。现代美英美学与其哲学一样,从二十世纪三十年代中起便以符号主义最为时髦,各个不同的派别各从其不同的哲学立场对艺术、美学诸问题作种种符号的解释,下面对这些主要派别和人物作些介绍和说明。[1]

分析哲学的"美学观"

逻辑实证主义以及稍后的语义学和分析哲学,是近三十年来在英语国家中占统治地位的学院派的哲学思想。由它派生出来或与它关系密切的语义学美学,也成为当代美英美学中一个重要动向。他们甚至认为,当代对美学的最重要的贡献,便是这些为语言分析所激动或指导的论著。这些论著又可分两种不同的倾向和派别。一种以苏珊·朗格为其主要代表,另一种则是地道的语言分析哲学家们的美学。我们先看后者。

这一派实际上很难说就是什么美学派别。因为他们并没有、一般也并不企图提出美学理论。他们所以构成一种倾向和派别,其共同点在于,各人从不同角度对美学中的各种基本概念、理论作了语言上的琐细分析,以证明这些概念和理论的毫无意义或含混笼统。他们共同崇奉的理论原则便是逻辑实证论奠基人维特根斯坦的著名原则:"全部哲学就是'语言批判'""家族类似"和"游戏理论"。

在他们看来,美学中的纠纷和灾难,大都是莫须有的误用语言的罪过。上至像克罗齐的"艺术是表现"或贝尔的"艺术是有意味的形式"等

---

[1] 〔补注〕关于兴起于二十世纪六十年代的结构主义美学等,本文均未及介绍。

种种理论,下至像"美学""艺术"这些语词本身,都是具有多种涵义,从而是混沌一团需要分析的东西,并且,它们还经常在实际上并不一定存在,而不过是由美学家们所虚构出来的一种语言"陷阱"而已。"艺术,与美学一样,总需要为一个事物而存在;一个名词并不足以担保一个实体相应于它而存在。"[1]实际上并不存在什么可以叫作"艺术"这种东西,不可能有某种构成各种艺术作品的共同性质的东西,从而,也就不可能有对这种性质探求研究的学问。"所有美学理论设想创立一个正确的理论都在原则上便错误了,因为它们根本就误解了艺术这个概念。它们以为'艺术'能有一个真正的或任何真实的定义,这是错误的。……艺术,像这个概念的逻辑所显示,并没有必要和充分的性质,因此关于它的理论不但在事实上是困难的,而且在逻辑上也是不可能的。"[2]这位作者将艺术概念也分为"封闭的"与"开放的"两种,前者如"希腊悲剧",已经是历史的存在,不会再变动,这可以下定义。后者如"悲剧""艺术",便仍在不断变化中,新的情况迭出无穷,这就在逻辑上不可能保证它有任何某种确定的性质,不可能给它一个"有之必然无之必不然"的既充分又必要的规定。他们认为,自柏拉图以来寻求艺术的规定所以迄今毫无结果,其原因正在于此。美学中的许多谬误也在于此:从前一种封闭概念中得出某种性质,却以为适应于后一种开放概念,"美学理论是逻辑地徒劳无益的。它企图去规定不可能规定的东西,去陈述事物的必要与充分的性质,而这些事物并没有这些性质;去设想艺术是一个封闭的概念,而它实际运用却要求和表现了它的开放性质"[3]。所以,"我们所要开始的问题不是'艺术是什

---

[1] 威廉·埃尔顿(William Elton)编:《美学与语言》(Aesthetics and Language),纽约,1954年版,第3页。
[2] 韦兹:《美学中理论的作用》(The Role of Theory in Aesthetics),见《美学问题》,第146~147页。
[3] 韦兹:《美学中理论的作用》(The Role of Theory in Aesthetics),见《美学问题》,第149页。

么',而是'艺术究竟是何种概念'？哲学本身的根本问题便是去解释在概念的适用与正确运用它们的条件之间的关系……我们不应问,什么是哲学X的本质……而应问,什么是X的用法？X在语言中是什么？我以为这才是首要的问题……所以,在美学中,首先的问题便是艺术概念的实际运用的说明,给予这个概念的实际功能一个逻辑的描述,包括描述正确运用它的条件在内"[1]。这位作者又进而分析人们运用"艺术"概念时所包含的描述的与评价的两种用法,由于这两种用法经常混在一起,于是本来只是个人的评价就变为一种一般的规定了。"这是一个艺术作品",常只是一种赞赏,不同的人便有不同的赞赏的标准（例如"有意味的形式""各种要素的和谐"等）。"从而,如果一个人评价地使用艺术一词……那他可以拒绝称任何东西为艺术,除非体现了他的标准",这样,"评价的标准……便变为认识的标准了","（艺术一词的）评价用法并不错误。……但是不能把各种只是一种评价用法的艺术理论当作是艺术必要而充分的性质的真实的规定"。[2]当代英国著名的逻辑实证者艾耶尔（A.J.Ayer）便曾认为,所谓伦理学、美学等价值判断,实际上只是一种感情的表现,只能从心理学、社会学研究其原因结果,它们不是哲学的命题,无所谓真假,也没有什么客观的有效性。例如,"你偷钱是错误的"这个判断实际只等于说"你偷了钱"加上一种感情态度或加个惊叹号而已。偷钱与否是可以由经验证实的事实,但错误与否却不是能为经验所证实的事实,从而也没有客观的真假。别人认为偷钱错误也只表示其一种感情态度而已。"美学的词语与伦理学的完全一样。像'美的''丑的'便与伦理学的词汇一样,并非对事实的陈述,而只是表现某种感情和引起某种反应而已。从而,如在

---

[1] 同上书,第149~150页。
[2] 同上书,第155页。

伦理学中一样，以为审美判断有客观有效性是没有意义的，美学中不可能争论有关价值的问题，只可能争论有关事实的问题。美学的科学处理告诉我们什么是审美感受的一般原因，为什么不同社会会产生和赞赏它们的艺术品，为什么社会中趣味会有变易，等等，所有这些都是心理学与社会学的问题。……美学批评的目的并非给予知识而是交流感情。批评家表现自己的情感，力图使我们能分享他对待艺术作品的态度……因此，我们的结论是：与伦理学一样，不能证实美学是体现知识的一种形式……。从而，任何企图将我们的伦理学、美学概念的用法作为涉及一个不同于事实世界的价值世界存在的形而上学理论的基础，乃是对这些概念的一种错误的分析。"[1]在伦理学和美学中，"询问矛盾双方的观点何者为真，是毫无意义的，因为价值判断并非命题，真假问题不会在这里引起的"[2]。

此外，像卡尔纳普的所谓"伪装了的命令"是同样的看法，瑞恰慈在二十世纪二十年代提出的语言的情感意义，也是与此相通的观点，到二十世纪四十年代斯蒂文森（C. G. Stevenson）在《伦理学与语言》一书中详加发挥，认为伦理判断"主要的用途不是去陈述事实而是去产生影响"[3]。语言在描述用法之外有"动力用法"，等等，成为在现代伦理学中颇享盛誉的所谓"感情主义"理论。实质上，这不新鲜，他们自己便承认是来自休谟。休谟早就认为除数学和可由经验直接证实的事实外，别无知识可言。他否认道德行为有客观规律，认为那是心（heart）的事，而非头脑的事，那是同情（sympathy）的问题，而非认识的问题，逻辑实证主义在现代科学的衣装下，以琐细的语言分析，极端发展了这一观点，他们看

---

1 艾耶尔：《语言、真理与逻辑》（*Language Truth and Logic*），伦敦，1956年版，第113~114页。
2 同上书，第22页。
3 艾耶尔编：《逻辑实证主义》，第269页。

到了伦理和审美判断所具有的规范作用,夸张这一点,把它们与科学命题绝对分割、对立起来,否定善恶美丑具有客观真理之可言。

艾耶尔的观点可说是这派美学较早的情感主义阶段。分析美学,则是比较晚近的阶段。这主要是受维特根斯坦晚年著作着重普通语言日常用法分析的影响。他们分析美学词语中各种不同用法和功能,要求在一定的用法系统中去把握词语的意义。例如,他们认为"试设想两人同看一张毕加索的画……一人说'好',一人说'坏'。前者是就作品的形式而下此判断,后者是抱怨作品的再现(或缺乏再现)方面。我以为适当的解释正是:他们应用'好'是具有不同意义的"[1]。同样,在美学理论中,如克罗齐主张"艺术是表现"而贝尔主张"艺术是有意味的形式",也不过是各人看到对象的某个方面却用来概括全体,名之为艺术。实际上他们两人所讲的"艺术"是各不相同的东西,他们不过是各不相同的"限制艺术一词使用于对他特别重要的……某种样式"上而已。而语言既然如游戏一样,依照语言的各种特殊用法便可以有各种不同的游戏,那就"不可能驳斥某人对词的意义的限制",不能反对他的特殊用法,从而这种"艺术是表现""艺术是有意味的形式"断语本身便是先验的,非经验可能证实或反驳。正如说"艺术就是绘画",并不能指着雕塑或查字典去反驳它,因为这里所用"艺术"一词就是这个意思,这里把"艺术"一词就限定在这个意义上来使用。"我们所有能做的只是同情或抱怨他的这种使用而已。"[2]可见,各种美学理论之间的争论,正如许多个人的欣赏之间的争论一样,实际上只是运用语词的问题,并无任何真假意义。在这种分析哲学的影响下,有许多作者从语言上分析了美学中各种常用的概念,如"感情""感

---

[1] 埃尔顿:《美学与语言》,第158页。
[2] 埃尔顿:《美学与语言》,第100~113页。

受""表现"等,指出它们涵义甚多,是十分模糊笼统的,其中包斯马(O.K.Bouwsma)的《艺术的表现理论》一文甚受推崇,他分析"艺术是表现"这种理论由于"表现"一词的含混模糊,是并没有什么意思的。[1]例如说,音乐表现忧伤,到底是说艺术家表现了自己的忧伤呢,还是说音乐使听众变得忧伤呢,还是说音乐本身是忧伤的?说音乐本身是忧伤的又究竟是什么意思呢?因为音乐并非人,又如何本身能忧伤呢?等等。他从语言上分析的结果,认为所谓忧伤其实就在音乐之中,说它忧伤不过是说它比较缓慢、低沉一些而已,说音乐"表现"忧伤,正如说语句"表现"观念一样,是没有什么意义的。所以,在这种种美学理论中,首先是应该澄清概念,"'美是什么'的简短正确的回答便是,'美是很多不同的事物,但还没有很好地了解,而就用美这个名称用在它们身上了'"[2]。

总之,他们认为,美学中的过错大都由于在逻辑上犯了所谓"急于概括"的毛病,这毛病弄出了一个实际并不存在的美学对象来了。"在美学中,由特殊走向一般,就是走的错误的方向。"[3]"美学的蠢笨就在于企图去构造一个本来没有的题目……事实也许是,根本就没有什么美学而只有文学批评、音乐批评的原则。"[4]"这种概括的倾向是与实体论的倾向相联系的,或者与相信有一实质或最终本质表现在对象中等信仰相联系的,与以为要理解对象就必须首先抓住其本质的信念相联系的。"[5]可见,归根到底,"问题不在于存在怎样的对象,而在如何应用语词"[6],"美学的首要任务不

---

[1] 参看《美学与语言》,第73~99页;《今日美学》,第148~168页。
[2] 参看门罗《走向科学的美学》,第265页。
[3] 埃尔顿:《美学与语言》,第169页。
[4] 同上书,第50页。
[5] 同上书,第3~4页。
[6] 同上书,第7页。

在于去寻求一个理论，而在于去解释艺术概念"[1]。所以整个这派的美学观，仍然可以用其哲学祖师维特根斯坦的一段话概括起来："关于哲学大多数命题和问题不是虚伪的，而是无意思的。因此我们根本不能回答这类问题，我们只能说它们的荒谬无稽。哲学家们的大多数问题和命题，是由于我们不理解我们语言的逻辑而来的。"[2]

很清楚，这是一种美学取消主义。它们对含混词语的澄清，实际上把美学一些根本问题，淹没在烦琐的字句分析中，从而取消了它们。正如逻辑实证论在哲学根本问题上反对所谓形而上学一样，在美学上也同样如此，他们以对"实体论"和"概括倾向"的攻击，从根本上否定美学理论存在的可能，把人们拖进无穷无尽的极为繁琐的概念、语词的分析中，脱离现实世界和文艺实际。这批学院教授们一直有较大的闲暇与心情，在象牙之塔里作这种远离现实生活的烦琐研究，它的社会影响和群众性很小。所以尽管这派"美学观"当今仍很有势力，对美学作语言分析成为今日常见的美学课题，但也有许多人激烈地反对它。有人驳斥分概念为封闭与开放、认识与评价从而艺术不能定义的说法，认为尽管词意含混，但仍是可以予以澄清和规定的，"正如生物学家虽然不满意他们关于'种'的本质的含混的规定，但仍努力地描述、解释这种共同的感受一样，我们也不应放弃去寻求澄清艺术真正是什么"，[3]从而认为规定一个艺术的定义是完全可能的。有的人则批评说，"在我看来，主要的结论便是，分析哲学家们……将概括与过于概括之间的简单然而十分重要的界限遗漏了……例

---

[1] 韦兹：《美学中理论的作用》(*The Role of Theory in Aesthetics*)，见《美学问题》，第153页。
[2] 维特根斯坦：《逻辑哲学论》，商务印书馆，1963年版，第44页。当然这派人的观点也不是完全一致。例如，对于历史上的各种美学理论，有的认为纯粹是滥用语言所造成的"陷阱"而不值一顾；有的却仍认为这些理论在一定情况下强调出艺术及某些方面使人注意，有其积极的作用，等等。
[3] 韦兹：《美学问题》，第159。

如托尔斯泰将基督教艺术的性质与目的概括为一般艺术的性质与目的，大家早就同意这是过于概括；又如纯形式主义者企图把再现艺术硬纳入非再现艺术之中，这也是过于概括。这种过于概括并不能显示概括本身就是错误的。当一个过于概括的情况被发现，应该说是回到而不是放弃正确的概括……"[1]有人则指出这派理论单从语言分析着眼，完全忽视了现代心理学，并不无讽刺地认为这种分析美学的重要性在于它代表了不问世事的"相当大的一定数量的职业哲学家们的思想"，"语言分析学派之于哲学犹如行为主义之于心理学，都是对'外在'现象的研究。鲍斯玛的论文读起来好像它是写在从未知有深层心理学的地方，……他常提及感情一词，但很难看到它是否涉及过任何比笛卡尔稍细致的感情理论。也许，正是这种对当代心理学的忽视，比其他任何因素，更使语言分析哲学家的作品具有一种古雅的性质"。[2]

苏珊·朗格的符号论

如果说，上述语义学家和分析哲学主要对美学作了否定的话；那么，以朗格为代表的美学则提出了肯定的主张。如果说，前者完全运用了维特根斯坦的晚年观点，认为语言与对象无干，它的意义不是词与对象之间的关系，而只是语言本身的规则和惯例的话；那么，后者则可说倒接近于维特根斯坦的世界是形象的图画的早年观点，认为艺术的意义在于它是人的

---

[1]《英国美学杂志》1963年7月号。
[2] 莫里斯·菲利普森（Morris Philipson）编：《今日美学》（Aesthetics Today），纽约，1960年版，第143页。

情感的逻辑画图。朗格的"艺术是情感的符号"的理论，是二次大战以后在美英现代美学中较为重要的见解之一。

朗格是美国的大学教授，写过《符号逻辑导论》等哲学著作。她在1942年出版了流行甚广的《哲学新解》一书，其中讲音乐的意义一节是颇为著名的，以后又专门在《情感与形式》《艺术问题》等著作中，提出和论证了艺术是情感的符号的主张。朗格指出自己的这种主张是"许多美学家所已劳作的艺术哲学中的一个步骤——也是重要的一步"。[1] 其中著名的德国哲学家、新康德主义者卡西尔（E.Cassirer，1874—1945，后留居美国）是朗格理论的直接先驱。卡西尔提出人的本质在于能够制造符号，运用符号。他用符号来解释宗教、礼仪、艺术等各种社会现象。他认为，美是心灵的一种积极的活动，是一种有生命的形式。"在艺术家的作品中，热情的力量变成了造型的力量"，"艺术给了我们以一种新的真理——不是经验事物的真理，而是纯粹形式的真理"，[2] "科学在思想上给人的秩序，道德在行动中给人秩序，艺术在视、触、听觉现象的理解中给人以秩序……艺术可以定义为一种符号的语言"[3]，等等。朗格说："这是卡西尔——尽管他并未认为自己是美学家——在其广阔的符号形式的研究中，砌下了这个结构的枢石。我则将这石头放在适当的地位，以联接和支持我们所已建立起来的那些东西。"[4]

朗格首先分析了"意义"的各种内容和涵义。遵循卡西尔，她区别了"信号"与"符号"，认为符号是思想的工具，它有一种概念作用，通过它指示某种东西以便于认识。它以本身的各个部分的组成关系与所指示的

---

1 朗格：《情感与形式》（Feeling and Form），伦敦，1959年版，第410页。
2 卡西尔：《论人》（An Essay on Man），耶鲁大学出版社，1944年版，第164页。
3 同上书，第168页。
4 朗格：《情感与形式》，第410页。

东西有着逻辑的类似，亦即所谓形式结构上的相应关系。她认为，没有任何符号能够不要这种逻辑形式。动物可以利用信号，只有人才能制造符号、使用符号。人的所有表现活动的形式如言语等，以及从原始民族的礼仪到文明社会的艺术，便都是符号。符号又可分为两种，一种是推论的符号，另一种是表象的符号。前者是真正的语言，是一种符号系统，它有与客观事物相对应的词汇和确定的句法，是可以翻译的。表象的符号却不然，它并没有一个真正符号的全部功能，表象的符号的意义就在其自身，不能说它另有意义，它只有"有生命的内容"，它即是生命本身的形式。[1] 所以这种符号不但不能翻译，而且也没有独立意义的词汇。"例如，明暗构成画像或摄影，但它们本身并无意义。孤立看来，它们不过是些斑点。尽管它们是再现对象的要素，但它们并没有相应的名字，没有专画鼻子的斑点或专画嘴巴的斑点。它们是在不可言说的复合中传达出一幅整体图画来"[2]，"它们作为符号的功能在于它们包含在一个同时的、完整的表象中"[3]。它们所传达的是可以感觉可以理解但非一般语言所能传达的经验领域。"有大量的经验是可以认识的，……但却没有推论的公式，从而不是语词所能表达的，这就是我们有时称之为经验的主观方面的东西，即经验的直接感受……所有这种直接感觉的经验常是没有名字的，即使有，也是为了它们存在的外在状态。只有最显著的一些有像'怒''恨''爱''惧'的名字，它们被正确地称之为'感情'。……所有这些主观存在的不可分割的要素，构成我们称之为人类的'内在生命'的东西"，[4] 这是一般语言（所谓"推论符号"）所不能表达的，这种所谓人类的复杂的"内在生命"

---

1 参看《情感与形式》，第30页；《艺术问题》，第139页。
2 朗格：《哲学新解》（Philosophyina New Key），第87~88页。
3 同上书，第89页。
4 朗格：《艺术问题》（Problems of Art），纽约，1957年版，第22页。

即情感，只有通过艺术——"表象的符号"才能陈述出来："它（指好的艺术作品）系统地陈述情感现象、主观经验、'内在生命'……生命之实际感觉过程，时时交织着紧张和变动，流动和徐缓，各种欲望的驱使和引导，特别是我们自我的有韵律的继续，便都是推论的符号系统所不能表达的。主观的亿万形式，生命的无限的复杂感受，不是语言所能陈述的。但是它们却正是艺术作品所能显现得很清楚的……艺术作品是一种有表现力的形式（expressiveform）或生命力（Vitality）——从最敏锐的感受到最复杂的感情——便正是它所能表现的"。[1]

与艾耶尔等人不同，朗格强调艺术作为表现情感的特殊符号，诉诸人们的理解，而不是个人情感的自我表现，不是发泄情感或激起情感，而是在一种符号形式中意识到情感。因为这种情感是超越个人的"普遍性"的"人类情感"，它自身的特定逻辑就是艺术所要表现的。"音乐的功能不是刺激情感，而是表现情感；不是音乐家的情感的表现，而是音乐家所理解的情感形式的符号表现。它所说的是他的情感想象，而不是他个人的情感状态，表现的是他所知道的'内在世界'，这可能是超越他个人的。"[2] "如果自我表现是艺术的目的，那么就只有艺术家能判断他的作品的传达了。如果艺术的目的是激起情感，那他就得研究听众，并以他的这种心理研究来指导他的创作，像广告术那样了。"[3] "符号呈现出主观现实不仅是语言所不能做到，……而且也是语言本质所不可能的。这就是为什么那些只认推论是符号形式的语义学家们以为整个情感生活是无形式的、混乱的、只能以'哟'等惊叹形式来表现的原因。他们也常常相信艺术是一种情感的表

1　朗格：《艺术问题》（ProblemsofArf），纽约，1957年版，第133页。
2　《情感与形式》，第28页。
3　《情感与形式》，第18页。

现，但这种'表现'只是指言说者有一种感情、痛苦或其他个人经验，它也许暗示给我们以快或不快、强烈或温暖这种一般种类的经验，但却并不将内在生命客观地放置在我们面前，以便我们去了解它的复杂性、它的韵律、变换的整个风貌……艺术家创作悲剧并不需要他自己也绝望，没有人在这种心境中还能创作……哭泣的婴儿比音乐家更能发泄他的情感……我们不需要自我表现……因此，艺术家所表现的并不是他个人的实际情感，而是他所知道的人类的情感……意识自身的逻辑。"[1]"根据这一观点，艺术的功能因此便不再给人以何种愉快，即使这种愉快如何高尚；而是给他以前所未知的某种东西。艺术，与科学一样，其首要目的是'理解'。"[2]

朗格强调艺术作为情感表现的符号形式是具有普遍性的，诉诸人们的理解和认识，重视意识在审美中的作用，反对情感的发泄和自我表现，在这些要点上，朗格发挥了科林伍德的表现说，即不是像婴儿哭闹那种感情表现，而是由意识整理情感、知觉而成的特定的非推论的逻辑形式。但与科林伍德不同，朗格着重认识情感表现的客观化的符号形式。她又特别指责了近代美学专门注意主观的审美态度的心理学的方法和道路，反对瑞恰慈和杜威。她说："决定实用主义哲学整个程序的主要假定便是，人的所有兴趣都是由动物需要所诱发的'动力'的直接或隐晦的表现。……这个大前提应用在艺术理论上便是，审美传达应看作或是直接的满足（愉快），或是一种工具的价值即作为实现生物需要的手段……但不论哪种情况，艺术经验与日常生理的、实用的与社会的经验并无什么本质的不同。然而，真正的艺术鉴赏家会立即觉得将伟大艺术当作与日常生活经验……无本质不同来处理，是恰恰没有抓住它的真正本质，没有抓住那使艺术有如科学

---

1 朗格：《艺术问题》，第24~26页。
2 朗格：《情感与形式》，第19页。

甚至有如宗教那样重要而又有其独特创造功能的东西。……对待艺术作品的是一种特殊的态度，其反应特征是一种完全特别的感情，比普通的愉快有某种更多的东西……"[1]这种感情就正是贝尔-弗莱称之为"审美感情"的东西。

朗格显然是要将克罗齐-科林伍德的表现说与贝尔-弗莱的形式说更直接紧密地联系、统一起来，她自己也认为是直接承续"贝尔、弗莱、柏格森、克罗齐、彭希、科林伍德、卡西尔"[2]的理论路线而来。她非常赞同科林伍德，只怪他没有能区分两种符号，不重视体现，忽视技巧、技术；从而用重视形式的贝尔-弗莱加以补充结合，这才可能有不同于日常经验的"审美感情"。

朗格这种理论似乎更全面更细致地把内容（表现）与形式结合、统一起来了，实际却仍然走向神秘化。站在卡西尔的新康德主义符号论的立场上，朗格认为人用这种种形式结构来整理混乱的客观现实（现象）的功能，便是人的本质所在。因此，朗格所讲的情感的客观形式、意识在审美中的作用，她所讲的艺术本质在于理解等，是要求去把握和"理解"所谓普遍性的"人类感情"。但这种所谓"人类感情"究竟是什么，朗格却始终没说明白，而且愈说愈玄虚，愈说愈抽象，愈说愈神秘了。她把艺术表现的情感的符号形式最终归结为异常抽象、贫乏的所谓"生命""生命力"之类。

朗格把各种艺术与人的情感生命作了某些类似对比说："你愈研究艺术的构造，你就愈会看到生命本身的构造与它的相类似——从低级的生物形态到人的情感和人格的伟大结构。后者正是我们艺术作品的皇冠。正由

---

[1] 朗格：《情感与形式》，第35~36页。
[2] 同上书，第410页。

于这种相似,一曲歌或一首诗才不只是某件事物,而似乎是一种有生命的形式。这不是机械地谋划设造出来的,而是为了表现某种好像存在于作品本身中的意义,即我们自己的情感的存在,即现实。"[1] 朗格认为生命是不断变换的,"有生命的形式经常是动力的,一个有机体如瀑布一样,只存在于不断地行进中。……最为主要的情感,或可说最为尖锐的感受便是永恒与变换的矛盾运动的感受,它统治着生物的每一个细胞,每一根纤维"[2]。除了"动力形式"而外,"有机的结构"和"韵律的过程"也是生命的统一特征,这些也都是"人类意识中最为深刻的方面",[3] 所有这些便都正是艺术作品的基本原则。音乐中的强弱变化、结构韵律便正是这种情感生命的逻辑图画,"音乐是情感生命的音调类似物"[4]。造型艺术尽管不在时间中展开,但像线条也是生命运动形式的表现,等等。就连文学也如此,"诗的整个结构有如有机体,有如一活生生的存在……只要分开它的一个要素,它就不再是诗——整个意象便走样了"[5]。可见,朗格要艺术家不要去表现自己个人所感受体验的情感而去表现这种不可言说的"普遍性"的"情感生命"。有人企图将她的这种理论与存在主义联结起来,有人则企图将她与心理分析派的深层心理学联系起来。[6] 朗格自己以及更多的人则将其理论作为现代抽象艺术的守护神,认为就本质说,一切绘画都是抽象绘画,它们正是将不可捉摸没有定型的人的内部状态化为直接可见的客观对象,等等。朗格的"符号说"理论很适应于二十世纪现代艺术,

---

1 朗格:《艺术问题》,第58页。
2 同上书,第48页。
3 同上书,第54页。
4 朗格:《情感与形式》,第27页。
5 朗格:《艺术问题》,第57页。
6 参看里德《未知的事物的形式》(*The Forms of Things Unknown*)、巴拉特《艺术与分析》(*Analysis and Art*)等书。

同时也是"表现说""形式说"种种理论的自然归宿。它比前人理论有所进展。把艺术说成是符号,确实较重要。但也有人指出,符号总要有一定的指示对象,具有一定的意义,才成其为符号。如果说艺术是符号,那么符号总有所指示的对象,但艺术作为符号,如朗格所认为,其内容就在自身,不能说具有什么意义,也并不指示别的什么,因为所谓情感的生命只有在艺术作品中才能真正存在,那么,艺术也就根本不是什么符号了。"当想起符号要成为符号总需有一对象,困惑的读者便只能得出结论说:要么这些感受形式根本就不是什么符号,要么是'符号'——但是在一种新创的、前未曾有过的意义上来说。"[1] "艺术作品和它的'意义'不能分开,那艺术作品便不是符号了。"[2] 从而认为朗格的符号说不能成立。但是朗格的符号说与科林伍德的表现说、贝尔的形式说,仍是现代美英美学中很有影响的三种重要理论。

托马斯·门罗的新自然主义

上面分析哲学和符号说虽然观点不同,倾向对立,在是否承认艺术有真理认识之可言上有所分歧,[3] 但它们仍同属于研究艺术与符号、意义、语言的关系的语义学派的大范围内。托马斯·门罗倡导的自然主义美学,在所注意的问题、领域,基本的倾向、特征,采取的途径、方法上,与它们

---

[1] 巴拉特:《艺术与分析》,云南大学,1957年版,第70页。
[2] 贝内尔朗(Berel Lang):《朗格的阿拉伯图案画与符号的崩溃》,《形而上学评论》(*The Review of Metaphysics*) 1962年12月号。
[3] 参看里德同意朗格而力驳艾耶尔一派的论文:《一种科学的哲学的界限》,载《未知的事物的形式》。

都有较大的差别。如果说,朗格是继承和综合了表现说、形式说,着重审美特征的探讨,那么门罗则承继杜威,强调美学联系实际和艺术研究。

门罗着重指出,"自然主义"一词用法已很混乱,在他这里,并不意味是一种自然唯物主义的世界观,也不意味是像左拉、库尔贝那种艺术风格或流派,更不意味是任何反映现实的艺术主张。[1]门罗宣称他的自然主义乃是"一种研究方法,可以适用于所有的风格,它在这意义上处理所有的美学和艺术问题。……美学自然主义不企图去了解美的最终本质是什么,它满足于对美的经验的存在现象所作的探究"。[2]他说:"美学中的自然主义无需是一个完整的形而上学的自然主义或唯物主义、机械论、无神论、不可知论等任何理论体系。它完全可以与各种宗教信仰相适合。它并不意味着艺术是感性现象的单纯仿真,或艺术是追求感性愉快,或执着于去表现恶与丑。它并不认为宗教的和伦理的理想在艺术中的表现不重要。它并不与自文艺复兴以来西方文明抛弃对理想世界的兴趣而专注于现实世界的一般倾向相并行。它不是左拉和十九世纪法国艺术家们的自然主义。它并不专门赞颂或倾向于任何一种特殊的风格。"[3]"它是在现代心理学和人文科学的基础上,尝试科学地描述和解释艺术现象和所有与审美经验有关的东西,自然主义拒绝超经验的价值和原因,因为这种理论妨碍科学的判断和证明……对美学自然主义来说,美学不只是概念的分析,它要研究艺术创作、艺术功用等实际问题。"[4]

门罗追述美国美学传统特色时,认为美国在哲学和艺术心理学中是英国的经验主义等传统的"直接的继承者","一是从培根、霍布斯到桑塔耶

---

1 门罗:《走向科学的美学》,第271~272页。
2 参看《美学与艺术批评》,1961年冬季号。
3 门罗:《走向科学的美学》,第109页。
4 参看《美学与艺术批评》1961年冬季号。

拿的自然主义和经验主义，一是从斯宾塞到杜威的进化论、民主和自由主义"，[1]并指出，"从爱默生到杜威，在美国是强调哲学、艺术应该与日常生活保持紧密的接触。……美学理论也一样，应该是来自艺术和其他生活中审美方面的经验，从而又返回去澄清和指导在这个领域内我们的信仰和态度，……欧洲的传统总是执着美学应该是有关美的纯粹的抽象的论证，任何实用目的都是缺点。从美国人的观点看来，这种态度的危险就在于，它使美学理论成为毫无生气的、虚假造作的、即使在理智上也很少价值的东西"[2]。例如，"英国的美学自第二次世界大战以来，便主要是从语言学的逻辑实证论的或其他高度专门的哲学观点出发的。它没有与艺术的理论研究密切联系起来。""今天美国的美学具有强烈的自然主义的倾向，……它相信艺术作品和与它有关的经验，像思想和人的其他活动一样，是一种自然的现象。它是物理科学、生物科学所研究的那些东西的继续。……""杜威和其他美国美学家是在广义上使用'实用'一词，它不是指一种狭隘的功利如武器、犁锄或汽车。……即使撇开艺术不谈，美学也是实用的，如果它能帮助人们去理解和享受自然美以及审美愉快与生活其他传达的关系。与行动没有关系、不能影响人的意识生命，或在具体经验之外的任何美学理论，作为纯粹知识是极少意义和价值的。"[3]

从这样一种实用主义的立场出发，门罗描述和提出了美学对象和范围的问题，主张美学应广泛研究艺术各方面的实际的具体的问题。"美学仍然经常被传统地看作是研究美的一个哲学分支，美学的目的和主题的这种定义使美学家的探讨不是指向去了解可能的话，去控制现实现象，而是

---

1 门罗：《走向科学的美学》，第119页。
2 同上书，第98~99页。
3 同上书，第151页。

指向一种飘忽不定的概念,指向其意义是十分含混和争论不休的抽象,这样就永远不能找到结果。因此尽管写了不少字,都只是关于是什么美的适当定义的毫无成果的争论。"[1]"在具有科学方法和客观的学者精神的批评家、历史家和哲学家之中,这些年来,'美''美的'这词汇已不受欢迎了。……原因很明显,半世纪以来美学是沿着科学的、自然主义的路线迅速地发展起来了。它已经包括了艺术的一般理论在内,它从包括心理学、文化史、社会科学等的各个有用的来源中,尝试去综合涉及艺术及有关的经验、行为的事实报导。它非常注意它所考察的现象和领域的多样性,从而需要一系列复杂的词语来描述它们和解释它们。美以及几个传统的所谓'美学范畴'——崇高、秀雅……都强烈地有一种表现褒贬的评价的味道。因此在以讲究描述和事实的美学、艺术史、艺术批评中,像在那些老牌资格的科学中一样,便是不合式的了。学者们在这里要避开对艺术作品、艺术风格或艺术家的主观的个人的评价……而代之以分析和解释……历史学家和心理学家愈来愈看到艺术趣味的巨大的变易性,看到对不同的文化集团和个人什么是美。在这种事实陈述中加上自己的伦理的或审美的判断,似乎有损于学者的精神和科学的正当性。即使在以评价为主要工作的美学和批评的部门中,像'美'这种古老词汇也是极端模糊含混和有争论的……"[2]门罗承认"美的概念值得继续研究",因为美学中许多重要问题都与它有关;但强调美学不应再是思辨哲学,而应该"首先是去发现和陈述作品的事实,把它当作一种可以观察的现象,并与人类的经验行为和文化的其他现象联系起来"。[3]门罗认为现在比以往任何时候都更有条件在

---

[1] 门罗:《走向科学的美学》,第154页。
[2] 同上书,第262~263页。
[3] 同上书,第7页。

极为广阔（从原始艺术、东方艺术到西方古今各派艺术）的眼界和事实的基础上，在艺术史、文化史、心理学高度发展的基础上，来毫无偏见地进行系统的考察和概括。美学应以这种艺术的一般理论作为它的主要内容。门罗这种评述，在一定程度上反映了现代美国美学的实际情况，它们认为古典美学对美的研究，大都是从一定的哲学体系出发的形而上学的论证，并无实际的价值；因而它们根本不谈美的本质这种问题，而专以艺术和审美经验作为美学研究对象。总之是极力反对传统美学的"概念分析""抽象争论"，反对各种所谓超经验的"主义"解释。看来，这个自然主义美学似乎很科学了，它不但反对各种抽象思辨、主观假设，要求用各种科学——心理学、社会学等对审美事实作为一种可以理解、论证的自然现象，来加以描述解释，而且还要求美学通过这种研究，又回过头来"帮助人们去理解和享受自然美以及审美愉快与生活其他方面的关系"以起"实用"的作用。

正如杜威等人的"实践"观点一样，门罗的"自然主义"所谓联系实际是指联系特定人们的主观内省经验。所以门罗直接宣称自然主义"完全可以与各种宗教信仰相结合"，把唯物主义的理论一概斥之为"超经验"的形而上学。从而，同时艺术在这里又只是在个体与环境的生物性的适应生存中作一个"有用工具"。门罗继杜威之后，贬低理论，否认抽象思维的意义、作用，正是实用主义在美学中的必然表现。以描述经验现象为满足，避开对现实事物作纯理论探讨，门罗这种反对美学是思辨哲学而主张是经验科学的"自然主义"，在一定程度上典型地表达了现代美学的现实状况：与康德、黑格尔等人的古典美学恰好相反，它们大都拒绝探讨美的本质这种根本哲学问题，而津津玩味于各种实证的经验分析和现象描述，虽然我们应该承认在这方面确有不少收获和成果，但作为美学理论却是不足道的。

那么，门罗所提倡的"科学研究方法"呢？门罗强调自然主义美学是所谓经验主义的科学方法，这种方法并不是费希纳所首倡的那种狭义的实验美学，而是一种"广义的描述、观察现实事实的态度"。"广义地说，美学中实验的态度便是从各种来源和考察中，利用所有审美现象的线索，将这些线索放在一起，在这基础上通过归纳和假设以走向试验性的概括。"[1] "特别需要的是直接研究具体的艺术作品……使所有的一般理论都来自对艺术作品的详尽的分析，而不仅是举例证明。"[2] "科学方法决不等于应用X光，……不等于如几何学那样绝对的逻辑证明……也不能用数量测量。……用它们处理像生物学、心理学和社会科学所遇到的复杂变动的现象，便常常无能为力而必须加以发展了，……回到直接经验的具体事实，保持新鲜的观察，注意易被忽略的方面……只有坚持试验性质和虚心坦率的方法才可被称为'实验的'。"[3] 因之他所谓的实验的科学方法，指的是一种从主观经验出发的"态度"，这种态度被认为是"客观的"描述事实，即描述经验，而不把评价褒贬加入其中。"推论的基础是通过感觉和内省的观察，是个人和集体的经验而不是从似乎是自明的原理出发的演绎"[4]，"《今日美学》中是愈益重视描述的、发现事实的探究，而不同于陈旧的纯粹评价的探究"[5]。评价固然仍是美学中的一大问题，但"学者们在这里要避开对艺术作品、艺术风格或艺术家的主观的个人的评价……而代之以分析和解释……在事实陈述中加上自己的伦理的审美的判断，似乎有

---

1 门罗：《走向科学的美学》，第14页。
2 同上书，第14~15页。
3 同上书，第5~6页。
4 同上书，第99页。
5 同上书，第100页。

损于学者的精神和科学的正当性"[1]。门罗要求美学"类似于自然科学"那样，作纯粹的客观描述，"而不同于陈旧的纯粹评价的探究"。但是这种所谓"客观的""科学的"描述也不能没有基本原则，因为在一定社会中所进行的观察描述，总不能不直接间接地具有一定的评价态度，想逃避这一点，是根本不可能的。门罗的自然主义美学规定了几条基本原则和一个基本立场："作者（指门罗）不去寻求简单的公式，但他有个立场……他主张在文化进化的背景中来观察艺术，认为这是讨论艺术在社会中的作用和未来的基础。他警告说，如果马克思主义在这问题上比自由世界的思想家们给予了更多的注意，那么现在就是后者该为艺术进步找出一个适意的线索的时候了。"[2] "进化"与"相对主义"（多元论）便是门罗找出的"适意的线索"，也是他所标榜的两个基本原则。所谓进化是指科学和现代技术的作用，认为它们作为进化的重要内容之一，使艺术与技术在本质上得到统一，使审美与功用可以携手并进，更有助于人类的福利。"艺术都是技术，如古人所很好地理解的那样，……在艺术与我们称之为'应用科学'的更为功利的技术之间，并无本质的差别，只不过后者更早更彻底地为科学所掌握控制罢了。……美学中科学方法的发展，艺术的生产和应用，将日益会当作一种科学技术来处理对待。艺术会被看作是应用美学，正像化学工程是应用化学一样……科学正迅速地进入艺术和美学之中，在这一过程中它变得日益宽广和人道化了。"[3] 对各种艺术作品的评价，门罗则强调所谓"相对主义"的原则："没有某种从任何观点来看都是最好的艺术。没有某种生产、演奏或经验感受艺术的唯一正确的方法。这里有许多好的

---

1 门罗：《走向科学的美学》，第262~263页。
2 参看《美学与艺术批评》1963年秋季号。
3 《走向科学的美学》，第259~260页。

方法，各有其不同的价值。……评价同时是个人的与社会的，它一部分建立在我们共同的生理本质的基础之上，一部分建立艺术所必须适应的不同和变动的情况、需要和功用之上。由于这些，艺术在不同时间便给予不同的评价。"[1]这两条基本原则有其非常合理的方面，但也突出地表现了实用主义的特点：应付环境，否定客观规律，片面崇拜物质技术，相对忽视精神世界的丰富内容。例如门罗最终便认为，人们的艺术倾向和爱好，他的"接受某种艺术标准和目的基本上是一种感情过程，而被决定于遗传和环境"，不是科学、理性所可能逻辑地证明或改变的。"个人以为他是通过纯理智达到他的标准并能逻辑地证明它们，其实这是一种假象……"[2]这种否定客观规律性的多元论和绝对的相对主义，可以为宗教和神秘主义开启大门，门罗也正是这样迈入宗教艺术的怀抱中去的。以"客观的""科学的"姿态始，以宗教的神秘的说教终，这经常是实用主义经验论的道路。

总起来看，门罗并没有提出多少有关美学或艺术本质的科学理论和主张，他所大力倡导的是一种实用主义的研究态度和方法。但他的这套理论具有一种通俗易懂、平易近人的特点，产生了国际性的实际影响。它并且是自觉作为与马克思主义历史唯物论的对抗者而提出来的。如何结合杜威的美学论著，对它作进一步的分析研究，仍是今后一项任务。

门罗是美国美学杂志的主编，这里附带地简略介绍一下《英国美学杂志》的主编，也是战后甚为活跃的美学家奥斯本。[3]奥斯本大体上是遵循了英国感觉主义的传统，同时有着现象学的特色。他说，美只是一种感觉印象物，强调只应对艺术欣赏"自身"作一种现象学的经验描述。他说：

---

1 门罗：《走向科学的美学》，第100页。
2 同上书，第106页。
3 〔补注〕门罗、奥斯本两人现均已离职。

"对美学家来说,所有的美常常是也只能是某种复杂的反复出现的感觉的性质。至于进一步的问题,感觉的美是否反映作为这些感觉的源泉的事物的相似性质,不在美学范围之内。"[1] "必须懂得现在被称为感觉的'现象学',即研究感觉自身的性质与各种特征。不用考察它的生理原因,也不用考虑它作为概念思维或实用知识的基础的这种应用"[2],更不要为各种所谓"形而上学"的原则所束缚,去徒劳无益地寻求美在客观还是在主观、是感情还是理智等必将遭遇不可克服的困难的问题。他反对对艺术客体作数学的测量,认为可测量的物质材料与只能知觉的感觉材料是并不一一对应的。奥斯本认为,"我们称之为美的感觉的一束性质"[3],"艺术作品并非一件物质的东西,而是常常体现在或记录在物质手段中的、以我们称之为美的一束特殊的感觉印象的持久可能性"[4]。但就感觉具有物质对象的源泉来说,也可说美是物质的属性之一。它的特点乃是一种复杂的有机的整体结构。总之,他认为美学乃是一种艺术批评的哲学,但不能用伦理的和社会的标准来谈艺术作品,因这样就会使美学成为社会学、伦理的分支,"美学是研究形式美而非研究题材的伟大"。奥斯本特别着重于人们审美感受能力的培养、训练和提高等问题。比起门罗来,他带有更多的英国哲学中的学院派的特征。

---

1 奥斯本:《美的理论》(*The Theory of Beauty*),伦敦,1952年版,第94~95页。
2 同上书,第118页。
3 同上书,第99页。
4 同上书,第202页。

心理学的美学

以上都是有明显哲学依据的美学思想。但自黑格尔以后，西方美学的基本倾向和特点之一，是日益采取了所谓"自下而上"的"科学"姿态，即大都撇开对美的本质诸问题的哲学探讨，而着重于对艺术和审美现象作各种历史的和心理的研究。十九世纪后半叶以来，关于艺术历史的研究曾风行一时，蔚为大观，像泰纳、格罗塞、沃夫林等，都是有相当影响的。与此相平行，便是许多心理学的美学的发展和盛行。例如，其中著名的便有立普斯、浮龙·李等人的移情说，有经由闵斯特伯格、普弗等人终由布洛提出的距离说，有斯宾塞和格罗斯等人的游戏说。游戏说、移情说和距离说是直到二十世纪二三十年代还最为流行的所谓心理学的美学理论。但是，随着时间的推移，不但曾经收集、积累过一些材料、也确乎作出不少成绩的十九世纪下半叶曾显赫一时的艺术历史主义潮流已为心理主义所代替，而且就是像"距离""移情"这种企图在现象上解释某些审美现象的理论虽仍有影响，也已嫌简陋。代之而起、历久未衰并占据了统治地位的是弗洛伊德和荣格的心理分析学。总之，对美学的哲学和历史的研究让位于心理的研究，心理的研究又被归结为性欲升华、集体无意识等的探讨。

本来，所谓心理学的美学理论——游戏说、移情说和距离说，从心理科学的角度看，原是相当含混笼统的。它们最多只是一种表面的现象描述，并没有什么心理科学的真正解释，例如为什么需要移情，它的具体心理行程是怎样的，所谓心理距离究竟是什么，等等，就并没有心理学的科学说明，它们实际上是太哲学化，太不够心理学了，所以也从未为心理学家所重视。"所有这三个观念——移情、游戏与心理距离，曾显著地决定着我们现在对艺术的解释，但其中没有一个是被现在的心理学家们所真正注意的，至少在这个国家（指美国）和这种语言（指英语）内是如此。这些观念看来是已完成其使命，至少现在被搁置一旁了。它们已不在今日特别是在美国、英国和意大利很有活力的三种研究主流之中，这些研究可名之为心理分析的、格式塔的和实验的"。[1]

实验美学自德国费希纳开创以来，曾在美国十分流行。直到最近（1962年），美国教授瓦伦丁（Valentine）还出版了他几十年有关实验美学研究的总结性著作《美的实验心理学》，（这书在四十多年前曾以小册子出版过，所以有人称之为灰烬里再生的凤凰。）这书包括大量的有关艺术欣赏的各种实验材料，"并特别着重于个性差异"。但由于实验美学的明显的缺点，早已不为人们所重视。例如有人说，"坦率地说，我不相信通过这种实验和测量，我们关于艺术已经了解了许多……我也不相信按照这个方向我们会了解许多……当然美学从实验心理学可以得到一些好处，关于知觉、学习和感情的实验便有某些重要的材料贡献，但这些考察大部分已在艺术心理学的领域之外"。[2] 门罗也说，"任何一个简单知觉本身的效果大不同于它处在更大形式中的效果。两个并排的小块颜色的效果或者一个简单的和音过程的效果，并不是它们在艺术作品的效果的可信的标记"，因而不要对它寄予很大期望[3]，等等，便可见一斑。比起实验美学来，格式塔心理学和心理分析学却不同，它们各自提出了一些美学理论和观点，分析了许多艺术作品，在美学理论中有更大的影响。

格式塔心理学着重知觉的完形研究，从而对以知觉为特征的审美经验也作了一些论证。曾经当过美国美学协会主席的鲁道夫·阿恩海姆

---

[1] 《今日美学》，第279~280页。
[2] 《今日美学》，第290页。
[3] 门罗：《走向科学的美学》，第50页。

(Rudolf Arnheim)的《艺术与视知觉》一书是这方面的代表作品。阿恩海姆认为,事物的运动或形体结构本身与人的心理—生理结构有相类似之处,因此它们本身就是表现。对象可以显得是人的情感的"移入",其实就是由于这个缘故。微风中的柳树并不是因为人们想象它类似悲哀的人才显得悲哀,相反,而是由它摇摆不定的形体本身,传达了一种在结构上与人的悲哀情感相似的表现,人才会立刻感到它是悲哀的。所以,事物形体结构和运动本身就包含着情感的表现。他说到一个实验,即要受试者用各种随意的舞姿来表现悲哀,结果各种具体舞姿虽然不同,但却都有速度较慢,姿态不紧张,方向摇摆不定,像受制于某种力量等共同特点。阿恩海姆认为,任何线条也都可以有某种表现,各种升降、强调、斗争、安息、和谐、杂乱……普遍地存在于宇宙中,它们都可以成为知觉的表现对象。艺术就要善于通过物质材料造成这种结构完形,来唤起观赏者身心结构上的类似反应,而并不在于只以题材内容使观众了解其意义而已。阿恩海姆以米开朗琪罗的《亚当的创造》为例说,在这幅壁画中,上帝和亚当的线条结构的动静本身,就给人以创造的直接了解。外行只看题目,内行却由形体结构本身直接了解到题目的意义,唤起身心的同样感受。由此可见,艺术作为表现,并不在于题材。抽象绘画没有主题,仍然不失为表现。塞尚和毕加索在同样题材的静物画中,却因线条结构的不同而作了或安详或骚乱等不同表现,从而具有不同的审美特性。看来,这派说法与朗格等人的理论比较接近,只是它从心理学的角度提出主张,这里就不再详论了。

格式塔心理学多以视觉艺术作为分析对象,比较注意对象的感性形式的方面,较少涉及题材内容的方面;与此相映对,心理分析学派的美学则更多以语言艺术为其理论的演习场,在造型艺术上也多注意其文学的联想内容。比起格式塔心理学来，心理分析学影响更广，势力更大；心理分析的创始者弗洛伊德（1856—1939）被推崇为与爱因斯坦相并列的现代最伟大的人物之一。弗洛伊德写有《达·芬奇》《机智和它与无意识的关系》等有关美学的著作多种。他以画家的童年传记材料对《蒙娜丽莎》《岩间圣母》作了所谓深层心理的分析。例如，他说达·芬奇是非婚生子，跟随父亲与生母分开了，所以《岩间圣母》有两个女性形象，婴儿的神态表现了对生母的强烈眷恋和爱慕，这便是此画的深层的心理意义所在。弗洛伊德特别着重性欲尤其是幼儿性欲的作用和意义。他说："美的享受产生一种特别的销魂的感觉……它之来自性感领域这一点是肯定的，爱美是具有一种被禁止的目的的情感的一个完整的实例。'美'与'吸引'首先是性欲对象的特质。"[1]"弗洛伊德对艺术心理学的最重要的贡献，便是发现植根在无意识中的未实现的意愿在艺术作品得到了满足……对艺术作品的享受主要来自这些幼年意愿的满足"[2]。弗洛伊德这种理论广泛流行于美英美学和文艺领域中，像哈姆雷特、浮士德等著名艺术形象便一再成为他们的解说对象。在心理分析学各派别中，原是弗洛伊德的合作者、后因在理论上产生严重分歧而独立的另一重要人物是德国学者荣格（Jung，1875—1961）的理论。荣格认为，人的大脑在历史中不断进化，长远的社会（主要是种族）经验在人脑结构中留下了生理的痕迹，形成了各种无意识的原型，它们不断遗传下来，成为人人生而具有的"集体无意识"，它们是超个人的。艺术家就像炼金术士一样，要善于通过物质材料的艺术，将人们头脑中这种隐藏着然而强有力的原型唤醒，使人们感受到这种种族的原始经验。人在这种艺术作品面前，不

---

[1] 弗洛伊德：《文明与它的不满足》（*Civilization and Its Discontents*）英译本，第38~39页。
[2] 韦兹：《美学问题》，第632页。

需要靠个人的经验、联想，就会本能地获得原始情欲的深刻感受。所以，在这个意义上，艺术又正是一种符号，它不是有意识的符号，而是无意识的符号。有意识的符号是死去了的符号，它的涵义确定，不能引起强烈的情感反应，不是艺术。例如用狮子象征勇猛，松树象征坚贞等。无意识的符号却不然，它还没有确定的涵义，但却具有种族的不自觉的长远记忆，从而使享有广大的力量而可以煽起人们强烈的感受。可见，艺术并不在表现任何观念意识，而在唤醒某种隐藏的东西，即人们头脑中的先定的原型。荣格的追随者鲍德金等更用文学材料追寻出各种原型，认为它们在艺术中反复出现，正是艺术的本质和规律所在。弗洛伊德和荣格都是德国的心理学家，不在本文范围之内，不再详述，要指出的是，这派理论在文艺评论和研究中影响极大，当代英国美学协会主席、著名的文艺批评家赫伯特·里德便是这派理论的积极宣传者和运用者。他结合许多文艺作品，作了各种具体的论证，例如里德曾以毕加索的名画《格尔尼亚》为例说，毕加索为了表现这一激动人心的主题，最初曾用英雄形象等现实图景，后来几经探索，就抛弃了这些需要依靠文学联想的现实形象而以牛、马等符号出之。因之这样就唤醒人们无意识中的原型而激起更强烈的反应。在这里，马是与母亲"力比多"有关，马的嘶叫形态表现了世界的受难和痛苦，牛的得意则表现了敌人的残暴。里德概括说："……必须承认心理分析给我们的好处是不可估量的。这门新科学对艺术哲学的帮助有两个方面，也就是两层应用。第一层是告诉了我们，艺术能够有隐秘的符号意义，在文化中，艺术的力量正在于它对人格深层的表现。因之我们相信艺术不只是现象的再现便得到了一种科学的证实。第二层是更为重要的，心理分析证明了符号的意义可以是，而且一般也的确是隐秘的。这样的符号不必是再现的，它可以是超现实的，它可以是完全几何式的或'抽象的'。这证明了艺术家的自由。"[1]里德在这里是企图将朗格与荣格、抽象艺术与心理分析结合起来。

里德自称不是哲学家，他的论证也不很系统严密。另一个美国哲学家帕克（Dewitt H.Parker，1885—1949）的理论则可看作正是在心理分析学派的强烈影响下的比较系统的美学主张。帕克特别注意研究价值问题，著有《人的价值》等哲学伦理学著作，他将价值与欲望的满足联系起来，将欲望看作最根本的问题，理智和知识也只是为了实现欲望，道德归根结底也是依存于爱的。帕克将古代哲学家分为两派，德谟克里特、卢克莱修一派认为存在中无价值，价值是随生活和意识而开始的；苏格拉底、柏拉图一派则认为存在与价值不可分，离开了价值，存在即无意义。帕克自认属于后一派，他认为"存在与价值的统一来自存在，即经验的体系"，"存在就是经验"，而"欲望，在我用这词的广泛意义上，乃是所有经验的发动力，是它的内在动力和它的价值的源泉。所以，真理乃与任何主张为艺术而艺术的理论相反，因为事实上审美经验的实质也就是所有经验的实质，同样是缓和欲望结果而得到的满足。几乎任何在生活中驱使人们的欲望，都再现在艺术中。这里并没有什么具有特殊本质的审美兴趣或感情，所不同的只是欲望表现的方式罢了。在日常经验中，欲望被现实对象占据着，并通过一系列行动导向一定的目的，它包括与物理的和社会的现实环境的相互作用。在艺术，欲望则是指向一个内在的或虚构的对象，并且不是通过一系列的行动导向某个目的而得到满足，而是就满足在当下给予的经验中。这种满足欲望的方式，我称之为想象中的满足"。[2]"审美价值是在想象中转化了的实用价值。鞋子的美是看起来很美，而不是穿在脚上的

---

[1] 里德：《未知的事物的形式》，第92~93页。
[2] 转引自韦兹编《美学问题》，第65页。

感觉，但都必须是看起来觉得穿着它必然是舒适的才行。屋子的美不在住在里面很舒适，但却必须看起来使人觉得住在里面是舒适的。美正在它的用途的回忆和预测中，它们是想象的两个方面。用是行动，美则是纯粹的意图。明了实用意图作为纯意图能进入美中，则可解决实用工艺品的矛盾，可以调解人们坚持艺术与生活相联系和美学哲学所主张的美的非功利性的矛盾"。[1]总之，"艺术对象是在现实生活中所不能满足的欲望一种想象满足的代用品"。人体所以最美，就在于它是无数人类欲望的预约满足的结晶。所以，尽管帕克所说的欲望也许比弗洛伊德专指的性欲要广，但其对艺术的基本看法都是相当一致的。这就是帕克并不属于心理分析学的美学范围之内，却在这里加以介绍的原因。

　　心理分析学的美学也不断遭到许多批评。例如，朗格说："心理分析学的美学理论被极力推崇着。但不管怎样，这个理论（尽管也许确有所据）对艺术家与批评家所遭遇到的争论和艺术的哲学问题并没有任何真正的解决方法。因为不管它已如何深入，弗洛伊德派的解释连最初步的艺术标准也没能提供。它可以解释一首诗是为何写下的，为什么它会流行，在它的虚构的意象中隐藏着什么人类特征，一幅画中有什么隐秘观念，以及达·芬奇的女性为何神秘地微笑，却不能给好坏艺术划出一条界线来。对伟大的作品是重要和有意义的特征，我们也完全可以在某些十分无能的画家、诗人的拙劣作品中发现……"[2]因为只要是艺术，既都是无意识的表现，也就无所谓好坏、优劣了，美学的标准也就没有了。其他人还有许多类似的批评，心理分析并不能提供什么美学原理，连弗洛伊德派的一些人自己也只得承认这一点。

1　帕克：《艺术的本质》，同上书，第68页。关于帕克，参看本书《帕克美学思想批判》一文。
2　朗格：《哲学新解》，第177页。

值得注意的心理分析学派的动向之一,是将个人心理与社会历史相结合的企图,上述荣格已有此倾向。有人在最广泛的意义上要求所谓"深层心理学"(即心理分析)与所谓"深层历史学"(指从经济等基础来探讨历史和社会,并主要是指马克思主义)结合起来,将个人心理与社会经济等物质条件结合起来,认为"深层历史学是深层心理学的对应物"。"总之,我们可以说,心理分析学停留在一方面,对历史唯物主义的理解则停留在另一方面。这好像两支探险队各在山之一侧,各对其所在之一侧有科学的材料,而对另一侧则了解甚少,但他们都没能达到顶峰,以将两侧的发现融合在一个全面的描述中。我个人深信,深层心理学与深层历史学两者都表现了真理的主要方面,但都同时局限在缺乏另方所有的东西,所以,最后的问题是将二者结合统一为一整体。"[1]这一观点和倾向,我认为是值得注意的。无论是弗洛伊德的心理分析和以后的深层心理学,也无论是格式塔心理学,其中颇不乏许多重要和正确的科学成果和论断,但它们作为理论和方法应用到美学领域,却经常并不太成功。

结语

纵观上述现代美英美学领域,总的看来,不能不说是相对贫弱的。其弱点是缺少有创见有系统的理论性的建树,尽管分析是细密了,具体成果(如对艺术的美学研究)也不少,但总的倾向是愈来愈支离破碎,分崩离析,连他们自己也在抱怨缺乏概括性、综合性的理论。像二十世纪初克罗

---

1 《今日美学》,第455页。

齐在美学界中那种风靡一时的声势和情况，现在也不复再有。但是当代这些派别和理论却仍共同地表现着三个基本特点，一是避开对美学中的哲学根本问题，美学的哲学基础或美的本质等问题作理论探讨论证，力加排斥，这些问题被一概斥之为所谓"形而上学"。无论是门罗、奥斯本或者是语义学派，都总是在批评传统的美的哲学的旗号下掩盖、抹杀或取消对美的本质和艺术本质问题的研究。这是与现代哲学特别是流行在英美的逻辑实证论和分析哲学的潮流相一致的。与此相联系，其第二个特点便是，常常由经验主义走向神秘主义。由于反对和逃避探究美的本质问题，大肆提倡、风行对艺术和审美经验作现象上各种实证的细致论证和经验描述，虽然获得了许多具有科学价值的成果，不应抹杀，但其总的理论倾向和研究方法上，却带着明显的反理性主义的特征。

门罗对古代宗教艺术的推崇，荣格那种蒙昧主义，以及朗格的那种最后类似于叔本华的理论，都无不表现了这一点。但因为它们在一定程度上采取了尊重科学和事实的姿态，重视对经验材料的收集解释，其中仍然具有许多有价值的东西，特别是像门罗的所谓自然主义，更是如此。第三个特点是，现代美英的美学理论与其文艺创作实践与流派、思潮是互相呼应、彼此配合的，例如，二十世纪现代艺术以背离人们通常的审美感受为能事，它们以苦为乐，要求表现某种独特的心理冲动、原始本能、变态情绪等，于是十九世纪末年以唯美主义为背景的快乐派美学便让位于像荣格、朗格等人的符号主义（艺术是一种表现心灵深处的隐秘的符号）。又如，与造型艺术和音乐相联系，便有贝尔、弗莱、朗格以及格式塔等着重艺术的感性形式的美学理论；另一方面与文学相联系，便有瑞恰慈、心理分析学以及杜威、帕克等着重艺术的社会内容的美学理论。前者强调有某种特殊的审美的感情，认为对比日常经验，它具有非功利的独特性质。后者则强调审美即是日常生活中的心理要求的变形或复杂化，强调它与一般经验的功利联系。它们在体现共同要求下，又各具特点，以适应西方现代社会的不同需要和目的。同时，它们既有彼此结合的方面（如里德之结合荣格与朗格），也有彼此争论不休的方面（如克罗齐与杜威的争论，弗莱对心理分析的批评），如此等等，情况是复杂而变化的，需要具体深入研究。最后应指出，这些美学理论提出的某些现象、问题和观点有其合理的成分，值得我们今天特别注意，如在美学中，某些语言概念（如"美""丑"）涵义笼统或不很准确，需要加以较精密的规范的问题；如人的知觉、情感等主体心理结构与艺术作品的客观的组织结构的对应或呼应问题；如心理的东西与历史的东西的相互关系问题；如对待传统的古典美学的问题；以及无意识问题、格式塔（完形）问题，等等。

帕克美学思想批判

注：〔补注〕本文写于1964年，原系帕克《美学原理》中译本（商务印书馆，1964年出版）序言。上文是对现代美英美学的概括介绍，本文目的在于选择一个代表性的对象作较具体的分析。之所以选择帕克，不是因为他的理论的重要、独创或有特殊价值，恰好相反，是因为这一理论的杂凑折中，能从较多侧面表达出各派现代理论。

帕克（DeWitt H.Parker，1885—1949年）是美国现代哲学家、美学家，长期任密歇根大学教授，写有《自我与自然》（1917年）、《美学原理》（1920年初版，1946年修订再版）、《艺术的分析》（1926年）、《人的价值》（1931年）、《经验与实体》（1941年）和《价值哲学》（1951年由K.弗那克那整理作者遗稿出版）等专著，以及《真、善、美》《艺术的本质》等论文。帕克通过这些论著，企图建造一个以价值问题为重心的唯心主义形而上学体系。美学在其价值理论中又是特别着重的一环。因此，要了解和批判他的美学思想，就得先了解和批判他的哲学思想，特别是他的价值理论。

（一）

帕克的哲学是十分明确的主观唯心主义。他称自己的哲学是"经验的唯心主义"¹，是"经由想象展开的彻底的经验主义"²。在帕克看来，存在就是经验，而对"经验的实体性"这一问题的不同回答，即"经验是立足于自身呢，还是受某种非经验的东西的支撑"这一问题的回答，便"规定了唯心主义与唯物主义的巨大区分"，他明确宣称自己是"属于唯心主义一边的"³。帕克赞赏和捍卫着巴克莱的"存在即是被感知"的著名主张，认为"除了感觉和意象而外，我们不能发现事物再有别的什么"⁴。因而，经验与存在是同一件事情，人的主观的感觉经验就是世界的实体。很清楚，这是我们非常熟悉的现代哲学的主观唯心主义的总路线，即在所谓"经验"的名号下，否定不依存于人的客观世界的独立存在。帕克自己也承认，他的"认为感觉是物质世界系统中的真实要素的思想主要来自巴克莱、马赫和柏格森"。⁵

帕克不但把世界等同于经验，而且进一步把经验还原为"自我"（The self），以此来建造其"经验唯心主义"的体系。帕克在《自我与自然》中说分析经验的出发点就是"从我们自身开始"。⁶他认为，任何具体的经验都是独一无二的。例如，我与你同听一支歌曲，但作为具体事件，我俩的经验各不相同。因此一般经验是不存在的，存在的只是以"自我"为中心的经验。帕克说，"经验一词，有如水一样，是一个一般的词。正如不是水，而是这塘水或这杯水存在一样；不是经验，而是这个或那个经验中

1　马文·法伯尔编：《法国和美国的哲学思想》，纽约，1950年版，第373页。
2　帕克：《自我与自然》，哈佛大学，1917年版，第1页；《经验与实体》，密歇根大学，1941年版，第9页。
3　帕克：《经验与实体》，第48页。
4　同上书，第53页。
5　同上书，第7页。
6　同上书，第3页。

心存在着"。[1]这种经验中心，帕克借用莱布尼茨的术语，称之为"单子"（monad）。但他指出：他的单子与莱布尼茨的单子不同，它们不是彼此分立，而是交错重叠、互相影响着的。这样，经验就不是彼此独立的事物的接续，而是围绕着一个可以看作不变的核心而增减的过程，这个不变的核心，就是自我，而所谓中心就是自我中心，帕克说"中心与自我是同一的"[2]。

那么，这种作为经验核心的"自我"又是什么呢？帕克强调自我的本质是活动（activities），而活动的根源是意欲或欲望（desire）。帕克将"自我"分为活动与感觉两个方面，认为后者是被动的，只有某种"接续性"；前者是主动的，有贯串和统一后者的所谓"磁力性"，因而，活动才是自我的本质。帕克说，"当我说我热或我冷时，在我自身与冷热之间确有密切的联系，但冷热并非就是我自身。至于苦乐……如苦指一种被阻挠的冲动，乐指一种正满足着的冲动，情况便不同了"，[3]因为前者（冷、热）只是感觉，后者（苦、乐）才是活动，才是真正的自我。"尽管我绝不是明暗、冷热……我却正是爱、憎、思想、情感。我的经验的整个领域包括这两项，但是，自我……却不是感觉而是我们称之为活动所形成的。……离开活动，便没有自我"。[4]所以，在帕克看来，任何经验中心便正是自我——活动的群集之处；而在自我的活动中，最重要、最根本的乃是意欲、欲望，"自我的中心内核就是欲望。"[5]整个现实世界在帕克看来，只不过是"由诸单子的欲望所协力产生出来的""动力过程"。所以"存在次于

---

1 帕克：《经验与实体》，第27页。
2 《经验与实体》，第47页。
3 同上书，第29页。
4 同上书，第29页。
5 同上书，第46页。

行动，行动产于欲望"。[1]这里所讲的意欲，如帕克自己所明确指出，是相当于叔本华讲的"意志"，柏格森讲的"生命力"，弗洛伊德讲的"力比多"（libido）或欲望的。可见，帕克是将世界等同于经验，将经验归结为自我，而自我却不过是欲望。以经验为实体，以自我为中心，以欲望为动力，以盲目冲动为特征，这就是帕克所凭空虚构的"经由想象展开的经验主义"的哲学体系的整个脉络。

在众多的日常经验中，帕克特别看重有关价值的各种经验。他的形而上学哲学体系是他的价值理论的前提，又服务于他的价值理论。他认为，价值与存在之间有一种极为密切的关系，这种关系实际上是他上面讲的存在即经验那个观点的推演。他说："价值与存在的统一直接来自认为存在乃经验的系统，和意欲是经验中的首要动力的看法。"[2]帕克说，在价值理论中，有两条不同的哲学路线，一条是德谟克利特、卢克莱修的路线，另一条则是苏格拉底、柏拉图的路线。前者认为现实世界的存在既不依存于、也不等同于价值；后者则恰好相反，认为"价值乃现实的实质，存在的概念离开价值便毫无意义"，[3]这也是帕克宣称自己所遵循的路线。帕克在德谟克里特与柏拉图亦即唯物主义与唯心主义两条路线中，毫不含糊地站在后者一方。他不但否认世界能离开价值而存在，而且还否认价值是事物的客观属性。他认为把价值看作客观对象的某种性质，就"脱离了"欲望满足（也就是价值经验）的实际过程。所以，帕克认为，音乐的价值不在音乐自身的某种性质，而只在听音乐的主观享受的经验之中。笛子本身的价值是派生的，只有吹笛子或听笛子的经验享受中的价值，才是真正内

1　同上书，第350页。
2　帕克：《经验与实体》，第292页。
3　同上书，第292页。

在的价值。可见，价值的本质在经验中、活动中，而不在事物中、客体中。帕克说："事物可以称作是'好的'，但这只是因为它们对经验有所贡献。它们是有价值的，但不是价值……一颗钻石可以被称为是好的或美的，从而可称它具有极大的价值。但它之拥有价值仅仅在它被玩赏的时候。当它不被玩赏时，它的美或价值，用亚里士多德的话来说，便仅仅是潜在的而不是现实的了。"[1]帕克在这种价值论中，贯彻了他的欲望论的哲学原则，欲望被看作是价值的首要因素，价值被定义为快乐、享受、满足的活动，即欲望的对象化。价值经验中的所有其他要素和性质，都是环绕于并服务于欲望实现这一根本核心的。例如，作为价值要素的所谓"预见"和"记忆"，在帕克看来，只不过是用未来的目的或过去的经验来加强刺激，以帮助欲望的满足而已；作为价值特性的所谓"和谐"，只不过是各种不同欲望的彼此协调、统一罢了。

但帕克所讲的"欲望"，十分含混，它包括了各种性质极不同的东西，从感官的愉快（如"嗅花香"）、本能的欲求到各种精神的（如"求知"）、伦理道德的需要，等等，尽管含混，有一点又是非常清楚的，这就是帕克所讲的这些欲望或需要都是脱离了历史具体条件下的抽象的东西，是一种超脱特定历史性、社会性的需要或欲望。而且，就在这些混杂笼统的需要或欲望之中，最根本、最主要的欲望或需要，如按帕克所讲，则是各种动物性、生理性的原始冲动和本能需求，也就是帕克称之为"自然人"的欲求。帕克特别强调这种欲求，将它比拟为有如弹簧一样，尽管受着社会道德的压抑管制，却总要冲出来，通过各种方式以获得满足；而价值被看作是与满足这种动物性的欲望相联系的东西。但是，我们知道，物质财富的

---

[1] 帕克：《价值哲学》，密歇根大学，1957年版，第6页。

种种价值,首先乃是劳动生产的成果,其他领域内的各种价值,也无不以它作为最后的基础。价值本身是具有深刻的社会历史根源和客观性质。帕克这种的价值理论则否定了价值问题的社会历史性质,抹煞它的具体历史内容,将它抽象地一概归结为个人身心欲望的主观满足,归结为一种心理经验的愉快、享受,正好鲜明地表现了美国现代社会中的盲动性、疯狂性的一面。在论及当代各种新实在论的价值理论时,帕克不满意它们的那种遮遮掩掩的姿态,帕克不仅不同意摩尔(G.E.Moore)所认为的"善"是不可定义的客观性质;而且也反对流行在美国的培里-蒲拉尔(Perry-Prall)的"关系派"价值理论(价值是与主体有利害关系的对象,或价值是主客体之间的一种利害关系),理由是这些理论还不够彻底。[1]但帕克对摩尔的"善"不可以定义这一点则极为称道,因为帕克认为价值或价值判断根本不属于认识的、科学的领域,它不是论证的问题,而只是情感和实际行动的问题。价值判断并非认识的,而只是表现个人情感和愿望以激起他人相应的反应而已,从而帕克的价值论又与当代伦理学中时髦的"情感主义"的基本倾向相吻合。[2]他们都是强调伦理判断、审美判断等价值问题不是认识,只是情感;不属于科学或知识范围,无所谓真假,没有真理之可言。它们共同否认在伦理判断领域和审美判断领域具有客观性质和客观规律,否定善、美与真的相互渗透和联系,主张非理性主义和唯意志论。不同的地方是斯蒂文森等人从语言的分析出发,强调道德判断的命

---

1 帕克认为,如果说具有利害关系的对象是其由本身的某种性质而引起主体的兴趣或利害,从而具有价值,这可说即是客观派,即认为价值存在于客观事物中,是客观事物的属性。如果说,是由于主体的利害、兴趣给予对象,从而产生价值,这就势必走向主观派,也即帕克所主张的方向。所以,帕克认为,关系学说的价值论是含糊不清、折中调和的。
2 这派伦理学可说起始于摩尔的"不可定义",经由瑞恰慈提出语言的情感意义,再由卡尔纳普、艾耶尔(A.J.Ayer)从逻辑实证主义立场加以阐发,终由斯蒂文森(C.L.Stevenson)集其大成。可参看艾耶尔《语言、真理与逻辑》第6章和斯蒂文森《伦理学与语言》。

令、劝说的性质，采取了更多的精巧姿态；而帕克则从形而上学立场直接归结价值为享受、满足的本身，有着更多的实用主义的特色和更为公开直接的粗陋形式。

帕克的哲学体系及其价值理论不但具有盲动主义和享乐主义的一面，也具有悲观主义的一面，而且还用人道主义作为必要的补充和归结。这些，将在下面讲他的美学思想时一并加以评论。

（二）

帕克的美学思想，是他的哲学体系和价值理论的重要组成部分，也是他的哲学观点和价值理论的具体应用，在其整个思想中占有一个突出的位置。帕克把价值分为两大类：一类是现实的价值，如健康、爱情、伦理、舒适等，它们来自实际作用于外在事物的现实活动；另一是想象的价值，如艺术、游戏、梦幻等，它们来自主观的想象活动。"意欲获得满足有两种方式，一可称为现实的方式，另一则是梦幻的方式"，[1] 审美价值便属于后一方式，是后一类价值的主要内容。所以，在帕克看来，所谓审美对象，所谓美，作为一种价值经验，便只存在于人们的想象中，而并不是客观存在。他认为，应该把"审美对象"（aesthetic object）与"审美工具"（aesthetic instrument）严格区别开来。尽管帕克自己承认，像克罗齐那样认为工具与艺术完全无关是不对的，因为没有它，审美经验就无由传达给欣赏者，也无法保留给下一代。但帕克强调审美工具并非审美对象，

---

[1] 帕克：《艺术的分析》，伦敦，1926年版，第3~4页。

真正的审美对象不是这个所谓"物质的承担者"（即审美工具），而是存在于人们主观想象中的所谓具有"深层意义"的感性形式。"审美的事实也就是心理的事实。一件艺术作品不管初看起来多么带有物质性质，它只有在被知觉和被享受时才能存在。大理石雕像只有在进入并生活在欣赏者的经验中的时候才是美的。"[1]我们关于美的定义："一种具有感性形态的想象的价值。"[2]帕克在这里与杜威是完全一致的。他也否定美的客观性。他不但否认了客观现实中存在着不依赖于人们主观意识（想象）的美，而且也否认了艺术美作为生活的能动反映所具有的客观内容。在帕克那里，客观的美（或审美对象）与主观的美感（或审美经验）是同一个东西，美的问题被看作是审美经验亦即欲望的想象满足的问题。这就是帕克在美学中所遵循的哲学路线：不是从现实生活中，不是从客观的社会实践中，而是从主观的欲望满足中，从想象中，来探求和论证美学的基本原理。

美的本质既然只是有关主观审美经验的价值问题，艺术作为这种经验的最鲜明和最集中的体现者，便成为帕克发挥其欲望论的主要对象。

帕克从其欲望满足的价值论出发来论证艺术的本质。他说，"审美经验的实质也就是所有经验的实质，即是满足同样欲望的结果。几乎任何在生活中驱使人们的欲望，都能再现在艺术中。所以并没有什么特殊的审美兴趣或感情。所不同的只是欲望的满足方式"[3]，"艺术作品是意欲的一种想象的体现……艺术作品的内容是意欲的符号，其形式亦然"[4]，等等。总之，艺术的本质在于在想象中满足欲望。从帕克的整个哲学——美学体系看，他受弗洛伊德的影响很为明显。弗洛伊德强调用性爱来分析包括艺术

1　帕克：《美学原理》，中译本，第7页。
2　帕克：《艺术的分析》，第132页。
3　帕克：《艺术的本质》，转引自韦兹编《美学问题》，纽约，1959年版，第65页。
4　帕克：《艺术的分析》，第48页。

创作和欣赏在内的人的各种心理经验。他本人就写有《达·芬奇》《机智及其与无意识的关系》等有关美学的著作。在他影响下，用这种观点来分析、评论和研究艺术，成了一种时髦，甚至占据某种统治的地位。尽管帕克并不属于这个派别，他也不完全同意这个派别的某些看法，但其根本观点和倾向却与这一派实质上完全相通。帕克在其著作中不断称引弗洛伊德，认为弗洛伊德"最有价值的成果"，即在于"证明了"包括艺术在内的想象是受着意欲的控制和驱使的。他自己还认为，"被压抑的本能：人的天然的利己主义、当激动时诉诸暴力的倾向、浪荡的性的兴趣……文明是永远不能成功地将'自然的'人压伏在其轨辙之下的"，[1] 从而就必须借艺术表露出来以达到想象中的满足。如果将帕克的基本论点与弗洛伊德主义对照一下，便可以清晰地看到两者是多么相似。如心理分析学派的人自己所指出，"弗洛伊德对艺术心理学的最重要的贡献，便是发现植根在无意识中的、未实现的意欲在艺术作品中得到了满足"。[2] 而帕克的欲望的想象满足论，实际上不过是这派理论的体系化了的哲学版罢了。

依据这个观点，帕克认为，艺术作品有三层意义，最深的一层是由艺术家所不自觉的意欲和情感所构成的，它根源于其所已忘记了的童年生活或其他远离当前生活的地方，它们是含混模糊的，"这些便提供了为最深厚的艺术美所必需的神秘味道"。[3] 例如音乐艺术的意味，帕克认为，便主要来自这里；而所有其他艺术也经由这条途径而趋向于、接近于音乐。这种"朦胧的、不可捉摸的""音乐性的"形式美所给予人们的审美愉快，便正是欲望满足的一种最隐秘的方式。至于位在其上的艺术的其他两层意

1　帕克：《艺术的分析》，第169页。
2　韦兹编：《美学问题》，第632页。
3　帕克：《艺术的分析》，第15页。

义,如艺术家意识中的问题和冲突,作品本身的内容、情节、故事、题材等,那就更是满足欲望的显著来源了。这就是去想象"可以引起快感的对象和事件","编织一些我们喜欢看到的事物的白昼梦境","在想象中完成我们喜欢去作的行动,或者感受我们喜欢感受的情绪",[1]这就是说,艺术家和欣赏者经由这种所谓"同情的想象",化身而为书中人、画中人,去感受,去经历在现实生活中所不能感受不能经历的种种生活、事件、情感和欲望。"我们在感知人体的外形时感到愉快,雕塑家就给我们提供了同人体外形相似的雕像;我们喜欢看到海洋或花朵,温斯洛·霍默或梵高就提供了光辉夺日的幻影。""在化身为所描写的摔跤家或舞蹈家的时候,我们就以替身的资格在那里摆出了骄傲的姿态或用出了极大的气力,因而感到愉快。或者在观剧时,我们也可以在想象中像罗密欧那样娓娓动听地求爱,或者像朱丽叶那样作出娇媚的反应,因而感到快乐。"[2]不但各种专供欣赏的文学艺术如此,就是一般实用艺术的功能美,在帕克看来,也全在于此。他说:"审美价值是在想象中转化了的实用价值。鞋子的美是看起来很美,而并不是穿在脚上的感觉,但却必须是看起来觉得穿着它必然是舒适的才行。房屋的美并不在住在里面很舒适,但却必须看起来使人觉得住在里面是舒适的。美正在它的用途的回忆和预测中,回忆和预测是想象的两个方面。"[3]总之,通过这种"同情的想象",人在艺术中便进入了一个所谓"在实际生活中是不可能自由发展的"世界,好去体验各种情欲,彻底地实现"自我",从而获得满足和愉快。因此,各种艺术对象便都不过是在现实生活中所不能满足的欲望的一种想象满足的代用品而已。各种艺

1　帕克:《美学原理》,中译本,第27、28页。
2　同上书,第28页。
3　帕克:《艺术的本质》,转引自韦兹编《美学问题》,第68页。

术部类、艺术风格、艺术方法,在帕克这里,也便一概归结为满足欲望的不同途径。例如,在帕克眼里,现实主义和浪漫主义便不过是从两个方面来实现这种满足的不同方式,现实主义以其对现实苦难的描写否定欲望,来从反面激起想望而获得满足;浪漫主义则从正面尽情抒发以获得满足,等等。

这就是帕克关于艺术本质的美学原理。这种"原理"把艺术看作是个人欲望的想象满足,从理论上看来,它不过是以弗洛伊德性欲升华论的新装,加于立普斯美学移情说的旧体之上。本来,在近代美学中,就一直有两派,它们各以其特殊功能服务于现代艺术的不同需要。一派强调所谓超功利的形式,如布洛的"距离说",以及罗杰·弗莱和克莱夫·贝尔的"有意味的形式"理论,便属此派。另一派则举起反形式派的旗号,强调审美与日常生活经验的联系,强调没有什么特殊的审美感情,审美就是日常经验的"中和""统一"等。无论是杜威、瑞恰慈,或者是帕克、弗洛伊德,都可说是属于这一派的。

但是,帕克又使用了一件朦胧的面罩来掩盖这种性质,这个面罩就是所谓"永恒不变"的"普遍人性"。帕克把实质上是自然性质的各种生理欲望的表现和满足,说成是抽象的永恒不变的所谓"普遍人性"。把艺术的价值从活生生的历史具体的社会生活中抽取出来,献之于这个"欲望一般"的人性论的祭坛上。说穿了,"普遍人性"其实就是"欲望一般"。帕克说:"……应把意欲的普遍的形式和特殊的形式区分开来。大多数人类的反映方式在这意义上可说是普遍的:即他们本可触及一系列对象中的任何一个。但由于经验和习惯,他们逐渐固定在某些少数甚或某一单个对象上。例如有关性爱的人性是普遍的,因为它可以被许多个别的人所激起,但是终于由恋爱的过程或结婚的形式而被固定下来。又如求食的本能也是普遍的,因为许多对象都可以充饥,但食欲却可以特殊到早饭除了咖啡和麦片而拒绝任何食物。"[1]帕克认为,后者就是因在特定的环境、制度、习俗、经验的熏染和规范下所形成的特殊化了的意欲,或意欲的特殊形式。但"人性"却总不能以某种稳固的特殊方式为满足,而总是要求打破它、超越它。帕克说这种使道德家"伤心"的事却正是"艺术家的好机会",因为艺术所要表现的正是那种未被固定的意欲的普遍形式。所谓艺术的"深层意义"——即藏在表面具体意义下的更为"普遍性"的意义,其根源也正在此。所有的艺术都是"通过表现一种普遍的欲望来获致一种普遍的意义",[2]来满足"人类的普遍的好奇心"和"普遍需要"。"甚至有些过去的艺术作品似乎是完全没有时间性,它们表现了心灵的永恒情境。作品中的一些不重要的项目可能使我们想起它们来自过去——如习俗、装饰、建筑样式等,但是其本质的意义却是无时间性的。"[3]总之,在现实中以至在梦中,欲望的满足都是特殊的,是受特定环境、条件所制定的。只有在艺术中才获得这种不受限制的永恒常在的普遍人性的真正满足。这种所谓普遍人性,归根到底,帕克自己说得很明白,又不过是种种饮食男女等最原始的动物性的本能欲望而已。与此同时,帕克的欲望冲动论又巧妙地与一种哀伤的宗教情绪和"爱"的哲学混杂糅合在一块。帕克大谈欲望的盲目冲动,同时再三悲叹"恶"之永远不可消除,"人生痛苦"的永远不可避免。他说,"恶的根子深深地扎在本能的深土层中"[4]。"人性"本身就是一半恶魔,一半天使。在这两方面中,帕克认为前者是更根本的,后者总是不稳定和难以靠得住的,"人永远不会彻底文明化……总有回转到

1　帕克:《艺术的分析》,第17页。
2　同上书,第177页。
3　同上书,第182页。
4　帕克:《美学原理》,中译本,第289页。

欲望的更为原始方式去的倾向"[1]。世界既是由一个个以"自我"为核心的经验单子所组成，它们各自追求其"自我"的欲望满足，这就必然彼此阻挠、冲突，于是生活实际上便永远只能在这种冲突和灾难中进行。怎么办呢？帕克认为，最好的办法还是通过艺术去缓和人们的欲望，以实现一种暂时性的和解或调和。所以，他劝道德家们不必担心艺术表现各种丑恶的欲望而有害，恰好相反，艺术通过人们的欲望在想象中得到满足后，就不会再在现实中去寻求发泄了。并且，艺术家通过形式美的精心结构，便减轻和冲淡了人们对表现内容的嫌恶，再加上人们具有要求了解自己"同类"（人）的所谓"同情的好奇心"的本能，于是艺术中表现丑恶就毋宁还是有益的了。帕克并且说，因为人们在艺术中面对了"恶"的现实，他们便能够在生活中更好地去适应它，使自己的生活达到所谓"悲剧性的和谐"的"艺术高度"，"由于我们绝望地认识到生活的短暂性，我们便会更加热爱生活及它向我们提供的欢乐。我们既然了解到死亡和失败的不可避免性，在我们的斗争和抗议无济于事的时候，我们的哀伤就会平息下来，安于天命。正是由于我们把艺术的观点加以推广，对我们自己的生活也采取艺术的态度，我们才获得悲剧的净化作用"[2]。帕克认为，最高的"善"，人生的最大价值，便正是这种悲剧性的和谐，即各种冲突的暂时和解与均衡，以达到一种神秘的主观境界。帕克这一基本观点与新黑格尔主义者布拉得雷、鲍桑葵等人追求无矛盾、"超关系"的"绝对"——一种主观经验的神秘境界，把它看作是包容一切差别、矛盾而自身则是超出差别、矛盾之上的形而上的实体的基本思想，可以说倒是有些类似的。帕克用这种理论作为基础论证了悲剧、喜剧的性能和特点。

---

1 帕克：《艺术的分析》，第108页。
2 帕克：《美学原理》，中译本，第310页。

这种所谓悲剧性的和谐理论,这种宣扬艺术的职能在于使人们对生活采取一种所谓"和解"和"安于天命"的"艺术"态度,而以"爱"为归宿,帕克在其遗著《价值哲学》的最后一章中说,"我们可以用更温暖的德国字——'爱'……来替代'博爱'一词"[1]。"道德归根结底依存于爱"。只有"爱"才能够"把自我与他人联结起来,从而放下个人的悲哀"[2]。为了实现这一点,帕克给予艺术以更大的期望,他认为建立在欲望满足的"个人幸福"基础上的艺术和美,比建立在"遵守服从全体意志的基础上"的伦常道德更能使人相爱,更能使生活"和谐""圆满"。可以看到,正是因为现代西方社会中的宗教道德日益丧失其作用了,于是要求艺术来作替身和理想。帕克希望能把所谓艺术精神、艺术境界"灌输"到生活中去。他说:"除非把艺术或宗教精神灌入到生活中去,我们就永远觉得生活不能尽如人意,……任何实用的目的都不会永远是十分成功的,计划总是有一部分没有完成。成功本身也只是暂时的,因为时间最后会吞掉它,忘掉它。实用的生活不会产生任何永久性的和完备的成品……相反地,在宗教经验和在美中,人们却觉得它们找到了完美,因此也就产生了这两种经验所特有的沉醉和愉快的态度……这沉醉的态度却建立在个人和对象之间的和谐感觉上……神的东西实现了,我们一切欲望平息了。"[3]总之,帕克认为艺术是想象的"虚拟实现",可以"填补不足",平息斗争,因而艺术具有调和现实矛盾的功能,使艺术像宗教一样可以使大家沉醉在合为一体的和谐中;在现代西方社会生活中,宗教已经日益衰颓,光靠宗教信仰已难以"维系人心"了,这就更加需要艺术用"爱"来替代宗教执行上述

---

[1] 帕克:《价值哲学》,第258页。
[2] 同上书,第272页。
[3] 帕克:《美学原理》,中译本,第301~302页。

职能。帕克说,"希腊的宗教早已转入艺术领域,我们自己的宗教有一大部分终有一天也要转入艺术领域——信仰所丧失的又重新为美所取得"。[1] 这也就是帕克高倡"欲望"而又以宗教为归结的艺术理论。

(三)

帕克认为,艺术除了作为"欲望在想象中的满足"外,还有两个特征,即艺术是一种表现和它具有特定的感性形式。这样,艺术才能具有传达交流的社会作用。帕克认为,这两大特点使艺术不同于其他的欲望的想象满足,如做梦和游戏。

"艺术,就如梦和游戏一样,是欲望的想象实现的一种样式。这是它的价值的首要源泉和创作的原始动力。但在艺术中,这种冲动与其表现和传达是联系在一起的,因此艺术也可看作是一种表现样式或语言。"[2] 帕克强调表现是一种本能或欲望,它本身就能获得愉快,所以,艺术不同于实用、科学等其他表现,就在于它完全是为表现而表现,即这种表现本身有满足想象欲望的价值。爱情诗不同于求爱信,也不同于一篇不动感情的科学论文,即在于它的表现本身即是想象欲望的满足。所以,帕克认为,在艺术中,情感、体验是首要的,而形象、观念则是从属的、派生的。因为前者才是艺术更根本的实质,它与欲望联系更紧,而后者则不过是种手段和形式罢了。在表面上,帕克不反对理智在审美中的地位和作用,例如在其价值理论的六要素中,便把理智判断也作为一个要素;在悲剧喜剧中,

---

[1] 帕克:《美学原理》,中译本,第312页。
[2] 帕克:《艺术的分析》,第30页。

帕克也强调理解、认识的重要；在讲艺术是表现时，他也说到对情感、体验的概念性的把握、考虑的必要，也说到审美知觉作为表现是意识、思想作用于感觉的结果，等等。但是，所有这些，归根到底，又只是为了说明理智不过是服务于欲望的某种手段。理智之所以能在价值中成为一个要素，实质上乃在于需要它帮助判断以便使欲望得到满足。同时，帕克还把理智本身看作是某种动物本能式的"好奇心""求知欲"，因之，在帕克看来，理智之所以不与欲望相矛盾，便正是理智本身在实质上就是欲望之一的缘故。

帕克的表现主义的美学观点明显地来自克罗齐，但他也作了许多修正。一方面，他与克罗齐派的科林伍德相似，强调了表现是对自己意欲、情感、体验的意识（认识）。同时，帕克又与另一表现派的鲍桑葵相似，他强调表现必须具有确定的形式（"使情成体"）和传达性的重要特点，这样才便于把紊乱的体验和感受予以组织，成为具有明晰稳定的形式结构，以便于传达。但要注意的是，帕克所讲的形式——结构，却更多是指在人们主观审美经验中的感性形式和意象结构。这是由他的基本观点所决定的，因为在他看来，所谓审美对象不同于物质承担者的审美工具，审美对象只存在于人们的审美经验之中；因此，所谓形式、结构等，其作为审美对象，具有审美性质，便也不能离开这个"原理"。但是帕克又不能直接分析这种人们头脑中的看不见摸不着的形式结构，所以，他只能从分析具有物质存在的艺术形式开始。帕克用了很多篇幅分析和论证艺术形式的种种要素和结构。他分出外在形式（艺术品与外在环境的关系，如模拟）与内在形式（艺术品本身的关系，如均衡、进化、有机统一或变化中的统一）等原则。帕克认为重要的是内在形式，因为这些形式也正是审美经验的结构。帕克集中论证的，与其说是客观艺术作品中的这些原理，不如说仍是主观审美经验中的这些原则。他实际上是将有机统一等传统的艺术形式原则作了一种审美经验的现象学的心理描绘。例如，其中被特别强调的所谓"有机统一"，主要便是指艺术作品诉诸审美体验的那种心理经验的统一性或整体性。

帕克认为，表现的可传达性和它具有整体性的感性形式，使艺术区别于帕克所认为的另外的两种欲望满足的想象方式。帕克详细地讨论了艺术与梦幻、游戏的异同，并以之规定艺术的上述美学特点。

帕克认为，艺术、梦幻与游戏，从根本实质看，是相同的。不但就其内容都是欲望的想象满足来说是如此，而且就其形式采取一种似真（as if）的态度来说，也是如此。梦境似真，游戏的参加者（不论是成人还是小孩）也常采取煞有介事的认真态度，孩子们的布娃娃，梦幻中的情人被比作是艺术家的雕塑：既是欲望满足的对象，又是一种逼真的假想。但是，帕克又认为，艺术毕竟与它们有重大区别，它兼有二者之长而无其缺点，"艺术就正处在梦与游戏之间"。帕克论证说，在充分满足欲望，特别是隐蔽的欲望这一方面，游戏远不及梦，而艺术则及之；在可传达性以及生动性、现实性这一方面，梦又不及游戏，但艺术则又及之。从而，一方面，帕克认为，艺术与游戏不同，游戏的"自我表现"是受限制的（如只能满足智力的棋赛或只能满足体力的田径赛），并且带有抽象性质；艺术所满足的则是"完整的个性"，影响整个的人格。所以艺术高于游戏（包括各种体育活动）。可以看得很清楚，帕克这种对艺术与游戏的异同比较，有其一定的合理因素，但这只是把美学中一些流行的观点——如艺术是游戏等汇合在一起，来装点他的这个体系。除了一方面与游戏作比较以外，帕克在另一方面又论证艺术与梦幻的不同，认为这个不同主要就在于艺术具有可交流传达的社会性质，"艺术不能存在于一个完全自我和沉默的世界中……不能仅仅为我而美,因为它的美,也就是说,它的价值正是依存于其可能被分享之上的"[1]。艺术作为情感的表现或自我表现,不能像婴儿哭、鸟儿叫,而必须使人了解和懂得,艺术之于社会就如记忆之于个人,它把价值经验保存下来,传给同辈,留给后代,"正如科学使思想普遍化,美也使情感普遍化"[2]。这似乎是很重视艺术的社会性质和社会作用了,但是这个所谓社会性却是完全为了服务于其满足基本是动物性的欲望等理论的。帕克为了要求艺术执行宗教性的社会职能,为了要用这种所谓欲望、爱的普遍交流传达来"打动"人们,当然就会在这里强调艺术的社会性质。

总括帕克关于艺术的定义,就正如他所说,"首先,是因为它体现我的梦;其次,它真有如此的结构能使我梦","艺术是表现,是语言,它所表现的则是梦"。归结起来,艺术的本质,在帕克那里,便不过一是欲望,二是想象满足,三是可传达的感性形式,亦即表现,即语言。帕克的整个美学理论便正是这样"哈希的一锅",它把近代资产阶级美学各种派别大量凑合在自己的体系中了。这里有弗洛伊德主义,有立普斯,有克罗齐[3],有杜威,也有科林伍德、鲍桑葵。最后,这里还有斯宾塞、格罗斯、朗格等生物学的庸俗游戏说。帕克尽管批评这些学说各自具有怎样的缺点和片面性,以显示出自己的"优越"和"全面",但实际上,这反而暴露了帕克的折中哈希,并没有多少自己独创的东西,真是"七宝楼台,拆下不成片段"。所以,帕克的美学在资产阶级学术界中也只是第二、三流的货色,并没有比其前辈(如叔本华、柏格森等)有多少新的东西,并且还带着更为显著的任意武断和虚幻编造的特点(如"经验单子""自我"等),一些

---

1 《艺术的本质》,见韦兹编《美学问题》,第70页。
2 帕克:《美学原理》,中译本,第39页。
3 帕克在《美学原理》初版序中承认受克罗齐、立普斯的影响很大。

基本观念和概念也是含混不清、未经分析的（如"欲望""想象"等）。由此构造出来的种种理论便不是客观现实的真实反映，而只是一种相当陈旧的主观虚构，所以影响很小，虽然他的《美学原理》常常是大学课堂里的textbook。

（四）

除了一些单篇文章，帕克有关美学的专著主要就是《美学原理》和《艺术的分析》二书。《美学原理》出版较早，再版时虽经修订，但如作者所自称，"既然这本书由于其自身的特点而获得了它的朋友，那我就觉得尽可能地不去改动它"[1]，因此比起《艺术的分析》等后期著作来，这本书在论述作者的基本观点——艺术是意欲在想象中的满足——方面，系统性和明确性显得弱一些，可说还未充分展开。尽管在修订时增添了像"深层意义"等明显的词句、论断，但从外表看来，似乎弗洛伊德主义的痕记还没有克罗齐、立普斯的痕记（如强调艺术是表现，强调审美经验的情感体验的特征等）那么清楚。从而，这本书的论点、论据和例证具有更为拼凑糅杂、含混零碎的特色，脉络并不十分鲜明。如果不结合帕克的其他著作加以考察，就容易陷在这本书对审美心理的许多现象性的描述论证中，难以找到它的主要线索。而这，也就是本文之所以要着重从其哲学体系、从其论证更为系统明确的著作（如《艺术的分析》《艺术的本质》等论著）来揭示其基本观点而加以分析的原因。只有抓住他的基本哲学——美学观

---

[1] 见原书作者1945年第2版序（中译本未译）。

点，才能够批判地对待他在《美学原理》一书中所提出的许多问题，才不致为此书中许多现象性的描述所迷惑，才可以更清楚地看出根本上的主观唯心主义性质。有些部分所描述的现象虽然存在，其理论解释则仍是错误的。只不过书中有的章节或地方与作者的基本观点联系得紧一些，错误之处也就明显些；有些因离得稍远一点，也就比较隐晦曲折一些，这就需要我们在阅读时更要细心地加以对待了。帕克提出的上述种种现象和对这些现象所作的某些描述、阐释，不能完全抹煞或否定，甚至包括"欲望在想象中的满足"这一基本命题，对艺术也仍是值得继续研究和探讨的。我所反对的，从根本上说，只是它完全脱离具体的社会、历史中立论的态度和方法。

形象思维再续谈

注：本文据1979年一次讲演整理，在收入本书前未公开发表。

艺术不只是认识

目前关于形象思维的讨论，可说基本有两种观点、两派意见，这两者我都不赞成。

第一派观点可称之为"否定说"，即公开或不公开地通过否认形象思维的存在，实际否定艺术创作的独特规律，认为艺术创作就是"表象——概念——表象"或"具体（原始形象）——抽象（概念）——具体（典型形象）"这样一个"认识过程"。所谓"形象思维"不过是作家、艺术家把认识到了的"思想"，用形象方式表达出来，因之它属于第二个"表象""具体"阶段。或者说，它（形象思维）乃是一种"表现方法"。此说主要代表当然是郑季翘同志的著名论文。此外，有些同志虽也批评郑文，但实际上（或不自觉地）持郑文同样观点，是郑的观点的某种延伸或变形，如高凯、韩凌、舒烽光、王极盛诸同志的文章。[1] 可见，这并非个别

---

1 高凯：《形象思维辨》，《社会科学战线》1978年第3期；韩凌、舒玮光：《形象思维问题新探》，《社会科学战线》1978年第2期；王极盛：《何谓文艺的形象思维》，《哲学研究》1978年第12期。

人的看法，郑季翘同志的文章是一种具有一定代表性的观点。

但是，目前在讨论中占主导地位的是反对郑文的另一派意见、另一种观点，可称之为"平行说"。即认为形象思维是一种与逻辑思维（或称"抽象思维""理论思维"，下同）平行而独立的思维。此说文章极多，似可推何洛[1]、蔡仪诸同志为代表。

郑季翘同志曾以我为主要批判对象之一。我之不同意"否定说"，不说自明。我之不同意"平行说"，则可能某些同志未注意。但我在1963年的一篇文章中曾为此特地作过一个说明。这个说明全文如下：

"形象思维"作为严格的科学术语，也许并不十分妥帖，因为并没有一种与逻辑思维相平行或独立的形象思维。人类的思维都是逻辑思维（不包括儿童或动物的动作"思维"）。但已约定俗成为大家所惯用了的这个名词，所以仍然可以保留和采用，是由于它的本意原是指创造性的艺术想象活动，即艺术家在第二信号系统渗透和指引下，第一信号系统相对突出的一种认识性的心理活动。它以逻辑思维为基础，本身也包括逻辑思维的方面和成分，但并不等同于一般的抽象逻辑思维，而包含着更多的其他心理因素。在哲学认识论上，它与逻辑思维的规律是相同的：由感性（对事物的现象把握）到理性（对事物的本质把握）；在具体心理学上，它与逻辑思维的规律是不相同的，它的理性认识阶段不脱离对事物的感性具体的把握，并具有较突出的情感因素。[2]

因我反对人类有两种思维，不同意形象思维是与逻辑思维相平行而独

1　何洛：《形象思维的客观基础与特征》，《哲学研究》1978年第5期。
2　《审美意识与创作方法》，《学术研究》1963年第6期，见本书第320页注释。

立的认识活动,[1]故又遭何洛等人的不点名的批评。

这两种观点、两派意见中,到目前为止,我仍然认为,无论在理论上或实践中,前一说("否定派")的问题要更严重。因为它实质上是取消了艺术创作的一些基本特征、性能,必然导致创作中的概念化、公式化,这正是我们文艺的主要毛病。后一说则尚未见有何实际不良影响。因之在反对这两种观点时,我一直把重点放在前者。但有趣的是,这两说虽说结论大异、相互对立,但在一些基本概念和立论基础上,却又是相同的,所以又可以放在一起来讲。

在形式上,两说有一个共同点。就是对"思维"一词很少甚至从未作语义上的分析、探讨,没有分析"形象思维"这个复合词中的"思维",究竟是什么意思,而只是"顾名思义",以为既叫"形象思维",就自然是一种"思维"。"否定说"不承认这种"思维"而"平行说"则坚持这种"思维"。"否定说"虽不承认形象思维,却仍然认为艺术创作活动只是一种思维、认识,于是就把创作过程硬编排到逻辑思维的感性——理性公式里去,要求艺术创作过程中也要有个抽象概念的阶段,认为这才是"坚持了马克思主义的认识论"。"平行说"则认为形象思维既是独立于逻辑思维的"思维",于是便要在形象思维中去找出相当于逻辑思维的那一套规律、范畴,要去找形象思维的同一律、矛盾律,[2]等等。在我看来,"否定说"与艺术创作的实际经验距离实在太远,所以极难为文艺工作者所接受;"平行说"则在理论上的弱点太显著,也很难为哲学工作者所同意。其实它们的共同处却在:这两说都未了解"形象思维"一词中的"思

---

1 关于原始思维、聋哑人思维、儿童运用语言前的思维诸问题,暂不在本文范围内。简略说来,思维中的抽象性和形象性是相对而言的,并无截然界线可画。
2 如周忠厚的《形象思维和马克思主义的认识论》,《文学评论》1978年第4期。

维",只是在极为宽泛的涵义(广义)上使用的。[1]在严格意义上,如果用一句醒目的话,可以这么说,"形象思维并非思维"。这正如说"机器人并非人"一样。"机器人"的"人"在这里是种借用,是为了指明机器具有人的某些功能、作用等。"形象思维"中的"思维",也只是意谓着它具有一般逻辑思维的某些功能、性质、作用,即是说,它具有反映事物本质的能力或作用,可以相当于逻辑思维。所以才把这种艺术创作过程中的创造性的想象叫作"形象思维",以突出这一性能、作用。[2]在西文中,"想象"(Imagination)就比"形象思维"一词更流行,两者指的本是同一件事情,同一个对象,只是所突出的方面、因素不同罢了,并不如有的同志所认为它们是不同的两种东西。[3]把艺术想象称为"形象思维",正如把音乐、舞蹈的表达方式称为"音乐语言""舞蹈语言"一样,是为了突出它们的内在法则(语法),其实"语言""思维"在这里都是一种宽泛的涵义。

可见,我理解艺术创作中的"形象思维",与"否定说""平行说"者不同,并不认为是独立的思维方式,而认为它即是艺术想象,是包含想象、情感、理解、感知等多种心理因素、心理功能的有机综合体。其中确乎包含有思维——理解的因素,但不能归结为、等同于思维。我也不认为它只是一种表现方式、表现方法,而认为它区别于"理论地掌握世界",是"艺术地掌握"世界的方式。无论是实质上否认这种"掌握",把这种"掌握方式"归结为、等同于或编派在一般逻辑思维的认识形式里("否定说"),或者是把这种掌握方式说成是与逻辑思维平行而独立的思维、认识("平行说"),我以为都是不对的。

1　参看本书《关于形象思维》。
2　可见,采用形象思维这一术语,恰好是要求文艺去反映生活的本质、规律从而突出文艺的理性功能,而不是如郑季翘同志所批评的那样是否认或降低理性。
3　蔡仪:《再谈形象思维的逻辑特性》,《上海文艺》1978年第4期。

两派之所以如此，从根本上说，又有一个共同点，这就是把艺术看作是或只是认识，认为强调艺术是认识、是反映，就是坚持了马克思主义认识论。"否定说"从这里出发，把艺术创作过程硬行框入逻辑思维的认识图式里，从而否定形象思维，要求创作过程中必须要有一个抽象（或概念）阶段。"平行说"从这里出发，把创作过程、形象思维说成是认识，于是提倡两种思维论。两说的基本前提都在艺术只是认识。我认为，这个基本前提本身大可研究。从理论上说，马克思主义经典作家并没说艺术就是或只是认识，相反，而总是着重指出它与认识（理论思维）的不同。从实际上说，我们读一本小说、吟一首诗、看一部电影、听一段戏曲，常常很难说是为了认识或认识了什么。就拿读《红楼梦》来说吧，无论读前的目的、读时的感受、读后的效果，难道就是认识了封建社会的没落吗？这样，为什么不去读一本历史书或一篇论文呢？几十年前，连"封建社会"这个名词也不知道的人为什么也喜欢读它呢？很明显，《红楼梦》给予你的并不只是甚至主要不是认识了什么，而是一种强大的审美感染力量。审美包含有认识——理解成分或因素，但决不能归结于、等同于认识。要认识一个对象，特别是要把这种认识提高到理性阶段，仍然要依靠科学和逻辑思维，这不是艺术所能承担和所应承担的任务。有人常喜欢引用马克思、恩格斯来讲巴尔扎克、狄更斯的小说对资本主义的认识，但马、恩研究、认识资本主义社会却并不根据狄更斯、巴尔扎克，而仍然是去钻研大英图书馆里的蓝皮书。可见，马、恩在这里只是指出巴、狄等人的小说具有现实主义的真实性，可以有某种认识作用，而并不是把它作为评价和欣赏艺术的唯一标准，更不是说艺术的职能就在这里。小说是认识性最强、逻辑思维最为突出（文学的形式材料便是语词、概念）的了，至于建筑、工艺、音乐、舞蹈、书法以至诗歌等，这些艺术并非认识，就更明显。一段莫扎特，一轴宋人山水，一幅魏碑拓本……你欣赏它，能说认识到什么？相反，只能说感受到什么。看齐白石的小鱼，感到很美，你认识了什么？认识是几条鱼吗？听梅兰芳的戏，感到很美，认识了什么？恐怕也很难说得出。包括电影、戏剧、绘画等，看完之后，可以感受很多，情绪很激动，但要你说出个道理，说明你的认识，却经常可以是百感交集而说不出来。欣赏如此，创作更然。《西游记》《长生殿》《哈姆雷特》已经创作出来几百年了，主题思想是什么至今还在争论。作品创作出来后还搞不清它的主题思想，作家在创作时就反而能有更明确的认识吗？有的文章说"形象思维的头一项任务是'思维'出……主题思想"来[1]，这不就太难为作家艺术家了吗？当然，某些作品在感受之后，的确发人深省，引人深思，使人继续考虑、思索、捉摸、研究，继续进行纯理智、逻辑的认识——思维活动。但这种活动经常早已越出审美范围，也并非艺术活动本身（创作或欣赏）了。所以，把艺术简单说成是或只是认识，只用认识论来解释艺术和艺术创作，这一流行既广且久的文艺理论，其实是并不符合艺术欣赏和艺术创作的实际的。

艺术包含认识，它有认识作用，但不能等同于认识。作为艺术创作过程的形象思维（或艺术想象），包含有思维因素，但不能等同于思维。从而，虽然可以也应该从认识论角度去分析研究艺术和艺术创作的某些方面，但仅仅用认识论来说明文艺和文艺创作，则是很不完全的。要更为充分和全面地说明文艺创作和欣赏，必须借助于心理学。心理学（具体科学）不等于哲学认识论。把心理学与认识论等同或混淆起来，正是目前哲学理论和文艺理论中许多谬误的起因之一。

1　贾文昭：《试论形象思维的任务》，《文学评论丛刊》第1期。

这种混淆，由来久矣。例如，把心理学讲的感觉、知觉、表象到概念（思维）的区分与从感性到理性的认识论上的区分完全混同起来。其实，哲学认识论讲的感性、理性是相对而言的，所以也才有如列宁所说"第一级本质""第二级本质"等日渐深入的认识过程。相对于A来说，B是理性认识，相对于C来说，B又只是感性认识。毛泽东说，太平天国对外国资本主义处于认识现象的感性阶段，并非说太平天国对外国资本主义的认识不用概念、判断、推理（思维）。同样，运用了概念、判断、推理（思维），也不一定就能获得理性认识，达到对事物本质规律的把握。这就是说，不能把凡应用了思维的活动过程，就叫理性认识，反之就叫感性认识。有些政治家、科学家、军事家等，凭以大量经验为基础的直觉能力，在好些场合下可以不假思索地立刻（或极快）发现、察觉或把握到事物、对象的本质规律，能说他没有达到理性认识阶段吗？有些人苦苦思索甚至著书立说，却始终如迷途的羔羊，不得要领，能说他达到了对该事物的理性认识吗？可见，哲学认识论所讲感性、理性的阶段区分，不应同心理学上的表象、概念（思维）完全混同起来（当然我并不否认二者有一定联系）。这种完全混同，在哲学上必然流于经验论的错误（只重视直接建筑在个体感知上的较低级的理性认识）；在文艺上，则易陷于上述"否定说"，以认识替代艺术，用逻辑思维顶替形象思维。在实际上，艺术创作、形象思维主要属于美学和文艺心理学的研究范围，而不只是、也主要不是哲学认识论问题。

这里，便自然有一个问题，美学是否是认识论呢？包括卢卡契在内的国内外许多理论家都说美学即是认识论。我不大同意这看法。美学本身包括美的哲学、审美心理学、艺术社会学三个方面，美的哲学部分与认识论当然有关系，例如美感认识论问题等，但整个美学却并不能归结于或等同于认识论。当然，认识论也可以有广狭二义。例如黑格尔逻辑学讲的那种认识论，包罗万象，它本身也是本体论，不仅反映世界，而且创造世界。这样广义的认识论当然包括美学，然而它也包括伦理学、政治学、法学、经济学、历史学……包括所有一切。所有这些学科都可以说是认识论。这也就是说，这包括处理人类认识两个飞跃（从感性到理性再到实践）的一切学科。这样的认识论一般并不通用，日常用的仍然是狭义的认识论（即由感性到理性的"第一个飞跃"）。我认为，美学不能完全归属在这种意义（狭义）上的认识论范围。因为，美学与伦理学等学科相似，它所处理的对象（艺术和自然的美、审美经验等）主要是作用于或与人们的"第二个飞跃"有关。

  艺术与认识的关系是一个大题目，远远超越本文范围，需要专文和专著探讨，这里只能简略地提出这个问题。总起来是说，艺术并不就是认识，不能仅仅用哲学认识论来替代文艺心理学的分析研究。而所谓在文艺领域内坚持马克思主义认识论，我认为，则主要是指文艺和文艺工作者应该深入生活、反映生活（从感性到理性）、干预生活、服务于生活（从理性到实践），是指这样一条从群众中来到群众中去的马克思主义唯物论的认识论路线，而完全不是要去制造"表象——概念——表象"的创作公式（"否定说"），或去寻找不同于逻辑思维的独立的形象思维规律（"平行说"）。总之，不是把马克思主义认识论一般原理作为框子硬套在文艺创作过程中，用它来顶替从而掩盖、取消甚至否定文艺创作的具体规律。

情感的逻辑

如果硬要模拟逻辑思维，要求形象思维也要有"逻辑"的话，那么，我认为，其中非常重要而今天颇遭忽视的是情感的逻辑，也就是我以前文章中提出的"以情感为中介，本质化与个性化同时进行"。

所谓"本质化与个性化同时进行"[1]，正是企图从认识论角度来描述文艺创作的心理活动的特征，即：艺术的创造性想象（形象思维）是离不开个性化的形象的，但它又不是日常形象无意义的堆积延伸，而确乎包含有"由此及彼，由表及里，去粗取精，去伪存真"这样一个过程，以达到对事物、对象、生活的本质把握、描绘、抒写，但这样一个认识过程，却是处在多种心理功能、因素的协同组合和综合作用中才取得的。其中，情感是重要的推动力量和中介环节。

多年来，一个很奇怪的现象，就是我们的文艺理论不但对文艺和文艺创作中的情感问题研究注意极为不够，而且似乎特别害怕谈情感。我在《试论形象思维》文中提出形象思维必须"包含情感"，就被郑季翘同志斥为唯情论。其实，艺术如果没有情感，就不成其为艺术。我们只讲艺术的特征是形象性，其实，情感性比形象性对艺术来说更为重要。艺术的情感性常常是艺术生命之所在。

中国古代许多著名散文，并没多少形象性，好些是议论文章，但千百年却仍然被选为文学范本供人诵读。例如，韩愈的《原道》，"博爱之谓仁，行而宜之之谓义，由是而之焉之谓道，足于己无待乎外之谓德……"，完全是一派抽象议论。但读韩文，总仍以这篇为首，它是韩文的代表。为

---

[1] 有人说我已放弃此提法或此提法已被公认为错误，似与情况不符。我既从未放弃，也有文章至今表示赞同此说。

什么呢？读这篇文章时，你可以感受到一股气势、力量，后人模仿、学习的也正是这种力量、气势，即所谓"阳刚"之美。这种美通过排比的句法、抑扬顿挫的节奏声调等"有意味的形式"显露出来。它没多少形象性，却有某种情感性，正是后者使它成为文学作品。欧阳修有个著名故事。他为人作了一篇《昼锦堂记》的文章，原稿开头两句是"仕宦至将相，富贵归故乡"，文章送走已五百里，欧又派人把它追回，为了把这两句改为"仕宦而至将相，富贵而归故乡"，增加了两个"而"字。这两句很难说有什么形象可言，两个"而"字是虚词，更非形象。然而增加这两个"而"字，却使文气舒缓曲折，更吻合欧文章特色的"阴柔"之美。这显然也是有关情感性而非形象性的问题。鲁迅有些杂文，并没有许多具体形象，然而通过对某些事、某些人、某些历史的叙述议论，或娓娓道来，或迂回曲折，使人感到可笑可气可叹可憎，完全被吸引住了。贯串在这种似乎是非形象的议论、叙述中的，正是伟大作家爱憎分明的强烈的情感性的态度，这种态度深刻地感染、影响着人们，尽管它经常并不直接表露。艺术的情感性是一个十分复杂的问题，它可以有多种多样的表现方式和呈现形态。

因之，外国好些美学理论常把艺术看作只与情感有关。例如科林伍德的情感表现说，鲍桑葵的使情成体说，苏珊·朗格的情感符号说，[1]等等。这里不能评介这些理论，但是我们不能因为他们夸张了艺术的情感因素，便因噎废食而不敢谈论情感。多年来我们这种盲目态度使文艺理论的研究工作非常落后。其实，我们的老祖宗却早就重视了这个问题，如果拿先秦的《乐记》与亚里士多德的《诗学》对照，与后者着重于模拟、认识不

1　参看本书《美英现代美学述略》。

同，《乐记》突出的恰好是艺术的情感性，这正是中国重要的传统美学思想，以后在各种文论、画论、诗话、词话中也曾不断被强调。

当然，并非情感的表现即是艺术。我生气、高兴并非艺术，在情感激动时也常常并不能进行创作。最快乐或最悲伤的时刻是没法作诗的，创作经常是出在所谓"痛定思痛"之时。就是说，不是情感的任何表现、发泄便是艺术，而是要把情感作为对象（回忆、认识、再体验的对象）纳入一定的规范、形式中，使之客观化、对象化。这也就是把情感这一本是生理反应（动物也有喜怒等情绪）中的社会性的理性因素（对某种事物的喜怒哀乐的社会涵义和内容）加以认识、发掘和整理。情感在这里不但被再体验，而且还被理解和认识。但这种理解－认识并非概念性的认识，而只是意识到自己的情感状态并作为客观对象来处理。这种处理也就是通过客观化的物质形态把它传达出来。所谓客观化的物质形态，也就是通过想象所唤起的生动形象予以物质材料的表现。本来，情感就是对各种各样的具体事物的反应，它与事物及其形象有直接的联系（"触物起情"）。心理学说明，在人们的感知中，各种对象、事物都常常涂上一层情感色调，运用在文艺中就更多了。"凄风苦雨三月暮""落红不是无情物，化作春泥更护花""感时花溅泪，恨别鸟惊心"……用"移情说"来解说美的本质，认为美来源于人的感情外射，是错误的；但"移情说"在解释艺术创作和审美态度上，却有其合理和正确的地方。艺术创作正是通过形象、景物的描写，客观化了作家艺术家的主观情感和感受，使形象以情感为中介彼此连续、推移，"由此及彼，由表入里"，创造出特定的典型、意境来。

近来，好些文章喜欢用"比兴"来解说形象思维，把"比兴"说成即是形象思维，但很少说明文艺创作为什么要用"比兴"。"比兴"为什么就是形象思维的规律？在我看来，这里正好是上述使情感客观化、对象化的问题。"山歌好唱口难开""山歌好唱起头难",为什么"起头难""口难开"呢?主观发泄感情并不难,难就难在使它具有能感染别人的客观有效性。情感的主观发泄只有个人的意义,它没有什么普遍的客观有效性。你发怒并不能使别人跟你一起愤怒,你悲哀也并不能使别人也悲哀。要就你的愤怒、悲哀具有可传达的感染性,即具有普遍的客观有效性,使别人能跟你一起愤怒、悲哀,就不容易了。这不但要求你的主观情感具有社会理性内容,从而能引起人们普遍的共鸣,而且还要求把你的这种主观情感予以客观化、对象化。所以,要表达情感反而要让情感停顿一下,酝酿一下,来寻找客观形象把它传达出来。这就是所谓"托物兴词",也就是"比兴"。无论在《诗经》中或近代民歌中,开头几句经常可以是似乎毫不相干的形象描绘,道理就在这里。至于后代所谓"情景交融""以景结情"等,就更是其高级形态了。总之,情感必须客观化、对象化,必须有形式,必须以形象化的情感才能感染人们。从而,形象经常成了情感的支配、选择的形式。而从形象方面看,这不正是"以情感为中介,本质化与个性化的同时进行"吗?不止是情感在或明或暗地推动着作家艺术家的形象想象吗?可见,从创作开始("触物起情")到创作完成("托物兴词"),情感因素是贯串在创作过程中的一个潜伏而重要的中介环节。它是与其他心理因素(感知、理解、想象)密不可分、融为一体的,这正是艺术创作的基本特征(关于生活、科学中的情感与艺术中情感的主要区别,我在《形象思维续谈》文中已讲,此处不赘)。

这里就要说到想象了。有人否认想象在艺术创作中的独特地位,认为科学也要想象,艺术于此没有什么不同。其实,两者是大不相同的。科学的想象是一种感性的抽象,它不要求形象个性的保持和发展,相反,它经常是要求舍弃形象的个性特征,而成为一种不离开感性的本质化的抽象,形象在那里实际上只起一种供直观把握的结构作用，它的目标是康德所说的介乎感性与知性之间的"构架"（Schema）[1]，如动、植物标本挂图，如建筑的设计蓝图、地图、图解、模型，等等，它的形成并不需要情感进入其中和作为中介。艺术想象则不然，它要求保持并发展形象的个性特征，它的目标不是作为抽象感性的"构架"，而是具体感性的"典型"或"意境"。前者（"构架"）是指向或表达确定的概念、理论、思维、认识，感性的东西在这里起支点、结构的功用，它只是用感性来表示共性、本质、规律、理性认识。人们并不停留在感性上，而是通过感性，直观地把握住理性认识；后者（典型、意境）则并不表达或指向确定的概念、理论、思维、认识，感性在这里不是结构、骨架、支点，而即是血肉自身。它并不直接表示共性、本质、规律，而是它本身即活生生的个性，它要求停留在这感性本身之上，在这感性之中来体会、领悟到某种非概念所能表达、所能穷尽的本质规律性的东西。因之，可以说，这种感性所表达的恰恰是概念语言、理性观念、逻辑思维所不能或难以表述传达的那种种东西，例如某种复杂的心境意绪、情怀感受，某种难以用简单的好坏是非等逻辑判断所能规范定义的人物、事件等。叶燮说："必有不可言之理，不可述之事，遇之于默会意象之表，而理与事无不灿然于前者也。"（《原诗》）讲的也是这个事实。我们经常说"难以言语形容""剪不断，理还乱"，却恰好可由艺术想象的符号、象征传达出来，它们恰好是艺术的对象。这种饱含情感、情感渗入其中的想象当然不同于科学的想象。可是，与忽视情感因素相联系，我们文艺理论一个重大弱点是没有很好地去细致区分、研究这两种根本不同的想象，从而也就把"构架"（科学想象的成果）与典型（艺

---

[1] 参看拙作《批判哲学的批判》第4章。

术想象的成果）混同起来，在理论上支持了各种概念化、公式化的作品，这种作品的形象正是某种概念的构架，而绝非艺术的典型。

艺术想象以情感为中介的彼此推移，我在《形象思维续谈》文中已讲，它的具体途径多种多样，有的很直接，如"问君能有几多愁，恰似一江春水向东流""白发三千丈，缘愁似个长"；如电影《青春之歌》结尾，用越来越高亢的人们所熟知的爱国救亡歌曲，把那些似乎是乱七八糟的视觉画面形象组织统一起来（恰好点明主题：这不正是一支高亢的青春之歌吗？）；又如画家们画墨荷，等等。形象的推移、塑造并不合乎科学的真实，却符合情感的真实。情感通过形象客观化、对象化，而形象也以情感为中介而活动而推移加深了。有些形象想象的推移塑造看来似乎是理性的，其实也仍然包含着情感的中介。卓别林的许多杰作就是这样。像《摩登时代》开头的"羊群－人群"的著名蒙太奇，像在巨大机器背景下的渺小的人的视觉画面，像主人翁发疯地看见圆东西就拧螺丝钉，等等，都极为深刻地揭示了资本主义的异化，其本质化的思想深度并不逊色于理论著作，但其中都仍是以情感态度为中介环节而进行的。所以卓别林自己说，"一次问我一个问题，作家写剧本应抱什么态度？应当是理智的，还是情感的？我以为应当是情感的"[1]，并认为艺术乃是熟练技巧加情感。卓别林的影片中的本质化和个性化（极为夸张的主人翁喜剧形象），仍是以情感为中介而同时进行的。

为什么电影中常常看到表现愉快的对象或场景情节如小孩成长、苦难结束，便用鲜花怒放、春天来到；表现愤怒、哀伤便用风雨雷电……这即是以情感为中介的艺术想象（模拟联想）的推移。但它们如用多了，用久

---

1 《卓别林自传》。

了,其情感便褪色了,成为确定的概念公式,亦即成了一种逻辑思维的模拟推理,这就不但引不起人们的审美愉快,反而成为讨厌的了。俗语说,第一个用花比美人的是天才,第二个是蠢材。艺术家要不是蠢材,就要去寻求新的艺术创造、新的艺术想象和比拟。这"新"又仍然需要遵循以情感为中介的创作规律。"能憎能爱才能文",没有情感,休想搞创作;而要爱憎能化为文,还必须使自己的爱憎能通过形象的个性化与本质化的同时进行,而实现其对象化、客观化。

不说像音乐、舞蹈、诗歌那种与情感关系密切的艺术,就以认识性极强、用语言文字为材料的小说创作来说,情感的中介作用也仍然很明显。小说家经常沉浸在他所创造的那些人物、场景、情节和环境中,而对他所塑造的对象抱有各种具体、细致的情感态度,像巴尔扎克之于他的那些宝贝人物,简直如同对待真人一样。也正因为这样,正因为情感总是与具体环境、人物、事件、细节连在一起,它就总是具体、细致、复杂、多方面的。对一个人可以既爱且恨,既钦佩又仇视,既嘲讽又同情,这就不是用逻辑思维非此即彼的排中律或肯定－否定的矛盾律所能囊括,不是用理论认识所能作出是或否的评价,这才使巴尔扎克的创作能战胜他的保皇党的政治偏见和保守落后的世界观体系。例如,巴尔扎克的中篇小说《苏城舞会》,描写一位小姐一心要嫁给贵族,她爱上了一位翩翩公子,然而后来发现他经营商业(并非贵族)而分手,最后只好落得个与她的七十多岁的外公(贵族)结婚的下场。巴尔扎克是拥护皇室、崇拜贵族的,然而在小说中却对这种贵族狂的人物免不了情感上的嘲讽,而对他所轻视的商人资本家却仍然很钦佩[1],正如恩格斯所指出,"他(巴尔扎克)看到了他心爱

---

[1] 《苏城舞会》创作略早于巴尔扎克正式当保皇派,但此例似仍适合说明巴尔扎克的思想情感特征,当然还可举别的许多证例。

的贵族们灭亡的必然性",他"毫不掩饰地加以赞赏的人物,却正是他政治上的死对头"。伟大作家的情感的逻辑,他对具体人物的具体情感态度与现实生活的逻辑相一致,而与作家自己抽象的理性信念和逻辑思维则有距离和矛盾。前者是具体、复杂、多方面的,后者则虽明确而单纯,二者并不相同。又如川剧《乔太守乱点鸳鸯谱》中的乔太守形象,胡涂之中仍有聪明(并不愚蠢),官气十足又还善良(并不粗暴),作者对他大加嘲笑中大有肯定(并不要打倒他),结幕时大家对他表示谢意。他那弯腰撅屁股的可笑的答谢姿态,把这一切很好地表现了出来。而所有这些,就绝不是先用逻辑思维想好然后用形象表现出来,即所谓"表象——概念——表象"的公式所可能做到。这仍是以艺术家对这个人物的行为、个性的种种具体情感态度为中介,让个性化与本质化同时进行的结果。吉剧《包公赔情》中,在伦理(长嫂恩德)与义务(国家法制)的尖锐冲突高潮中,包公一跪,嫂一扶,这样一个似乎相当简单的动作和情节,却使观众非常激动。这正是艺术家随剧情发展、情感冲突极为强烈所自然达到的个性化与本质化同在的高度,也完全不是凭翻译概念、认识所能创作的。可见,形象思维离开了情感因素,离开了它的中介、推动作用,也就没有形象思维,也就没有艺术创作。"否定说"和"平行说"关于形象思维的大量文章,都相当忽视甚至根本不谈情感问题,这是很难令人理解的。

既然艺术非即认识,形象思维非即思维,那么艺术想象或形象思维中有没有认识、思维呢?回答是:有。但这种认识、思维或理解,由于与情感、想象、感知交融在一起,成为形象思维这个多种心理功能综合有机体的组成部分,就已不是一般的理性认识、逻辑思维了。钱钟书教授《谈艺录》有一段话说得很好:"理之在诗,如水中盐、蜜中花,体匿性存,无痕有味"。[1]水有咸味而并不见盐，性质虽存而形体却匿。这就正是文艺作品、文艺创作、形象思维中的认识、思维、理解的特点所在。其实，中国古代文艺非常懂得这一特点，讲得也非常之多。例如，司空图说"不着一字，尽得风流，语不涉难，已不堪忧"（《诗品》），王夫之说"兴在有意无意之间"（《姜斋诗话》），叶燮说"诗之至处，妙在含蓄无垠。思致微渺，其寄托在可言不可言之间，其指归在可解不可解之会"（《原诗》），陈廷焯说"所谓兴者，意在笔先，神余言外，若远若近，可喻不可喻"（《白雨斋词话》），如此等等。这都是说，艺术创作、形象思维、"比兴"，是既包含有认识、思维因素（"理""意"），又非一般认识、思维所能等同或替代（"可言不可言""可喻不可喻"）。诗之所以讲究含蓄，文艺所以重视象征、寓意，都是这个道理。文艺中（包括文艺创作和文艺欣赏）有认识、思维、理解，但绝不是赤裸裸的认识、思维，也不是这种认识、思维穿上一件形象的外衣而已，而是它本身必须始终与情感、想象、感知交融在一起，在"可解不可解""可言不可言""若远若近"之间，总之，仍是有味无痕，性存体匿。显然这根本不是简单地套上一般认识论的感性－理性框架即可充分说明，更不是用生造的"表象——概念——表象"之类的公式所能正确解说。艺术创作和艺术欣赏有其自身的心理学的规律和原则，其中，情感的"逻辑"占有重要地位，应该重视和研究它。

---

[1] 宋《西清诗话》中即有："作诗用事要知禅家语，水中着盐，饮水乃知盐味。"

创作中的非自觉性

《试论形象思维》文中，我曾提出逻辑思维是形象思维的基础，这一说法遭到"平行说"者的极大反对。在《形象思维续谈》文中，我又强调指出："这个提法不能作狭隘理解，就是说，不能理解为在任何艺术创作、形象思维之前，都必须先有一个对自己创作的逻辑思维阶段以作为基础。诚然，有些创作和形象思维是这样的，例如写一部长篇小说或多幕剧本，经常先拟提纲，确定主题，安排大体的人物、情节、场景、幕次等很多逻辑思维。但是，即兴创作，即席赋诗，甚至有时在梦中可得佳句，就不能这么说了。其他艺术更是如此。因此，说逻辑思维作为形象思维的基础，是在远为深刻宽广的意义上说的。"所谓"深刻宽广的意义"，就是说，艺术家的逻辑思维，包括理论学习、世界观的指导作用等，都不是"急时抱佛脚"所能奏效，不是在创作之中或创作之前作番逻辑思维就能作为基础的。恰好相反，在某种意义上，进行这种逻辑思维，不但没有好处，而且经常有害处，有损或破坏形象思维的自然进行。二十世纪五十年代我在美学文章中特别强调美感的直觉性特征，这也是形象思维的特征（欣赏与创作并无万里长城之隔，它们在心理规律上是相同和接近的）。艺术创作、形象思维中经常充满了种种灵感、直觉等非自觉性现象。我不否认或忽视这种现象，但认为产生这种现象有一个基础。也就是说，由于作家艺术家在日常生活中积累了大量的经验、资料，有过许许多多的感受和思维，其中也包括了大量的日常逻辑思维甚至理论研究，正是以它们（自觉性的意识和逻辑思维）为基础，在艺术创作中，才可能出现灵感、直觉等等非自觉性现象。这本是很普通的心理事实，科学和日常生活中也有这种现象。我所说的逻辑思维是形象思维的基础，就是在这个宽广涵义上说的。

这种说法有什么意义？其意义就在于，肯定了"基础"之后，形象思维自身的规律和其相对独立性（不依存于逻辑思维的特征）也就更明显更突出了。这一点对艺术创作很重要。就是说，有了这个基础后，艺术家一经进入创作过程，就应该完全顺从形象思维自身的逻辑（包括上述情感的逻辑）来进行，而尽量不要让逻辑思维去从外面干扰、干预、破坏、损害它。歌德有两种诗人的说法，他认为，有一类诗人是从个别中看出一般，但毫不想到一般；另一类则从一般到个别，或从个别去求一般，个别不过是一般的例证。这其实也就是康德美学讲的，是从确定的普遍（概念）去寻求特殊呢（相当歌德的后一类），还是从特殊去指向一种非确定的概念的普遍（前一类）？是有目的呢，还是一种无目的的目的性？只有后者无目的的目的性才是审美的反思判断力，前者属于概念认识范围的决定判断力，[1]这一区分也为别林斯基所重视。从艺术标准和审美感染力说，为什么冈察洛夫、屠格涅夫等人的作品比思想远为进步的车尔尼雪夫斯基（《怎么办》）、赫尔岑（《谁之罪》）、谢德林要成功？原因也在这里。正如别林斯基评论赫尔岑作品时所敏锐指出，赫尔岑作品中理性的、思维的东西占了优势。[2]而冈察洛夫等人却恰好相反，作品完成了，但主题思想是什么却说不出来。当批评家（如杜勃洛留波夫）分析指出时，他们还或拒不承认（如屠格涅夫），或觉得惊奇（如冈察洛夫）：真是那样的吗？这说明这些艺术家在创作过程、形象思维中根本没有用理论、逻辑思维去考虑、研究、探索，而只是凭自己的感受、情感、直觉、形象思维在创作和构思。这样不但没有坏处，而且大有好处。也只有这样，才能完全避免概念化、

---

[1] 参看拙作《批判哲学的批判》第10章。
[2] "对于艺术的天性来说，理智是消失在才能、创作幻想里面的……反之，你主要的是思想的、自觉的天性，因此，在你，才能和幻想消失在理智的里面。"（《别林斯基选集》第2卷，中译本，第442页）。

公式化、理性化,才能创作出表达作者的真情实感和符合生活真实(如上节所说,这二者经常是连在一起的)的优秀作品来。

这也就是艺术创作中的所谓非自觉性问题。普列汉诺夫说:"别林斯基……曾经认为不自觉性是任何诗的创作的主要特征和必要条件。"[1]别林斯基说:"显现于诗人心中的是形象,不是概念,他在形象背后看不见那概念,而当作品完成时,比起作者自己来,更容易被思想家看见。所以诗人从来不立意发展某种概念,从来不给自己设定课题:他的形象,不由他作主地发生在他的想象之中……"[2]"唯一忠实可信的向导,首先是他的本能,朦胧的、不自觉的感觉,那是常常构成天才本性的全部力量的……这说明了为什么有些诗人,当他朴素地、本能地、不自觉地遵从才能的暗示的时候,影响非常强大,赋予整个文学以新的倾向,但只要一开始思考、推论,就会重重地摔跌一跤……"[3]十分注重思想性的杜勃洛留波夫也说:"艺术家们所处理的,不是抽象的概念与一般的原则,而是活的形象,观念就在其中显现。在这些形象中,诗人可以把它们的内在意义——这对于自己甚至是不自觉的,远在他的理智把它们判明以前,就加以捕捉,加以表现。有时候,艺术家可能根本没有想到,他自己在描写什么。"[4]曹禺在谈他写《雷雨》时曾说:"有些人已经替我下了注释,这些注释有的我可以追认——譬如'暴露大家庭的罪恶'——但是很奇怪,现在回忆起三年前提笔的光景,我以为我不应该用欺骗来炫耀自己的见地,我并没有显明地意识着我是要匡正、讽刺或攻击什么。也许写到末了,隐隐仿佛有一种情感的汹涌的流来推动我,我在发泄着被压抑的愤懑,抨击着中国的家庭

---

1 《古典文艺理论译丛》第11集,第127页。
2 别林斯基:《别林斯基选集》第1卷,中译本,第318页。
3 同上书,第420页。
4 《杜勃洛留波夫选集》第1卷,第248页。

和社会。然而在起首,我初次有《雷雨》一个模糊的影像的时候,逗起我的兴趣的,只是一两段情节,几个人物,一种复杂而又不可言喻的情绪。"[1]

所有这些说的都是创作中的非自觉性,也就是形象思维中的非概念性。关于这一论点,当然很早就有人反对,例如皮萨烈夫就绝对否认艺术创作中有任何不自觉性的因素。此外如高尔基、法捷耶夫等也不很赞成。恩格斯也提到过所谓"意识到的历史内容"。但我认为恩格斯此说并不一定与非自觉性矛盾,因此我仍然赞成别林斯基,认为文艺创作和形象思维中的这种非自觉性特征很重要,值得深入探讨研究。它经常是作品成功的重要保证之一。我们的文艺理论总是喜欢强调创作必须先要有一个明确的指导思想,主题要明确,等等。我很不赞成。我主张作家艺术家按自己的直感、"天性"、情感去创作,按形象思维自身的规律性去创作,让自己的世界观、逻辑观念不知不觉地在与其他心理因素的渗透中自动地完成其功能作用,而不要太多地想什么"主题""思想"之类的问题。正如在形式上,让自己已熟练掌握的艺术技巧自动地完成其功能任务。老实说,我认为即使正确的、马克思主义的世界观、政治观点、理论思维也只能是基础,而不能也不要去干预形象思维和创作过程,干预了不会有好处。因为,正确的逻辑思维也将使艺术从概念到表象,从一般到个别,容易导向或加入概念化的成分,这对艺术是不利的。自觉的先进思想并不能保证作品艺术上的成功。而只有当这种思想已化为作家的情感血肉时,它对创作才会有好处。艺术家和批评家可以有一定的分工,后者的任务在于去揭示作品的客观思想内容和意义,前者于此可以是非自觉的(至少在创作过程

---

[1] 《雷雨》序,1936年版。

中)。这也就是《沧浪诗话》讲的"所谓不涉理路,不落言筌者,上也"。当然,这也并非说创作中没有任何的理智判断、选择、考虑。演员表演时还有双重性,知道自己是在演戏,冷静的理智控制着角色的进入、情感的表达;欣赏者也知道自己是在看戏,而不是真人真事,所有这些,当然都有自觉的理智成分。一切形象思维何莫不然。总之,作为基础的逻辑思维,并不与非自觉性矛盾,相反,它为创作中的非自觉性提供了前提和条件。

承认和肯定非自觉性,必将引起"否认思想性""降低思想性""主张不要学习马克思主义"等的极大责难。但我认为,实际情况恰好相反。肯定文艺创作中的非自觉性,不仅不是降低文艺创作和艺术作品的思想性、倾向性,而且正是对它提出了更高的要求。形象思维既要求本质化与个性化同时进行,又要求非自觉地做到这一点,要求作家艺术家凭自己的"本能"、直觉、"天性",达到一般人用逻辑思维达到的认识高度,要求多种心理功能协同合作在不自觉的状态中达到批评家用理智逻辑达到的科学分析的高度,这到底是更困难呢还是更容易?是要求更高呢还是更低?它要求进入创作过程之前的生活基础、思想基础(亦即逻辑思维的基础)是更雄厚呢还是相反?不是很明白吗?只有这个基础雄厚、正确、可靠,只有你在日常生活即进入创作过程前所感受、所认识、所积累的东西正确无误、丰富真实,进入创作过程后在形象思维中才能自自然然地(亦即非自觉地)进行"以情感为中介的本质化与个性化的同时进行"。所以,提倡或主张作家艺术家凭自己的才能、直觉、"本能"与"天性"去创作,承认创作中的非自觉性,从马克思主义哲学观点来看,并不是降低而恰好是极大地要求思想性,只是这种思想不是直接地外在地用逻辑概念或公式干预创作,而是作为创作的基础,溶化在创作之中,成为与情感、想象、感知合成一体的东西了。常常可以看到,作家苦思冥想、费尽心机的作品并不成功,而某些甚至是无意中的创作却名垂千古。而后者却绝非偶然或天赐,这仍然是以其创作前的全部生活、思想(逻辑思维)为雄厚基础的。绝没有天外飞来的艺术。我所主张的"基础说"的意义,也就在这里。

这篇文章所有三点看法,估计会遭到激烈的非难、反对。我将坚持真理,欢迎批评。

论集续篇

康德的美学思想

注：本文系拙作《批判哲学的批判》第 10 章的主要部分，原载《美学》1979 年第 1 辑。

认识论（真）与伦理学（善）构成哲学两大方面。前一方面讲自然因果的现象界，后一方面讲"意志自由"的本体界。现象与本体，也就是必然与自由、认识与伦理，在康德那里，是彼此对峙截然二分的。思辨理性（认识）虽不能达到伦理领域，实践理性（伦理）却要作用于认识领域。实现这种作用使康德去寻求这二者的中介，这个中介成为康德"批判哲学"的终结。康德写道，"位我上者灿烂的星空，道德律令在我心中"，自然与自由两大领域的沟通和统一却在《判断力批判》一书之中。

康德解决自然与社会、认识与伦理、感性与理性的对峙，统一它们的最终办法，是要找出它们之间的一种过渡和实现这种过渡的桥梁。过渡本身是一个历史的进程，由自然的人到道德的人。但它的具体中介或桥梁、媒介，在康德那里，却成了人的一种特殊心理功能，这就是所谓"判断力"。康德说，"判断力"并不是一种独立的能力，它既不能像知性那样提供概念，也不能像理性那样提供理念。它只是在普遍与特殊之间寻求关系的一种心理功能。康德又分判断力为两种，一种是《纯粹理性批判》里讲的"判断力"，即辨识某一特殊事物是否属于某一普遍规律的能力。在这里，普遍规律是既定的、现成的，问题在于它的具体应用于特殊事例，这叫"决定的判断力"，常常可以看到一些人博学多识，对抽象的普遍规律（这可以学和教）很能理解，但就是不能具体应用，不能具体辨一个事情是否属于这个普遍规律，即不能下判断，就是缺乏这种决定的判断力。另一种判断力叫"反思的判断力"，与前者相反，在这里，特殊是既定的，问题在于去寻找普遍。这就是审美和目的论的判断力。它不是从普遍性的概念、规律出发来判断特殊事实，而是从特殊的事实、感受出发去寻觅普遍。康德说："判断的力量是双重的，或者是决定的，或者是反思的。前者由一般到特殊，后者由特殊到一般，后者只有主观的有效性……"[1]这是反思判断力不同于决定判断力之所在，也正是审美不同于认识之所在。康德认为，正是这种"反思的判断力"，能够把知性（理论理性即认识）与理性（实践理性即伦理）联合起来。它既略带知性的性质，也略带理性的性质，又不同于此二者。这种审美的反思判断力涉及的是康德所谓"主观合目的性"，所谓主观合目的性的"主观"，不是指个人主观感觉，这没有普遍必然性；恰恰相反，它强调的正是普遍必然性。这个普遍必然性不涉及任何概念和客观对象的存在，只涉及客观对象的形式与主观感受（快或不快的情感），这种反思判断力也就是审美判断。

审美判断的批判是《判断力批判》的第一部分。这个部分作为沿用知、情、意心理功能三分法的中间环节，作为从认识到伦理的过渡，是前两大批判的桥梁。不了解康德的整个哲学和关于判断力整个学说，是没法深入了解康德美学的。但另一方面，这部分又具有相对独立的科学内容和价值，康德在这里提出的论证了一系列美学根本问题，涉及了审美心理许

---

[1] 《逻辑讲义》第81节。

多基本特征。尽管康德对具体的艺术作品的审美鉴赏并不一定高强,[1]但由于比较准确地抓住审美经验的形式特征作深入分析,使他极大地超过了许多精细的艺术鉴赏家,在近代欧洲文艺思潮上起了很大影响,是美学史上具有显赫地位的重要著作。例如,它比黑格尔的美学就更重要,影响也远为深广。

美的分析

康德思想方法上的一个基本特点,是善于捕捉具有本质意义的经验特征加以分析。在认识论,康德抓住几何公理、牛顿力学这种数学和物理学中所谓普遍必然作为特征,提出"先天综合判断如何可能"。在伦理学,康德抓住道德行为的特征,提出区别于追求幸福的所谓"实践理性"。在美学,康德则抓住了审美意识的心理特征,提出了美的分析。康德整个哲学中,心理学成分很多,但始终居于次要地位,只有审美分析则是例外。尽管康德强调与心理学的经验解释根本不同,但这本书审美判断力部分所谓相对独立的内容和性质,实际正在它对审美心理所作的分析上。

康德所谓审美判断力,也就是一般讲的欣赏、品鉴、趣味(taste)。"趣味判断就是审美的。"[2]康德认为,判断力既然与知性有关,"在趣味判断里经常含有与知性的相关"[3],所以可以运用认识论中知性四项范畴(即量、质、关系、模态)来考察审美判断力,进行美的分析。康德从而把审

---

[1] 如《判断力批判》一书引为例证的作品便是相当平庸的。这一点不断为后人渲染嘲笑,如说库德辞谢柏林大学请讲诗学是有自知之明,等等,这是相当片面的。
[2] 康德:《判断力批判》,中译本,第1节。taste译欣赏、品鉴、趣味均不甚好,今从一般译法。
[3] 同上书,第1节。

美分为：一、"质"："趣味是仅凭完全非功利的快或不快来判断对象的能力或表象它的方法，这种愉快的对象就是美的。"[1] 二、"量"："美是无须概念而普遍给人愉快的。"[2] 三、"关系"："美是对象的合目的性的形式，当它被感知时并不想到任何目的"。[3] 四、"模态"："美是不凭概念而被认作必然产生愉快的对象。"[4]

第一点（质）主要是把审美愉快与其他愉快作重要区别。康德强调，作为趣味判断的审美愉快，一方面不同于其他口味如吃、喝等欲望、官能满足时感觉上的愉快。这种动物性的官能、感觉愉快只与一定的生理自然需要有关。另一方面，审美愉快也不同于例如做了一件好事后精神上感到的愉快。这种纯理性的精神愉快只与一定的伦理道德有关。总之，生理的愉快和道德的愉快都与对象的存在有关，审美愉快或不快，作为肯定与否定（质的范畴），则只与对象的形式有关。即，不是某个对象的实际用途或存在价值，而只是这个对象的外表形象（形式），使人产生愉快或不快。康德由此认定，审美乃是超脱了任何（包括道德的或生物的）利害关系、对对象存在无所欲求的"自由的"快感。例如，欣赏一件艺术品与占有一件艺术品所产生的愉快便根本不同，只有前者才是审美的。例如一种使人官能满足感觉愉快的"艺术"，也根本不同于真正给人审美愉快的艺术。根据康德哲学体系，只有既是感性又是理性的人，才享有审美愉快。可见，审美愉快正充分体现人作为感性和理性相统一的存在。审美既必须与对象的一定形式相关，是由对象的形式引起的感性愉快，不能仅由主体的纯理性意志所引起，所以必须与一定的感性对象相联系。又因为审美只与

---

1 康德:《判断力批判》，中译本，第5节。
2 同上书，第9节。
3 同上书，第17节。
4 同上书，第22节。

对象的感性形式相关，不是与对象的感性存在有关，所以它又不与主体欲望的感性有关，而只与主体的理性存在相关。但它虽与主体的理性存在有关，又必须落实在主体的感性形式——审美感受上，是一种与理性相关的感性愉快。康德说："乐、美、善，标志着表象对快与不快的感觉的三种不同关系，由之我们区别出彼此不同的对象和表象它们的方法。……乐也适用于非理性的动物，美却只适用于人，即既是动物的又仍然是理性的存在。——人不仅是理性（如精神）的，也是动物的。……善则一般适用于理性的存在。……一个自然欲望的对象，和一个由理性律令加诸我们的对象，都不能让我们有自由去形成一个对我们是愉快的对象。"[1] 欲念（动物性）的乐或伦理的善（理性）都被决定和制约于对象的存在（无论是作为动物吃喝的对象，还是作为道德行为的对象）和主体的存在（无论是作为感性生存的动物存在，还是作为道德行为的理性存在），只有仅涉及对象的形式从而使主体具有一种无功利的自由，才是审美的愉快，这就是说，是对象和主体存在形式而不是存在本身，构成审美的特殊领域。康德这个"美的分析"第一要点提出的，实际关系到人与自然的哲学问题，即作为主客体对峙的人（主体）与自然（对象），作为主体自身内部的人（理性）与自然（感性）的统一。所以它既是一个美学问题，又是一个重大的哲学问题。

在前两个"批判"，按分析篇范畴表次序，本是量先质后，在这里，未加说明便把"质"摆在第一。后代的研究注释者也很少说明这是什么道理。在我看来，这是由于问题本身所具有的上述重要意义，使康德不寻常地打破了自己立下的常规。康德的《判断力批判》所以比黑格尔的艺术哲

---

[1]《判断力批判》，中译本，第5节。

学无论在美学上或哲学上影响都更为深广,从根本上说也是这个原因。然而,康德企图在传统美学内来统一人与自然、理性与感性、伦理与认识的对立,却是不可能实现的,这在本文后部要详细讲到。

第二点(量),主要是指出美不凭概念而能普遍地引起愉快,即审美要求一种普遍必然的有效性,如同逻辑认识中的概念判断一样。但概念认识的普遍有效性是客观的,审美判断要求的普遍有效性却是主观的。正是这种主观的普遍有效性,才使审美作为趣味判断与其他感官口味的主观判断区别开来。后者不要求这种普遍有效性。例如,你说苹果好吃,我说苹果不好吃,这可以并行不悖,并不要求统一,即不要求你的这个判断必须具有普遍有效性。审美则不然,说一个艺术作品美或不美,就像认识一件事物是否真一样,是要求公认其普遍有效性的。口味是没有什么可争论的,趣味却有高低优劣之分。审美虽单称("就逻辑的量的范畴说,所有趣味判断都是单称判断")但须普遍("趣味判断本身带有审美的量的普遍性,那就是说,它对每一个人都有效")。[1]正因此康德称之为"判断"。审美被称作判断,与判断一词连在一起,这在美学史上是一个独特的发展。

判断在先还是愉快在先,是由愉快而判断,还是由判断生愉快,在这里便是要害所在。康德说:"这个问题的解决对于审美判断是一把钥匙。"[2]因为如果愉快在先,由愉快而生判断,这判断便只是个体的、经验的、动物性的,只是一种感官愉快。例如因吃得满意(愉快在先)而认为对象是好吃的,对象"真美"(判断在后),这就不是审美。这里所谓"真美"只不过是种满足官能、欲望的快感而已,并不是美感。只有判断在先,由判断引起愉快,才具有普遍性,这才是审美。因为愉快作为一种主观心理情

---

[1] 康德:《判断力批判》,中译本,第8节。
[2] 同上书,第9节。

感,本身不能保证其普遍性。审美的普遍性只能来自判断。但审美判断又不同于逻辑判断,它的普遍性不能取自概念,由概念并不能导至审美,产生审美愉快。例如,一个人对一个对象(例如一朵花)感到美,他下了"这朵花真美"这样一个审美判断。这种判断表面上很像逻辑判断,即好像认识到美是这朵花的一种客观属性,好像这个人运用的是一般知性概念,并且要求别人也同意于他,要求这个判断具有普遍有效性,像一般的逻辑判断一样。但实际上并不如此。审美判断如前所指出,只是人们主观上的一种快感,根本不是逻辑认识。你不能强迫一个人和你一样感到这朵花美,尽管你说上千言万语来启发说服他,或者尽管他口头上、思想上也同意你的判断,但他是否能感到这朵花美,是否能对这朵花作出肯定的审美判断,即产生审美愉快,便仍然是个问题。显然,并不能从道理上、思想上,说服一个人,使他感受到美。因此,康德在这里强调的是,审美判断要求的普遍性,如大家都感到这朵花美,在根本上不同于逻辑判断那种客观认识的普遍性。逻辑认识纯粹是知性的功能,由范畴、概念所决定。审美判断则不然,它虽然要求普遍有效,却仍然只是一种人们主观上的感性感受状态(即美感),不是由范畴、概念所能直接规定。它包括概念活动于其中,却不能等同于概念活动,它是多种心理功能的共同运动的结果。康德说:"这种判断之所以叫作审美的,正因为它的决定根据不是概念,而是对诸心理功能活动的协调的情感……"[1] "这种表象所包含的各种认识功能在这里是处于自由活动中,因为没有确定的概念限制,使它们在某一特定的认识规则下。因此,在这表象中的心情,必然是把某一既定表象联系于一般认识的诸表象功能的自由活动的感情……"[2] 即是说,审美

---

[1] 康德:《判断力批判》,中译本,第15节。
[2] 同上书,第9节。

判断不是如一般逻辑判断那样有确定的知性范畴（如因果等）来规范、束缚想象，使它符合于一定的概念，产生抽象的知性认识；而是想象力与知性（概念）处在一种协调的自由运动中，超越感性而又不离开感性，趋向概念而又无确定的概念，康德认为，这就是产生审美愉快的原因。"只有想象力是自由地唤起知性，而知性不藉概念的帮助而将想象力放在合规律的运动中，表象这才不是作为思想而是作为一种心情的合目的性的内在感觉把自己传达出来"[1]，这才是审美愉快。可见审美愉快是人的这许多心理功能（主要是想象和知性）处在一种康德所谓"自由"的协调状态中的产物，所谓"自由"，即二者（想象力与知性）的关系不是僵死固定的，而是处在非确定的运动之中。这也就是这种反思"判断"的具体涵义。正因为此，它就既不同于任何感官的快乐，也不同于任何概念的认识。"这朵花很香""这朵花很美""这朵花是植物"，便分别属于感官"判断"（无普遍性）、审美判断（主观普遍性）与逻辑判断（客观普遍性），第一是快感，第二是审美，第三是认识。

前面讲审美的"质"的特征是"非功利而生愉快"；这里讲"量"的特征是"无概念而趋于认识"（有普遍性）。愉快总与人的利害相关，普遍性总与概念相关。审美恰恰与此相反，这样就突出地揭示了审美心理形式的矛盾特殊性。如果说，"质"突出了人与自然的关系问题；那么"量"则突出了这一问题的心理方面。前者更多是哲学问题，后者则更多是心理学的科学问题，即审美的心理功能究竟是怎样的，它的特殊性何在。[2]

第三点（"关系"），本来，目的或合目的性总以一定概念为依据。它

1　康德.《判断力批判》，中译本，第40节。
2　这特殊性也是艺术创作和欣赏的中心问题，中国美学讲得极多。《沧浪诗话》所谓"不落言筌，不涉理路"，等等，就是说的这个道理。

或者是外在的目的，如功用；或者是内在的，如伦理的完善。前两点指出，审美既与功利或伦理关系，又没有明确的概念逻辑活动，从而就与任何特定的目的无关。另一方面，作为想象力与知性趋向某种未确定概念的自由运动，审美又具有一种合目的的性质。它不是某个具体的客观的目的，而是主观上的一般合目的性，所以叫没有具体目的的一般合目的性。又由于这种合目的性只联系对象的形式，是一种形式的合目的性，所以又叫没有目的的合目的性形式。康德曾举例说，看见一匹马长得壮健均匀，躯体各部分的构造有机地相互依存，使人觉得具有适应于生存等特定的客观目的，这就不是审美判断，即不是没目的的目的性，而是有目的的。但如看见一朵花，除了植物学家知道它的组织结构各部分的特定的目的功能外，作为欣赏者是不需要也不会觉察这种特定的客观目的的，它所唤起的只是一种从情感上觉得愉快的主观的合目的性，也就是说，对象（花）的形式（外在形象）完全符合人的诸心理功能的自由运动，这就构成了美的合目的性。这种目的性正是没有特定具体的客观目的的主观合目的性形式，这才是审美判断。康德说："一个对象，一片心境甚或一个行动可称作合目的的，虽然它的可能性并不必然地以一个目的表象为前提，……因而可以有没目的的目的性，只要我们并不把这个形式的原因归到意志，而只是通过溯源到意志，使它的可能性的解释对我们是可理解的。并且，我们对于所察觉到的事物（关于它的可能性），并不总是要从理性的观点去认定它。我们至少可以依据形式察觉到一种合目的性，并不去把它放在一种目的上……"[1]这个"没有目的的合目的性"是康德"美的分析"的中心，正如"关系"范畴是逻辑认识的中心一样。就哲学说，目的与"无目

---

[1] 康德：《判断力批判》，中译本，第10节。

的的目的性"确乎不同,后者对内具有各部分相互依存的有机组织的整体涵义,对外又具有并不从属于某一特定目的的广泛可能性的涵义,它的确形成了一种独特的"关系",实际上是人与自然相统一的一种独特形式(详后)。就美学说,所谓"非功利而生愉快""无概念而趋于认识",也就是"无目的的目的性"的意思,即它既不是目的(功利,有概念),而又是合目的性(与伦理、认识又均有牵连)。"非功利""无概念"这两个最重要的审美心理的特征,英国经验论美学都已提出过[1],康德把前人从经验描述上揭出的这些审美心理形式特征,集中、突出并总结在"无目的的目的性"这样一个哲学高度上,作为美的分析的中心,以与《纯粹理性批判》《实践理性批判》相联系,完成了他的哲学体系。也正是在这第三点(关系)内,康德提出了"美的理想"问题,即美作为理想与目的的关系,使这个中心十分突出。

第四点("模态"),如前所述,审美既不是认识,没有概念构造,是一种"不能明确说出的知性规律的判断",但又要求具有"普遍有效"的可传达性,那它如何能做到这点呢?也就是说,审美判断究竟是如何可能的呢?并且它不只是可能性和现实性,而且要求必然性(模态范畴),其依据是什么呢?这种必然性既不能来自概念认识,又不能来自经验(经验不可能提供必然,如认识论所已指明),又如何得来呢?康德最后假定有一个先验的"共通感"。他说:"只有在假定共通感的前提下(这不是指某种外在感觉,而是指诸认识功能自由活动的效果),我们才可以

1　朱光潜的《西方美学史》:"就康德个别论点来说,它们大半是从前人久已提出过的。姑举几个基本论点为例:美不涉及欲念和概念、道德,中世纪圣·托玛士就已明确提出,近代英国哈奇生和德国的曼德尔生也有同样的看法……"(下卷,第12章)细节可参看J.Stonitz《论审美非功利的来源》一文(《美学与艺术批评》杂志,1961年冬)。

下审美判断……"[1]

假设一个"人同此心，心同此理"（此理又是非可言说的）的所谓先验的"共通感"，作为审美判断具有普遍必然性的最后根基，显然是主观唯心主义的观点。但重要的是，康德把这种"共通感"与"人类集体的心理性"即社会性联系了起来。他说："在共通感中必须包括所有人共同感觉的理念，这也就是判断功能，因它在反思中先验地顾及所有他人在思想中的表象状态，好像是为了将它的判断与人类的集体理性相比较，从而避免出于主观自私条件（这是容易被当作客观的，对判断可产生有害影响）的幻觉。"[2]"美只经验地在社会中才引起兴趣。如果我们承认社会冲动是人的自然倾向，承认适应社会向往社会即社会性，对于作为注定是社会存在物的人所必须，属于人性的特质，我们也就不可避免地要把趣味看作是判断凡用以传达我们的情感给所有他人的任何东西的一种能力……"[3]康德并举出"被抛弃在孤岛上的个人不会专为自己"去装饰环境和自己作为例子，来说明审美的所谓"共通感"。康德在审美现象和审美心理形式的根底上，发现了心理与社会、感官与伦理亦即自然与人的交叉。这个"共通感"不是自然生理性质的，而是一种具有社会性的东西。如果联系康德讲历史理念时提出的先验社会性，便可看出，康德这里的社会性比前两个《批判》是更为具体了，它不只是先验理念，而且还是感性的，感性总与具有血肉身躯的个体（人）相联系。这就是说，它既是个体所有的（人的自然性），同时又是一种先验的理念（人的社会性），它要求在个体感性自然中展示出社会的理性的人。康德这种普遍人性论已经很不同于法国

1　康德：《判断力批判》，中译本，第20节。康德所谓认识功能即是心理功能，常常二者混同使用。
2　同上书，第40节。
3　同上书，第41节。

唯物主义的自然人性论，也不同于黑格尔倾向于抹煞个体和感性的精神人性论。它要求自然与人、感性与理性在感性个体上的统一。这一点非常重要。当然，归根到底，这也还是一种抽象的人性论。这种所谓先验的"社会性""共通感"，在现实中是不存在的。现实生活中只有历史具体的人性、社会性，并没有这种超历史的先验"共通感"。但康德从哲学高度，把审美的根源归结为社会性，却是不容忽视的。

总起来，从美学史角度看，康德的美的分析如同他的认识论和伦理学一样，一方面反对英国经验主义美学将审美当作感官愉快（博克等人），另一方面又反对大陆理性主义美学将审美当作对"完善"的模糊认识（沃尔夫、鲍姆嘉通[1]），又企图把两者折中调和起来。康德在调和结合上述两派美学的同时，也就给自己认识与伦理双峰对峙的哲学体系的两岸之间，架设了审美判断力的过渡桥梁。在审美判断这座桥梁之内，"美的分析"和"崇高的分析"，"美在形式"和"美是道德的象征"，又是它的彼此不同的两端，是整个过渡中的两步。也就是说，过渡中还有过渡，这座过渡桥梁在康德美学本身中又错综复杂地表现为：由美到崇高，由纯粹美到依存美，由形式美到艺术美的过渡。

崇高的分析

崇高（或壮美）是审美现象的一种。飘风骤雨、长河大漠、汹涌海

---

[1] 沃尔夫认为他的哲学只处理能用词说出的明晰概念和人的高级功能，审美被认为只属于人的感性功能，从而是低级的，同时它不能用词明晰表达出来，所以排斥在哲学门外。鲍姆嘉通认为美学是处理感性认识的完善，从而补充了沃尔夫体系不讲美学的空白。

涛、荒凉古寺、粗犷风貌、豪狂格调……面对这种种对象，审美心理的结构形式有其特殊性：在愉快中包含着痛苦，在痛感中又含有愉快。欧洲自古罗马郎吉弩斯到古典主义布阿洛讲崇高，本都主要指文章风格，如豪放格调。到十八世纪英国，崇高用于上述自然对象，作了一些经验的和心理的描述。例如有人认为这种感受中包含恐惧（博克）[1]，大陆也有人说这种感受是先压抑后提高（温克尔曼），等等。康德把这种表面的经验描述提到哲学理论上来论证，使崇高作为审美形象引起了巨大注意，特别是恰好配合了当时刚兴起的欧洲浪漫主义的思潮。对后代文艺起了重要影响。康德认为，"崇高"对象的特征是"无形式"，意即对象的形式无规律无限制，粗犷荒凉，表现为一种体积上的"无限"广大（如星空、大海、山岳等），这是数量的"崇高"；或者表现为一种力量上的"无比"威力，"凸露的、下垂的、好像在威胁着的峭石悬岩，乌云密布天空挟着雷电，带着毁灭力量的火山，飓风带着它所摧毁的废墟，惊涛骇浪的无边无际的大海，巨大河流的高悬瀑布，诸如此类"[2]的景象，这是"力量的崇高"（这两者实质相同，由于康德要纳入他所喜爱的数学、力学二分法的"建筑术"而分设）。

　　康德认为，"数量的崇高"由于自然对象的巨大体积超过想象力（对表象直观的感性综合功能）所能掌握，于是在人心中唤醒一种要求对对象予以整体把握的"理性理念"，但这种理性理念并无明确内容和目的，仍只是一种主观合目的性的不确定的形式，所以仍属审美判断力的范围。在

---

[1] 康德非常赞赏博克对美与崇高的区分，但指出这只是经验的、心理学的，须要作出先验的规定。康德自己在前批判期也从经验观察角度专门写过优美与崇高区别的专论，生动活泼地列举了大量经验现象，才能出二者不同特征。在那里，审美与道德还是混在一起谈论的，其中，崇高则已有优美加道德的涵义。

[2] 康德：《判断力批判》，中译本，第28节。

"力量的崇高"中,审美心理感受的矛盾更加清楚,即一方面是想象力无力适应自然对象而感到恐惧,另一方面要求唤起理性理念(人的伦理力量)来掌握和战胜对象,从而由对对象(自然)的恐惧、畏避的(否定的)痛感转化而为对自身(人)尊严、勇敢的(肯定的)快感。如果说,美是想象力与知性的和谐运动,产生比较平静安宁的审美感受,"质"的因素更被注意,"崇高"则是想象力与理性的相互争斗,产生比较激动强烈的审美感受,"量"的因素更为显著,这也就是在感性中实现出理性理念,显现出道德、伦理、人的实践理性的力量。康德说:"自然力量的不可抵抗性使我们认识我们自己作为自然的存在物,生理上的软弱,但同时却显示出我们有一种判定独立于自然,优越于自然的能力,……从而,我们身上的人性就免于屈辱,尽管个体必须屈从于它的统治。这样,在我们的审美判断中,并不是由于它激起恐惧而判断为崇高,而是由于它唤醒我们的力量(这不是自然的),把我们挂心的许多东西(财产、健康、生命)看得渺小,把自然力量(上述那些东西无疑是屈从于它的)看作不能对我们作任何统治。……心灵能感到,比起自然来,自己使命更具有崇高性。"[1]"因此,对自然的崇高感就是对我们自己使命的崇敬,通过一种偷换办法,我们把这崇敬移到了自然对象上(对我们自己主体的人性理念的崇敬转成为对对象的崇敬)。"[2]即是说,自然界的某种极其巨大的体积、力量,即巨大的自然对象,通过想象力唤起人的伦理道德的精神力量与之抗争,后者压倒前者而引起了愉快,这种愉快是对人自己的伦理道德的力量、尊严的胜利的喜悦和愉快。这就是崇高感。自然尽管可以摧毁人的自然存在及其一切附属物(生命、财产等),这些东西在自然威力下只有屈

---

1 康德:《判断力批判》,中译本,第28节。
2 同上书,第27节。

从。但它却不能压倒人的精神、道德和伦理,相反,后者却要战胜前者,所谓崇高感就正是对主体这种伦理道德的精神力量在与自然力量相剧烈抗争中,所引起的感情和感受。但这种感情又还不是真正的道德感情,它仍然是对自然景物的形式的趣味判断。即自然力量(无论是体积也好,力量也好)还只是以其无形式(无规则或无限巨大)的形式而不是以其存在来威胁人(例如人是在观赏暴风雨还不是真正处在暴风雨之中),所以它还是属于审美范围。它仍是主观合目的性的形式,还不是伦理行为。但很明显,这种审美感受、趣味判断是趋向和逐渐接近于伦理道德的。康德由"美的分析"转到"崇高的分析",虽然仍在审美判断力这个总的中介范围之内,却已由第一步迈到第二步,即由认识功能(想象力与知性)的自由活动迈到伦理理念的无比崇高,由客体对象走向主体精神,由自然走向人,这个人已不偏重于个体感性的自然,而是偏重和突出具有理性力量的社会本质了。

康德认为,由于与理性理念相联系,对崇高的审美感受必须有一定的文化教养和"众多理念"。"暴风雨的海洋本不能称作崇高,它的景象只是可怕。只有心灵充满了众多理念,才使这种直观引起感情自身的崇高,因为心灵舍弃了感性,而使它忙于与包含更高的目的性的理念打交道"[1],"事实上,如果没有道德理念的发展,对于有文化熏陶的人是崇高的东西,对于没教养的人只是可怕的"[2]。要能欣赏崇高,要能对荒野、星空、暴风、疾雨等产生美的感受,就需要欣赏者有更多的主观方面的基础和条件,需要更高的道德水平和文化水平。总之,这是说,对美的欣赏只需注意对象的形式就够了。对崇高的欣赏,是要通过对象的"无形式"(即不符合形

---

1 康德:《判断力批判》,中译本,第40节。
2 同上书,第29节。

式美的形式）唤起理性理念，亦即主体精神世界中的伦理力量。崇高比美具有更强的主观性，美有赖于客观形式的某些特性（如和谐），崇高则恰恰以客观的无形式亦即对形式美的缺乏和毁坏，来激起主体理性的高扬，从而，在客观"无形式"的形式中感受到的，已不是客观自然而是主观精神自身了。客体与主体、认识与伦理、自然与人，在康德哲学中本是分割对立的，在这里就终于处在一种联系和交织中。康德认为崇高的对象只属于自然界[1]，却正是为了说明崇高的本质在于人的精神。

康德"崇高的分析"与"美的分析"一样，是从心理特征的现象学的描绘引导为唯心主义的哲学规定的。在康德那里，崇高和美都不在客体对象，而在主体心灵；都不是客观存在，而是主观意识的作用。美、崇高都不是客观的，而是主观的；不具有客观社会性，而只有主观社会（意识）性。这与英国经验论，也与康德自己前批判期的著作如《自然通史与天体论》《对美和崇高的感情的观察》，把美和崇高都当作客观对象的自然属性和关系恰好相反。但这并非倒退，而是一种前进，即注意了崇高、美与人的关系，突出了美和审美的社会性，虽然这种关系和性质，被唯心主义地歪曲了。

美的理想、审美理念与艺术

由美到崇高是认识到伦理在审美领域中的过渡，所谓"纯粹美"到"依存美"，是这种过渡的另一形态。在讲崇高之前，康德在美的分析中

---

[1] 康德虽也以人工的金字塔作为数量崇高的例子，其着眼点仍在对象的巨大体积（自然物质的量），所以并不矛盾。

曾区别"纯粹美"("自由美")与"依存美"。"纯粹美"如花鸟、贝壳、自由的图案画,"框缘或壁纸上的簇叶装饰",以及无标题无歌词的音乐,等等,[1]这是纯粹的形式美。它充分体现了康德定下的美之为美的标准,最符合康德关于美的分析的几个要点,如非功利、无概念、没有目的等。按理说,"纯粹美"应该是康德的美的理想了。但是,有意思的是,情况恰好相反,康德认为,"纯粹美"并不是美的理想,康德认为"美的理想"倒是"依存美"。所谓"依存美",是指依存于一定概念的有条件的美,它具有可认识的内容意义,从而有知性概念和目的可寻。它包括了几乎全部艺术和极大一部分的自然对象的美。即只要不是纯粹以线条等形式而能引起美感的对象,如人体、园林、一匹马、一座建筑等,就都属于此类"依存美"。这种美以目的概念作前提,受它的制约,具有道德的以至功利的社会客观内容。例如,一个人体、一匹马所以是依存美,就因为由它们的形体而会想到形体构造的客观目的。这就不仅有审美的愉快,而且还附加有理知或道德的愉快,这里乃是"趣味与理性的统一,即美与善的统一"[2]。康德认为,这对审美不但无害,而且有益。单从形式着眼,便形成"纯粹美"的审美判断;若考虑到目的,便形成"依存美"。一个对象可以从这两个不同角度去欣赏,既可以作纯形式如线条、构图的观赏("纯粹美"),也可以作涉及内容的观赏("依存美"),其审美感受也不尽相同。但是康德认为美的理想却是后者。

在《纯粹理性批判》中,康德所谓理想就是指理性理念的形象,理想与理性理念是不可分开的。在《判断力批判》中,康德也说,"理念本意

---

1 康德:《判断力批判》,中译本,第16节。
2 同上书,第16节。

味着一个理性的概念,理想则是一个适合于理念的个体存在的表象"。[1]理性理念本不是任何感性也不是任何知性概念可以表达的(见认识论),但能通过理想(个别形象)展现出来,它可说是非确定的理性理念的最高表现。康德认为,所谓美的理想,首先应与经验性的一般范本相区别,所谓经验性的一般范本,是指在一定范围内经验的共同标准。它基本上是一种平均数。"……想象力让一个大数目的(大概每个人)形象相互消长……显示出平均的大小,它在高与阔的方面是最大的及最小的形体的两极端具有同样的距离,这是一个美男子的形体"[2],所谓"增之一分则太长,减之一分则太短"。这种美的经验性的模板是由想象力所达到的形象标准,具有相对的性质,例如不同民族有不同的经验标准即有不同的美的模板,因之不同种族或民族便有不同的美的范本。它不涉及什么道德理念,完全是一种经验的准范。美的理想与这种经验性的模板不同,因为它不是经验标准,而是要在个别形象中显示出某种理性理念,尽管是某种并不那样明确和确定的理性理念。既然要显现理性理念,就只有人才有此资格。康德认为,如花朵、风景、什物很难说有什么"美的理想"。在认识论康德曾强调理性理念不在自然因果范围之内,不是科学认识的对象,而是在经验范围之外的道德实体。康德在美的理想中也一再指出"美的理想,只能期之于人的形体,这里……在最高目的性的理念中,它与我们理性相结合的道德的善连系着,理想在于道德的表现"[3],"按照美的理想的评判,便不单是趣味判断了"[4],即它不再是纯粹美,也不只是纯粹的审美,而是部分地具有理知性的趣味判断。康德在讲艺术之前,专门有一节讲"对美的理知

1 康德:《判断力批判》,中译本,第17节。
2 同上。
3 同上。
4 同上。

性的兴趣",说,"……不但自然产物的形式,而且它的现存也使人愉快","因此心灵思索自然美时,就不能不发现同时是对自然感兴趣,这种兴趣是邻近于道德的"。[1]康德敏锐地觉察到,欣赏大自然时所特有的审美愉快,不只是对形式的审美感受,自然美不只是形式美,而且也包含有对自然存在本身的知性感受,亦即对大自然合目的性的客观存在的赞赏观念,这就超越了审美的主观合目的性形式而趋向自然的客观合目的性了。而自然的客观合目的性则正是通向道德本体的桥梁。康德整个《判断力批判》本就是要在感性自然(牛顿的自然因果)中找到一种与超感性自然即伦理道德(卢梭的人的自由)相联系的中介,这个中介在审美判断(主观合目的性),最终归结为道德的主观模拟。有如知性范畴通过构架而感性化,成为认识,道德理念通过由"象征"而感性化,成为审美。康德说,"趣味归结乃是判断道德理念的感性化的能力(通过二者在反思中的模拟)"[2],即自然景物模拟于一定的理性观念而成为美,于是康德作出了著名的"美是道德的象征"的定义。例如白色象征纯洁,等等。中国古代艺术中的松菊竹梅象征道德的高尚贞洁,与康德这里讲的意思倒相当一致。

在康德看来,艺术的本质就在这里。艺术是"依存美",不是"纯粹美"(形式美)。可见,艺术并不等于美,它是在"无目的的目的性"即美的形式中,表达出理性,提供"美的理想"。康德在审美分析中提出"美的理想",在艺术创作中则提出"审美理念"。二者实质上是一个东西,前者主要从欣赏角度、从"趣味判断"角度提出,后者主要从创作心理、从所谓"天才"角度提出。它们都是指向道德的过渡。康德说,"所谓审美理念,是指能唤起许多思想而又没有确定的思想,即无任何概念能适合于

---

[1] 康德:《判断力批判》,中译本,第42节。
[2] 同上书,第60节。

它的那种想象力所形成的表象,从而它非语言所能达到和使之可理解","……在这里想象力是创造性的,并且它把知性诸理念(理性)的机能带进了运动,这就是,在一个表象中,思想(这本是属于对象概念)大大多于所能把握和明白理解的",[1]它是在有限形象里展示出无限的理性内容。它之所以叫理念,是因为它不是认识对象,不是知性范畴、概念所能穷尽或适用,而是指向超经验超自然因果的道德世界;它之所以又不是理性理念,是因为它不像理性理念那样将个别与总体、想象(感性)与知性分割开。它是在有限形象(感性)里展示出无限(理性),而非任何确定的概念所能表达或穷尽。一般理性理念虽超经验但仍是确定的概念,审美理念却不同,它是"意无穷",即非确定概念所能穷尽。中国艺术中常讲的所谓"言有尽而意无穷""羚羊挂角,无迹可求""味在咸酸之外""意在笔先,神余言外"及"形象大于思想"等[2],也都是这个意思。康德认为,艺术要在死亡、爱情、宁静等具体经验意象中,展示出自由、灵魂、上帝等超经验的理性理念(道德),创造出一个"第二自然"。所谓"第二自然"也就是艺术显得不像人为,其目的不是直接表露出来,而是如自然那样,是一种无目的的合目的性的形式,才能引起审美感受。但同时,又知其为人为的艺术作品,所以这种感受更具有知性的目的兴趣,不同于欣赏真正的自然美、形式美。

艺术创作也是这样,康德说:"想象力的这些表象叫作理念,部分是由于它们至少追求超越经验界限的某些事物去寻求接近理性概念(知性理念)的表象,给予这些理性理念以客观现实性的外貌,但特别是由于没有概念能充分适合于作为内在直观的它们。诗人试图把不可见的存在的理性

---

[1] 康德:《判断力批判》,中译本,第59、49节。
[2] 语言艺术(文学)中,从神话的多义性、不可理解性到"诗无达诂",这种特征也很明显。

理念，天堂、地狱、永恒、创世等实现于感性。他也处理经验中的事例例如死亡、妒忌和各种厌恶、爱情、荣誉，如此等等，借助想象力，尽力赶上理性的活动以达到一种'最高度'，超越经验的界限，把它们表现在自然中无此范例的完全性的感性之中。"[1]这并不是把理性理念等概念加上一件形象的外衣，恰恰相反，它是形象趋向于某种非确定的概念，这就是艺术创作不同于科学思维的特征所在。康德把这叫作"天才"。康德认为科学无"天才"，只有艺术创作才有"天才"。[2]因为科学是知性认识，有一定的范畴、原理指引，有一定的可学可教的规范法则，任何人只要遵循这些指引，便都可作出成绩。艺术作为审美理念的表现，却是"无法之法"，无目的的目的性，它不可教，不能学，没有固定的法则公式，纯靠艺术家个人去捕捉和表现既具有理性内容又不能用概念来认识和表达的东西，以构成审美理念，创造美的理想，成为既是典范又是独创的作品。康德认为，这种不可摹拟的独创性与有普遍意义的典范性，便是"天才"的两大特征。一般的理性理念虽不可以认识却是可以思维解释和言说的（见认识论），审美理念则是既非认识又不可思维、解释和言说的，它只可感受和想象，它是在这种感性中展示出"超感性的基体"，这就是"天才"之所在。所以，康德讲的"天才"不同于以后浪漫主义强调的超人的天资、神秘的天赋。他主要是指在艺术创作中通过"无法之法"即"无目的的合目的性"的审美形式展现道德理念的能力，亦即艺术创作中的独特心理功能。康德认为，趣味比天才更重要，"如果在一作品上两种性质的斗争

---

[1] 康德：《判断力批判》，中译本，第49节。
[2] 在后来讲课中，康德对"天才"的解释和举例广泛得多了。他把发明的才能都视作"天才"，把牛顿、莱布尼茨都称作"天才"（见《人类学》）。这当然是"天才"一词的一般用法，不同于他用在美学中的特定涵义。

中要牺牲一种的话，那就宁可牺牲天才"[1]。因为趣味涉及美之为美的形式（即上面美的分析中讲的那些条件），"天才"涉及的主要是理念内容。没有前者，缺乏审美形式，根本不能成为艺术作品，没有后者可以是缺乏生命力量和内在精神的艺术品。此外，康德的"天才"指的虽不是形式技艺的掌握，但他认为形式技艺却是磨练、管束、训育"天才"使之能构成艺术作品的条件。

可见，艺术以目的概念作为基础，它要求有理性理念，通过"天才"的艺术创作而获有审美的趣味形式，所以它不是纯粹的审美活动。但它仍不是认识（科学思辨），也不是工艺[2]（实践活动），这两者都是有确定的目的，为外在的确定目的服务（如工艺产品是为了报酬），不是本身就产生愉快的自由游戏，即不是无目的的目的性。一方面，作为审美，艺术的目的不在本身之外，它自身的完整性就是目的；另一方面，艺术又确有提高人的精神的外在效用和目的，它又服从于外在目的。艺术虽以理性目的概念作为基础，却并无任何实在的具体的目的；它虽不属于形式美（"纯粹美"），但美的形式对它又仍为必要。艺术必须趋向自然，不显人为痕迹，亦即目的是在无目的的目的性中展示，不是赤裸裸地出现，才是成功（美）的。它的内容必须是伦理道德（理性理念）的，它的形式必须是审美（无目的的目的性）的。在这里，艺术仍然是自然与人、规则（形式）与自由（"心灵"）、审美（合目的性形式）与理性（目的概念）、趣味与天才、判断与想象的对立统一体。在康德，艺术与审美的根本特征就在这个自由的统一，所谓"自由游戏""想象力与知性的自由运动""无目的的目的性"等，都是说的这一区别于人类其他活动和其他心理功能如科学、工

---

1 康德：《判断力批判》，中译本，第50节。
2 这种工艺非指具有一定艺术创作性能的中世纪的手工技艺。

艺、技术、道德等的地方，这就是康德在审美判断力的分析论中所着重论证的。康德讲的这种艺术、审美的心理特征，中国古代文艺讲得很多，但没有提到这种哲学体系的高度。

康德为其体系建筑术的需要，在审美分析论之后，便是所谓审美判断力的辩证论。在这里，康德提出趣味的二律背反，即一方面，趣味不基于概念，否则就可以通过论证来判定争辩（正题），另一方面，趣味必基于概念，否则就不能要求别人必然同意此判断（反题）。康德指出，经验派美学否认概念，主张美在感官愉快；唯理派美学强调概念，认为美在感性认识的完美；他们或把美当作纯主观的（经验派），或把它当作纯客观的（唯理派），都无法解决这个二律背反。康德解决这个"二律背反"的办法很简单，即指出正题里所指的"概念"是说确定的逻辑概念，反题所说的"概念"则是指想象所趋向的非确定的概念。从而审美既不是主观的感官愉快，也不是客观的概念认识。它的二律背反的解决指向一个"超感性的世界"。[1]

但是，这个二律背反并没有第一第二两个"批判"中的二律背反重要，因为它没能充分暴露出康德美学的真正矛盾。这种真正矛盾在上述"纯粹美"与"依存美"，美与崇高、审美与艺术、趣味与天才实即形式与表现的对峙中，才更深刻地表现出来。一方面，美之为美如康德所分析，在于它的"非功利""无概念""无目的的合目的性"，这也是所谓"纯粹美"、审美、趣味的本质特征。但另一方面，真正具有更高的审美意义和审美价值的，却是具有一定目的、理念、内容的"依存美"、崇高、

---

[1] 康德的《判断力批判》，中译本，第57节："……绪二律背反，迫使人展望超越感性世界，在超感性中去寻求我们绪先验功能统一的焦点。""解开其根源对我们是'隐藏'的那种功能的秘密，是主观的原理，即在我们之内的超感性的未确定理念。"

艺术和天才，是后者才使自然（感性）到伦理（理性）的过渡成为可能。康德的美学就终结在统一这个形式主义与表现主义的尖锐矛盾而未能真正做到的企图中。

康德美学的形式主义和表现主义这两种因素或两个方面，都对后来起了巨大影响，也都有其一大串的继承者。前一方面是"为艺术而艺术""有意味的形式""距离说"等种种现代形式主义的前驱。后一方面则是各种浪漫主义、表现主义、反理性主义的先导。如十九世纪，谢林、黑格尔和浪漫主义狂飙运动，都以高扬所谓无限理念的内容为典型特征，崇高、天才成了中心议题。另一方面，哈巴特（Herbart）、齐默尔曼（R. Zimmerman）、汉斯力克等人则发展康德的形式主义方面，把美归结为线条、音响的关系和运动。在二十世纪资产阶级美学中强调表现的一派，与强调形式的一派，也仍然是上述两个方面的发展。康德讲的表现，还是理性理念，到现代便变成反理性的"性爱"（弗洛伊德）、"经验"（杜威）、"集体无意识"（荣格），等等，艺术失去了审美的形式、特征和意义。康德讲的形式（非功利、无概念）还是审美的心理特征，到现代便变成艺术的本质——"心理距离"（布洛）"有意味的形式"（贝尔），把艺术完全等同于审美了。如同对待整个康德哲学，修正可以采取各种形式一样，在美学领域也是如此。但总起来说，可以认为，康德的美学提出了一系列重要问题，从审美心理到艺术创作，从美的分析到审美理念，从崇高的心理特征到模拟[1]的意义，从形象大于思想到线条重于色彩，[2]它们都确乎关系到艺

---

[1] 类比作为人类所特有的心理功能，还未有充分的估计与研究。其实，所谓非逻辑演绎、非经验归纳的"自由"创造的能力，与此密切相关。它是机器和动物所没有的。这表现在日常生活（如语言）中、科学认识中，突出表现在艺术创作中，是所谓"天才"的标记之一。模拟不简单是观念间的联系，它涉及情感、想象等多种心理功能。

[2] 康德认为，色彩主要诉诸感觉的愉快，线条则不然，后者才真正具有审美意义。这是很有见地的，可参考中国艺术的特征。

术的本质和特征，这么抽象干枯的理论居然能成为美学史和文艺思潮中罕见的有影响力的著作，原因就在于此。

康德的主观唯心主义的美学不久由席勒多少加以客观化的修正，席勒也正是从自然与人、感性与理性这个哲学课题上来修正康德的美学的，所以席勒讲的也就不只是审美——艺术的问题，而具有社会的以至政治的内容。康德把自然与人锁在审美"主观的合目的性"中来解决，席勒则代之以"感性冲动"与"理性冲动"。第一个"冲动"要求它的对象有绝对的实在性，它要把凡只是形式的东西造成为世界，使在他之内的一切潜在能力显现出来。第二个要求（指理性冲动）是要对象有绝对的形式性，它必须在他之内的凡只是世界的东西消除掉，在所有变异中有协调。换句话说，"他必须显示出一切内在的又把形式授给一切外在的"[1]。前者"把我们身内的必然转化为现实"，后者"使我们身外的实在服从必然的规律"[2]。也就是说，一方面要使理性形式（伦理的人）获得感性内容，使它具有现实性；另一方面又要使千差万异、错综不齐的感性世界（自然的物）获得理性形式，使它服从人的必需。在席勒这里，自然与人的相互作用和转化开始具有了比较现实的方式。但席勒仍承继康德，要用所谓"审美教育"去把所谓"自然的人"上升为"道德的人"。所以尽管他把康德拉向了现实和社会，但他不懂现实和社会的物质力量，企图以教育来概括和替代改造世界的社会实践，仍然是十足的历史唯心主义。到黑格尔，则以实体化的绝对理念作为一切的归趋，自然与人被统一在精神的不断上升的历史阶梯中，自然界的有机体不过是绝对理念的一个环节，人与自然的深刻关系在黑格尔美学中并不占据多大地位。在黑格尔，"美就是理念的感性

---

1 席勒：《审美教育书信》，第11封。
2 同上书，第12封。

显现"¹。黑格尔注意的只是精神、理念如何历史地实现的问题，自然仅作为实现理念的一种材料而已。如果说，历史总体的辩证法是黑格尔所专长，个体、感性被完全淹没在其中；那么，重视个体、感性的启蒙主义的特征，则仍为康德所保存和坚持。这种歧异在二人的美学中表现得最为突出。实际上，作为历史，固然总体高于个体，理性优于感性；但作为历史成果，总体、理性却必须积淀、保存在感性个体中。审美现象的深刻意义也就在这里。黑格尔的美学与康德、席勒不同，它主要成了艺术理论，它只是一部思辨的艺术哲学史或艺术的哲学思辨史。歌德对康德极为赞赏钦佩，视为同道²，对黑格尔则表示不满，不是偶然的。歌德重视感性、自然、现实的"过于入世的性格"（恩格斯），使他对黑格尔那种轻视和吞并感性现实的思辨哲学采取了相当保留的态度。

所以，真正沿着企图统一自然的康德、席勒的美学传统的，并不是黑格尔，倒应该算费尔巴哈。费尔巴哈恢复了感性应有的地位。他把自然和人统一于感性。他说"艺术在感性事物中表现真理"，这句话正确理解和表达出来，就是说"艺术表现感性事物的真理"³。但是，对费尔巴哈来说，这个所谓感性事物的"真理"，乃是空洞的"爱"。"爱"固然是感性的东西，但这个感性不是历史具体的，而是超脱社会阶级的抽象。诚如鲁迅所说，"人必须生活着，爱才有所附丽"，生活实践却是历史具体的时代阶级的生活。如我们所熟知，费尔巴哈只知道感性的人，不知道实践的人。实践的人远不是抽象的感性的人，而是具有具体现实活动即一定历史内容的社会、时代、阶级的人。费尔巴哈不懂得这些，也就不可能懂得在实践基

---

1 黑格尔：《美学》第1卷，中译本，第138页。
2 见《歌德与爱克尔曼谈话录》。
3 费尔巴哈：《未来哲学原理》，第39节。

础之上自然与人、感性与理性的历史辩证的统一关系，从而也就不可能懂得美作为人（理性）与自然（感性）统一的真实基础究竟是什么，从而费尔巴哈以及其忠实门徒车尔尼雪夫斯基，也就不可能彻底批判包括康德在内的德国古典唯心论的美学。

人是按照美的规律来造形的

从马克思主义唯物论看来，康德提出的"自然向人生成"和所谓自然界的最终目的是道德文化的人（见《判断力批判》后半部），实际应是通过人类实践，自然服务于人，即自然规律服务于人的目的，亦即是人通过实践掌握自然规律，使之为人的目的服务。这也就是自然对象的主体化（人化），人的目的对象化。主体（人）与客体（自然）、目的与规律这种彼此依存、渗透和转化，完全建筑在人类长期历史实践的基础之上。

这里，我们就要回到康德哲学。康德在《纯粹理性批判》中经常提到一种非人所能具有的直观的知性或知性的直观，就是说，人的知性与直观（感性）在根源上是分离的：知性来自主体自身，虽普遍却空洞；直观来自感性对象，虽具体却被动；人要进行认识，必须两者结合，这是康德认识论的基本命题。但康德在强调这一基本命题时，就再三讲并不排除可以有一种把两者合在一起的能力，即理性与感性、普遍和特殊、思维与存在合为一体，亦即知性直观或直观知性。对于它来说，就没有什么本体与现象界的区别。人所不能认识的"物自体"对它来说，也就不存在了。康德在几个"批判"里不断提到的所谓"灵知世界"、所谓机械论与目的论在"超感性基体"中的同一，等等，都是讲这个问题。

这究竟是个什么问题？康德为什么要一再提出与他的认识论基本命题相对立的这种所谓知性直观或直观知性？如果去掉其走向信仰主义的东西后，便可以看到，这里实际提出的是一个思维与存在的同一性问题。以物自体为中心环节的康德二元论体系把这个同一性割裂掉了：物自体不可知，认识不能转化为存在，于是便只好在神秘的"灵知世界"去企求这个同一。在那里，例如在康德的所谓知性直观中，思维就是存在，可能就是现实，普遍就是特殊，理性就是感性，本体就是现象，"应当"就是"就是"，目的论就是机械论。思维不仅是认识存在，而且还创造存在，两者是同一的。这种同一当然具有浓厚的神秘性质。

继康德之后，费希特正是抓住这种所谓知性直观，来重新建立起思辨的形而上学。谢林更直接是从《判断力批判》自然有机体特征来大加发挥，把自然与思维纳在一个客观原始力量中以建立他的"同一哲学"。黑格尔最终泯灭一切矛盾作为绝对理念的所谓"具体的共相"，所谓"在最高的真实里，自由与必然，心灵与自然，知识与对象，规律与动机等的对立都不存在了，总之，一切对立与矛盾，不管它们采取什么形式，都失其为对立与矛盾了"，[1]等等，也是从这里来的。康德提出的这种同一性，经过费希特和谢林，到黑格尔手中，展开为一整套具有相互过渡和转化的历史环节和辩证法后，思维向存在的转化便获得一种深刻的意义，思维与存在的同一性成为德国古典哲学的重大主题和精髓。这个精髓却仍然在唯心主义的思维之中，并最终泯灭在上述那种形而上学的绝对统一之中。

马克思主义把德国古典哲学提出的思维与存在同一性问题颠倒过来，从人的物质实践中来讲思维与存在、精神与物质的相互转化：社会实践利

---

1 黑格尔：《美学》第1卷，中译本，第122页。

用客观自然规律，把自己的意识和目的变为现实，使思维转化为存在，从而就使整个自然界打上自己的印记。列宁说："人的意识不仅反映客观世界，并且创造客观世界。"[1] 人的活动是有意识有目的的，他利用自然规律以实现自己的目的，这种目的常常是有限的，从自然得来的（例如维持生存），但重要的是"目的通过手段和客观性相结合"[2]，便产生了远远超越有限目的的结果和意义。列宁引黑格尔的话："手段是比外在的合目的性的有限目的更高的东西；……工具保存下来，而直接的享受却是暂时的，并会被遗忘的。人因自己的工具而具有支配外部自然界的力量，然而就自己的目的来说，他却是服从自然界的。"列宁对此一再指出"黑格尔和历史唯物主义""黑格尔的历史唯物主义的萌芽"[3]，等等。人在为生存的有限目的而奋斗的世代社会实践中，创造了比这有限目的远为重要的人类文明。人使用工具创造工具本是为了维持其服从于自然规律的种类生存，却留存下了超越这种有限生存和目的的永远不会磨灭的历史成果。这种成果的外在物质方面，就是由不同社会生产方式所展现出来的，从原始人类的石斧到现代的大工业科技文明。这种成果的内在心理方面之一，就是在不同时代、阶级的社会中所展现出来的审美和艺术。个人的生命和人维持其生存的目的是有限的，服从于自然界的，人类集体的社会实践及其成果却超越自然，万古长存。这正是人类有意识有目的的社会实践即思维创造客观世界、思维与存在的同一性的伟大见证，这也正是审美和艺术具有永久魅力和不可重复性的根本原因所在。

康德泯灭思维与存在的同一性的"知性直观"，黑格尔泯灭这种同一

1　列宁：《哲学笔记》，人民出版社，1974年版，第228页。
2　同上书，第202页。
3　同上书，第202页。

性的"绝对理念",是唯心论的神秘,它导致信仰主义、宗教和上帝。马克思主义主张的思维与存在的同一性,把自然的人化看作这种同一性的伟大的历史成果,看作美的本质。

不是神,不是上帝和宗教,而是实践的人、社会的人,即亿万劳动群众的实践斗争,使自然成为人的自然。不仅外在的自然界,而且作为肉体存在的人本身的自然(五官感觉到各种需要),也超出了动物性的本能而具有了人(即社会)的性质。人在自然存在的基础上,产生一系列超生物性的素质:审美就是这种超生物的需要和享受,正如在认识领域内产生了超生物的肢体(不断发展的工具)和认识能力(语言、思维),伦理领域内产生了超生物的道德一样,这都是人所独有的不同于动物的社会产物和社会特征。不同的只是,前两个领域的超生物性质表现为外在的,而在审美领域,则已积淀为内在的心理结构了。它的范围极为广泛:吃饭不只是充饥,而成为美食;两性不只是交配,而成为爱情;从旅行游历的需要到各种艺术欣赏的需要,感性之中渗透了理性,自然之中充满了社会;在感性而不只是感性,在形式(自然)又不只是形式,这也才是自然的人化作为美的本质的深刻涵义,即总体、社会、理性最终落实在个体、自然和感性之上。马克思说:"旧唯物主义的立脚点是'市民'社会;新唯物主义的立脚点则是人类社会或社会化了的人类。"[1] 马克思主义的理想是全人类的解放,这个解放不只是某种经济、政治要求,而具有许多更为广泛更为深刻的重要东西,其中包括从各种异化中解放出来,美恰恰是异化的对立物。当席勒提出"游戏冲动"作为艺术和审美本质时,可以说已预示人从各种异化中解放出来才有美,人在游

---

[1] 《马克思恩格斯选集》第1卷,第18页。

戏时才是真正自由的。

可见,马克思讲"自然的人化",并不是讲美学问题,不是如许多美学文章所误认那样是讲意识或艺术,[1]而是讲劳动、生产即人类的基本社会实践。

"自然向人生成",是个深刻的哲学课题,这个问题作为美学的本质,是由于自然与人的对立统一的关系,历史地积淀在审美心理现象中。它是人之所以为人而不同于动物的具体感性成果,是自然的人化和人的对象化的集中表现。所以,从唯物主义实践论观点看来,沟通认识与伦理,自然与人,并不需要目的论,而只需要美学。真、善、美,美是前二者的统一,是前二者的交互作用的历史成果,它远远不是一个艺术欣赏或艺术创作的问题,而是"自然的人化"这样一个根本哲学——历史学问题。美学所以不只是艺术原理或艺术心理学,道理也在这里。

马克思指出:"社会是人与自然的完成了的本质的统一体。""全部所谓世界史乃不过是人通过劳动生成的历史,不过是自然向人生成的历史。"[2]又说:"工业是自然和自然科学对人类的现实的历史关系;如果工业被了解为人的本质力量的公开揭露,那么自然的人的本质或人的自然本质都好理解了。"[3]就是说,人类通过工业和科学,认识和改造了自然,自然和人历史具体地通过社会阶级的能动的实践活动,由对立而统一起来。从而,不是由自然到人的机械的进化论,不是由自然到道德的神秘的目的论,而是人能动地改造自然的实践论,才是问题的正确回答。审美的根本

---

[1] 艺术欣赏中自然景物具有人的感情特色,不过是上述自然人化的曲折反映
[2] 马克思:《1844年经济学哲学手稿》。又"这样的共产主义……是人与自然、人与人之间的矛盾的真正的解决,是存在与本质、对象化与自身肯定、自由与必然、个体与属类之间的矛盾的真正的解决。它是历史之谜的解决,而且它知道,它就是这个解决"。
[3] 同上。

基础，康德归结为神秘的"超感性基体"，其实际的基础却在人改造自然（包括外部自然与内部自然）的胜利。这才是"自然向人生成"，成为人所特有的感性对象（美）和感性意识（美感）。它是社会的产物、历史的成果。如果说从原始人的石斧到现代的工业文明标志着人对自然的不断征服的尺度，标志着自然与人的现实的历史关系；那么，美与审美也标志着这一点。不同的是它呈现在主客体的感性直接形式中，与工业作为人所特有的外部物质形式相映对。如果说，工业文明可作为打开了书卷的心理学的尺度，那么，美和审美（艺术）则可作为收卷起来的工业与文明的尺度。美的本质与人的本质就这样紧密连系着。人的本质不是自然的进化，也不是神秘的理性，它是实践的产物。美的本质也如此，美的本质标志着人类实践对世界的改造。马克思说："动物只按照它所属的物种尺度和需要来生产，人类则能按照任何物种的尺度来生产并到处适用内在的尺度到对象上去。所以人是依照美的尺度来生产的。"[1]

通过漫长历史的社会实践，自然人化了，人的目的对象化了。自然为人类所控制、改造、征服和利用，成为顺从人的自然，成为人的"非有机的躯体"[2]，人成为掌握控制自然的主人。自然与人、感性与理性、规律与目的、必然与自由、真与善、合规律性与合目的性有了真正的渗透、交融与一致。理性积淀在感性中，内容积淀在形式中，自然的形式成为自由的形式，这也就是美。美是真善的对立统一，即自然规律与社会实践、客观必然与主观目的的对立统一。[3]审美是这个统一的主观心理上的反映，它的结构是社会历史的积淀，表现为心理诸功能（知觉、理解、想象与情感）

1　马克思：《1844年经济学哲学手稿》。
2　同上。
3　参看拙作《美学三题议》。

的综合。这些因素的不同组织和配合便形成种种不同特色的审美感受和艺术风格。[1]其抽象形式将来可以用数学方程式来作出精确的表达。[2]用古典哲学的语言,则可以说,真善的统一表现为客体自然的感性自由形式是美,表现为主体心理的自由感受(视、听觉与想象)是审美。形式美(优美)是这个统一中矛盾的相对和谐的状态;崇高则是这个统一中矛盾的冲突状态。所以崇高,不在自然,也不在心灵(如康德美学所认为),而在社会斗争的伟大实践中。伟大的艺术作品经常以崇高的美学表征,即以体现一定社会的复杂激烈的社会斗争为基础为特色。先进阶级的战士,亿万人民的斗争,勇往直前、前仆后继,不屈不挠、英勇牺牲,是艺术要表现的崇高。自然美的崇高,则是由于人类社会实践将它们历史地征服之后,对观赏(静观)来说,成为唤起激情的对象。实质上,不是自然对象本身,也不是人的主观心灵,仍是社会实践的力量和成果展现出崇高。所谓人改造自然,不能局限在简单狭义的理解上,它不是指人直接改造过的自然对象,恰恰相反,崇高的自然对象,经常是未经人改造或人所不能左右的自然景象和力量。如星空、大海、荒野、火山、大瀑布、暴风雨,等等。因此,这里所谓改造的意义,就在指它处在人类和自然的特定历史阶段上。只有当荒野、暴风雨、火山不至为人祸患的文明社会中,它们才能成为人们观赏中的审美对象。文明愈发展,就愈能欣赏这种美。在原始社会和社会发展的低级阶段时,这些自然对象或成为宗教的内容,或人们只畏惧、膜拜和神化它,不成为审美意义的崇高。美(优美与崇高)都具有这种客观社会性。艺术美是它的反映。马克思说,"一个有自由时间的人

---

1 参看拙作《虚实隐显之间》。
2 康德认为形成审美愉快的想象力和知性的自由协调,其具体关系是不可知的,所以引进了神秘的形式合目的性的概念。现代心理学虽然还没能科学地规定审美的心理状态,但将来肯定可以做到。

的劳动时间比劳动兽类的劳动时间,有更高得多的质量","这种人不是作为经过一定形式训练的自然力……而表现为进行支配全部自然力的活动的主体",当以脑力劳动为基础的创造性的自由劳动成为生产社会财富的指标和尺度的时候,作为感性自然存在的主体(人),无论在外在或内在方面都将具有完全崭新的性质,不仅人的社会诸关系,而且人的自然的诸关系都将产生根本的变化,这种变化的要害就在把各种经济的、政治的、意识形态的异化扬弃。特别是在阶级对立、剥削、压迫及其变形和残余彻底消灭之后,人不再是为维持其动物性的生存而劳动,不再为各种异化力量所控制和支配,不再为吃饭,为权利、地位、金钱、虚荣……而劳动,并且摆脱作机器的附属品,体现人的创造性和个性丰富性的自由劳动及其他活动便将以美的形态展现出来。所谓人的自由、人是目的的科学涵义将真正出现。吃饱肚子和生活享受并非共产主义。共产主义,如马克思所早指出,是不同于史前期必然王国的自由王国,它已是人类社会发展和经济不断增长愈来愈明白展示出来的必然趋势,同时也是亿万群众奋斗以求的美的理想。

现代资本主义物质文明和消费生活在社会总体中迅猛发展,反而使个体的孤独、忧郁、无聊、焦虑、无目的、恐惧……增加。宗教的衰亡使人似乎失去精神寄托,科技生产的发达使人与人之间的关系更加疏远,人处在各种异化状态里(现代艺术也正是以丑的形式反映这种异化状态下的心理情绪)。人与自然这个老问题,以及卢梭提出文明与道德的二律背反又一次以"新"的形态,为从海德格尔到马尔库斯以各种不同方式不断提出。个体作为血肉之躯的存在物,在特定状态和条件下,突出地感到自己存在的独特性和无可重复性(如说在死亡面前,感到存在的真正深度等),意识到这才是真止的"存在",从而要求从那种所谓"无人称性"和被磨灭掉的"人"即失去了个体存在意义的社会生活中挣脱出来,让"存在"不被"占有"所吞噬……这些为存在主义所津津乐道的主题,以及为马尔库斯提出"单向的人"(即片面的人),要求从现代技术——物质的异化力量控制中解脱出来,等等问题,都是以一种哲学的方式表达了资本主义现代社会中人与自然、社会与个体之间巨大矛盾和分裂。这种矛盾和分裂的根源当然是一定社会阶级条件下所造成的种种异化,而不是迅猛发展的科学技术和物质文明本身。[1]因为,自然生命存在并没有什么独特性和无可重复性,他的独特和无可重复恰恰在于他自觉意识和选择,在于个体自然中充满社会内容和价值,存在主义从反面表达了人与自然、社会与个体必须统一的重大时代课题。

马克思说:"共产主义是私有制即人的自我异化的积极的扬弃……是人向自己作为社会的即人性的人的复归,这个复归是完全的,是自觉地保留了发展中所得到的全部丰富性的。这种共产主义作为完成了的自然主义——人本主义,作为完成了的人本主义——自然主义。它是人和自然以及人和人之间对抗的真正解决,是存在和本质、对象化和自我肯定、自由和必然、个体和族类之间的抗争的真正解决。它是历史之谜的解决,并且它知道它就是这种解决。"[2]"自然科学将使自己从属于人的科学,正如人的科学将属于自然科学,成为同一个科学。"[3]这里的"人性""人本主义"是与自然(动物性)相区别、与资产阶级的人性论(自然性)人本主义(自

---

[1] 异化在前资本主义社会,则经常以更赤裸裸更残暴的宗教和政治的形态出现,人所制造出来的权力和偶像在奴役着自己,不但在现实上而且在精神上,个体完全失去了自己,沦为一无所有、一无所能,完全由外在意志所奴役、所支配的会说话的工具。一切谎言说教和温情脉脉的封建面纱,也掩盖不了这前资本主义异化的残酷。
[2] 马克思:《1844年经济学哲学手稿》。
[3] 同上书。

然人性论）相对立的，只有在前述人的对象化和自然的人化的基础上，才可能有这个"解答"。这个"解答"不是别的，就正是以个人全面发展为社会发展的条件的未来共产主义社会。异常丰富、充分发展的个性本身，成为人与自然、社会与个体之间高度统一体。人类由必然王国进到自由王国，即美的世界。

这个世界的到达，当然需要一个艰苦的历史行程。只有在人民群众推翻各种本来面目的或改变了形态的剥削、压迫之后，在消灭各种异化及其残迹之后，这个美的世界也才有可能出现在我们这个星球之上。但整个人类的漫长历史告诉我们，这一天终究是要到来的。

美感的二重性与形象思维

注:1981年8月讲演记录稿,原载《美学与艺术演讲录》,上海人民出版社,1983年。

进修班要我讲这个题目，我很感兴趣，为什么呢？因为这个题目似乎抓住了我的要害。我记得郑季翘同志批评我的形象思维论的时候，也是抓住了这一点。他说李泽厚很早以前就主张直觉论。这是指我的第一篇美学文章《论美感、美和艺术》中提出了美感两重性，提出了美感的个体直觉性问题，把我对形象思维的看法与对美感直觉性的看法联系起来了。虽然在我的文章中并没有这样直接联系过，但形象思维这种艺术家的创作现象，和艺术欣赏当中得到的审美愉快，的确是有密切联系的。今天，只能非常简单地讲讲这个问题。

美感直觉性，从美感的两重性来说，一方面对个体而言，美感具有一种直观的（直觉的）性质；而另一方面，它又有一种社会功利的性质。我认为这是一个不应否认的事实。因为你看美的东西，首先感到的是好看不好看、愉快不愉快，好像事先并没有什么考虑。我们看到一个人长得很漂亮，啊，很漂亮；看到一块花布好看，咦，好看；看了一部电影，说，有意思。这是一种直觉的观感，不会让你考虑几天再回答，甚至你直觉地说好或者不好，也不一定能说得出什么道理。我们的报纸刊物有时把某些小说、电影说得怎么、怎么好，你一看并不觉得好；或者说怎么、怎么坏，然而你一看也不觉得坏。也许道理你说不过人家，但是你的直观感觉就是这样。所以我认为这种直觉性是事实存在，否认事实是很可笑的。要是怕"资产阶级直觉主义"的帽子，那么叫"直观性"或"直接性"也都可以，但是事实还是事实。

另一方面就是关于社会功利性问题。对这个问题在国内一般都没有反对意见。实际上这两个方面包含四个内涵。一个是直觉，相对于逻辑说的；一个是功利，相对于非功利说的。也就是说，假若是两重性的话，一方面是在直觉和非功利性；另一方面则是逻辑和社会功利性。前两者与后两者密切联系在一起，社会功利常是逻辑的考虑；尽管这种逻辑有时是非常不自觉的，或习惯性的。这种关系讲起来也很复杂。此外还有社会功利（理性）与个体功利（动物性）的问题。这个两重性问题我在二十世纪五十年代提出来，以后没有讲，有两个原因：一个是以后的美学讨论在美的本质问题上谈得非常多，而在美感问题上则没有怎么谈；另一原因是，这个问题一提出来就被很多人反对，说是资产阶级的"直觉主义"，所以就不能也不敢再讲再写了。

实际上我的这个看法还是从马克思《1844年经济学哲学手稿》中来的（以下简称《手稿》）。这本著作虽然并不是讲美学问题，它是讲哲学问题的。马克思在当时不会想到一百多年以后，我们首先在美学的角度来强调这部著作的伟大意义。这是因为这部著作的基本哲学观点，正是为美的本质和美感的本质奠立了哲学理论基础。

《手稿》一个很重要的方面，恰恰是谈到人的感觉与需要不同于动物，不同于动物的一个很重要的基本特点就是它的非功利性。马克思十分强调人与动物在感受、感觉、感知上的区别，动物是满足它生存的需要，为了生存必须不停地吃，不填饱肚子就无法生存。当然动物园中的动物可以不去觅食，但野生动物在很多时间里都在寻找它生存的需要。个体完全是为了消费与生命的存在，在不停地活动着。而人恰恰与动物在这方面区别开来。从而，人的感性也逐渐不只是为了生存的功利而存在的东西。马克思在《手稿》中再三强调感性的社会性，而不是理性和社会性。理性的社会性好理解，什么逻辑呀、思维呀这些东西。而马克思恰恰讲的是感性的社会性，感性的社会性是超脱了动物性生存的功利的。眼睛变成了人的眼睛，耳朵变成人的耳朵。马克思说："因此，〔对物的〕需要和享受失去了自己的利己主义性质，而自然界失去了自己的赤裸裸的有用性，因为效用成了属人的效用。"就是说它不是属于个体的、自然的、消费的关系，不是与个体的直接的功利、生存相关的。对于一个饥饿的人，并不存在食物的人的因素。忧心忡忡的人，对于最美的风景也无动于衷。一个饥饿的人跟动物吃食没有什么区别，这是有很深刻道理的。中国古老的吃饭筷子上常刻有"人生一乐"几个字，把吃饭当成是人的快乐与享受，而不是纯功利性地填饱肚子。这样，人的感性也就失去了非常狭窄的维持生存的功利性质，而成为一种社会的东西，这也是美感的特点。它具有感性、直接性，亦即直观、直觉，不经过理智的特点；又不仅仅是为了个人的生存，所以它又具有社会性。我所讲的美感两重性，实际上是来源于《手稿》。

  在西方美学史上曾争论不休，为什么只有视觉、听觉才能够成为审美的感官？为什么味觉、嗅觉、触觉不能成为审美的感官？到现在为止，并没有很好解决这个问题。我认为马克思把这个问题解决了。就因为视觉和听觉是更多地人化了的感官，在感性里面充满了社会性，成为人的东西。而味觉、嗅觉、触觉只能起一种辅导的作用，动物性因素仍然很强，于是难以成为审美感官。这是纯从哲学理论上说。当然其中还有许多心理学的具体原因。总之美感的两重性,一方面它是感性的、直观的,而另一方面在感性中又包含了长期的人化了的结果。自然的人化有两个方面:一个是对象的人化;一个是自身的人化。自身的人化就是人的五官感觉的人化,还不仅仅是五官感觉。马克思曾特别讲到性爱的问题。性爱的关系是自然的;然而其中也最容易表现出社会的人的尺度,因为性并不能等于爱,但完完全全离开性的爱也不存在。性爱作为人的东西,理性与感性融化在一起。所以,我所经常注意的一个基本思想就是:理性的东西怎么表现在感性的中间;社会的东西怎么表现在个体的中间;历史的东西怎么表现在心理中间。我用"积淀"这样一个词来表示这个意思。即社会、历史、理性积淀在感性、个体、直观中,这就是人的感性的特点,也是我所采取的解释美感的基本途径。

我认为从康德开始,经过席勒、费尔巴哈到马克思,特点之一就是抓住了"感性",这也就是为什么我要把黑格尔撇开的原因。今年国际上有个会议,议题之一就叫:"要康德,还是要黑格尔?"我的回答:"都要!但如果必须选择其一,那就要康德,不要黑格尔!"解放后,我们对黑格尔研究得比较多、评价也很高,但是不是研究得很深了呢,我觉得还很难说。对康德,则批判与否定太多,研究很少。我想考察一下这个问题。这倒不是因为康德在西方的影响比较大,其实黑格尔对西方的影响也很大。我自己受黑格尔的影响就很深。黑格尔最伟大的地方,是宏伟的历史感。我认为他的辩证法的灵魂就是伟大的历史感,而伟大的历史感也正是马克思紧紧抓住的东西。这也是我们现在需要学习的黑格尔的东西。但是黑格尔的理论中也有大量的诡辩论。他的《美学》这本著作中就有很多牵强附会的东西。由于他的诡辩论,无论什么问题,到他那里都能讲出道理来,当然里面夹杂了很多主观的东西。这方面我认为康德比较老实,不知道就是不知道。黑格尔的历史感，对人类历史发展的整体性的观点，以及对必然性与理性的强调，无疑是很正确的。马克思接受了这种观点，这是永远值得高度评价与研究的方面。因为他站在整个人类历史的高度来认识与观察一切问题，自然很深刻。但另一方面，感性的、偶然的、个性的东西黑格尔就注意不够，这些内容在黑格尔的历史整体感中消失了。为什么存在主义崛起？就是对黑格尔的一种反抗。人都具有个体，并在有限的时间与空间中存在，这是一个真实的存在，人是感性物质的存在，而不能完全是理念的存在。在这个方面我觉得黑格尔是注意不够的。这种影响到如今还存在。比如我们总是强调事物发展的必然性，其实有很多事物发展是偶然的。如果慈禧太后不活那么多年，中国近代史很可能是另外一个样子；或者慈禧太后一死，载沣把袁世凯杀了，那么以后的历史可能又是另一个样子。所以一个偶然的事件往往可以影响历史发展的几十年，甚至一百多年。如果一切都是必然的结果，那么人就什么都不要主动干了。我们的历史学、哲学对个体的人的存在，感性的人的存在，或偶然性的存在是注意不够的。

这里也许要讲讲人性的问题，美感正是人性的一种证明。我不同意把人性等同于动物性，现在西方或国内也见到这样一些观点的文章，把人性简单地看成是动物性，一种自然的要求与需要，表现这个就是人性的。现在好些小说里就有这种思想。也许是我保守，我认为，马克思在《手稿》中恰恰强调了人性与动物性的区别。如果等同的话，那么人与动物就没有性质上的区别了。然而另一方面如果把人性看成是纯理性或社会性的东西，我也不同意，把人性等于阶级性就不必说了。前一种把人性等同于动物性，可以变成纵欲主义，后一种则可以变成禁欲主义。黑格尔后一种的东西多一些，把纯理性的东西说成是人的本质。所以我认为真正的人性应该区别于动物性,但它又脱离不开动物性与感性,而具有人的性质。所谓美感的两重性就正是建立在这种基础之上的。美感就是人性的一个具体的方面。这人性不是上天赐予的,不是天生的,而是人类给自己建立起来的一种主体性。这就是人的文化心理结构。人类在漫长的历史实践中建造了极其伟大的物质文明,这是人与动物很大不同的地方。人是以能制造工具和动物相区别的。工具不能吃,也不能满足个体的需要,它只是一个中介,它只是要达到猎取食物的工具,而动物就没有这个中介及意识。人把这种特性作为自己活动的对象。所以人的实践的最基本的东西就是制造工具。然而到底什么是"实践",至今恐怕并没有搞清楚。在国外,实践也是很时髦的哲学问题,但也并没有准确的客观规定。我认为实践最基本的是制造工具,这恰恰是体现人的本质所在。马克思主义最基本的核心是历史唯物主义。恩格斯评价马克思也是一个历史唯物史观,一个剩余价值论,并没说其他别的。历史唯物主义就是实践论,这两者不能分割。把两者分割会造成什么后果呢?要么造成抛弃了历史唯物主义的实践论,陷入主观意识论,不承认客观规律。我们对实践可以说讲了不少了,1958年大干的确是伟大实践,但违反历史规律,结果起了相反的作用。所以一个哲学命题看起来好像离现实很远,而实际上有很重要的现实意义。其次,离开了实践的历史唯物主义则变成了宿命论,忽视了人的能动作用,人就变成了一种工具,就是黑格尔式的太强调了客观必然性的因素,作为个体,主体实践力量处于被动的工具的地位。

  人创造了大量的物质文明,从石头工具到航天飞机。人也创造了丰富的内在的东西,这就是人的文化心理结构。我们的心理结构实际上保存了历史的各种文明,其中同样包括美感在内。人一方面创造物质文明,同时也创造精神文明。精神文明并不是空洞的东西,它既表现在物质形态如各种艺术作品中，又表现在人的心理结构中。人的这种心理结构正是人类千百万年以来创造的成果。教育学科之所以伟大，正因为它有意识地为塑造人的心理结构而努力。人要获得一种结构、一种能力、一种把握世界的方式，而不只是知识。知识是重要的，但知识是死的，而心理结构则是活的能力或能量。人类的心理结构至少表现在智力、意志、审美等三方面。这三方面就形成了人类把握世界的主体性，就是使人区别于动物的人性。

审美特点是感性的、直观的把握方式，美感的直觉能力并不是天生的。让小孩子看齐白石的画，画得再好，他也可能觉得不像。长大了，有了一定的欣赏修养之后，就觉得十分生动传神，这种能力恰恰是经过教育与大量文化生活教养的结果。我把这种成果叫作"积淀"。这就与西方资产阶级的所谓"直觉主义"有了原则的区别，因为我强调的是一种历史发展形成的结果。在这个基础上我们再去看康德对审美的分析，就觉得很精彩了。他把审美无功利的愉快，与生物性的愉快、道德的愉快区别开来。我口渴了，喝口水感到很满足，但这种愉快与审美愉快不同。我做了一件好事心里很高兴，这是一种精神的道德的愉快，也与审美愉快不同。一个是纯感性的愉快；一个是纯理性的愉快；而审美的愉快恰恰既是感性的又是理性的。他不涉及个人的功利。喝水感到愉快，对身体有好处，这是个功利的关系。那种道德的愉快也是直接社会功利的需要。而这个审美的愉快，是看不见功利关系的直观的表现。康德最重要的一点，就是"无目的的合目的性"，它没有具体的目的，但是合目的性。艺术品正是这样的。它不一定告诉你它有什么目的，但它中间包含着一定的目的性，这应该是审美的一个根本的特性。然而由于康德的哲学是唯心论的，所以他把这种现象做了一种唯心论的解释。他说这归根于人类的共同性即人类先验的一种共同的东西，而他也无法解释这种共同感是从哪里来的。我们现在加以马克思主义的解释，把这种现象建立在历史唯物主义的实践论的基础之上，我把它叫作人类学的历史本体论的基础之上。即从人类的整个历史发展的基础上来观察和分析这个问题。总之，美感的两重性就是建立在这样一个基础之上，积淀成为心理的一种结构方式。而研究美感就是要抓住这些基本的特点来进行分析，特别要进行一些心理学的研究，也可以从哲学的角度对此研究。

例如，有些审美对象并不一定都很美，甚至很丑陋。但在不愉快中又感到有些愉快，比如在音乐中有些不谐和的旋律，绘画中也有乱七八糟的颜色和形象，听起来、看起来，很别扭，但就在这别扭中，好像又有些满意的享受，这是一种复杂的感受。不一定能够很好地讲出来，甚至似乎不能够用言语形容。艺术的欣赏讲究要有"味道"，艺术恰恰要表现一般语言表现不出来的东西，让你去想，去捉摸。中国很讲究艺术的"味道"，但"味道"是什么东西，你不一定讲得出来。说它是高昂的、低沉的……并不能真正说明它，但这已是逻辑思维，不再是审美直觉了。审美可以引起逻辑思维，而引起以后，再去欣赏就会更深一层。这也是一个循环的过程。

下面我讲一讲美感的四个因素。美感从心理学看，至少就是感知、想象、情感、理解四种基本功能所组成的综合统一，绝不只是其中的某一种因素，至于这几种因素到底是怎么结合起来的，各占多少比重，它的排列组合有多少种，这些问题还很少人研究。比如感知里面就还有感觉和知觉；想象里面的种类也很多：模拟联想、接近联想、相反联想等。而情感与欲望、要求、意向、愿望等也有很多联系。每一种因素都有很多内容。我常说美学是一种年幼的学科，就是因为，美感心理的这种种规律都还有待于今后深入的研究。我们只知道现象的多样性、复杂性，但它到底包含什么,并不清楚。我想现在也研究不出来,恐怕要五十年或一百年以后。这是因为心理科学本身还不成熟,对情感,对高级的审美情感就更不清楚。我在《审美与形式感》(1981年第6期《文艺报》)一文中曾提到了格式塔的心理学。像R.安海姆的《艺术与视知觉》,研究视知觉的这种现象,他讲究"同形同构",研究外在世界的力(物理)与内在世界的力(心理)在形式上的"同形同构"的结构关系,你之所以感到美,是一种同构关系的存在。他是反对移情说的,他认为移情恰恰要用同构关系来解释。为什么看见杨柳轻轻摆动,看到水缓缓地流,你心里就会产生一种柔和的情绪;看到很直的松树,会有一种挺拔高昂的感觉,这是因为外在与内在有相同结构的模拟(同构)关系。这个学派曾经做过一种试验:让人以各自的姿态来表现心理的愤怒或悲哀,试验结果愤怒的姿态线条都是直的、坚硬的、向上的;而悲哀的姿态则都是柔和的、向下的、缓慢的。尽管姿态不一,但趋势是差不多的。可见,外在形态与内在心理有同构关系。这提出的虽是假说,但有一定价值。像这种问题就很值得研究。但是这种学说也有一个缺点,就是没有考虑到这种心理状态绝非仅仅是生理的、动物的,它还包含有社会方面的心理因素。它没有注意到人类千千万万年积淀的心理成果。牛看到红布也激动,但与人看到红布激动是不一样的。人能分辨出是红旗或是红毛衣之类,他的激动内容并不一样,他的激动中具有社会的具体内容,里面有很多社会的观念和理解的因素,所以它不是一种简单的感知,感知里面有他的想象、理解与情感。人为什么看了直线的东西有刚强的感觉,看了曲线的东西有柔和的感觉呢?这是人类千百万年来与自然界打交道的结果。我在1962年的《美学三题议》中讲了这个问题。当然,研究社会因素怎么与心理因素交融在一起,是非常难的。黄金分割的比例1:0.618是最美的,为什么?显然有一种生理、心理的基础,但恐怕也与人的活动、环境等有一定关系。

再比如节奏,这也是属于感知方面的问题。小孩跳橡皮筋,唱儿歌,有些唱词并无意义,但有一种节奏感,这恐怕动物也有,但人包含了社会的、时代的功利的作用。都是节奏,古代人与现代人的感觉为什么不一样?为什么年轻人看现代外国电影感到节奏合适,而让他听京剧他就觉得一句唱半天,节奏太慢了,而有些老年人则正相反。看起来这是感性的直观,没什么道理可讲;实际上,由于现代生活的节奏本身是较快的,因此反映在人的心理上就产生一种相应的要求和感觉。比如现代的建筑造型的线条十分简洁明快;精雕细琢、雕梁画栋、红红绿绿反而觉得不舒服,这就是因为感知中包含了社会时代的因素。当然这里不能讲得很死。艺术作品的节奏要与时代生活合拍,自然也有相反的情况。比如在非常紧张的时候,你希望看一点轻松的古装电影;而生活很单调的时候就希望看点惊险的影片。又比如城市已经很喧嚣了,所以建筑的颜色就要搞淡雅一点,米黄、浅灰、淡绿等,使人在精神上不感到强烈、紧张。如果大红大绿搞多了,人们就受不了。相反在农村一片翠绿的田野、树丛之间,就希望来点红的或较强烈的色彩,这是心理的需要,这种心理需要既包含生理上的因素,又包含社会的因素,二者又是溶化在一起的。再比如,书籍封面装帧,过去大都很严肃,色彩单调。现在大都色彩丰富、明快,去掉了过去古板陈旧的样式,这显然有时代与社会的因素在里面。它们也体现了感性的解放,体现了现代人的自由、欢快的心理需要。

我一直认为,美学不能等同于艺术论,它远远不只是艺术哲学。生活中的实物造型可算作实用艺术,但美学也远远不只是这个方面。人的生活怎么安排都与美学有很大关系,社会的和个人的生活节奏、色彩如何?感性的节奏是生活秩序的一部分。一个社会或群体必须建立一种感性的秩序。有和谐、有矛盾、有比例、有均衡、有对称、有节奏、有各式各样的关系，有张有弛。社会生活、生产，要有节奏、韵律。所谓张弛有致。安排得好，很舒适，安排不好就乱糟糟的。个人的生活和工作也如此。人对世界的改造、把握、安排就包含了很深刻的美学问题在里面。从幼儿时期开始，就可以培养他的感性秩序，这种感性秩序对一个人的成长，一个人的智力发展、意志锻炼和对世界的感受能力，以及对他的身心健康都是很有好处的。从这个角度看，美育、美感、审美都不是一个狭窄的问题，它是主体方面的人化的自然这个大问题。从幼儿开始就叫他在美育活动中建立感性心理的结构秩序。这种感性秩序包含了一个社会与时代的功利规定的要求。这不正是美感二重性吗？

上面讲了一下感知，下面简单谈一下想象。

想象，这个领域很大，人类不同于动物的主要能力之一就是人具有丰富的想象。儿童有段时间特别喜欢想象，在游戏中想象，在想象中游戏。小孩为什么喜爱孙悟空，因为孙悟空可以七十二变，它可以发展儿童的想象能力，这对儿童成长极为重要。想象问题非常复杂。到现在为止，心理学研究比较充分的只是知觉，而对情感、想象等，心理学研究是很差的。对想象的认识既不清楚，又不一致。比如弗洛伊德的心理分析的无意识论。无意识与想象有关。那么，同构是否与想象也有关系呢？为什么情绪与色彩、温度与轻重有关系呢？"红杏枝头春意闹"，是一种"闹"的色彩；"绿杨烟外晓寒轻"，是一种"轻"的温度，这种通感同构就是不自觉的想象。这种联系当然就是直觉的、自然的，是美感直觉性的表现。美感的直觉性不仅表现在欣赏上，也表现在创作上。画家为什么用这种颜色，不用那种颜色，他不一定能说出道理来，就觉得用这种合适。想象为什么用别一类感觉来形容这一类感觉，对他来讲是直觉的，非自觉的；而另一方面他显然又有一个长期的生活经验的积累,生活中间,使他把它们联系起来了,但并不一定明确意识到了。那么能不能沉湎在无意识之中呢?这个可能性是存在的。我是主张艺术家凭自己的感受或灵感来写作的。这种灵感不是偶然的,是长期的生活积累,把有意识的变为下意识和无意识的,这是一种积淀式的东西。为什么西方一些美学家把梦和艺术联系起来?把艺术看成是梦当然是不对的,但梦与艺术是有相似处的。梦是非自觉地出现的。梦中出现的形象,是这个人,又是那个人,突然这个人又变成了那个人,不像生活中是符合逻辑同一律的那同一个形象。在梦中往往多样的形象变成一个东西,不符合日常生活的逻辑的理智的考虑。艺术作品中也有这种情况,艺术形象具有的多义性、朦胧性、宽泛性,是这个又是那个,是A,又不是A,等等,与梦的确有相同之处,不同于一般逻辑思维。但一个(梦)完全是无意识,另一个(艺术)却并不是。不过它们都是想象。同时,想象与欲望、情欲也有联系。有个说法是,艺术本质是欲望在想象中的满足。我当然不同意,但这种说法也不能说没有一点道理。比如,我们有次下乡,生活很苦,很久没吃到肉,坐在一起常常谈就是"精神会餐",总要议论一下北京什么饭馆,什么菜什么东西好吃,等等。后来回到北京经常吃到肉,同是这些人聚在一起,一次也没有讲到吃。得不到生活的满足,就要求精神满足一下,等到得到了,反而不讲了。艺术的想象中有没有这方面的东西?我看这样的因素是值得注意的。而这个因素又不是自觉意识到的。从想象这个角度来看,不管是欣赏或创作也都有这样一个直觉的非逻辑理知的因素。它经常表现为一种非自觉性。

下面谈谈情感。我主张在创作中、欣赏中要有情感。艺术没有情感不成其为艺术。情感对人来说,就个体来说,比认识要早,是与人的本能、人的生理的需要联系在一起的。小孩子饿了要哇哇地哭,他饿!他吃饱了就笑,满意了!他的情感与他的生理存在和需要是联系在一起的。所以说,情感比理性的东西更早、更根本。刚才讲,欲望跟情感是联系在一起的,它有生理本能的一方面,这是很根本性的。但到了社会之后,情感社会化了,情感远远不是动物性的东西。人的不同的情感,变成十分复杂。但是它也有两个方面,有与生理直接联系的方面,而另一方面它又理性化了。情感最能在感性里表现理性,这是很有意思的。譬如音乐,音乐最能表现情感,音乐也是最难用概念说明的。莫扎特音乐的内容是什么?是什么意思?很难说。柴可夫斯基的《悲怆(第六)交响曲》,你说悲怆,到底悲什么?怎么悲?讲不清楚,它主要是表现一种情感。

克罗齐的直觉论,大家看了朱光潜同志翻译他的《美学原理》。克罗齐后面还有两篇文章,他在那里强调了情感,他说直觉离不开情感,"直觉的表现"就是情感。他说:"是情感给了直觉以连贯性和完整性,直觉之所以是连贯的完整的,就是因为它表达了情感,而且直觉只能来自情感,基于情感。"说得非常明确。后来还有一个说明:"直觉就是感情的表现。"克罗齐、科林伍德关于情感讲得很多,在英美叫作"克罗齐-科林伍德学说"。这一理论后来就被苏姗·朗格继承了下来,认为"艺术是情感的逻辑","情感的符号"。符号有两种:一种是认识的符号,即概念推理;一种是情感的符号,就是艺术。从而艺术也就是情感的逻辑,这样的逻辑是广义的逻辑,不是逻辑学教本上的那种概念的逻辑。所以,我既讲形象思维是广义的思维,我又讲形象思维并不是思维(狭义的),这并不矛盾。

如上面所讲,艺术的形象是多义的,它是这个又是那个。在理论上茶杯就是茶杯,它不能同时又是粉笔盒,两者不能混同。在艺术里却可以这么做，是茶杯又是粉笔盒，它可以像在梦中的物象交叠。这就是一种违反形式逻辑同一律的情感的逻辑。最有意思的是，恰恰是这种逻辑却偏能表现哲理。因之，叔本华、佩特等人都把音乐看成是艺术的皇冠，是最高级的，音乐里有很深的哲理性。音乐表现哲理性大大超过绘画，听音乐所感到的哲理性超过其他艺术。这是很奇怪的。歌德的《浮士德》，主人公浮士德经过一系列人生的历程，但都不能得到满足，最后为全人类造福，得到了满足，达到了人生最高境界。什么爱情啊、功名啊、个人事业啊，都不能满足，为人类造福，满足了。贝多芬《第九交响曲》也有这个哲理，最后那一部分极其博大的气势，为了全人类，便能够使人体会到人生的价值、人生的意义。柴可夫斯基的音乐，也达到了一种哲理的高度，但比贝多芬又差远了。所以，一个非常感性的东西，它不用概念语言，偏偏能够使人在直观中得到一种哲理性的感受。这不是美感二重性的又一证明吗？也许哲理本身就是情感性的？也许人的心灵之所以不像机器，正在于他有这种非概念的情感逻辑？有人讲，你这个人情感、思想这么复杂。我认为人类的历史就是由简单到复杂。既能从一块石头、石刀发展到这么复杂的宇航技术，我们的内心世界难道不该复杂点吗？那有什么害处呢？我们的内心世界变得像一个空盒子一样单纯就好？复杂性恰恰是表现了丰富性、多样性。艺术不仅仅创作了艺术品，而且创造了人的心灵。表现在文学、音乐、绘画里面，那么复杂的、那么细致的东西，你看了之后使你自己的情感、心灵，你对人生的感受变得复杂细致了。这是好事，不是坏事。单纯明净当然有它的好处，但是我们也不能老看希腊雕塑，老看拉斐尔。人们看了希腊雕塑，还要看罗丹，看亨利·摩尔那些现代派艺术，为什么？人们不能老是停留在一种单纯的明净之中，它要求日益丰富。这会使你的心理结构变得更多彩、充实和更细致。例如，生活中的不怕死是很不一样的。动物也能不怕死,原始人也可以不怕死,但是与现代人的不怕死是不一样的。后者是经过很深刻的自觉意识的选择行动。表现形式好像一样,但出发的基地、整个的心理结构是很不一样的。我们今天把一些最简单、明快的东西,认为最好、最美,我不这么认为。美都带有它时代的特点,是不断向前发展的,人的美感也是不断向前发展的。美感,在一种直接的感受里面包含着大量的时代的社会的因素。

最后讲讲理解因素。我已多次重复表明,不同意把艺术看作只是认识,不同意把美学看成只是认识论。在这一点上,我与不少同志有分歧,包括蔡仪同志、朱光潜同志都把艺术看作认识论,还有马奇同志把美学看成是艺术哲学,我都不同意。艺术给人的,远远不止于认识。它是对整个人的心灵、心理结构起作用。中国古人讲得很对,它是"陶冶性情":对于人的心灵、心理结构、心理能力,给予影响,然后塑造你,丰富你。认识有科学就够了,把道理讲清楚就完了。老实讲,就认识说,艺术远远比不上科学。那么还要艺术干什么?艺术给人的恰恰是影响你,不仅影响你的理解,而且影响你的想象、情感、感知,它是多方面影响你的,使你这个人化的自然,使你这个内在的五官,使你的情感、感知、想象越来越丰富,它起着全面的作用。我这个观点一直有人批评:说是提倡反理性主义。不过我坚持。我认为我不反理性,艺术包含认识但不等于认识。不过认识是你看不见它罢了。我的文章多次讲:"理之于诗如水中盐。"艺术中的认识就像水里面放上盐似的,喝水有咸味,但是你要找这个盐是看不见的,你找不出来,盐到哪里去了?盐的味在水里。我说艺术里面的认识、艺术里面的理解、道理都应该达到这样一种境地,才是比较高的艺术,是符合人们的审美规律的艺术。但是我们现在的艺术恰恰相反,它给你大把的盐吃,老是怕你不理解,所以使你非常难受。一部电影或小说本来还好，怕你不理解，讲一堆道理，索然败兴，你就不想看了。因为人的审美直觉必须在一种自由自在的活动中进行。硬把一种认识抽出来，加进去，便破坏了审美规律，破坏了美感二重性的特点，因此它并不引起美感，不能引起你的愉快，那谁愿意看呢？作家不能单凭理性的东西进行创作，理性恰恰包含在、溶化在他全部感性的体验、感受、想象、情感之中。马克思主义的世界观只有真正变成了你的情感、想象、感知，变成你生动自然的形象思维，而不是外面加上去的东西，这才能成功。否则的话，你会失败的。为什么有些作家，后来就写不出好东西来了呢？也不是一个两个人是如此，这恐怕不是偶然的。原因之一就是他们在艺术上太没有强调创作规律与艺术本身的审美规律，就是怕人家主题不明确，硬要把一些概念性的东西塞进去，把审美规律给破坏了，于是创作不出好作品，没有艺术性。我们这几十年发展了"文艺政治学"，但不是美学。我们只注意了文艺和政治的直接的、简单的关系，而没有看到文艺的美学特征和规律。艺术的政治作用要通过美学来达到。看了一个好戏，在出剧场的时候，你既感到愉快，得到了审美上的满足，又觉得精神境界提高了。这才是艺术所起的审美教育作用。这正是美感二重性的特点。正因为有这种二重性，而不只是认识，才使你去琢磨，你才觉得有意思有味道。张洁有篇小小说——《拾麦穗》，我认为比《爱是不能忘记的》强多了，但没人注意。它里面讲一个七八岁的丑陋的女小孩，我记不得是不是孤儿，没人看护，有一个六七十岁的卖糖的老头子常给这个女孩几块糖吃，人们就笑话："你嫁给他吧，你嫁给他吧！"老头了六七十岁，小姑娘七八岁，这完全是个玩笑。这个老头每天来，后来就死了，小孩儿就站在那里望着。……你说不出这是什么意思、什么道理，到底说明什么问题，但它传达出一种淡淡的哀愁、孤独、惆怅的味道，很耐琢磨。这是艺术。艺术品就要有一种味道，使你感受到什么东西，感情受到感染，使人琢磨。因此所谓概念、认识是在中间，而不是说出来的。《今夜星光灿烂》大家都看过这个电影，我注意的是其中有某种感伤，有一种对照现在而回想和怀念过去的那种真正亲密的同志之间的关系，传达出某种味道。鲁迅小说我认为并不是篇篇都成功的，《故事新编》大部分我都不满意，但《铸剑》我觉得很了不起，很值得琢磨。《野草》也很有意思，你说主题非常明确？并不明确。但里面有味道，是艺术。大概，只要主题真正明确，那就反而不是艺术，没有审美味道，即"没有味"了。

以上这些都是为了说明美感的两重性，其实也就是形象思维的非自觉性。我刚刚写了《形象思维再续谈》，马上就有两篇文章反对我。人家问我为什么不答复，我说我不想答复，我以后也不答复，因为我觉得有些文章根本没有看清楚我要讲的什么，他就批评。那就让他批评吧。我一讲非自觉性，有人就批评说，我主张作家、艺术家不知道自己在干什么。但我根本没那个意思，如果艺术家、作家不知道自己在干什么，那所有作家、艺术家不都是疯子了吗？他自己写文章不知道自己是在写文章？他画画不知道自己是在画画？欣赏者走到戏院也知道自己是在看戏。戏搞个戏台，画也搞个画框，就是使你知道这是在看戏、看画，不至于为戏里面坏人打好人，你也上台去打抱不平。朱光潜同志的《文艺心理学》曾举了个例子：曹操要杀吕布，于是有人气得要拿刀去杀曹操。解放战争时演《白毛女》，黄世仁欺负白毛女，一个观众跑上去揍黄世仁。但是一般观众都不这样，因为知道自己是在看戏。这一点是自觉的。有非常明确的自觉性。艺术创作也一样，我在写书，我在写小说，写剧本，当然知道。在创作中，技巧的运用也非常自觉。我的剧本打算分几幕、几场，有什么人物；我的小说准备分几章，大致上有什么情节，这是很自觉的，并且有很多是逻辑思维。作画我觉得应该用点暖色,黄的还是红的?还是红、黄交融的颜色?这考虑都是自觉的。作者对作品技巧的考虑很多。这都是逻辑的自觉考虑。但画家用色,这里重了,应该轻一点,那里轻了,应该重一点。但为什么这样用色?为什么要轻一点、重一点?你让他讲,他却讲不出多少内容方面的道理。非自觉性恰恰是对于内容方面的。鲁迅写《阿Q正传》,开始的时候,是开心话,他没有想到阿Q最后要怎么样。他写这个东西虽早有想法,但到底要表现什么,非常明确的自觉意识,没有。我认为这很重要,这并不是形式问题,恰恰是内容问题。西方柏拉图讲"迷狂",像神附了体似的,中国讲"下笔如有神"。对于这个东西,逻辑上很难规范。严羽的《沧浪诗话》说:"羚羊挂角,无迹可求。"用逻辑思维找不出痕迹,找不出线索。所以说"不可言传,不可理喻"。不可理喻就是说不是逻辑思维。还有"言不尽意"。艺术就是要言不尽意,言能尽意就是凭概念说话。例如悲剧,同一个《哈姆雷特》,不同的导演可以有不同的处理,到底哪一个《哈姆雷特》更符合莎士比亚的原著,很难讲,看你侧重哪一方面。不同的处理,审美感受也不一样。可见是"书不尽言"了。"言不尽意"的例子就更多,我说这杯茶很热,这个"热"其实很抽象。今天天气很热,"热"到什么程度,这是概念所表达不出来的。王夫之说过:"言只能传其所知,不能传其所觉。"很有道理。语言只能表达你所知道了的,并不能表达你所感觉的。现在我们有很多形容词,什么悲哀、凄凉或者是痛苦。这能够具体、准确地表达你的情感吗?不能,这还是些非常概括的语词。你痛苦,你到底怎么痛苦?你心里很难过,是痛苦,但痛苦多得很咧。再加上些形容词,就能把它表达出来吗?还是很难的。所以文学家还要用多种描写,才能够比较准确地、把真正感觉到的东西表现出来。人们为什么需要音乐?音乐能够表达出人的情感中非常细致、深沉、复杂、动荡、流动的状态。所以才需要有各种艺术，诉诸声音，诉诸线条，诉诸色彩的各种形式。"言不尽意"是非常深刻的，这里面有一个艺术形象的模糊性、多义性、宽泛性、非确定性等特征问题。它和概念性的东西不一样。"形象大于思想"，这句话所包含的就是这个意思。艺术经常是"以多对一"，不是"一对一"，即艺术是"一"，和它对应的现实和读者是"多"。一百个人心目中的林黛玉有一百种样子。在艺术里，诉诸个人的东西并不是一种简单的统一的逻辑认识，简单的逻辑认识"一对一"就完了。人恰恰是以他的全部心理的、感性的东西去接受艺术，每个人的生活经历、文化教养、爱好、兴趣，也就是说，他们感知、想象、情感、理解的能力、素质和内容，是各不一样，多种多样的。人是以这么"多"的东西去接受那个艺术品的"一"，接受那同一个形象，当然就不一样了。同是看一幅画，感觉就不一样，对它的色彩、线条、情调，你是拿自己全部的生活经历来接受它，有些人想象力多一些，有些人想象力少一些，有些人感受力强一些，有些人感受力弱一些，对同一幅画的感受就不一样。其实，艺术的多样性就是表现了人的多样性，人的个性的多样性。有的人脾气暴躁得很，有的人就比较温和。连狗的脾气都不一样。巴甫洛夫对狗的实验表明，有的狗黏巴巴的，有的狗凶得很。先天气质就有差异；后天的环境、教育修养、社会意识的影响等所造成的差异就更不必说了。人既有多种多样各不相同的差异的个性，所以同样是"问君能有几多愁，恰似一江春水向东流"，多少年来，不同时代的人，各自带有先天后天不同的气质个性和生活经历，去感受、去体会，因之所得的感受和结论也不一样。所以艺术的"一"又不真是"一"，它表现了更多的东西给你。一个艺术品的成功，它的意义包含很多，带有不确定性、宽泛性、多层性、开放性。但也不是完全没有范围，你再不确定，也有个范围；你再怎么宽泛，也不是宽到无边。在创作中要作家能够非常自觉，把所有这些大家不同的感觉都了解以后再去创作，那是不可能的。

我觉得用概念穷尽一个东西很难。例如《红楼梦》就那么一本，但是研究《红楼梦》的书却有那么一大堆。你看了那么一大堆，《红楼梦》穷尽了吗？没有穷尽。有的艺术没有什么情节，也没讲多少道理，但给人的感受很多。美国电影《黑驹》，它前面一段没什么故事情节，就是那个小孩和马在沙滩上，说不出有什么了不起的道理，但你得到是强烈的审美享受。这种美很高昂。大家也许看过《鸽子号》，这个电影我认为还不错。它的情调恰恰不是使人颓废，而是使人奋发。这种片子很厉害，我们现在很希望艺术有教育性、鼓动性，是积极的、向上的、高昂的，我们用了很多概念，却达不到那种效果。《鸽子号》的影片，却能使人振奋，心情激动，觉得应该干番事业，整个情调就是那样。你说他个人奋斗也罢。主人公为什么要漂洋过海？他完全可以不去么！他却去了，并且遇到很多很多的困难，甚至中途也想放弃，要烧船，情节很简单。但它的音乐、画面和它所配上的东西是很有意思的，里面有很刚强的东西，也有很柔和的东西，非常和谐。我说概念不可以穷尽艺术，并不是说艺术神秘，不可解释。这恰恰是文艺批评家的任务，文艺批评家、文艺理论家，应该和作家、艺术家有所区别。我认为对作家、艺术家来说，不应该要求把太多的理性的东西往脑袋里灌，要求他在作品中一定要表现出来。你要求作家从创作开始到作品写出来后一定有非常清醒的理性过程，也不合适。一个作家、艺术家同时又是一个伟大的理论家、批评家，我不这么主张，这么要求并不一定合适。我觉得作家、艺术家应该充分地培养感性能力，即感受、体验、表现的能力。这方面应尽量地自由发展，不要让理性的东西、逻辑的东西压过、损害了这方面的东西。这样是否说艺术家不要逻辑、理性、知识、学习？没有这个意思。我是说这方面的东西，不要外在地去影响他的创作，不要太冲他，太管他。这样才会有好作品出来。你非要他这么写、那么写，那肯定搞不好。这里就正是美感二重性和审美规律问题。但是，批评家呢！他应当有两种能力。一方面他应该具有艺术家同样的敏锐的感受力，尽管与艺术家不会完全一样，你不能要求批评家写出一部作品，这样要求是不适当的。但是，他应该有锐敏的感受能力。另一方面，他应该有一种比较清醒的、比较强的理性思维能力。两个能力都很重要，假使只有前一种能力，那你没法成为批评家，你只能感受，这个许多观众都具有，有的人也很敏感，他也会说"这很美"，为什么美呢？说不出来。有的批评家却是这样，为什么好他讲不出来。但是，只有理性思维能力，那就更不行。你不能感受，怎么能够评论呢？即使能评论，那也都是外在的、外加的。我们现在批评很大的缺点就是后面一种，不注重审美感受，搔不着痒处，讲不出作品到底美在哪里，成功或失败在什么地方。因此对于作品的分析，不是从直接感受出发，不是从美感的直觉性出发。而只是讲讲故事情节、人物、主题、思想意义、语言技巧，就完了。我在1956年第一篇美学文章中，便主张文艺评论应该从感受出发，由美到真和善。像别林斯基这样的评论家，就是先从感受出发，然后提高到理性认识。所以他的文章、书能够成为美学著作，这是作家所不能替代的。作家、艺术家很愿意看这种文章，因为作家、艺术家所没有明确意识到的，非自觉性的，但到了评论家那里便变成自觉的，把非自觉的提到一种自觉的高度来加以解释。尽管这种解释并不一定全面、完满，但他毕竟是解释了。因此作家、艺术家看了这种评论印象很深，他自己得到收获，给下次创作积累了财富，带来了方便，尽管下次创作他还是不自觉的，是积淀在下面的东西，即逻辑的东西积淀为感性的直观的东西。读者或观众看了文艺批评也有好处，他们原来只觉得好，说不出道理，看了评论，感到你说得很对，我正是这么想的，他们也愿意读这种评论，读过后对他们也变成一种无形的财富。于是理智的、逻辑的东西又变为感性的、个体的、直观的东西，等他再一次欣赏的时候就大有好处。正是在这种不断的循环当中，理性能力提高了人们的感性能力，所以我讲这种创作中的非自觉性、美感直觉性，等等，并不是贬低或否定理性，而恰恰是把理性的、社会的、时代的东西作为一种基础。我是两面受夹攻，一些同志批评我的基础论太保守、太理性、太教条，但我也不想改变自己这个看法。因为在形象思维问题上，既承认有非自觉性，又坚持基础论，这就不是别的，正是美感二重性的推演罢了。

时间到了，乱七八糟扯了一通，请原谅。谢谢。

美学

(《中国大百科全书》条目)

"美学"源于希腊文aisthesis，原义指用感官所感知的。鲍姆嘉通（1714—1758）以此词命名的拉丁文专著（*Aesthetica*，发表于公元1750年）认为，相对于研究知性认识的逻辑学，应有专门研究感性认识即审美的科学。此后，美学才正式成为一门独立的学科。但迄至今日，美学并无公认的定义。最常见的说法是，美学是研究美的学问。美学是艺术哲学（如黑格尔）的说法也很流行。美学研究人对现实的审美关系这一说法来自苏联，在中国常被援用。此外还有美学是表现理论（如克罗齐）、美学是原批评学（如比尔兹利Beartsley）、美学是有关审美经验的价值论，等等。在中国如同在别的许多国家一样，在"什么是美学"的问题上，存在着不同观点、理论和争辩。

甩开美学的定义，具体观察美学的对象、范围和问题，则可以看到，自古至今大体不外下列三个方面：关于美和艺术的哲学探讨、关于艺术批评艺术理论一般原则的社会学探讨和关于审美与艺术经验的心理学探讨。

美的哲学

这一个方面从历史上和逻辑上经常构成美学的基础部分。它包括美是什么、艺术是什么、自然美的本质、真善美的关系等问题的思辨或分析。例如,柏拉图认为美不是某个具体的美的小姐、美的汤罐,美应该是使所有美的事物成为美的那种东西和性质,即美是理式。又如,狄德罗认为美是关系,黑格尔认为美是理念的感性显现。分析哲学则认为美学在于分析文艺批评中所使用的概念、语汇和陈述,澄清它们的含意,如"艺术"一词究竟是什么意思,有多少种不同用法,等等。

所有这些,都可以说属于哲学的美学。这种美学经常作为某种哲学体系或哲学理论的分支或组成部分。例如,康德的美学是他的批判哲学的一个方面,杜威的美学是他的实用主义哲学的重要引申。

如果除去分析哲学的说法之外,对古往今来颇为繁多的有关美的哲学理论作最一般的概括,则大体可以分为客观论、主观论、主客观统一论三种。客观论认为美在物质对象的自然属性或规律,如事物的某种比例、秩序、和谐、有机统一以及典型,等等。这是自然唯物论的美学。客观论里主张美在于对象体现某种客观的精神、理式,这是客观唯心论的美学。主观论有许多种类和派别,但它们都认为美在对象呈现了人的主观情感、观念、意识、心理、欲望、快乐等,美是由人的美感、感情、感觉等所创造,这都是主观唯心论的美学。主观论有不少理论强调表现、移入、体现情感、精神必须有物质载体或对象,在这种意义上,这种主观论也就是主客观统一论,但产生美的能动的一方仍是主体的精神、心理,所以仍属主观唯心论的范围。但也可以有另一种主客观统一论。这就是认为美是作为主体的人类社会实践作用于客观现实世界的结果和产物。它认为,这就是马克思讲的"自然的人化"。因为人类社会实践是客观的物质现实活动，所以这种主客观统一论既是客观论，又是唯物论，而且属于历史唯物论的范围。不过这派理论也遭到一些人如前述的自然唯物论者的反对和批评，他们否认"自然的人化"与美有关。总之，对美的问题的哲学探究最终不外三个方向或三种线索，即或者从人的意识、心理、精神中，或者从物质的自然形式、属性中，或者从人类实践活动中来寻求美的根源和本质。美的本质问题在当代西方较少讨论，一些人认为这种研讨缺乏意义或不可能解决。而在中国却仍是一个为许多学者和人们极感兴趣的重要问题。美学学科不能也不应回避或否定这种有关根本的理论探讨。

艺术科学

美学的第二个方面是有关艺术原理的一般研究。西方从亚里士多德的《诗学》开始，中国至迟从《乐记》开始，对戏剧、音乐实际可以说是对整个艺术提出了比较系统的理论观点，对后世产生了持久影响。此后有更为多样和更为系统的有关艺术原理的学说和著作。其中各门艺术共同性的一般原理，如什么是艺术的本质特征，艺术与社会历史的联系，艺术与现实的关系，艺术中的形式与内容的关系等，构成了传统美学研究的重要方面。但尽管如此，至今关于艺术是什么、什么算是艺术作品这些似乎是最简单的问题，却并无一致的看法或明确的界定。最广义的说法之一是，一切非自然的人工作品都是艺术品，但一般都把艺术局限在专供观赏的作品范围内。现代科技工艺的发达却愈来愈明显地表明大量供群众消费的日常实用物品，如从房屋、家具、衣裳到各种什物装饰和生产—工作—生活过程，包括场地、环境、机器自身以及工作节奏、生活韵律等都具有审美性能和艺术因素。而且，即使是神庙建筑、宗教雕塑到教堂音乐种种今日看来似乎是专供观赏的艺术作品，在当时也都是以其明确的宗教、伦理、政治等内容和实用目的为其主要价值的。由此又产生了另一种观点，认为不管是专供观赏的对象，或者是附着在物质生活、精神生活及其实用物品之上的形式或外观，作为艺术或艺术作品，其共同的特征是直接诉诸或引起人们的精神活动。艺术作品是以某种人为的物质载体诉诸人的感性经验，包括视听、身体和表象，直接影响人们的心理和精神。

关于艺术本质有众多的理论，就艺术整体而言，最有影响的有三种观点：（一）艺术是模拟现实。（二）艺术是表现情感。（三）艺术的美在于形式。它们各自有许多难以解决的困难和问题。

柏拉图认为"美是理式"，"艺术是影子的影子"；亚里士多德认为"艺术给人以认识的愉快"，"诗比历史更真实"；车尔尼雪夫斯基认为"美是生活"，"再现生活是艺术的一般特征"，欧洲美学传统基本上是模拟（再现）论。这些理论把艺术的本质归之于模拟、再现、反映、认识现实，就难以与科学相区别。"反映"一词很含糊，难以说明艺术幻想、夸张和变形，也难以解释艺术作品为何能引动人们的审美感受。

艺术表现情感的理论在中国古代源远流长。在西方则是随着近代文艺思潮而沛然兴起，至今未衰。但是，艺术表现情感的涵义，并不很清楚。"表现"一词也很含混，有的作家、艺术家却强调声称他们创作过程中并未带有情感，艺术表现情感的必要和充分条件是什么，什么又是人的一般的共同的情感？据说"表现"离不开"想象"，但"想象"又是什么？对于这些，在理论上都没有明确的解释。

形式派美学从各种具体的艺术形式如有机统一、比例、和谐、对称、均衡，或者提出某种宽泛的原则如"有意味的形式"（克莱夫·贝尔Clive Bell）来界定艺术的本质，认为艺术的美学价值就在形式本身，与任何内容因素如思想、情感、主题、题材、现实无关。但是，这些形式本身何以能普遍必然地引动人们的审美经验，产生艺术价值的问题，除了归结为某种神秘的或者归结为某种生物—生理学的解释外，并没有很好的说明。

上面所举只是具有典型形态的和代表意义的三种理论，折中或依违它们之间的理论、观点和说明当然更多。艺术有众多的不同种类。有的美学家如克罗齐强调艺术不能分类。多数美学家承认艺术分类，只是分类的原则各有不同。黑格尔依据绝对精神的发展行程将艺术划分为象征、古典和浪漫三种。更多的人从时、空或视、听来分。艺术分类的意义在于揭示各门艺术所具有的独特的美学性能和审美规则。莱辛在《拉奥孔》中曾强调诗与雕塑的不同，反对混淆和替代。各门艺术均有其审美特长，彼此相区别和分工，又相互渗透和彼此补充。

任何艺术或艺术门类均由具体艺术作品组成。对艺术作品研究的美学趋向大体有三种：（一）着重对作者意图的分析研究，如传统的传记研究、精神分析学派的研究等。（二）着重对作品本身的分析，如分析作品本身所包含的多种层次和结构，如新批评派、英伽尔登（R.Ingarden）结构主义美学等。（三）着重对作品被接受的情况研究，如接受美学。但任何一种孤立的研究途径都很难独自完满地解释艺术。作品本身的研究应是最主要的，但对作品的解释始终被制约于不同时代、不同人们特定的主客观条件和要求，不同时代、阶级或不同的批评家对同一作品有着很不相同甚至截然相反的分析、解释和评价。对作家、艺术家主观意图或下意识的探索确乎有其意义，对了解作品和鉴赏有所帮助。但包括莎士比亚、曹雪芹和古代造型艺术的许多伟大作品，却并不因不大清楚它们的作者而失色。

所以对作家主观意图的了解在审美结构中始终居于次要地位。研究作品与接受者之间的开放性、历史性和非确定性等复杂关系，对解释和评价该作品大有意义。但并不能否定该作品所具有的客观审美特性。艺术作品被接受的条件和原因是相当复杂的，其中许多是宗教的、伦理的、社会的、政治的而并非审美的因素。艺术作品作为审美对象究竟存在于画布、石块、书页、乐谱中，还是存在于人们的历史的或个体的审美经验中，凡此种种，均涉及艺术本体论的哲学问题。

研究艺术作品、艺术部类或艺术作为整体与社会、时代、阶级、民族、环境，与宗教、伦理、道德、政治、经济等的关系，依据和联系社会学、民俗学、文化人类学，从社会历史的角度来探讨诸如艺术的起源与发展、风格的流变与因袭，来揭示艺术的某些一般规律，如认为艺术起源于劳动、功利先于审美（普列汉诺夫）；开放与封闭两种风格的递换（沃尔夫林 H.Wolfflin，1864—1945）；艺术与种类、环境、时代的关系（丹纳 H.Taine，1828—1893）；艺术与社会、政治诸关系（豪塞尔 A.Hauser，1892—1978）等，是近现代美学颇为重要的和富有成果的领域。同时，尽管一般说来，美学在性质上不同于具体的文艺批评，但不少文艺批评家和作家、艺术家本人从具体艺术作品出发提出或揭示了好些一般美学原理，如狄德罗、歌德、别林斯基以及中国的许多诗话词话，它们可能有时是碎金片玉，不成系统，但无损于它们具有重要的美学价值。

审美心理学

美学以其研究艺术的审美特征而日渐成为独立的学科，这就是审美心理学或称文艺心理学。它构成美学的第三个方面。

在古代许多谈及艺术的美学理论中，包含许多关于艺术的审美经验、审美心理的现象描述和理论说明。亚里士多德《诗学》中的净化说；《乐记》中讲"乐从中出""感于物而动"等，便是对艺术的审美心理及功能的初步探讨。十八世纪英国经验派美学而特别是德国康德美学，把审美的心理特征极大地凸了出来。然而，直到十九世纪中叶费希纳（G.T.Fechner，1801—1887）提出"自上而下的美学"（哲学美学）和"自下而上的美学"（心理学美学）的著名说法以后，审美心理学才日益占据美学的中心，成为现代美学的主体部分。研究审美经验、审美心理几乎成为美学区别于其他学科并可区别于一般艺术学的基本标记。

关于审美经验，大体有两种意见：一种认为有不同于其他经验甚至与其他经验毫无干系的独特的审美情感（克莱夫·贝尔，罗杰·弗莱）。另一种认为并没有这种独特的审美情感，审美经验不过是日常生活中各种普通经验的"完善化""组织化"（杜威）或经验刺激的中和、均衡（瑞恰慈）。很多人采取中庸态度，认为既有在性质上不同于其他生活经验的审美经验，但这种经验与日常生活经验并不处于隔绝或对立的状态，而且常常是紧相关连着的。

关于审美经验与日常经验如何相关连，至今还谈不上有科学心理学的严格回答。对审美经验的真正心理学意义上的实证研究开始于实验美学。这就是用各种不同颜色、线条、形状、声音对一些人作实验，记录反应，统计结果。但是，这种把各种形式因素孤立地抽出来以测量不同反应的实验方法，不可能得出什么科学的结论。在实际生活和艺术作品中，任何形式因素都是在与许多其他因素极为错综复杂的紧密联系和渗透中诉诸人们而引起审美感受的。

比较起来，格式塔心理学对审美知觉的研究要更为重要。阿恩海姆（Rudolf Arnheim，1904—2007）论证客观世界的线条、色彩、音响等形式由于与人体的活动状态和内在心理有张力的同构关系，从而相互对应而产生如感情表现、感情移入等现象。这比较成功地从现象上解释了审美中有关知觉-情感的某些重要问题，比前人跨进了一步。但这一学说完全漠视社会历史的人类学因素，最终归结为纯粹生理——物理机制。

弗洛伊德（S.Freud）精神分析心理学是当代西方最流行的理论。它直接踏进了美学领域，弗洛伊德本人便写过《达·芬奇》等论著。他关于"艺术是欲望在想象中的满足"的见解为许多美学家、文艺批评家所接受。精神分析学派在探讨欲望、本能由于受到社会压制下在艺术中无意识地呈现，有如在梦中呈现一样，这一点有某些事实根据。但弗洛伊德极大地夸张了性欲，把许多著名艺术作品解释成童年性欲的表征，完全抹杀其社会现实的真实内容，并把艺术作品都看作性欲的升华，也就很难提供美学上的批评标准以区分优劣。与弗洛伊德同样有影响的是荣格（C.G.Jung）的集体无意识理论。荣格认为，不同时代、社会的艺术作品中反复出现的主题乃是各民族史前时代的某种集体无意识原型观念，人们因被唤醒这种沉睡在心中的集体无意识原型而得到审美愉快。这一理论比弗洛伊德更重视了历史的社会的因素，推动了对礼仪、神话、民俗与艺术的关系的研讨，对深入了解审美心理的社会根源有一定启发。荣格的理论实质充满着神秘主义并具有宗教倾向。

在中国影响更为广泛的有关审美心理的理论，是布洛（E.Bullough，1880—1934）的距离说和以立普斯（T.Lipps，1851—1941）为代表的移情说。布洛以保持适当的心理距离作为产生审美感受的充分和必要条件。移情说的说法有好几种，基本点是将主观情感移入客体对象而产生美感。

这些说法由于接近日常经验的常识解说，明白好懂，容易为人们接受。但严格说来，它们都相当含混，并不科学。例如，什么是这种"不大不小"的心理距离？它的具体的生理心理机制何在？"移情"究竟是种什么心理活动？为何会"移情"？如何"移情"？等等，都没有真正的科学说明和严格的实验验证。

托尔斯泰的艺术传达情感的理论在某种意义上也可以与这种现象描述性的心理学说连系起来。托尔斯泰强调艺术的功能和价值在于交流情感，但缺乏理论论证。远为细致的是苏珊·朗格（S.K.Langer，1895—1981）的情感符号说。朗格提出艺术是对人们所共有而相通的情感逻辑的模写，不用概念语言的音乐成了她的理论的最佳佐证。这一理论虽然是从心理角度出发的，基本上仍然是一种哲学观念，仍然缺少足够的心理学的实证研究作为依据。

所有这些表现了近代美学的着重点在于探求审美现象的特殊性，企图予以较准确的规定。近代各种有关美和艺术的哲学理论也都直接间接地与这个基本问题连系起来。例如，关于审美与认识就有与这问题相关的截然不同的哲学美学理论：（一）过分强调审美的特性，如认为美是直觉即表现，在任何认识之前，从根本上否定认识、理解在审美中有任何积极作用。（二）过分否定审美的特殊性，如认为艺术就是认识，审美就是理解。（三）注意避免这两个极端，重视审美中的理解、认识与其他心理的渗透、交错和融合。

康德很早曾提出想象力与理解在审美中的和谐运动，从而使审美不带概念而具有普遍性。康德还提出著名的"非功利而生愉快"等论点。审美的非功利性的心理特征到叔本华（Schopenhauer）那里发展成为对逃脱生存需求的非功利性审美态度的强调。叔本华认为人们只要有这种主观的审美态度,任何客体都可以成为审美对象。自此以后,审美态度日益成为近代美学的核心问题之一,前述距离说、移情说便也属于这个范围。

研究审美态度的意义在于,揭示艺术创作和日常欣赏中主观心理的巨大能动特征,从而扩大人们审美的眼界和欣赏的范围,于丑怪中识光华,在平凡中见伟大,确证了审美不是消极的反映、被动的静观,而是主体主动地投入了自己全部心理功能,包括知觉、想象、情感、理解、意向等各种心理因素的积极活动的高级精神成果。然而,这种审美态度以及审美经验、审美心理的具体身心状态和过程究竟是怎样的?是否可以和如何来作出定性以至定量的严格的科学分析?它与日常经验和心理活动,它与社会、时代、阶级、民族、集体、个性的内在外在关系又如何?等等,都仍然是一系列远未解决的课题。这些课题极端复杂,涉及了多种学科(如脑生理学、社会心理学、信息论等),估计相当时期内还很难真正解决。美学至今也还是一门年轻的学科。

美学趋向和美学史

总起来看,美学的发展趋向将是,一方面愈来愈走向各种实证的科学研究。专门研究审美心理(包括审美知觉、审美情感等)的美学、专门研究各部类艺术中审美规律的部门美学、研究人们生活-生产各领域有关问题的技术美学等将不断兴起、分化,并日益专门化、多样化、细密化,成为美学领域内许多独立的学科。它们之间以及与其他学科之间又有各种交叉联系,可以发展成众多的边缘学科。美学的对象和范围将日益扩大,具体研究课题将日益细密化和多样化,美学在社会生活各个方面,从生产到生活,从工作到休息,从交往到娱乐,从欣赏到批评等具体实际作用和实用有效性、现实重要性将不断突出和增强。另一方面,作为哲学的美学又仍将继续保持下来,它将不断依据自己的哲学观点,注意概括当代科学成果和实用美学广大领域中的问题和成就,提出重大问题和基本观念,例如关于美育与塑造心理结构之类的课题,以提示方向和推动整个美学的前进。美学的发展将是基础美学与实用美学不断分化而又不断综合的双向进展的行程。

西方自柏拉图、亚里士多德,经普罗提诺(Plotinus)到中世纪圣·托马斯·阿奎纳(Thomas Aquinas),此后是文艺复兴,再经笛卡尔和大陆理性主义、英国经验主义到康德、谢林(F.W.J.Schelling)、黑格尔,结束了古典美学时期。有些学者认为,其中古希腊的毕达哥拉斯关于美与数的比例关系的理论,尽管披着神秘主义的外装,但在初步提示美的外在形式与伦理心理结构可能具有某种数学的同构关系上,至今仍有启发意义。近代美学史的线索也相当繁多,其中从康德到席勒再到马克思的美学,由于把美和审美同人的本质、人的社会性现实活动相紧密联系起来,重视感性的人和人的感性的社会化的特点,被中国一些学者所重视。

与希腊诸哲大体同时的中国哲人和中国美学思想,强调审美的感性同伦理性相结合的特征,如关于五味、五色、五声的议论以及艺术作为情感交流和建构人格的作用。有些学者认为,以孔子为首的儒家、以庄子为代表的道家、以屈原为象征的楚风和佛教中的禅宗是支配和影响中国数千年美学思想的四大主流。它们之间的渗透交融和对抗矛盾激起了中国美学历史上的许多波澜。摈弃外在的偶像膜拜、追求人与自然的精神统一、肯定存在意义在于人间、主张情感与理性的均衡和谐、向往自由独立的人格理想,以中和为美、重天人合一;儒家的"天行健,君子以自强不息"的乐观奋斗精神、道家的"天地有大美而不言"的超脱态度，屈原的"虽九死而毋悔"的执着顽强的情感操守，禅宗的"万古长空，一朝风月"的形而上的心理境界，所有这些表明中国哲学指向的最高精神阶段不是宗教，而是美学。出现在中国文艺和文艺批评史上的种种特征，如重想象的真实大于重感觉的真实、强调"小中见大"和"以大观小"、强调人与自然的亲善友好关系、对形式美和程序化的讲求等，无不与这种精神有关。

中国近代美学则直接来自西方。在西方美学史上排不上位置的车尔尼雪夫斯基的理论却成了中国现代美学的重要经典。中国近代美学对它作了改造和理解，舍弃了原来命题的人本主义和生物学的"美是生命"的涵义，突出了"美在社会生活"等具有社会意义的方面。而这也就与马克思关于"社会生活在本质上是实践的"（《关于费尔巴哈的提纲》）的基本论断联系了起来，而使美学迈上了创造性的新行程。正是在这行程中，严肃地提出了如何继承和发扬本民族的光辉传统，以创建和发展具有时代特色的中国美学的任务。

什么是美学

注：原载《美育》1980 年创刊号。

据说1978年某单位招考时曾出过"什么是美学"这样一个试题。结果，有一个答案在阅卷时引起了人们的哄堂大笑。答曰："美学者，研究美国的学问也。"这个并非笑话的事实，相当典型地反映出"美学"在今天中国的确还使许多人感到陌生和奇怪。"美"这个词在日常生活里倒用得不少，但研究美竟然可以是一门"学"，对一些人来说，终于要出人意料了。于是，便有了上面这个使人大出意料的试卷答案。

也确乎如此。美的东西多种多样，千变万化。你去百货公司挑花布，去电影院看电影，去郊游看满山的杜鹃花，都可以发出"多么美"的赞叹。但是那又是多么不同的美啊！这里面难道真有某种共同的东西吗？科学是以寻找、发现事物的客观规律为自己的任务的。"美"这种现象有没有某种普遍必然的规律呢？也就是说，美能不能成为科学研究的对象？美学能不能成立呢？

古往今来有好些人认为不能，认为美没有这种普遍的客观规律。例如，有人主张，美是主观的。各人的观点不一样。"清油炒菜，各喜各爱"，各美其美，没有什么客观标准可言。中国古代的庄子就说过这样意思的话。而且，一个人的美丑观念或感受也可以随时间、地点、条件而变化，心情不同，同一对象便有美丑的差异。高兴时，看它赏心悦目；烦恼时，则月惨云愁，怎么也看不顺眼，只觉得讨厌、丑陋。美的现象呈现出这种种相对性，不稳定性，确是事实。但这毕竟只是事情的一个方面。另一方面，唐诗宋词流传千年，至今读来仍然很美；真正漂亮的姑娘，过路人也不免要回头看一眼。如果美的相对中毫无绝对，不稳定中没有稳定，如果"美"真的完全是任意的、主观的，并无任何客观的规定性或客观的规律和标准，那一切艺术将是多余，一切装饰也无必要。事实上，尽管美的现象既多样又多变，异常复杂，难以捉摸，却并非各美其美，互不相干，其中仍有某种共同的客观本质和规律在。美作为科学对象，美学作为一门学科，看来不但可以成立而且是很值得研究的。

既然美学是门学科，就要研究美的本质、规律。那么，美的本质、规律到底是什么呢？有关这个问题，有许许多多的理论、学派、观点。

一派理论认为，美的本质就在客观对象身上。他们认为，美就是作为对象的自然物质的形状、色彩、线条的一定比例、调和、配合。例如某种色调的配合使人感到美，曲线比直线美，圆形比不规则的形状美，椭圆又比圆形美，如此等等。但又有人说，这根本不对。曲线不一定比直线美，椭圆、圆之于不规则形状亦然。同样的色彩、线条在不同条件不同情况下可以有完全不同的美丑。同样的红颜色在不同情况下可以使人有完全不同的感受。所以，这一派理论认为，美丑不在对象的物质条件上，而在这些物质对象是否体现了某种精神、理想、生活意义上。受伤战士尽管肢体伤残，但体现了英雄气概，美。罗丹雕刻的巴尔扎克，形状似乎并不好看，却美。人格美、精神美，生活中也常用这类词汇。但这派理论又有人不赞成，他们认为，美并不在客观对象，而在于人们的情感、感觉、思想的客观化。有人认为，美是愉快的对象化；有人认为，美是主观情感"外射"到物质对象上的结果。你未看到英雄，英雄也就无所谓美不美，"晓来谁染霜林醉，总是离人泪"，自然的美也完全是你的情感加在它们身上的结果。所以，认为美学应该着重研究人们具有的某种特定的"审美态度"（Aesthetic Attitude），他们认为是审美态度决定和产生美的。这派理论在本世纪以来愈来愈占优势。

那么，这种"审美态度"又是什么呢？有人讲是某种心理距离，就是说，要感到对象美，或者说，对象如果要成为美，前提条件之一是你欣赏时要保持某种与现实生活的心理距离。太靠近了或太离远了现实生活，你都没法产生美感愉快，对象都不可能是美。梅雨时节，不能出门，工作和游玩都不方便，确实烦人，但如果你不去考虑这些，更不去想梅雨季节的成因后果等科学问题，而只看着那"无边丝雨细如愁""梧桐更兼细雨，到黄昏，点点滴滴"，那不也可以唤起你的美感享受吗？如果你联想起那"小楼一夜听春雨，深巷明朝卖杏花"的著名诗句，不还可以唤起某种甜美酣畅的愉快心境吗？也就是说，如果你甩开对象与现实生活的利害关系，只去直观它的形式，同时也就表现了你的感情，你的这种"审美态度"就使对象成为你的"审美对象"即美了。这派理论说法很多，移情、距离、直觉只是其中的三说，此外还有认为美与性爱有关、艺术是欲望在想象中的满足的说法，等等。这派理论我是不赞成的，但它有个好处，就是它们揭示了描述了许多美的经验现象，尽管最后的理论解释不对，却提出了、暴露了许多问题，值得对美学有兴趣的同志们去思考去研究。

美学就研究这样一些有关美和艺术的哲学、心理学和社会学的问题。它们可以分别叫作美的哲学、审美心理学和艺术社会学。美学史上有许多哲学家从他们的哲学观点或体系出发，提出"美是理式"（柏拉图）、"美是理念的感性显现"(黑格尔)、"艺术即经验"(杜威)、"笑是对机械性的否定"(柏格森)等理论。这些理论常常比较抽象难懂,但很重要。因为它们所涉及、所探索、所讨论的一般都是从哲学高度提出的根本性问题,对这种问题的不同看法通常决定对所有其他艺术和美学问题(如艺术与现实的关系问题、艺术创作、艺术标准问题等)的看法。例如马克思主义实践哲学提出"人化自然"说,这个说法对美学就有划时代的意义,它将是整个马克思主义美学的根本基础,表面上看与艺术创作、欣赏关系较远,实际却是关键。如何进一步研究它,正是需要我们去努力探索的。

美学与心理学的关系就不说自明了。上面讲的"审美态度""心理距离"等就都是需要继续深入探索的审美心理学的重要问题。"审美态度"究竟是什么?人们在欣赏艺术或欣赏自然美时的心理状态究竟是怎样的?这种心理状态的特征、构造、形成、作用等如何?它与人们的情感、想象、知觉、理解、意愿、欲望等又有何关系?至今还极不清楚,没有科学的答案或结论。西方现代有实验美学、格式塔心理学的美学、心理分析学派的美学、现象学派的美学等,但离真正科学形态还很远。新中国成立三十年来,我们在这方面介绍、研究得极为不够,可以说是零,应该急起直追。

美学的社会学方面的内容也极为丰富广阔。它包括研究艺术的形态、起源、演变和发展,包括研究生活趣味、艺术风格的同异、变化、渗透或对抗,也包括对各种艺术派别、作品、作家的美学鉴赏、论断和品评。它们实际上是对物态化在艺术品里的人们的审美意识、审美趣味、审美理想、审美感受的研究。为什么在特定的历史条件下,某一作品某一艺术思潮或趣味、风格会被社会所接受和流行?为什么唐诗是一种味道,宋诗又是另一种味道?为什么宋元以来,山水画占据了画坛的主要地位,而从前却并不如此？为何六朝以瘦削为美而唐代妇女却以肥硕为美？为何时装、汽车、日用品的式样层出不穷变化多端？简洁明快的现代家具与古代精雕细琢的宁波床、太岁椅或法国路易十四时代的家具，又有何审美趣味上的不同？为什么有这些不同？与社会时代的关系是怎样的？为什么现在看某些国产电影，知识分子的观众感到不耐烦：交代太多，节奏太慢；然而在农村，一些老农民却又嫌太快，交代太少？……所有这些，就都是美学问题，它是美学的社会学问题，当然又与心理学有关。

美学不但与哲学、心理学、社会学有关，而且也与教育学、工艺学、文化史、语言学……都有许多直接间接的关系。它与艺术各部类的实践与理论——无论是电影、戏曲、话剧、音乐、舞蹈、书法、美术、工艺、建筑、文学——的关系当然就更密切了。从各个领域、各个角度都可以提出和研究各种不同的美学问题。"条条大道通罗马"，可以从各种不同的方面、角度来研究美学。

经常有年轻同志问：如何学习美学、研究美学？这问题当然很大，我这里只能从学习上简单地谈几点：一是要学些哲学，最好多学点欧洲哲学史（从希腊到现代）。美学一直是一门哲学学科或哲学分支，不学哲学是读不懂好些美学书，也难以真正研究美学。二是至少懂得或了解一门文艺（文学或艺术的一种），如自己有一点实际创作经验，当然更好。三是要看心理学和艺术史的书籍。此外，看外文书也很重要，因为目前翻译过来的美学书籍还极少。

"什么是美学"就简单地讲到这里。如果有读者想进一步了解这问题，我写的《美学的对象与范围》的长文，可作这篇文章的补充。

画廊谈美(给L.J.的信)

注:原载《文艺报》1981年第2期。

你一定要我谈谈美的问题，怎么好谈呢？美是那样的复杂多样，变化无端，怎么可能用几句话讲清楚？我可没有这种能耐。两千年前，柏拉图就设法追寻美。他认为，美不应该只是美的姑娘、美的器皿，它应该是使一切东西所以成为美的某种共相。用我们今天的话说，就是某种"普遍规律"吧。但这种普遍规律究竟是什么？却至今似乎并未找到。好些美学书，例如瑞恰慈等三人合写的《美学基础》，举出了古往今来关于"美是什么"的理论，有十六种之多。真可谓是众说纷纭，莫衷一是了。美好像是个秘密啊，但每个时代又都要对这个古老的秘密作新的猜测和寻觅。既然如此，年轻的朋友，我怎么可能对一个还是秘密的问题作轻率的回答呢？

那么，是否从上次我们一起看的展览会谈起会更好一些？虽然美决不只限于艺术，科学领域中也有美的问题，但人们一般总说：艺术是美最集中最充分的地方。说欣赏艺术是美的享受，你大概也不反对，那天上午我们一口气看了同在美术馆展出的三个展览，你就觉得很满意。还记得吗？一个摄影展览，一个书法，再一个就是"星星美展"。我们当时边看边谈……

在看摄影时，我们为那些捕捉住某一刹那间富有表情的人像、为那些显示出性格的人像、为那些从各种巧妙的角度拍摄出来的自然风景、为那些独出心裁的明暗、色彩、构图喝彩。它们美吗？美！为什么美？因为它们再一次使你看到了人生：从幼儿园啃手指头的小男孩到额上布满皱纹饱历沧桑的老汉，从盛开的深秋花朵到一望无际的绿色丛林……那不是我们的生活和生活环境、生活历程的复现吗？车尔尼雪夫斯基曾说，"美是生活。"人毕竟是爱生活的啊。当人们看到自己的生活，特别是看到自己生活的价值和意义时，能不荡漾着会心的愉快？为什么你那样爱看小说，爱看电影？至少原因之一，是你可以随着小说或电影中人物的悲欢离合，他们的经历、故事而尝遍人生，而感受、体会和认识生活吧？我记得你当时点头表示同意。其实，从古希腊亚里士多德的时代起，甚至更早以前，艺术的本质在摹拟（即复现、反映），美是摹拟的理论，就一直是欧洲美学的主流。文艺复兴时代的达·芬奇和莎士比亚（借哈姆雷特之口）都说过，艺术是大自然的镜子。希腊雕刻、文艺复兴时期的绘画、莎士比亚的戏剧……那确乎是至今仍然令人倾倒的美的典范。当然，这些伟大的艺术家和理论家们都知道，并不是任何的摹拟都能成为美，他们或者是主张摹拟现实中美的东西，或者主张"本质的摹拟"，摹拟事物的本质、理想，即典型化。正如我们古代讲的"以形写神"一样，要求通过特定的形象传达出人物的性格、风貌来。艺术要使人们在这个有限的、偶然的、具体的形象、图景、情节、人物性格里，感受到异常丰富的生活的本质、规律和理想。我们每个人的人生道路和生活遭遇都有很大的偶然性。你生下来这件事本身不就很偶然吗？父母赋予你的气质、个性、智能、面貌不也是很偶然的吗？至于后天经历中所遇到的种种，你的恋爱、婚姻、工作、职业、生活、死亡……不都有一定的偶然性而人各不同吗？"人生到处知何似,应似飞鸿踏雪泥。泥上偶然留印爪,鸿飞哪复计东西",本来就是那样啊。艺术不应该离开人生这种活生生的具体偶然性,而恰恰要在这个生动的、极有限度而人各不同的生活具体性、偶然性里,去探求、去表达、去展现出超脱这有限、偶然和具体,从而对许多人甚至整个人类都适用的普遍性的东西。小至断壁残垣、春花秋月,大到千军万马、伟绩丰功,你不都是在这具体的偶然的有限形象里感受到某种宽广、博大或深邃的生活内容而得到美的愉快吗?

记得我们看过摄影展览,二楼展出的是邓散木的书法和印谱。面对着那一幅幅时而如松石刚健,时而如柔条披风的大字书法和朱红印章,你这个偏爱西方艺术的年轻人,也不禁赞叹:"美!"但这里又哪有一点点生活摹拟的影子呢?"写真实"的美学原则如何用到这里来呢?书法、金石的美在哪里呢?

你当时脱口而出说:"看这些东西像听音乐一样。"还说有几幅篆字使你想起了刚看过的舞剧《丝路花雨》中英娘的舞姿。我看这倒抓住了要害。那笔走龙蛇的书法,不正是纸上的音乐和舞蹈吗?那迂回曲折的线条,那或阻滞或奔放,展现在空间构造、距离和造型中的自由运动,不正是音乐的节奏、韵律与和弦吗?你的情感不正是随着它们而抑扬起伏、而周旋动荡、而深感愉快吗?它们并没有模拟生活中的人物、场景、故事、形象。歌德说:"理论是苍白的,生活之树常青。"既然摹拟的理论用不上这里,又何必去削足适履?

其实,也并非没有理论。我们中国的古典美学理论和艺术就恰好是以音乐为核心。很早就有人说,中国是抒情诗的国度。从《诗经》《楚辞》到唐宋诗词……中国文学史的最大篇章是献给抒情诗的。绘画也是这样,为近代西方人所倾倒不已的中国文人画、水墨画,不也是以"写意"为基本特征吗？睁着两只圆眼的怪鸟，几笔横竖交叉的干枝，它没有光影阴暗，没有细节真实，却仍然给人以无穷的意兴趣味和浓烈的情调感染，这不是美吗？画论说"远山一起一伏则有势，疏林或高或下则有情"；诗论、文论说"非长歌何以骋其情""诗缘情而绮靡"；乐论说"情动于中，故形于声"……中国美学都围绕情感抒发的中心。叔本华认为音乐是各类艺术的皇冠，佩特认为一切艺术以音乐为指归。莫扎特的欢乐，贝多芬的严肃，舒伯特的对自由的憧憬和叹息，柴可夫斯基的深重的苦难和哀伤……它们使你激动，使你心绪澎湃，情感如潮，你得到了极大的美感愉快。这位紧贴着人们心灵的缪斯是多么美啊。无怪乎自十九世纪浪漫主义以来，抒发情感的表现论一下就取代了源远流长的古典摹拟论，成为一股不可阻挡的时代之潮，泛滥在所有的艺术领域"美是情感的表现"的克罗齐-科林伍德的美学理论、立普斯的移情说等应运而生，风靡一时。连自然美也认为是情感的"外射""移入"或情感的表现。

你在看书法展览时曾认为，它们之所以美还在于线条形体的比例、和谐和变化统一上面。你大概也知道，美是形式结构的比例、和谐以及变化中统一，可能是中外最早的美学理论了。中国在春秋时就强调"和而不同"，也就是要求不同乐音、颜色、滋味之间保持一定的适当比例，才能使人得到愉快。古希腊毕达哥拉斯更明确指出，美在形式的各部分的对称、和谐和适当比例，它可以用严格的数表达出来。美必须有具体形式或形象，其中就有比例、和谐与变化统一的普遍规律性在。一张漂亮的脸蛋不正在于它的眼耳口鼻匀称合适吗？一幅美丽的图画不止在于它的各部分的色彩、线条、形象、构图的和谐统一吗？音乐、建筑不用说了，就是文学，形式上的优美（诗歌的节奏、韵律，小说的情节、性格、场景的协调统一等）不也是重要条件吗？如果简单归纳地说，"美在形式的比例、和谐"，"美是摹拟（亦即美是生活或生活的再现）"，"美是情感的表现"，大概是古今众多关于美的理论中最基本、最有影响，也是最具有代表性的三种看法了。

这三种美的说法都有一定道理，但又都不完满。你记得，当我们走上三楼看那具有西方现代派味道的"星星美展"时，情况就更复杂了。很难说它们是摹拟，也很难说它们就是表现情感，相反，好些作品还带有某些抽象思辨的意味；有的不是表现情感，而是逃避情感。是形式的和谐、统一吗？更不是。相反，它们大多是以对一般形式感的和谐、统一的故意破坏来取得效果。也正是这种对正常的和谐、比例、统一的破坏，以各种似乎是不和谐的色彩、线条、音响、节奏、构图，来给人以一种特殊的感受，这种感受不是要立刻给你以愉快，而是要给你以某种不愉快，然后才是在这不愉快中而感到愉快。因之，这里所出现、所描述、所表达的，经常不是美，相反，而是丑。故意以种种丑陋的、扭曲的、变样的、骚乱的、畸形或根本不成形的形象、图景、情节、故事来强烈地刺激人们，引起某种复杂的心理感受，然而也就在这种复杂而并不愉快的感受中得到心灵的满足和安慰。这种"丑"的现代艺术，是一个被资本、金钱、技术、权力高度异化了的世界的心灵对应物啊。人们在这里看到了一个异化了的世界，看到了被异化了的自身。那狂暴的、怪诞的、抽象的、失落了意义的、难以言喻的种种，不正是自己被异化了的生活和心灵的复现吗？夹杂着日益抽象和精密的科学观念，现代人的复杂混乱的心灵和感受，有时确实难以用从前那种规规矩矩的写实形象与清清楚楚的和谐形式来表达，于是就借助于这种种抽象形象和不和谐的形式了。在欧洲，马蒂斯之后出现了毕加索，罗丹之后有亨利·摩尔，小说有卡夫卡，诗歌有艾略特，一直到今日的荒诞派戏剧。有意思的是，毕加索为了声讨法西斯，终于摈弃了写实形象，将西班牙内战的苦难和激烈用《格尔尼卡》这张极著名的抽象画来表现，传达出那种种复杂的、激动的理性观念、情感态度和善恶评价。这幅画之所以受到人们特别是知识阶层（这个阶层在现代社会以加速度的方式愈来愈大）的热烈赞赏和欢迎，正由于它道出了这些敏感而又脆弱、复杂而又破碎的知识者们的心灵感受，是这些心灵的物态化的对应物。"星星美展"虽然还没有达到这一步，但它所采取的那种不同于古典的写实形象、抒情表现、和谐形式的手段，在那些变形、扭曲或"看不懂"的造形中，不也正好是经历了十年动乱……不都一定程度地在这里以及在近年来的某些小说、散文、诗歌中表现出来了吗？它们美吗？它们传达了经历了无数青年一代的心声。无怪乎留言本上年轻人写了那么多热烈的语言和同情的赞美。

那么，究竟什么是美呢？随着时代的发展变迁，美的范围和对象愈益扩大，也愈难回答了，虽然我希望以后能做一个回答。但是，在这里，我想要着重告诉你的，却正是它的难以回答。你千万不要为一种固定的说法框住了自己、僵化了自己。美是那样宽广丰富、多种多样啊。如果世界上只有一种美，永恒不变，那该多么单调乏味！美学不应是封闭的体系，而应该是开放的课题。

那么美是什么和美在哪里，你就自己去探索、体会、寻求、创造吧。雄姿娇态均为美，万紫千红总是春，美的秘密等待着你去发现。

1980年11月15日

审美与形式感

注：原载《文艺报》1981年第6期。

什么是美既然难谈，那么转个弯，先谈对美的具体感受特征，也许更实在一点？人们总是通过美感来感受或认识美的呀。不知你是否同意，在美学史上，这叫作"自下而上的美学"（或者说从美感经验出发的近代美学），以区别于"自上而下的美学"（或者说从哲学原理出发的古典美学）。我们是现代人，这次就从近现代美学所侧重的美感问题谈起，如何？

你这热爱文艺的年轻人，你从欣赏艺术、观赏自然……，总之，从美那里得到的不正是一种特殊的愉快感受吗？不正是一种或忘怀得失或目断魂销或怡然自乐的满足、快慰或享受吗？无怪乎好些外国美学家要把美说成是"极为强烈的快感"（哈奇森）、"持久的快感"（马歇尔）、"快乐的对象化"（桑塔耶拿）了。中国古代也经常把五色、五音跟五味联在一起讲，把"美"这个字解释为"羊大"：好吃呀。看来，美感与感官快适确乎有某种联系。你的房间墙色不是愉快的浅米黄吗？如果把它刷成"红彤彤"，我想你会受不了，换成墨绿，恐怕也不行。尽管你喜欢彤红和墨绿的毛衣，但毛衣并不是你必须天天面对着一大片的周围环境。外在物质世界的各个方面——从它们的面积、体积、质料、重量到颜色、声音、硬度、光滑度等，无不给人以刺激，五官感觉的神经系统要作出生理—心理反应。同一座雕像，是黝黑粗糙的青铜还是洁白光滑的大理石，便给人以或强劲或优雅的不同感受；同一电影脚本，是用黑白拍还是用彩色拍，其中也大有文章。做衣服，布料不同于毛料；奏乐曲，速度略变，意味全殊。人们对美的创作和欣赏，总包含有对色彩、形体、质料、音响、线条、节奏、韵律等感知因素，正是它们为美感愉快提供了基础。那位把美定义为"快乐的对象化"的美学家好像说过，如果希腊巴比隆神庙不是大理石的，皇冠不是金的，星星不发光，大海没声息，那还有什么美呢？在这里，值得注意的是，不仅是物质材料（声、色、形等）与视听感官的联系，而更重要的是它们与人的运动感官的联系。对象（客）与感受（主），物质世界和心灵世界实际都处在不断的运动过程中，即使看来是静的东西，其实也有动的因素，美和审美亦复如此。其中就有一种形式结构上巧妙的对应关系和感染作用。在审美感知中，你经常随对象的曲直、大小、高低、肥瘦、快慢等形式、结构、运动而自觉不自觉地作出模拟反应。"我们欣赏颜字那样刚劲，便不由自主地正襟危坐，摹仿他的端庄刚劲；我们欣赏赵字那样秀媚，便不由自主地松散筋肉，摹仿他的潇洒婀娜的姿态。"（朱光潜：《谈美书简》，第84页）朱先生用"内摹仿"（美学中移情说的一种）来解释美感愉快。格式塔心理学家则把这种现象归结为外在世界的力（物理）与内在世界的力（心理）在形式结构上的"同形同构"，或者说"异质同构"，就是说质料虽异而形式结构相同，它们在大脑中所激起的电脉冲相同，所以才主客协调，物我同一，外在对象与内在情感合拍一致，从而在相映对的对称、均衡、节奏、韵律、秩序、和谐中，产生美感愉快。一切所谓"移情"、所谓"通感"、所谓"共鸣"非他，均此之谓也（参看R.阿海姆《艺术与视知觉》《艺术心理学试论》）。而这也就是艺术家们所非常熟悉、所经常追求、在美学中占有重要地位的"形式感"。它比起那种单纯感官快适,对美感来说当然更为重要,它"表现"的是远为复杂多样的运动感受。不是吗?曲线使人感到运动,直线使人感到挺拔,横线使人感到平稳;红色使人感到要冲出来,蓝色使人感到要退回去;直线、方形、硬物、重音、狂吼、情绪激昂是一个系列,曲线、圆形、软和、低声、细语、柔情又是一种系列。"其得于阳与刚之美者,则其文如霆如电,如长风之出谷,如崇山峻岩,如决大川,如奔骐骥,其光也如杲日,如火,如金镠铁……其得于阴与柔之美者,则其文如升初日,如清风,如云,如霞,如烟,如幽林曲涧……"(姚鼐)我不知道你读不读古文,这段文章是写得相当漂亮的,它没有科学的论证,但集中地、淋漓尽致地把对象与情感(感知)相对应、具有众多"异质同构"的两种基本的形式感说出来了。中国古代讲诗文、论书画,以及他们喜欢强调的"气"(生命力)、"势"(力量感)、"神"、"韵"、"理"、"趣"等美学范畴,都经常要提到这种人与自然相同一的高度,其中就包含有主体与对象的异质同构即相对应的形式感问题。本来,自然有昼夜交替、季节循环,人体有心脏节奏、生老病死,心灵有喜怒哀乐、七情六欲,难道它们之间(对象与情感之间、人与自然之间)就没有某种相映对相呼应的共同的形式、结构、秩序、规律、活力、生命吗?暂且甩开内容不谈,中国古代喜欢讲的"大乐与天地同和""言之文也,天地之心哉""夫画,天地变通之大法也""是有真宰,与之浮沉",等等,不也是要求艺术家们在形式感上去努力领会、捕捉、把握自然界的种种结构、秩序、生命、力量,参宇宙之奥秘,写天地之辉光,用自己创造的物态化同构把它们体现、表达、展示出来,而引起观赏者们心理上的同构反应?孔子曰,仁者乐山,智者乐水;智者动,仁者静。山、静、坚实稳定的情操;水、动、流转不息的智慧,这不正是形式感上的同构而相通一致？"春山淡冶而如笑，夏山苍翠而如滴，秋山明净而如妆，冬山惨淡而如睡""望秋云，神飞扬；临春风，思浩荡""喜气写兰，怒气写竹"……不也都如此？欢快愉悦的心情与宽厚柔和的胸襟，激愤强劲的意绪与直硬折角的竹节；树木葱茏一片生意的春山与你欣快的情绪，木叶飘零的秋山与你萧瑟的心境；你站在一泻千丈的瀑布前的那种痛快感，你停在潺潺小溪旁的闲适温情；你观赏暴风雨时获得的气势，你在柳条迎风中感到的轻盈；你在挑选春装时喜爱的活泼生意，你在布置会场时要求的严肃端庄……，这里面不都有对象与情感相对应的形式感吗？梵高火似的热情不正是通过那炽热的色彩、笔触传达出来？八大山人的枯枝秃笔，使你感染的不也正是那满腔的悲怆激愤？你看那画面上纵横交错的色彩、线条，你听那或激荡或轻柔的音响、旋律，它们之所以使你愉快，使你得到审美享受，不正由于它们恰好与你的情感结构相一致？声无哀乐，应之者心，不正好是你的情感的符号化、对象化、物态化？美的欣赏、创作与形式感的关系，还不密切吗？

那么，是否说，人与对象在形式感上相对应以及所引起的美感就是纯生理、纯形式的呢？对牛弹琴，牛虽不懂，但也能感到愉快而多出奶。你喜欢讲俏皮话，大概要这样问。对。我完全同意。上面提到的快乐说、内模仿说、格式塔说的共同缺点似乎就在这里。它们强调了形式感的生理心理方面，没充分注意社会历史的方面，特别是没重视就在人的生理心理中已经积淀和渗透有社会历史的因素和成果。对象的形式和人的形式感都远非纯自然的东西。两个方面的自然（对象的形式与人的形式感），无论是色、声、线、体态、质料，以及对称、均衡、节奏、韵律、秩序、规律等（形式），也无论是对它们的感受、把握、领会等（形式感），由于在长期的历史实践中与人类社会生活结了不解之缘，便都"人化"了。"一定的自然质料如色彩、声音……一定的自然规律如整齐一律、变化统一……一定的自然性能如生长、发展……之所以成为美，之所以引起美感愉悦，仍在于长时期（几十万年）在人类的生产劳动中肯定着社会实践，有益、有用、有利于人们，被人们所熟悉、习惯、掌握、运用……所以，客观自然的形式美与实践主体的知觉结构或形式的互相适合、一致、协调，就必然地引起人们的审美愉悦。这种愉悦虽然与生理快感紧相联系，但已是一种具有社会内容的美感形态。……不同的自然规律、形式具有不同的美，对人们产生不同的美感感受，还是由于它们与不同的生活、实践、方面、关系相联系的结果。例如不同的色彩（如红、绿）的不同的美（或热烈或安静），……来自它们与不同的具体方面、生活相联系（红与太阳、热血，绿与植物、庄稼）。"（拙作《美学三题议》）所以，人听音乐感到愉快与牛听音乐而多出奶，毕竟有性质的不同，人能区别莫扎特与贝多芬，能区别贝多芬的《第三交响乐》与《第五交响乐》而分别得到不同的美感，牛未必能如此。人看到红色的兴奋与牛因红色而昂奋，也并不一样。人能分别红旗与红布，牛则不能。即使是"原始人群……染红穿带、撒抹红粉，也已不是对鲜明夺目的红颜色的动物性的生理反应，而开始有其社会性的巫术礼仪的符号意义在。也就是说，红色本身在想象中被赋予了人类（社会）所独有的符号象征的观念涵义。从而，它（红色）诉诸当时原始人群的便已不只是感官愉快，而且其中参与了、储存了特定的观念意义了。在对象一方，自然形式（红的色彩）里已经积淀了社会内容，在主体一方，官能感受（对红色的感觉愉快）中已经积淀了观念性的想象涵义"（拙作《美的历程》）。可见，自然与人、对象与感情在自然素质和形式感上的映对呼应、同形同构，还是经过人类社会生活的历史实践这个至关重要的中间环节的。形式感、形式美与社会生活仍然是直接间接地相联系，审美中的身心形式感中仍然有着社会历史的因素和成果。

正因为此，看来应该是具有人类普遍性的形式感、形式美中，又仍然或多或少、或自觉（如封建社会把色彩也分成贵贱等级）或不自觉（如不同民族对同一色彩的不同观念，红既可以是喜庆也可以是凶恶；白既可以是纯贞也可以是丧服）显示出时代的、民族的以至阶级的歧异或发展。各个不同时代不同民族的工艺品和建筑物，便是一部历史的见证书。为什么现代工艺的造型是那样的简洁明快，大不同于精工细作繁缛考究的巴洛克、洛可可或明代家具，为什么今天连学术书籍的封面装帧也那样五颜六色鲜艳夺目，大不同于例如十九世纪那种严肃庄重，它们不都标志着今天群众性的现代消费生活中的感性的自由、欢乐和解放吗？为什么现代艺术中的节奏一般总是比较快速、强烈和明朗，这难道与今天高度工业化社会中的生产、生活、工作的节奏没有关系？画的笔墨、诗的格律、乐的调式、舞的节拍……不也都随社会时代而发展、变异、更新吗？审美形式感的生理—心理的普遍性、共同性与特定的社会、时代、民族的习惯、传统、想象、观念是相互关联、交织、渗透在一起的。从而，在所谓形式感中，实际有着超形式、超感性的东西。不知道你还记得不，我爱说，美在形式却并不就是形式，审美是感性的却并不等于感性，也就是这个意思。人们讲美学，常常强调内容与形式的统一，感性与理性的统一，我们今天没讲多少具体的社会内容，然而仅从形式感这个角度便可以看到，马克思的人化自然说正是正确阐释上述这些统一的基本哲学理论。

也许你又要笑我，三句离不开哲学。是的，不仅艺术有形式感问题，科学也有。科学中，最合规律的经常便是最美的，你不常听到科学家们要赞叹：这个证明、这条定理是多么美啊。有位著名的科学家说，如果要在两种理论——一种更美些，一种则更符合实验——之间进行选择的话，那么他宁愿选择前者（《国外社会科学》1980年第1期，第26页）。这不是说笑话，里面有深刻的方法论问题。有趣的是，科学家不仅在自己的抽象的思辨、演算、考虑中，由于感受、发现美（如对称性、比例感、和谐感）而感到审美愉快，而且它们还经常是引导科学家们达到重要科学发现、发明的桥梁：由于美的形式感而觉察这里有客观世界的科学规律在。宇宙本就是如此奇妙，万事万物彼此相通，它们经常遵循着同样的规则、节律和秩序，作为万物之灵的人类，通过漫长的历史实践，正日益广泛地领会着、运用着、感受着它们，通过科学和艺术，像滚雪球似的加速度地深入自然和生活的奥秘，这里面不有着某种哲理吗？这里不需要哲学来解释吗？我想，如果中国哲学"天人合一"（自然与人的统一）的古老词汇，经过马克思主义实践哲学的改造，去掉神秘的、消极被动的方面，应用到这里，应用到美学，那也该是多么美啊。你不会以为我在说胡话吧，别忙于表态，再仔细想想，如何？

宗白华《美学散步》序

八十二岁高龄的宗白华老先生的美学结集由我来作序，实在是惶恐之至：藐予小子，何敢赞一言！

我在北京大学读书的时候，朱光潜、宗白华两位美学名家就都在学校里。但当时学校没有美学课，新中国成立之初的社会政治气氛似乎还不可能把美学这样的学科提上日程。我记得当时连中国哲学史的课也没上过，教师们都在思想改造运动之后学习马列和俄文。所以，我虽然早对美学有兴趣，却在学校里始终没有见过朱、宗二位。1957年我发表两篇美学论文之后，当时我已离开北大，才特地去看望宗先生。现在依稀记得，好像是一个不大暖和的早春天气，我在未名湖畔一间楼上的斗室里见到了这位蔼然长者。谈了些什么，已完全模糊了。只一点至今印象仍鲜明如昨，这就是我文章中谈到艺术时说，"它（指艺术）可以是写作几十本书的题材"，对此，宗先生大为欣赏。这句话本身并没有很多意思，它既非关我的文章论旨，也无若何特别之处，这有什么值得注意的地方呢？我当时颇觉费解，因之印象也就特深。后来，我逐渐明白了：宗先生之所以特别注意了这句话，大概是以他一生欣赏艺术的丰富经历，深深地感叹着这方面有许多文章可作，而当时（以至现在）我们这方面的书又是何等的少。这句在我并无多少意义的抽象议论，在宗先生那里却是有着深切内容的具体感受。无怪乎黑格尔说，同一句话，由不同的人说出，其涵义大不一样。

宗先生对艺术确有很多话要说，宗先生是那么热爱它。我知道，并且还碰到过好几次，宗先生或一人，或与三四年轻人结伴，从城外坐公共汽车赶来，拿着手杖，兴致勃勃地参观各种展览会，绘画、书法、文物、陶瓷……直到高龄，仍然如此。他经常指着作品说，这多美呀！至于为何美和美在哪里，却经常是叫人领会，难以言传的。当时北大好些同学都说，宗先生是位欣赏家。

我从小最怕作客，一向懒于走动。和宗先生长谈，也就只那一次。但从上述我感到费解的话里和宗先生那么喜欢看展览里，我终于领悟到宗先生谈话和他写文章的特色之一，是某种带着情感感受的直观把握。这次我读宗先生这许多文章（以前大部没读过）时，又一次感到了这一点，它们相当准确地把握住了那属于艺术本质的东西，特别是有关中国艺术的特征。例如，关于充满人情味的中国艺术中的空间意识，关于音乐、书法是中国艺术的灵魂，关于中西艺术的多次对比，等等。例如，宗先生说："一个充满音乐情趣的宇宙（时空合一体）是中国画家、诗人的艺术境界。"[1] "……我们欣赏山水画，也是抬头先看见高远的山峰，然后层层向下，窥见深远的山谷，转向近景林下水边，最后横向平远的沙滩小岛。远山与近景构成一幅平面空间节奏，因为我们的视线是从上至下的流转曲折，是节奏的动。空间在这里不是一个透视法的三进向的空间，以作为布置景物的虚空间架，而是它自己也参加进全幅节奏，受全幅音乐支配着的

---

[1] 宗白华：《美学散步》，第89页。

波动，这正是转虚成实。使虚的空间化为实的生命。"[1]

或详或略，或短或长，都总是那种富有哲理情思的直观式的把握，并不作严格的逻辑分析或详尽的系统论证，而是单刀直入，扼要点出，诉诸人们的领悟，从而叫人去思考、去体会。在北大，提起美学，总要讲到朱光潜先生和宗白华先生。朱先生海内权威，早已名扬天下，无容我说。但如果把他们两位老人对照一下，则非常有趣（尽管这种对照只在极有限度的相对意义上）。两人年岁相仿，是同时代人，都学贯中西，造诣极高。但朱先生新中国成立前后著述甚多，宗先生却极少写作。朱先生的文章和思维方式是推理的，宗先生却是抒情的；朱先生偏于文学，宗先生偏于艺术；朱先生更是近代的，西方的，科学的；宗先生更是古典的，中国的，艺术的；朱先生是学者，宗先生是诗人……宗先生本就是二十世纪二十年代有影响的诗人，出过诗集。二十年代的中国新诗，如同它的新鲜形式一样，我总觉得，它的内容也带着少年时代的生意盎然和空灵、美丽，带着那种对前途充满了新鲜活力的憧憬、期待的心情意绪，带着那种对宇宙、人生、生命的自我觉醒式的探索追求。刚刚经历了"五四"新文化运动的洗礼之后的二十年代的中国，一批批青年从封建母胎里解放或要求解放出来。面对着一个日益工业化的新世界，在一面承袭着古国文化，一面接受着西来思想的敏感的年轻心灵中，发出了对生活、对人生、对自然、对广大世界和无垠宇宙的新的感受、新的发现，新的错愕、感叹、赞美、依恋和悲伤。宗先生当年的《流云小诗》与谢冰心、冯雪峰、康白情、沈尹默、许地山、朱自清等人的小诗和散文一样，都或多或少或浓或淡地散发出这样一种时代音调。而我感到，这样一种对生命活力的倾慕赞美，对宇

---

[1] 宗白华：《美学散步》，第92页。

宙人生的哲理情思，从早年到暮岁，宗先生独特地一直保持了下来，并构成了宗先生这些美学篇章中的鲜明特色。你看那两篇谈罗丹的文章，写作时间相距数十年，精神面貌何等一致。你看，宗先生再三提到的《周易》《庄子》，再三强调的中国美学以生意盎然的气韵、活力为主，"以大观小"，而不拘拘于模拟形似；宗先生不断讲的"中国人不是像浮士德'追求'着'无限'，乃是在一丘一壑、一花一鸟中发现了无限，所以他的态度是悠然意远而又怡然自足的。他是超脱的，但又不是出世的"[1]，等等，不正是这本《美学散步》的一贯主题吗？不也止是宗先生作为诗人的人生态度吗？"天行健，君子以自强不息"的儒家精神、以对待人生的审美态度为特色的庄子哲学，以及并不否弃生命的中国佛学——禅宗，加上屈骚传统，我以为，这就是中国美学的精英和灵魂。宗先生以诗人的锐敏，以近代人的感受，直观式地牢牢把握和展示了这个灵魂（特别是其中的前三者），我以为，这就是本书价值所在。宗先生诗云：

> 生活的节奏，机器的节奏，
> 推动着社会的车轮，宇宙的旋律。
> 白云在青空飘荡，
> 人群在都会匆忙！
> ……
> 是诗意、是梦境、是凄凉、是回想？
> 缕缕的情丝，织就生命的憧憬。
> 大地在窗外睡眠！

---

[1] 宗白华：《美学散步》，第125页。

窗内的人心，

遥领着世界深秘的回音。[1]

在"机器的节奏"愈来愈快速，"生活的节奏"愈来愈紧张的异化世界里，如何保持住人间的诗意、生命、憧憬和情丝，不正是今日在迈向现代化社会中所值得注意的世界性问题吗？不正是今天美的哲学所应研究的问题吗？宗先生的《美学散步》能在这方面给我们以启发吗？我想，能的。

自和平宾馆顶楼开会之后，又多年未见宗先生了。不知道宗先生仍然拿着手杖，散步在未名湖畔否？未名湖畔，那也是消逝了我的年轻时光的美的地方啊，我怎能忘怀。我祝愿宗先生的美学散步继续下去，我祝愿长者们长寿更长寿。

1980年冬，序于和平里九区一号

1　宗白华：《美学散步》，第242页。

关于中国美学史的几个问题

注:1981年8月讲演记录稿,原载《美学与艺术演讲录》,上海人民出版社,1983年版。

我没有教学经验，今天还是杂谈，不是系统地讲。讲课可能有两种，一种是系统地传授知识，一种叫信口开河。信口开河就是讲一些自己的看法。我不习惯也不善于系统地讲授知识。一定要系统地讲也可以，因为我们研究室搞了美学史，把书稿拿来念一遍就是了，但那没有什么意思。我搞过一些哲学史，也看过一些文学史、艺术史，等等。与讲课一样，大概写史也有两种方法，一种是历史的方法，原原本本地写。比如柏拉图是什么思想，亚里士多德是什么思想，康德是什么思想，比较系统地做一些历史的研究和历史的说明。这是历史学家的方式，看来这可能是一种主要的方式。另外一种是哲学的方法，它并不是怎么样去讲历史，而是运用历史的材料来说明某些看法。

我经常对我的研究生和问我怎样学美学的同志讲，学美学一定要学哲学，而且不是一般地学，单看看辩证唯物论、历史唯物论和一般哲学原理是不够的，还要读哲学史，特别要读欧洲哲学史，从古希腊一直读到现代。哲学史很多，有梯利的，有罗素的，有黑格尔的，还有一些中国的同志写的，究竟学哪一本好呢？罗素的那一本，文字非常流畅、幽默，写得很漂亮，但如果准确地学到哲学史的知识，就不如读梯利那一本。这两本书恰恰是上述的两种方法的代表。梯利的那一本是用历史方法写的，比较完整，比较准确。罗素的那一本则完全随自己的意愿观点选择史料，用以说明他的看法和态度的。比如他讲康德，只讲了时间空间，其他什么都没有讲，读了并不可能全面地了解康德哲学。他写叔本华，对叔本华挖苦了一通。之外对洛克、卢梭等，也都提出了自己的看法。像这样的哲学史，我们主要是注意作者的观点，做教本是不行的。教本还是梯利的好。梯利那一本当然也有他的观点，但主要是比较系统地传授知识。哲学家写的哲学史则主要不是传授知识，黑格尔写的也属于这一种。他是按照他的哲学体系来写史的，哪个在前哪个在后，连这种时间顺序他都可以颠倒。当然，传授知识的那种历史，也是一定时代的人写的，也总带着这个时代的人对那些问题的看法，离不开这个时代和社会的立场。总之，讲课、写书、搞研究，都是可以有各种不同的方法的。我今天讲的也不知道算是哪一种，反正随便谈谈。

中国美学史的范围是非常广泛的。我们讲授或者编写中国美学史，首先碰到的是它的对象问题。我记得，1977年我刚想搞中国美学史时就遇到了这个问题，感到对象不确定。新中国成立前和新中国成立后，讲中国史的书很多。中国历史、中国文学史，还有中国文艺批评史、中国哲学史、中国美术史，等等，独独没有中国美学史。造成这种情况，当然是有原因的。我今天不能详细讲了，简单地说，原因之一就是范围不确定。后来我想，中国美学史是否可以分为广义的和狭义的两种。广义的美学史，就是研究中国人的审美意识的发生、发展、变化的历史。西方美学史的范围很确定。苏格拉底以前怎样讲，苏格拉底以后，柏拉图怎么讲，亚里士多德怎么讲，普罗提诺怎么讲，奥古斯丁怎么讲，阿奎那怎么讲，一直到英国经验派，大陆理性派，基本上按照哲学顺序来讲。他们的美学史没有发生对象和范围的问题。中国美学史就有两个方面的问题。一个方面，中国没有近代形态的哲学体系，不少著作谈及美学问题，常常是一句话两句话就完了，比如诗话、词话、画论等，也没有讲多少哲学。西方美学史属于哲学范畴的分支是很明确的，中国不是这样。这是一个问题。第二个问题是，没有文献以前的那个阶段是否列进去。例如青铜器、原始陶器等能否列入美学史。这就有个从哪儿讲起的问题。因为事实上，原始陶器在一定意义上反映了中国原始社会人们的审美观念和审美意识；青铜器也如此，与它那个时代人们的审美观念和审美意识有关系；《诗经》《楚辞》当然更是反映着审美意识的。这些到底包括不包括在美学里面，这是个问题。假使包括进来，那就不得了，变成一部很大很大的美学史。还有很多问题，例如建筑，中国建筑在哲学理论上讲得很少很少，主要是一些技巧文献。雕塑也如此。可见，理论形态的东西并不能很好地、完整地反映现实，也就不能全面地反映中国人审美意识的历史发展情况。但如果把这些都编进去，那就不仅规模很大，一时编不出来，而且按照外国的观点看起来，这也不像一部美学史，而是艺术思想或审美意识的发展史。这是我们碰到的第一个问题。但这种美学史，我认为仍是应该写的，无以名之。所以后来我就把它叫作广义的美学史。

另外一种是狭义的美学史。所谓"狭义"，就是要求审美意识只有表现为理论形态之后，才写进去，也就是说，审美意识不只是表现在艺术作品之中，而是表现为理论形态，有一定的说法才写进去。这就不是从原始社会开始，也不是从青铜器开始了，而是从有文献记载开始；文献之中也只有那些带有一定理论意义的东西，才能被写进去。所以我们就要从孔子、老子开始。但是这样的美学史是有一定的缺陷的。它既不能很充分地完整地表现我们整个民族审美意识的发展，同时它的理论与当时现实的审美意识也常常有矛盾，有很大出入。像儒家的孔子的审美意识，它能代表春秋战国那个时候的审美意识吗？显然，它不能全部代表，只能代表一部分。比如孔子讲"思无邪""诗言志"，像这样一些命题，对《诗经》的这样一些看法，反映了儒家对诗歌的看法，但这是否能体现《诗》三百篇的审美意识？恐怕是很片面的。所以当时的理论形态的东西和当时的艺术作品，或当时的理论对当时作品的解释，经常不能完全统一。大家在研究中国艺术史、外国艺术史，或者中国哲学史、外国哲学史，都可以发现这个问题。有时候二者会有很大的矛盾，主要是理论形态经常有很大的片面性。所以狭义的美学史就有这个缺点，它不能很完整地反映历史面貌。就像柏拉图这样杰出的人物，他的理论就能代表整个希腊当时的审美意识吗？显然不能。因此，我们必须充分注意到狭义美学史的这样一个弱点。但是，理论毕竟是有它的认识价值，狭义美学史还是非常需要的，并且是一个很重要的方面。我们现在编的，就是狭义的美学史。而我写《美的历程》，就是想为编这种狭义的美学史提供一些非常粗糙、非常简单的广义美学史的轮廓或背景。我没有在《美的历程》这本书里分析各种美学理论，仅是从艺术作品的角度上讲一点。有的同志对细的东西感兴趣，对某一点某一滴非常感兴趣，有的同志则对大的东西感兴趣。我是先把一些大的轮廓勾出来，以后再慢慢加工，正像盖房子一样，先把架子搭起来，然后再一步一步地修饰。这就是关于广义和狭义的问题，就是我们在编写中国美学史时碰到的第一个问题。

  第二个问题，是中国美学史与文艺批评史的区别。在西方，这个问题比较小。前面已讲到，西方的美学与哲学关系比较密切，是哲学体系的一个部分。不论柏拉图、康德、黑格尔、克罗齐，都是把它作为哲学体系的一个部分。中国的情况不同，孔子是不是哲学家还有争论，因为他就缺少纯思辨的东西。黑格尔就认为中国没有哲学。在他看来，孔子那些东西不过是道德教条，根本够不上哲学。后代像诗话、词话这些很有价值的美学著作，哲学的内容就更不明显。王国维还有一些哲学思想，有些根本就没有。《文心雕龙》的哲学思想，到底是儒家还是佛家，到现在还有争论，可见很不明确。这部著作从批评史的角度容易阐述，写美学史就觉得难讲一些。就说孔子吧，也就是一部《论语》。讲来讲去就是那么几句话。文艺批评史已经讲过了，美学史还能讲出什么特点来？所以怎样把美学史与文艺批评史区别开来，是我们碰到的第二个问题。如果我们写出来的美学史与文艺批评史没有什么区别，或者差不多，那就没有什么意思了。但材料确实就是那么一些，怎么办？只有一个办法，就是尽量从哲学的角度来加以认识。也许这样的美学史大家没有什么兴趣，觉得枯燥、抽象、哲学化。但实际上好的哲学书、美学书，一本比十几本别的书都有用。康德的《判断力批判》相当抽象，但能顶上几十本文艺理论书。总之，如何处理美学与文艺理论的关系问题，也就是如何区分美学史与文艺批评史的不同特点的问题，是我们编写中国美学史时碰到的第二个问题。

第三个问题，就是以什么线索来串美学史。历来的办法，一般都用唯物论与唯心论的斗争来串。施昌东同志好像就是用的这个办法。对这一点，我是有一定的怀疑的。因为哲学史本身是不是就是唯物主义与唯心主义斗争的历史，我觉得还可以研究。把哲学史说成是唯物论与唯心论斗争的历史，这是日丹诺夫在1948年下的定义，然后传到中国，一直到现在。恩格斯说过，全部哲学，特别是近代哲学的问题，就是存在与意识的关系这样一个问题。列宁也讲过，现代哲学如二千年的希腊一样，都是有党性的。所以日丹诺夫这个定义，也不是没有根据的。但是这个定义是不是就很好地准确地概括了哲学史，我有一定的保留。学术问题，应该可以发表各种意见。还有一种看法，认为哲学史就是认识史。这是列宁讲的。说认识史我也不反对。哲学究竟是什么东西，哲学史究竟是什么东西？是一个并未真正解决的大问题。我今天不是讲哲学史，也不是讲哲学，就不多讲了，还是讲美学史吧。中国美学史能不能用唯物论和唯心论斗争的历史来串？我看这样串不好，不符合实际。我们写中国美学史，一定要从实际出发。应该看到，在中国美学史上，起了很重要的作用，很好的作用的，常常是一些唯心主义的哲学家。你要讲他的哲学体系，那的确是唯心主义的。但是，他又的确在美学史上作了很重要的贡献。他们发现了审美现象的一些规律。在中国古代美学史上，像庄子的美学思想就非常了不起。庄子在世界上也有一定的地位，他是一个了不起的哲学家、美学家。又例如昨天我讲的"言不尽意"，就是魏晋玄学的东西，是唯心论。严沧浪的《沧浪诗话》，也是唯心主义，因为他讲佛教禅宗。如果认为凡唯心论就是反动的，他的美学思想就是要不得的，那就没有东西可讲了，那就只能讲白居易。白居易是唯物论的，是现实主义的，可是白居易在美学史上并不很重要，而刚才讲到的那几个人，在美学史上却是非常重要的。所以说用唯物论和唯心论来套中国美学史，就似乎说不出多少东西。所以我不想采取这样一种方式。我想只要老老实实说明审美理论是怎么发生，怎么发展，怎么变化，要用马克思主义的观点来说明这种发生和发展不是从天上掉下来的，都是有它社会的时代的原因就行，似乎不必用唯物唯心来硬串。这是第三个问题。

第四个问题，是研究中国美学史的意义。我们中国的艺术，在世界上是非常辉煌的。外国人对中国古代的艺术很有兴趣。美国只有两百年的历史。在他们那里，两百年就了不起。可是在中国，两百年就不能算什么。日本拿我们唐代的东西,当作国宝,简直是不得了。我这样说,倒不是大国沙文主义,中国本来就有这样古老而又连续的文明历史的特点。我看到的现在讲中国美学史的书,像托马斯·门罗写的《东方美学》,其中很大一部分是讲中国的。另外有一本是日本人写的。此人现在是国际美学协会的副主席,叫今道友信。他写的这本书,也是讲东方美学的,书名记得是《东洋美学》吧,其中很大一部分也是讲中国的。也许是我眼高手低吧,这些书虽然有些地方讲得不错,但我总觉得他们都有些隔靴搔痒。他们是国际上一流的美学家,但是写中国美学史还是有弱点。中国美学史还是要靠中国人自己来写。宗白华先生的《美学散步》,我对它的评价很高。三十多年来,外界对宗先生是不大公道的。好在宗先生有一个特点,他具有魏晋风度,不在乎。宗白华先生与朱光潜先生两个人,在我看来是不相上下的。但宗先生不大出名,讲朱光潜大家都知道,讲宗白华却很多人不知道。实际上宗先生的《美学散步》是会在世界引起注意的。它讲了一些很好的东西,完全是从哲学角度讲的,是美学,不是文艺理论。

下面,我讲讲对中国美学的基本看法。这个问题我在湖南讲过,这是第二次讲。我把它概括为四个方面的特征。

第一个特征是乐为中心。"美"字的来源,如果用字(词)源学的方法来研究,较为流行的说法,是"羊大为美"。美来源于好吃,美味。但我不大同意这种传统的说法,我倒同意一个比较年轻的同志萧兵的说法,他主张"羊人为美"。我认为所谓羊人,乃是一种图腾舞蹈,就是人戴着羊头在那里跳舞。这是原始社会最早的一种原始的巫术礼仪,它的表现形式就是原始歌舞。这不仅是一种娱乐,而且是当时的整个上层建筑。人们劳动之余就搞这种活动。这有很多作用:一方面是认识的作用。因为在这类活动中要模拟打猎等动作,再现生产劳动中的种种情况,这就锻炼了自己,认识了对象;另一方面就是团结群体组织社会的作用。我们现在社会中表现为各种分工和各种规章制度不同形式,这在原始社会是混在一起的。但它是最早区别于生产活动的一种社会性的必要活动,它包含了后代所有政治的、科学的、道德的、艺术的内容,是以一种图腾的形式表现出来的。我把它叫作巫术礼仪或原始歌舞。它实际上起了团聚、维系社会组织、训练社会成员的作用。同时又包含着认识客观对象,训练技能,甚至体育锻炼等,什么都包含进去了。而所有这些都离不开歌舞。歌舞有一定的节奏,一定的声音,后来还用乐器伴奏(可能开始时是打击乐)。这样,就逐渐发展为音乐的"乐"。所以这个"乐",实际上不限于音乐的意思,还包含着原始社会这整个方面的活动内容。

后来礼和乐逐步分开而并提,这就是儒家讲的那些东西。我觉得儒家这些东西,绝不是偶然发生的。孔子讲"述而不作",儒家是漫长的原始社会文明的非常顽强的保存者。他们把古代的东西保存下来并加以理论化的解释。所谓礼乐也就是儒家对中国长期的原始社会的巫术礼仪的理论化。所谓礼,是指管理社会、维持社会存在的规章制度。氏族社会到了后期,氏族越来越大,上下之间等级越来越严格,需要各种各样的规章制度,这便有了礼,礼就是规范社会的外在尺度,把社会的上下等级、贵贱区别清楚。而乐呢,则使人们在感情上谐和起来。音乐艺术就有这种使社会很好地融洽与和谐起来的功用。所以,一个是外在的秩序,外在的规范,外在的要求;一个则是内在情感的融合,情感的交流。原始社会打猎以后的分配,如头归谁,肉归谁,猎手分什么,其他人分什么等等,就是要用礼来处理的。所以荀子说,"礼至则无争,乐至则无怨"。礼是每个民族都有的,中国则强调除了礼之外必须有个乐。用乐来补足礼,这是中国的一个很大的特点。最近考古证明,中国很早就有整套完整的乐器,能演奏很复杂的乐曲，中国音乐在很早就相当高明，它正是影响我们中国整个艺术传统的最重要的东西。

我认为这一切都与中国原始氏族社会非常之长有关。研究中国各种历史，对这一点都应该注意。我为什么对孔子、孟子评价较高，就是因为他们保存了很多原始社会的人道主义。荀子是很彻底的唯物论，很进步的，孟子则是唯心的。但读孟子的著作，总感到有一种民主的气息，一种人道的精神。这一点荀子就少了，到韩非就没有了。孔、孟是失败的。这是因为他们的活动不符合历史前进的方向。历史的前进体现了二律背反。例如一方面，历史上的战争死了很多很多人；另一方面，战争也推动了历史的前进。在人类社会中，有些残酷的行为却常常推动历史的前进。彼得大帝的改革，使多少人头落地。马克思也讲过，资本主义的发展有多么残忍。我不赞成以人道主义代替马克思主义，那是肤浅和错误的。因为历史有时候并不是那么人道的，特别是古代，需要通过战争，需要通过残酷的掠夺，才能发展，历史本身就是这样。所以说是二律背反。比如汉武帝驱逐匈奴，建立汉帝国，是正义的战争，对中国历史的发展起了很大的作用；但是人民付出了多大的代价，死了多少人啊！汉乐府写道："十五从军征，八十始得归。"十五岁出征，八十岁才归来，家里一个人不剩，都死光了，那是很凄惨的。当时几十万人马出关，回来多少呀？没有多少啦。记得史书上记载，有一次，十八万匹马出关，胜利归来，入关的才三万匹。从历史前进来说，这场战争是对的；但从人民的直接利益来说，反对战争也是对的。他们受了很大的苦难呀。所以诗歌对这种苦难的感叹，也对。孔、孟想复古，想继续保存原始社会的经济、政治制度的痕迹，这是不符合历史前进的潮流的，当时是一个向着奴隶社会过渡的阶级社会。荀子、韩非的主张，符合这个趋势，秦始皇采纳了韩非的意见。但是，他们那种赤裸裸地压迫和剥削的理论，可并不见得好呀。恰恰相反，倒是孔、孟他们保存了一些原始社会的人道精神、民主精神。所以说，认为好的都好，坏的都坏，是很片面的。我很欣赏斯宾诺莎的话，他说："不要哭，不要笑，而要理解。"这是哲学家的语言。就是说要深刻地理解历史和历史人物，要有一种历史观点。孟子大讲"民为贵，君为轻，社稷次之"等，这是很大胆的，后来就没有人讲过这种话。朱元璋气得要死，斥之为岂有此理。这在皇帝看来，当然是不可理解的。"君为轻"那还了得！"君"怎么能是"轻"的呢？！孟子的言论就保留了原始社会的一些民主精神。原始社会的君，不是像后来那么专制的。当时的许多"国"，氏族贵族都可来议事，大家来发表意见。这种长期的原始社会中的民主精神，在孔、孟的言论中还有存留，以后就没有了。"乐"之所以能在中国古代受重视，也正因为在长期的原始社会中人们一贯很注重乐的作用——通过相当的和谐愉快来维系氏族群体的生活，而通过以"乐"为中心的艺术活动把氏族团结起来。把人的情感关系处理得比较和谐、比较协调一致。只有从社会基本特点上才好理解为什么"乐"在中国古代那么重要。当然乐还有团结一致本氏族以对外战斗的激发情感的作用。

乐在中国，一开始就注意了两个方面。一是对乐的艺术本质的认识，那便是不简单地把乐看成是一种认识，而是把它看成与感性有关的一种愉快，所以说"乐者乐也"。而这愉快又包含两层意思：一是给予人感官的愉悦；一是使人的感情愉快。这都是享受。也就是注意到乐与情感、欲望有联系，乐能使人的情欲得到一种正确的发泄。情欲如不能用正当的方法宣泄出来，表现出来，就会出问题，儒家的乐，要满足感官的愉快，同时要满足情欲的要求，使欲望健康地发泄，群体生活也就更能得到和谐。

儒家的乐，还抓住了艺术的另一个作用。就是通过情感的发泄起到一种教育作用。这就是文艺政治学。所以中国的文艺政治学很早就有了。这个传统现在是大大地发扬了。当然，儒家的这个政治，应该是广义的。我们现在的政治概念很狭窄，这是把传统片面地发挥了。儒家是讲"寓教于乐"的，诸如"寓乐以知政""乐与政通""其感人深，其移风易俗易"等说法，都是强调教育作用通过音乐表现出来。我们现在平列地提文艺的认识作用、教育作用、审美作用，我觉得是不贴切的。要求教育作用通过审美作用表现出来，这才是高明的。这里，实际上是美与善相统一的问题。刚才讲"羊人"为"美"，美表现为原始图腾的歌舞，起一种伦理道德、教育训练等社会作用。又说"羊大"为"美"，美表现出一种感官享受的特点，使人觉得鲜美有味道，使人感到愉快；同时，美还能起一种伦理道德的作用。这样就把美的社会性与感官直觉性联系起来了。这也是把人的自然情感和要求，纳入到社会的规范之内，并通过它把人们团结起来，使人的情感得到交流。以音乐为主的这些活动，在非洲有些地方现在还有，许多黑人还在那里打着鼓跳舞。假如大家去参加一下西方现在的宗教礼拜，感受一下那种奏乐、合唱，情感就会不一样。你就是不信教的，到那里也会受到宗教情感的感染。这种教堂音乐（西方很多音乐都是由教堂音乐发展起来的）就能起这种作用，把你的情感，并通过你的情感把你整个的观念提到一定的高度。所以说，社会性的作用是通过感官的感性愉快得到的。它不是理智的、概念的，而是诉之于情感，使你从内心中产生的。中国一直很注重这种情感的作用，这也正是以乐为中心的一个体现。

中国的儒家思想，对人生采取了一种积极的态度、入世的态度的。这跟佛教不一样，我觉得这是中国民族一种很好的传统。《论语》第一章就写道："学而时习之，不亦说乎？有朋自远方来，不亦乐乎？""悦""乐"，都是讲的人的快乐。这快乐不是低级的快乐，而是高级的快乐，是要让人得到一种人生的满足。这就说明，孔子对现实人生不是持一种否定的态度，不是禁欲主义的。他不否定感官和感情的东西，而是加以肯定的；他不否定快乐，而是追求快乐。但他又不是主张纵欲主义，一味地追求感性快乐。他要求快乐有一种社会的内容。刚才讲的"悦""乐"，绝不是为了吃得好，穿得好。相反，他评论颜回说："一箪食，一瓢饮，在陋巷，人不堪其忧，回也不改其乐，贤哉回也。"可见孔子的乐，并非纯粹感官的享乐，不是动物性的，而是包含着社会的道德理想的。它既不是禁欲主义，也不是纵欲主义，讲的是中和之美，叫作中庸之道。中庸之道我看是很有意思的问题，不那么简单。在西方，有的是纵欲主义，有的是禁欲主义；有的是狂热的情感主义，有的是抽象的非常思辨的东西。中国恰恰是强调取得一种中庸的地位。乐是陶冶性情、情感的。人的感情是带有动物本能性的东西，通过乐来塑造情感，就是不让自然的情感动物性地发展。它要求用各种艺术来塑造这种情感，使之社会化，所以叫作"陶冶性情"，使情感具有社会的伦理内容，并且获得一种社会性的普遍性形式。我觉得在这些方面，都是把握住了审美本质的。现在常说艺术是表现情感的，其实艺术更重要的是塑造情感，表现情感也是为了塑造。你表现情感要人家能理解你，就要有共同的东西。昨天我说到艺术是情感的符号，但符号必须要人家理解才有效。发脾气也是表现情感，但它就不是艺术。这就需要建立共同的情感语言。乐实际上就是要建立这种社会性的情感形式。所谓"乐而不淫，哀而不伤"，所谓"怨而不怒"，所谓"中和之美"，等等，就是要求你的情感得到一种健康的合理的发展。中国的整个艺术传统是很注意情感性的，诗歌也好，绘画也好，散文、骈文也好，都很注意这个情感的形式。

中国民族是一个乐观的民族，是向前看的。唐山地震过了几年也未留下很大的伤痕。中国人大概是这样想的：人死不能复生，何必老去想他呢？苏联卫国战争之后，留下的感伤情绪非常浓重。《这里的黎明静悄悄》等，总是在那里回味。我非常喜欢这个电影。其实中国在抗日战争中也死了不少人，但这类感伤的东西比较少。中国民族是有许多缺点的。比如保守啊，麻木啊，等等，鲁迅讲得很多，骂得很多。任何一个民族都有优点和缺点。二者常常是不可分地并存着的。中国人很有理性，很讲道理，不让情感随意发泄泛滥。有些民族是很外露的，像吉卜赛人，那简直是疯了似的，中国人很难理解。但是，也应该承认，中国的理智没有得到很好的发展，突出的表现就是不重视抽象思辨能力的锻炼，这个缺点，现在还存在。这对我们现代化是很不利的。德国所以能出那么多科学家，以我的臆测，一个重要的原因就是德国民族的思辨能力非常强。中国人比较喜欢经验的东西，对抽象理论不太感兴趣，我们应该自觉地意识到这一点，克服这个缺点。任何民族都有优点和缺点，这是毫不奇怪的。其实德国的情况也很妙，一方面，出现了那么伟大的思想家，像马克思啊，黑格尔、康德啊，但也出现了像希特勒那么一些反理性的家伙。狂热的非理性的东西与纯理性的东西在他们那里分裂得很厉害。中国不是这样，显得比较和谐。但这和谐又使两方面都没有得到充分发展。所以在中国的艺术中，浪漫主义始终没有脱离古典主义，就是最有浪漫主义特色的诗人李白，也是这样，情感被理智控制着，或者说是古典的浪漫主义。另外，中国没有西方那种悲剧。我们现在用"崇高"这个词，与西方的理解并不完全一样。中国讲"阴柔"之美、"阳刚"之美。"阳刚"与"崇高"虽然有接近的地方，但并不是一回事。在西方的悲剧作品和他们的"崇高"里，常有恐怖的和神秘的东西，而且经常让这些东西占有很重要的地位。这在中国艺术中是比较少见的，中国的"阳刚"大都是正面的。这些都是中国的美学思想所反映出来的哲学上的特点。这究竟是好还是坏呢？很难说。我觉得既是优点，也是缺点。重要的问题在于我们自觉地意识到这一点。依我看，带一点神秘性更有味道，这也许是我的偏见。有人以为我们的民族了不起，一切都是我们民族的好，那不对。我们应该对自己的民族有个真正的了解。到现在才讲了第一点，下面简单地把其他三点讲一下。

第二个特征是线的艺术。中国的艺术是线的艺术。其实这是乐为中心这个特征的延伸。因为音乐是在时间中流动的，是表情的。线实际上是对音乐的一种造型，使它表现为一种可视的东西。从这个意义上讲，线就是音乐。宗白华先生在《美学散步》中说，音乐、舞蹈、书法是中国艺术的基本形式，我是同意这个看法的。这一点自古以来就与西方不一样。古希腊是悲剧；文艺复兴时期，莎士比亚的戏剧，塞万提斯的小说，达·芬奇、拉斐尔的画，都是再现的，都不脱离希腊。中国则强调表情，讲究节奏、韵律、味道。中国陶瓷上的花纹也很值得研究，那是一种流动线条美。像龙山、大汶口、马家窑、半山、马厂等陶器的流动的线条，确实给人一种音乐感。它有节奏，有韵律。所以我把它称为净化了的线条。这是一种净化了的情感的造型形体，也就是经过提炼和抽象而构成的，它离开了对实际对象的仿真和再现。这是中国艺术一个很大的特点。

中国艺术的形式美，是非常了不起的，它给予人的是一种高级的美感。这里，我又要为我的观点辩护了。我为什么认为康德有时比黑格尔厉害呢？你看康德美学中就讲到，线条是真正的美；而在黑格尔的《美学》里，大量讲到的则是色彩。马克思说，色彩是最普及的美。老实讲，也是较为低级的。它给予动物的官能感受是比较强的。比如红色，对动物也有刺激。线条就不同了，它更加带有精神性。它既积淀着社会的因素，又能使人得到感官的愉快；既是感性的、形式的，又是精神的。它所表现（或者说反映）的人与自然界的关系是更加深刻的。我们的世界，我们的宇宙本身，有时间、空间上是有韵律的，有节奏的，有白天有黑夜，有秋天有春天，春夏秋冬，一年四季，本身有节奏；大自然中农作物的生长，生物的生长，人的生老病死，整个自然界，都是有节奏，有韵律的。这是宇宙的普遍规律。这种规律便表现在艺术里，引起人们的美感感受。所以艺术形式看起来是个形式的东西，却可以和自然界的规律发生关系。我昨天讲的同构，也说明这一点。中国的艺术很早就注意到把自然界中的节奏、韵律、均衡、对称等形式上的东西表现到艺术作品中，这就通过一种净化了的形式，一方面表现出了自然界的规律，同时又表现出了人的情感的规律。我在《文艺报》上谈审美的形式感时讲到，不仅在艺术中有美学问题，在科学中也有美学问题。科学家在自己的研究中发现有美的东西，这是很有意思的。这说明宇宙中的某种规律是具有美的性质的。这是否叫作美在自然界呢？不是这个意思，我在《文艺报》那篇文章已经解释过了。这是说科学家在他的研究工作中不仅能思考自然界的规律性，而且对它能有所感受。其实这种规律性最充分地表现在艺术美里。所以许多科学家像爱因斯坦等非常喜欢音乐，恐怕不是偶然的。这可能有助于他们去进一步发现自然界的一些规律，这里面有相当深刻的哲学问题。

现代艺术注重的是整体的、历史的、与自然界相呼应的、有生命的东西，重点已不再是去模拟一些局部的现实。像画画也不只是画一些局部图像，而恰恰是注意了整体性，并且通过净化的形式把它表现出来。为什么西方现代许多艺术家们对中国的艺术有兴趣，这也不是偶然的。现代的艺术是希望超脱那种比较狭窄的有限的东西，更加自由地去表现广阔无垠的人生、情感、理想和哲理。中国的艺术就有这样的特点。一方面，它的形式有很大的宽容性，有很大的容纳性能；另一方面，它的形式又有非常严格的讲究。这个问题讲起来很复杂，牵涉到形式美的很多问题。简单说来，一方面，它不在乎合不合乎现实。比如花，春天开的花，秋天开的花可以画在一起，梅花和菊花可以放在一起。它不要求表现那种非常严格的狭窄的现实，而要求表现广阔的人与自然、人与社会的关系。另一方面，它又很讲究形式。比如，诗词里面格律很严格，对平声、仄声很注意，对联要求灵活而工整等。在绘画中，山怎么画，水怎么画，都讲究程序。京剧的程序就更厉害了。程序是很能体现形式美的。所以说中国艺术是非常讲究形式美的，而这种形式美是能非常广阔地表现现实，而不只是狭窄的模拟。这在书法艺术中体现得很突出。书法是纸上的音乐，纸上的舞蹈。书法并不是让人去看写的是什么字，而主要是看线条。有时看书法比看绘画还过瘾，正好像我们现在有时候看那青铜器，看那陶器的造型，比看真正仿真人像的雕塑还过瘾。它的确有味道，它使你得到更深更纯的美感享受。因为它不局限于一个具体的东西，比如有些作品又像狗又不像狗，它就在这种线条、造型形体中间表现出特有的味道。书法正有这种特点，它有时也有点模拟因素，但主要不是模拟，是自由的线条。所以我叫它"有意味的形式"。

第三个特征是情理交融。这个问题其实上面已经讲到了，所以也不细讲。中国艺术有两个明显的特点：其一，抽象具象之间。你说它是抽象吧，它又并不完全抽象，有一定的形象。你说它是具象吧，它又不是非常具象，带有一定的抽象的味道。其二，表现再现同体。这就是说，既是表现的，又是再现的。所以我用两句话来概括：抽象具象之间，表现再现同体。这跟现代派不完全一样。现代派完全是抽象的。中国的画，像齐白石、八大山人等的作品，还是有一定的模拟形象的，但这些形象不像工笔画那么具体细致，所以有点抽象的味道。但说它是表现，却又有点再现、模拟的味道。是人，是树，是鸟，是山，并不难分辨。春天的山不至于变成冬天的。但是，要说清它具体的时间是上午还是下午，是什么树，是什么鸟，是多少年纪的人，那就很困难了。在西方传统画里，不同时间的太阳，阴影各不一样。中国画里没有什么阴影。因为从长久的历史的观点来看，个别的暂时的现象是没有什么关系的，不重要的，你画个阴影干什么呢？所以说在中国艺术中，想象的真实大于感觉的真实。斯坦尼斯拉夫斯基要求舞台像缺少一面墙的房间，要求演戏像实际生活一样逼真。中国戏曲就不一样。例如《三堂会审》中的玉堂春受审，她却跪着向观众交代，这不是荒唐吗？但观众完全可以理解。这就是一种想象的真实，其中理解因素占了很重要的基础位置。京剧中的上楼下楼，开门关门，就靠几个虚拟的动作来表现，完全不需要真实的布景。这与西方传统艺术很不一样。刚才讲过，中国人理智对情感起很大的作用，他们清楚地意识到在看戏！这是进来，那是出去嘛。可见想象这个东西是与理解连在一起的。因此中国的艺术讲究神似而不是模拟，在创作与欣赏中都追求神似而不追求形似。但神似又不离开形似，所以齐白石讲"似与不似之间"。这对情与理的交融是有重要作用的。中国艺术的这种特点，都是由中华民族实践理性的心理特征，也即感知、情感、想象、理解等因素构成的心理结构的特殊性决定的，与西方不太一样。

第四个特征是天人合一。天人合一的观点过去是受批判的，一直被说成是中国哲学史上唯心论的糟粕。我的看法恰恰相反，我认为，天人合一是中国哲学的基本精神。因为它所追求的是人与人、人与自然的和谐统一的关系。我们搞美学史，一方面要建立在马克思主义的基础上，另一方面要继承中国的传统。马克思讲人化的自然。中国的天人合一，恰恰正是讲人化的自然。当然，马克思主义是在近代大工业的基础上讲人化的自然，中国则是在古代农业小生产基础上讲这个问题。这里确有本质的不同。中国长期以来是小生产的农业社会，而农业生产与自然的关系极大，所以人们很注意与自然界的关系，与自然界的适应。为什么汉代董仲舒以及后来许多人老注意阴阳五行呢？那就是重视天与人的关系。天就是自然，人就是人类。我觉得这是中国哲学史上和文化史上很重要的一点。尽管它强调的是人顺应自然，但毕竟注意到人必须符合自然界的规律，要求人的活动规律与天的规律、自然的规律符合呼应、吻合统一，这是非常宝贵的思想。这方面的东西很多。例如《周易》讲"天行健，君子以自强不息"，就是讲人应该像天一样不息地运动。这就是儒家的非常积极的精神。在人与自然的关系上，中国美学强调的，是一种亲密友好的关系。因此不讲自然界的荒凉、恐怖、神秘等那些内容，而是要求人顺应自然规律去积极地有所作为。《周易》说的"天地之大德曰生"，是肯定生命，肯定感性世界，肯定现实世界，不像佛教抛弃生命。包括宋明理学家，也都是对生命采取肯定态度的，认为自然界充满了生机和生气，像春天一样生气蓬勃生意盎然。这些都是来源于天人合一的思想。孔夫子讲，"逝者如斯夫，不舍昼夜"。他对时间的流逝，作了一种富于人的情感的说法，使人想到了人的存在的意义，涉及了人的存在的一些本质问题。孔子又说："智者乐水，仁者乐山。"这是把自然与人、与人的品德或人的性质作了一种比拟同构的关系了解。他以水流的经久不息比喻人的智慧，以山的稳实坚定比喻人的操守。这是非常好的比喻。这是在自然里面发现人的因素，并且把它与人联系起来。这不也是天人合一的一个方面，一种表现吗？这个问题以后再详细讲吧。

　　自然美在中国是最早被发现的。中国的山水画、山水诗的出现也比西方早得多，很早就注意到人与自然的和谐统一，情感上的互相交流。从这里派生出中国艺术的很多特点。中国艺术希望小中见大，要求有限中见无限。例如在很小的园林中，总希望把自然界弄进来，借山借景，使观赏者得到一种很辽阔的观感。所谓辽阔，也就是与自然界的广阔的关系。所以中国的画卷很长，山水一大串，不像西方只有一版。还有以大观小，这也是中国画的特点，与西方的透视法是不一样的。这大概与中国人讲求登高的习惯有关系。你有了登高观望的经验，就会感到中国画很真实。你站到了高处，就会强烈地感觉到宇宙自然与人的关系，得到一种特殊的人生感受。陈子昂便写下了这样的诗句："前不见古人，后不见来者。念天地之悠悠，独怆然而涕下。"想起古往今来、宇宙的存在、人生的命运等，人们可以从中得到哲理性的感受。在中国的艺术里，人们最初追求人格理想，后来又追求人生境界。所谓境界，也就是不要求感觉的真实，而是通过想象的真实追求一种人生的领悟。这是一种超脱小我感觉的东西，一种无限深远的精神的东西。儒家是这样。道家（我认为真正能代表道家思想的是庄子。虽然合称老庄，其实哲学上老子与韩非的关系更密切。老子的书有很多是权术，他是不讲感情的）的庄子，好像不讲感情。其实是"道是无情却有情"，他的书里充满着情感。他主张对人生采取非功利的审美态度，主张完全顺应自然而追求自由的境界。其实，早在孔子那儿就有。孔子曾经要求几个学生"言其志"，最后，他表示对曾点的"志"最为欣赏。因为曾点追求的是人生的自由境界。这种境界不但与积极的人生态度，与人世的伦理理想不矛盾，而且是它们的一种升华，是一种人生的理想，是一种对人格全面发展的追求。孔子说，"兴于诗，立于礼，成于乐"；又说，"志于道，据于德，依于仁，游于艺"。"游于艺"，一方面可以解释为从艺术里面得到休息和娱乐；另方面也是讲，对技术、对工具的熟练掌握，可以获取一种非常自由的状态。它追求的仍然是一种自由。自由不是天赐的，不是像卢梭所说的人生来就有的。自由是人类建立起来的，是在对规律的必然性的掌握之后所建立起来的，从对技艺掌握的自由到人生自由境界的追求，达到人与自然的完满统一，这是人生很高尚、很艰难的历程。

中国的美学，不像西方那样有系统的逻辑评价。它经常是用直观的方式把握一些东西，但的确把握得很准；它不一定讲什么道理，即使讲道理也不一定讲得很明确。这样一种思维特点，值得很好地研究。我认为，中国美学最精彩的是孔子的积极的进取精神、庄子对人生的审美态度，庄子发现了很多艺术所特有的规律。人的技巧达到最成熟的时候，就成为跟自然一样的天然的东西，但又不是原来的自然，而是高于自然的。这样的思想是很了不起的。除这两个人之外，就要算屈原了。如果说儒家学说的"美"是人道的东西，道家以庄子为代表的"美"是自然的话，那么屈原的"美"就是道德的象征。屈原是南方人。南方的楚文化又有自己的特点。它把道德情感化、自然化，就是所谓想象中的人化，"美人香草"，这对中国传统影响也很大，也是好的传统。还有就是中国的禅宗。中华民族是富于创造性的民族。很多东西到中国以后，中国自己再创造。佛教本来是外来的东西，有很多宗派，传到中国后，中国自己创造出一个禅宗，这在外国是没有的。一直到现在，世界上对禅宗都很有兴趣，研究禅宗的人很多。那个非常思辨非常细致的唯识宗，看起来很科学，很精密，却很少流行，玄奘搬进来，几十年就衰落了。中国长期流行的是禅宗，禅宗讲究直觉地把握本质，有些还把握得非常深刻。这对艺术影响很大。像这样一些东西，我认为是中国的优良传统，但很多都是唯心论的。禅宗是唯心论，庄子是唯心论或泛神论，儒家是唯心论，可他们是起了很大作用的。儒、道、骚（屈原）、禅是中国美学传统四大支柱。我觉得把握这些东西，对了解中国美学特点有好处。假如我们对中国美学有一个比较好的了解，又有马克思主义作为基础，我们就能写出世界上所没有的独特的美学史。这是我的想法，希望大家都来做这个工作。

中国美学及其他

注：原载《美学述林》第一辑，武汉大学出版社，1983年。

来美后主要精力放在中西思想史方面，美学虽续有所考虑，也有某些尚可一谈的想法，但毕竟没有整理。美学在这里远不及思想史受重视，某些学生甚至不知美学Aesthetics为何物，只哲学系开美学课，听众不多，冷门，和我们新中国成立前的情况大体相似，与当前国内的"美学热"根本不同。为什么有这种不同，这也许本身就是一个值得研究的问题。

在哈佛大学和哥伦比亚大学作了几次讲演，其中也讲到中国古代美学思想。有的是去年在上海讲过的，例如"乐为中心""线的艺术""天人合一"等。以儒家为主体的中国美学讲究塑造情感，所以注意形式。一方面要求自然的情感具有、充满、渗透、交融着社会的内容，如用我常用的字就是"积淀"；另方面，又要求这种社会性情感的节奏、韵律、形式与自然界的节奏、韵律、形式相符合、吻同或同一，这也就是天人合一。这两方面是同一件事情，其实这即是"自然的人化"在主体方面的涵义。人在改造外在自然，使外在自然人化的同时，也改造着内在自然，即使人本身的情感、需要以致器官人化。这即是人性，即积淀了理性和历史成果的感性。中国古典美学注意了这个方面，讲"中和"，讲情理交融，讲陶冶性情，不把艺术看作认识、模拟、再现，这倒与现代西方美学讲"情感的逻辑"（苏珊·朗格），讲"有意味的形式"（克莱夫·贝尔），有接近或相似之处。当然，它们都没有历史唯物论的哲学基础。例如，贝尔的"有意味的形式"，最终归结为某种宗教神秘的形而上。

上面这些想法在我以前的文章中曾不断提出过（例如《审美与形式感》一文），这几次讲演和在夏威夷讨论朱熹哲学的国际学术会议的发言中，我另外加了一点东西，即把它与中国哲学的根本特征联系起来，提到中国民族的哲学精神的角度来谈。中国哲学所追求的人生最高境界，是审美的而非宗教的（审美有不同层次，最普遍的是悦耳悦目，其上是悦心悦意，最上是悦志悦神。悦耳悦目并不等于快感，悦志悦神不同于但可相比于宗教神秘经验）。西方常常是由道德而宗教，这是它的最高境界。进入教堂中就会深深地感到这一点，确乎把人的精神、情感、境界提到一种相当深沉的满足高度，似乎灵魂受到震撼和洗涤。读陀思妥耶夫斯基的《卡拉玛佐夫兄弟们》，也是这样。其特征之一是对感性世界的鄙弃和否定。在哲学上，不进教堂、反对神学道德论的康德，也终于要建立道德的神学。宗教直到今天在这里也仍然很有势力和力量。我在大学广场上经常看到狂热的宗教宣讲者，不顾大学生们的嘲笑、诘难，不顾甚至没有任何人听，他仍然高声宣讲数小时不已。中国的传统与此不同，是由道德走向审美。孔子最高理想是"吾与点也"；所以说，"逝者如斯夫，不舍昼夜"，对时间、人生、生命、存在有很大的执着和肯定，不在来世或天堂去追求不朽，不朽（永恒）即在此变易不居的人世中。"慷慨成仁易，从容就义难"，如果说前者是怀有某种激情的宗教式的殉难，固然也极不易；那么后者那样审美式的视死如归，按中国标准，就是更高一层的境界了。"存吾顺事，殁吾宁也"与追求灵魂不灭（精神永恒）不同，这种境界是审美的而非宗教的。中国哲学强调"天地之大德曰生","生生之谓易","参天地,赞化育",不论生死都不舍弃感性,却又超乎感性。这也就是精神上的天人合一。达到天人合一既符合、吻同自然规律而又超乎它,也就是自由。当然,所有这一切,必须建立在"自然的人化"这个马克思主义哲学实践论即历史唯物主义基础之上,即建筑在现实物质的天人合一的基础之上。从这样一个基础和角度,考察审美作为主体性的人性结构的最高层次,以此来阐释艺术的永恒性等哲学形而上的某些基本问题,并注意审美对其他领域的巨大作用,例如科学认识中"以美启真"审美有助科学的发现发明(其实这也是"天人合一"的某个侧面),等等,可能是一条前景广阔的创造性的研究道路。当然,不会没有歧途,不会没有错误,只要保持清醒的头脑,不应该因噎废食。在这里也读了一点马克思主义美学书,大都是欧洲人写的,令我颇为失望,因此更感到中国人应当有所作为,客观上也有此需要。人家想听听中国人自己的东西。我这种非常粗糙的想法和讲演(没有讲稿,仅凭简单提纲,临时发挥),居然也会受到注意和欢迎,这是出乎我的意料的。美国的美学理论,如乔治·迪基(George Dickie)的制度论是最近最时髦的了。一位美国美学教授说它terrible。所以,我们不应妄自菲薄。我们有马克思主义哲学,在虚心学习外国和继承自己遗产的基础上,是可以做出成绩的。

1982年10月9日

图书在版编目（ＣＩＰ）数据

美学论集 / 李泽厚著. -- 广州：花城出版社，2024.7
 ISBN 978-7-5749-0094-3

Ⅰ．①美… Ⅱ．①李… Ⅲ．①美学－文集 Ⅳ.①B83-53

中国国家版本馆CIP数据核字(2023)第238646号

著作财产权人：© 三民书局股份有限公司

本著作物经北京时代墨客文化传媒有限公司代理，由三民书局股份有限公司独家授权，在中国大陆出版、发行中文简体字版本。

出 版 人：张　懿
责任编辑：张　旬
责任校对：李道学
特约编辑：刘　平　黄　琰
技术编辑：林佳莹
装帧设计：陈威伸

书　　名	美学论集 MEIXUE LUNJI
出版发行	花城出版社 （广州市环市东路水荫路11号）
经　　销	全国新华书店
印　　刷	北京中科印刷有限公司 （北京市通州区宋庄工业园1号楼101）
开　　本	787毫米×1092毫米　16开
印　　张	40.5印张
字　　数	500,000字
版　　次	2024年7月第1版　2024年7月第1次印刷
定　　价	148.00元

如发现印装质量问题，请直接与印刷厂联系调换。
购书热线：020-37604658　37602954
花城出版社网站：http://www.fcph.com.cn